U0883444

氮化镓凹槽阳极器件
理论与应用

张进成　著

科学出版社
北京

内 容 简 介

氮化镓作为宽禁带半导体的典型代表之一，在电学、光学、力学、抗辐照等方面均表现优异。本书以作者近年来的研究成果为基础，结合国际研究进展，系统介绍了宽禁带氮化镓凹槽阳极结构的物理特性和实现方法，重点讲述了氮化镓凹槽阳极二极管器件。全书共分为 8 章，内容包括绪论、凹槽阳极 GaN 肖特基结器件制备工艺、位错免疫的凹槽阳极 GaN 肖特基结器件结构与特性、凹槽阳极 GaN 肖特基结开启电压调控方法、面向不同应用的凹槽阳极 GaN 肖特基二极管、凹槽阳极结构肖特基漏高电子迁移率晶体管、氮化镓 p 沟道凹槽栅场效应晶体管以及大功率 GaN 二极管整流和限幅电路。

本书可供微电子和半导体器件领域的研究生与科研人员阅读及参考。

图书在版编目（CIP）数据

氮化镓凹槽阳极器件理论与应用 / 张进成著. -- 北京 ：科学出版社, 2024. 12. -- ISBN 978-7-03-080389-4

Ⅰ. TN315

中国国家版本馆 CIP 数据核字第 2024BN9544 号

责任编辑：赵丽欣　王会明 / 责任校对：赵丽杰
责任印制：吕春珉 / 封面设计：东方人华平面设计部

科学出版社 出版
北京东黄城根北街 16 号
邮政编码：100717
http://www.sciencep.com

三河市骏杰印刷有限公司印刷

科学出版社发行　各地新华书店经销

*

2024 年 12 月第　一　版　开本：787×1092　1/16
2024 年 12 月第一次印刷　印张：17
字数：400 000

定价：188.00 元

（如有印装质量问题，我社负责调换）
销售部电话 010-62136230　编辑部电话 010-62134021

序

宽禁带半导体电子器件是近二十多年来微电子领域最具变革性的进展之一，尤其是氮化物半导体材料和器件的创新更为明显，这主要是依靠异质结构材料的不断发展，使射频和电力电子半导体器件在功率密度、能效和频率上不断进步，显著扩展了微电子技术新的性能边界和应用边界，支撑了 5G 和未来 6G 通信等移动通信、电动汽车、清洁能源、无线电装备发展的革命性技术，有力推动了能源、通信、交通、信息与智能化装备等关键领域的重大变革与产业技术进步。

在宽禁带半导体电子器件中，氮化镓高电子迁移率晶体管、碳化硅肖特基二极管和场效应晶体管均取得了重要研究进展，实现了广泛的产业化应用。然而，氮化镓肖特基二极管的应用进展还不够快，究其原因是由于异质结构生长的氮化镓材料存在高密度的位错缺陷导致的，这类位错缺陷使肖特基结出现了明显的电流聚集效应，导致氮化镓肖特基二极管性能退化，可靠性减低。如何在高位错密度氮化镓材料上实现高可靠高性能的肖特基二极管一直是国际学术和产业界高度关注的重大难题。

本书总结了张进成教授近十余年从事氮化物宽禁带半导体电子材料与器件研究成果，重点论述了独辟蹊径提出的一种凹槽阳极肖特基结构的理论与应用。这种结构巧妙之处在于将肖特基结与位错线的几何关系从传统的垂直变革为平行，显著降低了位错对肖特基结电特性的影响，实现了位错免疫，解决了高位错密度下氮化镓材料实现高可靠和高性能二极管的难题。在此基础上，他带领团队开发了多款氮化镓肖特基二极管产品并开始广泛应用，频率覆盖了从 S、X 到 W 波段，频率耐压积得到了显著的提升，这些成果入选了国家“十三五”科技创新成就展。

张进成教授的这本《氮化镓凹槽阳极器件理论与应用》系统介绍了他提出的位错免疫凹槽阳极器件理论与结构原理、器件设计制造方法，以及各种衍生功能器件及典型电路等。相信该书对微电子领域的研究生及科研工作者会有很好的参考价值，对促进我国宽禁带半导体器件、材料，乃至微电子技术发展具有重要意义。

中国科学院院士

前言

自从 19 世纪末，科学家们发现了金属-半导体接触界面的非对称导电特性，并在 20 世纪初提出了半导体与金属接触中空间电荷层形成势垒的理论以来，基于金属-半导体肖特基接触的电子器件理论与应用迅速发展。硅肖特基二极管、砷化镓肖特基二极管和碳化硅肖特基二极管凭借其低开启电压和快速恢复速度等优势，在射频系统和电能转换等领域得到了广泛应用，市场规模接近 100 亿美元。

然而，采用与硅、砷化镓、碳化硅肖特基二极管相同的平面型肖特基结构的氮化镓肖特基二极管面临诸多技术挑战，严重阻碍了氮化镓肖特基二极管的实用化进程。主要问题包括：①材料质量问题，当前大规模采用的异质外延氮化镓材料存在很高的位错密度，通常为 $10^7 \sim 10^9 cm^{-2}$，这导致肖特基二极管存在性能和可靠性问题；②器件结构问题，氮化镓材料的最大优势之一是由强极化效应诱导产生的高浓度和高迁移率的二维电子气，有助于实现更高的频率和耐受功率，但是二维电子气界面与肖特基结之间存在的高阻势垒层会导致导通电阻增大，同时多沟道的新型异质结构中的下层沟道很难利用；③器件散热问题，氮化镓的缓冲层和低热阻蓝宝石、硅等衬底及其界面的热阻较大，严重阻碍器件的高功率应用；④技术竞争问题，氮化镓肖特基二极管面临与更为成熟的硅、砷化镓和碳化硅技术的竞争，必须表现出更优越的性能优势，才能被广泛应用。

十多年来，作者及作者的团队针对上述挑战，特别是如何在高位错密度半导体材料上实现高可靠性、高性能的肖特基二极管这一重大难题，发展出一系列凹槽阳极氮化镓肖特基二极管新结构、凹槽结构氮化镓晶体管新结构及其新型电路应用，形成了高功率氮化镓凹槽阳极器件理论，对半导体电子器件发展具有重要的借鉴意义。为此，作者在本书中将自己在氮化镓半导体领域，特别是凹槽阳极器件理论及实践方面的研究经历和成果进行了系统总结和论述。

作者所在的西安电子科技大学宽禁带半导体器件与集成技术全国重点实验室自20世纪 90 年代中后期开始，着力开展Ⅲ族氮化物半导体材料、器件及其理论研究，是国内外最早涉足这一领域的团队之一。本书主要结合作者及作者的研究团队在该领域的最新研究成果，系统介绍了氮化镓凹槽阳极器件理论与应用。第 1、2 章介绍了肖特基结的发展历史、凹槽阳极氮化镓器件的提出及演变历程、凹槽阳极氮化镓肖特基结器件制备工艺等内容；第 3、4 章介绍了凹槽阳极氮化镓肖特基结的位错免疫特性、载流子输运机制、阳极势垒调控技术等内容；第 5 章介绍了面向低漏电、耐电流崩塌、超高频及产品化等不同应用的凹槽阳极氮化镓肖特基结器件的特殊结构；第 6、7 章介绍了凹槽阳极肖特基漏高电子迁移率晶体管、双向阻断器件单片集成技术、p 沟道场效应晶体管结构及制备工艺优化等内容；第 8 章介绍了大功率凹槽阳极氮化镓肖特基二极管器件在整流电路和限幅电路中的应用。

在本书撰写期间，中国科学院院士郝跃教授提供了重要的技术指导，周弘教授、张雅超教授、毛维教授、张涛副教授、党魁副教授、朱家铎副教授、宋秀峰博士后、杜航海博士后等多位教师、博士研究生和硕士研究生提供了重要帮助，特别是张涛副教授在统稿过程中给予重要支持。同时，作者团队与国内外多家科研院所和高等院校开展了长期的科研合作，特别与中国电子科技集团第十三研究所、第五十五研究所、中国科学院微电子研究所的多位同仁在技术扩展、产品研制与应用方面开展了深入合作，本书也凝结了他们共同的思想结晶。作者真诚地感谢支持和帮助我们进步和发展的各位专家、同行和朋友，感谢共同奋斗的各位同事和同学。感谢科技部、国家自然科学基金委员会等国家部门对宽禁带半导体研究的大力支持。希望本书可以在氮化镓半导体器件的科学研究、产品研发和教学培训中对读者有所帮助，以期推动氮化镓半导体器件的进一步发展。

由于作者水平有限，书中难免有不足和疏漏之处，敬请广大读者提出宝贵意见和建议。

目　录

第 1 章　绪论 …… 1

1.1　半导体肖特基二极管的发展 …… 2

1.2　平面型氮化镓肖特基二极管存在的问题 …… 2

1.3　凹槽阳极氮化镓肖特基二极管的提出 …… 4

1.3.1　凹槽结构半导体器件的创新发展 …… 4

1.3.2　凹槽阳极 GaN 肖特基二极管的基本结构与原理 …… 5

参考文献 …… 8

第 2 章　凹槽阳极 GaN 肖特基结器件制备工艺 …… 11

2.1　凹槽阳极 GaN 肖特基二极管制备 …… 11

2.2　AlGaN/GaN 器件低漏电台面隔离工程 …… 16

2.3　AlGaN/GaN 器件低阻欧姆接触 …… 17

2.3.1　凹槽结构低阻欧姆接触 …… 17

2.3.2　SiN 插入层结构低阻欧姆接触 …… 19

2.4　AlGaN/GaN 器件低损伤阳极凹槽刻蚀技术 …… 24

2.4.1　低损伤 GaN 干法刻蚀技术 …… 25

2.4.2　低损伤 GaN 湿法腐蚀技术 …… 28

2.4.3　湿法腐蚀凹槽阳极结构 AlGaN/GaN SBD 特性 …… 30

2.5　AlGaN/GaN 器件阳极后退火工程 …… 32

2.5.1　平面阳极后退火对器件特性的影响 …… 32

2.5.2　凹槽阳极后退火对器件特性的影响 …… 34

2.5.3　阳极后退火处理对界面态的影响 …… 38

2.5.4　阳极后退火对器件肖特基结的影响机制 …… 40

2.6　AlGaN/GaN 器件低界面态钝化工程 …… 41

2.6.1　不同氧源对 Al_2O_3/GaN 界面的影响 …… 42

2.6.2　不同表面处理对 Al_2O_3/GaN 界面的影响 …… 43

2.7　AlGaN/GaN 器件全局钝化可靠性提升技术 …… 48

2.7.1　LPCVD 表面钝化抑制电流崩塌 …… 49

2.7.2　全局钝化提升二极管长时可靠性 …… 51

参考文献 …… 55

第 3 章　位错免疫的凹槽阳极 GaN 肖特基结器件结构与特性 ······ 59

3.1　凹槽阳极器件特殊工作机理与结构设计 ······ 59

3.1.1　Silvaco 仿真模型与参数 ······ 59

3.1.2　凹槽阳极深度对器件特性的影响 ······ 64

3.1.3　场板结构对器件耐压的影响 ······ 65

3.2　凹槽阳极结构的位错免疫特性 ······ 66

3.2.1　不同衬底上 AlGaN/GaN 外延材料表征 ······ 67

3.2.2　平面和凹槽阳极结构 AlGaN/GaN 肖特基二极管特性分析 ······ 69

3.3　场板结构对阳极势垒高度及电容的影响 ······ 72

3.3.1　镜像力对阳极势垒高度的影响 ······ 72

3.3.2　凹槽阳极结构 GaN 肖特基二极管势垒高度模型 ······ 74

3.3.3　GaN 肖特基二极管势垒高度调控模型的验证 ······ 75

3.3.4　场板介质及场板长度对阳极电容的影响 ······ 76

3.4　凹槽阳极结构 GaN 肖特基结器件电流输运机制 ······ 78

3.4.1　凹槽阳极结构 AlGaN/GaN SBD 变温特性 ······ 78

3.4.2　凹槽阳极结构 AlGaN/GaN SBD 漏电机制 ······ 80

3.4.3　凹槽阳极结构 AlGaN/GaN SBD 击穿机制 ······ 85

参考文献 ······ 86

第 4 章　凹槽阳极 GaN 肖特基结开启电压调控方法 ······ 89

4.1　金属功函数对阳极势垒高度的影响 ······ 89

4.1.1　凹槽侧壁非极性 GaN 表面第一性原理计算 ······ 89

4.1.2　金属/GaN 非极性面界面电子结构研究 ······ 90

4.2　不同功函数金属阳极 GaN 肖特基结 ······ 92

4.2.1　不同功函数金属与 GaN 材料肖特基势垒分析 ······ 92

4.2.2　不同功函数金属阳极器件电学特性 ······ 93

4.3　低功函数金属阳极 GaN 肖特基二极管 ······ 95

4.3.1　钨金属阳极 AlGaN/GaN 肖特基二极管 ······ 95

4.3.2　钼金属阳极 AlGaN/GaN 肖特基二极管 ······ 98

4.4　凹槽阳极 GaN MIS 准肖特基二极管 ······ 100

4.4.1　AlGaN/GaN MIS 准肖特基二极管基本特性 ······ 101

4.4.2　AlGaN/GaN MIS 准肖特基二极管导通机制 ······ 102

4.5　双阳极金属低开启电压 GaN 肖特基二极管 ······ 105

参考文献 ······ 109

第 5 章　面向不同应用的凹槽阳极 GaN 肖特基二极管 …… 111
5.1　低漏电高耐压凹槽阳极 GaN 肖特基二极管 …… 111
5.1.1　36nA/mm 低漏电同质衬底 GaN 肖特基二极管 …… 111
5.1.2　28nA/mm 低漏电 AlGaN 沟道肖特基二极管 …… 114
5.2　耐电流崩塌厚本征帽层 GaN 肖特基二极管 …… 117
5.2.1　厚本征帽层 GaN/AlGaN/GaN 肖特基二极管 …… 117
5.2.2　不同帽层厚度凹槽阳极 GaN/AlGaN/GaN 肖特基二极管 …… 120
5.2.3　厚本征帽层 GaN/AlGaN/GaN 肖特基二极管抗质子辐照特性 …… 123
5.3　超高频凹槽阳极 GaN 肖特基二极管 …… 126
5.3.1　GaN 微波二极管核心指标相关性分析 …… 126
5.3.2　场板结构凹槽阳极 GaN 肖特基二极管 …… 127
5.3.3　自对准凹槽阳极 GaN 肖特基二极管 …… 130
5.3.4　InAlN/GaN 高品质因数 GaN 肖特基二极管 …… 131
5.4　GaN 肖特基二极管产品化及建模技术 …… 134
5.4.1　氮化镓微波二极管产品化 …… 134
5.4.2　二极管建模与本征参数提取 …… 136
5.4.3　二极管的外围寄生参数提取 …… 139
参考文献 …… 144
第 6 章　凹槽阳极结构肖特基漏高电子迁移率晶体管 …… 147
6.1　凹槽肖特基漏双向阻断高电子迁移率晶体管 …… 147
6.1.1　材料结构和器件制备 …… 147
6.1.2　器件电学特性测试 …… 148
6.1.3　TCAD 仿真及热稳定性测试 …… 152
6.2　肖特基-欧姆混合漏双向阻断高电子迁移率晶体管 …… 154
6.2.1　器件结构分析与器件制备 …… 154
6.2.2　器件电学特性测试与分析 …… 156
6.2.3　器件电学特性测试与分析结构尺寸和温度对器件性能的影响 …… 159
6.3　二极管桥结构 GaN 单片集成双向开关研究 …… 161
6.3.1　材料结构及器件制备 …… 162
6.3.2　二极管桥结构 GaN 单片集成双向开关的工作原理 …… 163
6.3.3　双向开关电学特性测试及分析 …… 164
6.3.4　双向开关功能验证 …… 165
6.4　反并联双向阻断 p-GaN HEMT 单片集成双向开关研究 …… 166
6.4.1　材料结构及器件制备 …… 167
6.4.2　反并联双向阻断 p-GaN HEMTs 单片集成双向开关工作原理 …… 167

6.4.3　双向开关电学特性测试与分析 ······ 168
6.4.4　双向开关功能验证 ······ 170
6.5　增强型 AlGaN/GaN/AlGaN DH 槽栅 HEMT 器件研究 ······ 172
6.5.1　增强型 DH 槽栅 HEMT 器件的基本特性 ······ 172
6.5.2　槽栅刻蚀对增强型 DH HEMT 陷阱态的影响 ······ 175
参考文献 ······ 177
第 7 章　氮化镓 p 沟道凹槽栅场效应晶体管 ······ 181
7.1　极化增强 p-GaN/AlN/AlGaN 材料的 2DHG 特性 ······ 181
7.1.1　界面 AlN 插入层极化增强机制 ······ 181
7.1.2　AlN 插入层极化增强 p-GaN/AlN/AlGaN 的 2DHG 特性 ······ 183
7.2　多异质结构 p-GaN 低阻欧姆接触 ······ 186
7.2.1　位错密度对多异质结构 p-GaN 欧姆接触的影响 ······ 186
7.2.2　表面预处理对多异质结构 p-GaN 欧姆接触的影响 ······ 191
7.2.3　金属硬掩模 p-GaN 低阻欧姆接触 ······ 194
7.3　超低界面态密度金属 Ti 肖特基栅场效应晶体管 ······ 195
7.3.1　p-AlGaN/GaN/AlGaN 复合沟道 MESFET 稳定性表征 ······ 196
7.3.2　p-AlGaN/GaN/AlGaN 复合沟道 MESFET 高温特性 ······ 200
7.4　高开关比低功函数金属 W 肖特基栅场效应晶体管 ······ 203
7.4.1　高耐压 p-AlGaN/GaN/AlGaN MESFET ······ 203
7.4.2　低亚阈值摆幅 p-GaN/InGaN/AlGaN MESFET ······ 207
7.5　鳍型栅结构 p-GaN 场效应晶体管 ······ 211
7.5.1　AlN 插入层极化增强鳍型栅结构 GaN PFET ······ 211
7.5.2　InAlN 势垒层极化增强鳍型栅结构 GaN PFET ······ 213
参考文献 ······ 216
第 8 章　大功率 GaN 二极管整流及限幅电路 ······ 219
8.1　2.45GHz GaN 肖特基二极管整流电路 ······ 219
8.1.1　微波整流基本原理 ······ 219
8.1.2　整流电路仿真设计 ······ 220
8.1.3　微波转换效率测试系统 ······ 224
8.1.4　Si 肖特基二极管微波整流电路 ······ 225
8.1.5　GaN 微波整流电路 ······ 227
8.1.6　整流性能对比 ······ 228
8.2　5.8GHz GaN 肖特基二极管整流电路 ······ 229
8.2.1　5.8GHz GaN 微波整流电路设计 ······ 229
8.2.2　5.8GHz GaN 微波整流电路测试分析 ······ 232

8.3 GaN 肖特基二极管整流芯片 …… 234
8.3.1 C 波段整流 MMIC 设计 …… 234
8.3.2 C 波段整流 MMIC 测试分析 …… 235
8.4 高功率 GaN 微波整流模块 …… 239
8.5 基于 GaN 二极管整流技术的微波无线能量传输技术 …… 242
8.5.1 2.45GHz 微波能量传输系统 …… 242
8.5.2 5.8GHz 微波能量传输系统 …… 243
8.6 微波限幅器概况 …… 244
8.6.1 微波限幅器的基本原理 …… 244
8.6.2 限幅器的主要技术指标 …… 246
8.6.3 限幅器主要指标测试方法 …… 248
8.6.4 微波限幅技术发展趋势 …… 249
8.7 GaN 二极管检波的大功率限幅电路 …… 250
8.7.1 大功率限幅电路设计、加工与组装 …… 250
8.7.2 千瓦级半有源限幅电路 …… 251
8.8 全 GaN 肖特基限幅芯片 …… 253
8.8.1 肖特基限幅原理 …… 253
8.8.2 电路与版图设计 …… 253
8.8.3 芯片流片 …… 255
8.8.4 芯片测试 …… 256
参考文献 …… 258

第 1 章　绪　　论

以硅（Si）为代表的第一代半导体，得益于其成熟稳定的工艺、较低的成本和较高的可靠性等特点，已成为当前低成本电器及高集成度设备的重要组成部分；以砷化镓（GaAs）为代表的第二代半导体，具有远优于 Si 器件的频率特性和噪声特性，目前广泛应用于微波及射频电路中[1-2]。随着无线通信、雷达等电子系统的高速发展，对半导体器件的高频大功率特性提出了越来越高的要求，硅和砷化镓器件存在很大的局限性，因此以氮化镓（GaN）和碳化硅（SiC）为代表的第三代半导体因其高频大功率优势逐渐成为研究热点[3-4]。表 1.1 为常见的几种半导体材料的性能参数[5]，从表中代表半导体材料高频大功率特性的品质因数（Johnson 优值）的对比可以看出，GaN 和 SiC 具有比硅和砷化镓高出一个数量级的高频大功率性能优势。

表 1.1　几种常见半导体材料的性能参数

性能参数	材料			
	Si	GaAs	4H-SiC	GaN
本征载流子浓度/cm^{-3}	1.5×10^{10}	1.5×10^{6}	8.2×10^{-9}	1.9×10^{-10}
禁带宽度/eV	1.1	1.42	3.26	3.39
相对介电常数 ε_r	11.8	13.1	10	9
室温电子迁移率/［$cm^2\cdot(V\cdot s)^{-1}$］	1500	8500	1000	1300 2200 (2DEG)
电子饱和速度/（$10^7 cm\cdot s^{-1}$）	1	1	2	2.5
击穿场强/（$MV\cdot cm^{-1}$）	0.3	0.4	3.0	3.3
热导率/［W/（cm·K）］	1.5	0.43	3.3～4.5	1.3
Johnson 优值	1	2.7	20	27.5

常用的 GaN 材料为六方纤锌矿晶体结构，该晶体结构在（0001）方向不满足反转对称性，故 GaN 材料沿着（0001）方向存在很强的自发极化效应。此外，由于 AlGaN 材料与 GaN 材料之间的晶格常数不同，在 GaN 层上生长的 AlGaN 势垒层由晶格形变而引起较强的压电极化效应，在这两种极化效应的共同作用下，AlGaN/GaN 异质结界面处产生高迁移率、高密度的二维电子气（2DEG），使得 AlGaN/GaN 异质结器件具有极高的室温电子迁移率。

1.1 半导体肖特基二极管的发展

自1874年德国物理学家Braun发现金属-半导体接触的非对称性导电特性以来，越来越多的科研人员开始致力于金属-半导体接触理论的研究，促进了金属-半导体检波器的发展与广泛应用。1928年，瑞士物理学家Bloch首次提出了能带理论。1931年，英国物理学家Wilson基于这一理论，深入解释了金属、半导体和绝缘体导电能力不同的原因，并分析了能带对半导体特性的影响。在20世纪30年代，德国物理学家Schottky和英国物理学家Mott提出了半导体与金属接触一侧存在由空间电荷层形成的势垒理论。这一理论显著推动了对金属-半导体接触一侧非对称性导电特性的理解。在此基础上，美国物理学家Bethe于1942年提出了热电子发射理论，自此人们对金属-半导体接触界面的整流特性有了日渐清晰的认知。由于肖特基接触理论的逐渐成熟，基于金属-半导体接触所制备的肖特基势垒二极管（Schottky barrier diode，SBD）的应用逐渐走向成熟。

目前，常见的肖特基势垒二极管（简称肖特基二极管）主要包含两种结构：点接触型肖特基二极管和平面型肖特基二极管。点接触型肖特基二极管通过金属丝与平面半导体材料相接触实现，具有寄生参量小、制备工艺简单等优势，但存在可靠性差、难以重复制作等问题。平面型肖特基二极管需先在半导体表面沉积一层 SiO_2 保护层，再采用光刻、腐蚀等方法移除部分区域的 SiO_2 保护层，露出下方半导体材料，并在该裸露区域沉积金属形成肖特基结，完成制备。相比于点接触型，平面型肖特基二极管具有可靠性好、电路设计相对容易等优势。另外，随着半导体制备工艺的逐渐发展，形成了具有多种元器件单片集成的电路结构，进一步降低了分立二极管键合过程中所引入的寄生效应，大幅度提升了电路的性能及可靠性。

与传统的pn结二极管相比，肖特基二极管具有如下几个优势：肖特基二极管作为单一载流子器件，具有比传统快恢复二极管更短的反向恢复时间，且正向恢复过程中无明显的电压过冲现象，可广泛应用于高频电路、超高速电路中；由于金属-半导体形成的肖特基势垒高度远小于半导体pn结势垒高度，因此肖特基二极管具有比pn结二极管更低的开启电压和导通压降，能够有效降低器件功率损耗；肖特基二极管的势垒高度直接受到金属功函数的影响，通过选择不同功函数的金属能够有效对肖特基二极管的开启电压进行调控，从而满足不同应用需求。得益于这些优异特性，肖特基二极管广泛应用于整流电路、电源保护电路和电压箝位电路中。

1.2 平面型氮化镓肖特基二极管存在的问题

与应用较为成熟的硅、砷化镓、碳化硅等材料相比，常用的GaN半导体材料一般通过异质外延在蓝宝石、碳化硅和硅衬底上生长，位错密度通常为 $10^7 \sim 10^9 cm^{-2}$。如图1.1所示，高密度位错给GaN电子器件带来了很多问题和挑战，主要表现在：①对于平面结肖特基二极管，正向导通时阳极肖特基结的电流分布不均匀，在螺位错线处会形成较大的电流密度，局部电流密度过高时可能导致器件在长期工作中容易退化；②当平面结肖特基二极管处于反向截止状态时，位错漏电会大幅度增加肖特基结的反向泄漏电流，对器件反向击穿特性和可靠性产生严重不利影响；③位错对阴极欧姆接触特性也造成不利影响，当前多数 GaN 器件的欧姆接触区由于位错线的存在，在高温合金时会形成大量金属穿刺，这些金属穿刺有利于欧姆接触电阻的降低，但是在大电流工作时金属穿刺线上的电流更为集中，导致欧姆接触在大电流工作时容易退化。因此，位错对 GaN 电子器件，特别是肖特基二极管的严重不利影响，使得高功率 GaN 二极管长期难以实现实用化。

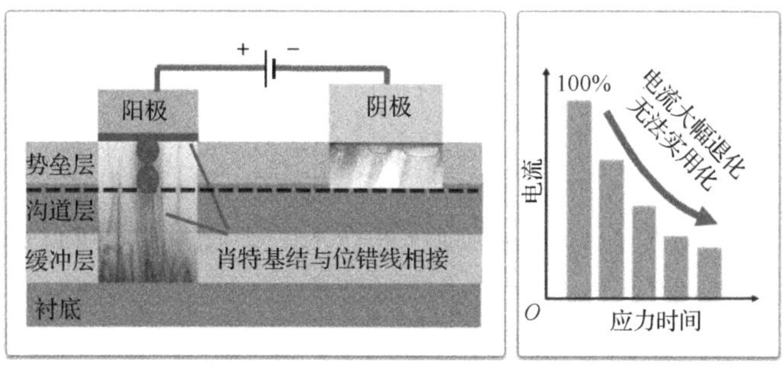

图 1.1 位错对传统 GaN 肖特基二极管的影响

对于位错导致 GaN 器件肖特基接触漏电增大和可靠性退化的问题，国内外学者开展了大量研究。首尔国立大学 Kim 等基于导电原子力显微术，证实了 GaN 材料中螺位错的漏电通道特性[6]；日本名古屋大学 Usami 等基于阴极发光测试、KOH 位错腐蚀坑及透射电子显微镜的方法，进一步验证了螺位错对器件反向漏电的影响[7]；另外，相关研究表明，GaN 位错中心区域的表面施主会显著降低肖特基势垒高度，从而大幅度增加漏电流[8-9]。中国科学院上海微系统与信息技术研究所 Zhang 等研究发现，通过采用低位错密度的 GaN 材料，不仅能够大幅度提升器件的直流特性，还能抑制器件电流崩塌效应，从而提升器件的可靠性[10]。当器件处于长时间应力状态时，位错表面的肖特基金属会沿着穿透位错路径向 GaN 材料中迁移，严重影响器件的使用寿命[11]。

关于位错对 GaN 器件欧姆接触的影响也有不少研究。对于欧姆接触而言，穿透位错能够作为欧姆接触金属的渗透通道，促进金属电极与 2DEG 的接触，从而减小欧姆接触电阻。然而，传统器件高温欧姆退火过程中，经穿透位错渗入的 Ti 金属与下方 N 原子相互结合，形成 TiN 等复杂化合物的导电穿刺，降低欧姆接触电阻[12]。当样品长时间处于高温环境中时，电极处 Au 和 Ga 原子相互扩散，富含 Au 的金属间化合物晶粒变大，导致欧姆电极表面钝化层的开裂及接触电阻的迅速退化[13]。针对位错导致欧姆接触退化难题，作者发展出一种 SiN 介质层辅助欧姆接触方法，详见 2.3.2 节的描述。该新型欧姆接触在高温合金时，SiN 介质层高温分解的 N 原子与欧姆金属 Ti 形成低功函数的导电氮化物 TiN，分解产生的 Si 扩散进入 AlGaN 或 AlN 层产生 N 型掺杂，避免了金属 Ti 扩散进入位错线形成的导电穿刺，满足了在高电流密度下工作的 GaN 器件欧姆接触的需要，并解决了高温下欧姆接触退化难题。

1.3 凹槽阳极氮化镓肖特基二极管的提出

1.3.1 凹槽结构半导体器件的创新发展

随着器件特征尺寸的逐渐缩小，常规平面栅结构器件面临的短沟道效应问题变得越发严重，凹槽栅结构通过提升对沟道载流子的调制作用，能够从根本上有效解决深亚微米级平面栅器件所面临的结构弊端[14]，此外，通过在凹槽栅边缘淀积介质，能够大幅度提升器件击穿电压[15]。在此基础上，如图 1.2（a）所示，作者提出的多台阶凹槽栅结构有效缓解了常规凹槽栅结构器件饱和电流的退化问题，兼顾了器件高击穿电压和大电流特性[16]。与此同时，作者在 2005 年进一步提出了适用于凹槽栅结构 AlGaN/GaN HEMT（high electron mobility transistor，高电子迁移率晶体管）的解析模型，器件结构如图 1.2（b）所示，从机理上深入分析了自发极化和压电极化对器件特性的影响机制[17]；次年，作者提出氮气氛围下 GaN 肖特基栅后退火的技术，有效抑制了肖特基栅界面态密度及反向漏电[18]，为国际上首款 GaN 肖特基二极管产品的成功应用奠定了良好基础[19]。通过对栅下方的 AlGaN 势垒层进行局部刻蚀，能够有效减弱栅下 AlGaN 势垒层与 GaN 沟道层的极化强度，从而降低栅下沟道处的二维电子气浓度，实现增强型特性[20]，而且器件阈值电压随栅凹槽深度的增大而增大[21]，在此基础上，通过引入源场板、复合栅场板、源-漏复合场板等结构能够有效调控器件电场分布特性，提高器件击穿电压。2010 年，作者进一步基于凹槽栅结构增强型 GaN 高电子迁移率晶体管［图 1.2（c)］分析了栅后退火对 GaN 肖特基结特性的影响，进一步验证了退火对肖特基势垒的提升机制，完善了相关理论研究[22]。然而，传统栅凹槽结构的干法制备过程中，通常会引入较多的等离子体刻蚀损伤，且由于刻蚀腔体内等离子体分布不均匀，会导致凹槽边缘存在刻蚀尖峰等问题，导致器件漏电迅速增加。针对上述问题，作者在 2013 年提出了基于热氧氧化及湿法腐蚀的自停止 AlGaN 势垒层刻蚀技术，实现了凹槽结构的原子级表面形貌，大幅度提升了凹槽栅结构 GaN HEMT 的器件特性[23]，且器件在 300℃高温下仍显著表现出极高开关比[24]。

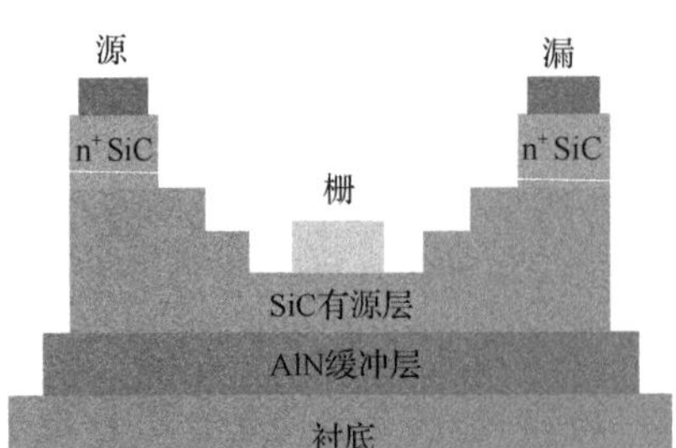

（a）多台阶凹槽栅结构SiC MESFET器件

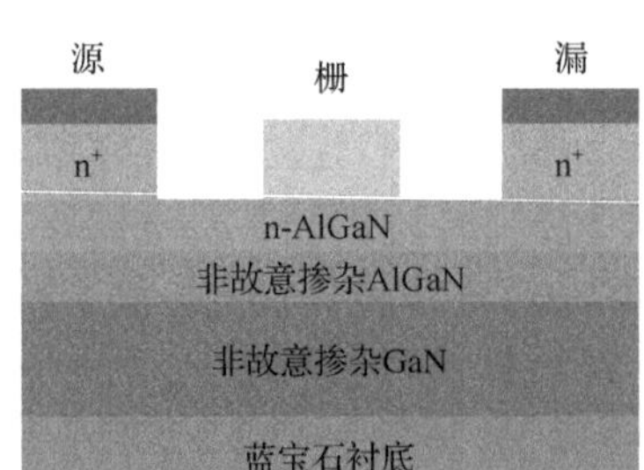

（b）凹槽栅结构AlGaN/GaN HEMT器件

图 1.2　凹槽栅结构器件结构示意图

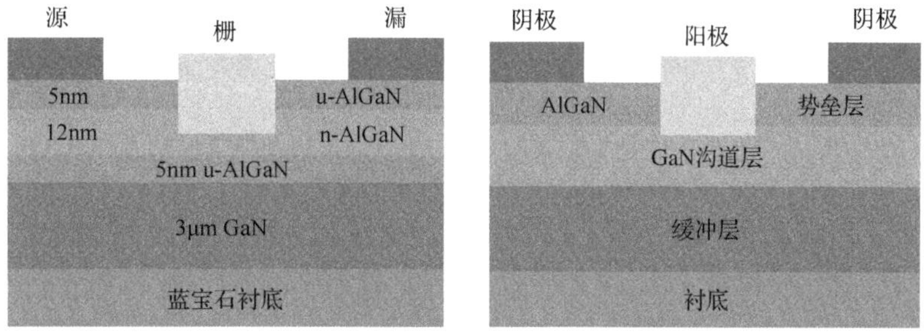

（c）凹槽栅结构增强型AlGaN/GaN HEMT器件　（d）凹槽阳极AlGaN/GaN SBD器件

图 1.2（续）

作者基于前期高性能凹槽结构器件的相关成果，针对传统平面阳极 AlGaN/GaN 肖特基二极管中，由高密度穿透位错引起的局部势垒降低效应导致长期高正向导通电流工作下的退化难题，以及反向偏置状态下导致器件提前击穿及失效的难题，提出了位错免疫的凹槽阳极结构，有效屏蔽了阳极下方 GaN 穿透位错对器件性能的影响，成功研制了国际首款 GaN 肖特基二极管产品，器件结构如图 1.2（d）所示，并实现了批量化应用。此外，由于 GaN 材料禁带宽度较大，导致肖特基界面势垒高度较高，开启电压远高于目前商用的 Si 二极管器件[25-26]，对 GaN 肖特基二极管的商业化应用产生了不利影响。针对上述问题，作者带领团队提出的凹槽阳极 GaN 肖特基二极管阳极工程技术[27]，实现了 0.31V 的超低开启电压[28]，其反向特性相比于国内外同期高水平器件性能无明显退化，且展示出超过 3GW/cm^2 的功率品质因数[29]和极高的一致性[30]，非常适合于产业化应用。针对常规阳极凹槽干法刻蚀制备过程中所引入的刻蚀损伤难题，基于热氧氧化及湿法腐蚀的自停止 AlGaN 势垒层刻蚀技术在 Si 基 GaN 材料上实现了高达 1.5kV 的三端耐压特性[31]。在此基础上，作者基于凹槽阳极结构 GaN 肖特基二极管成功实现了大功率微波整流应用，为未来高功率无线充电技术的应用奠定了基础[32-33]。基于该凹槽阳极肖特基漏 GaN 高电子迁移率晶体管也表现出了优异的双向阻断特性，相比于传统的平面肖特基漏 GaN 高电子迁移率晶体管，大幅度降低了器件导通损耗[34-35]。另外，作者针对现阶段 GaN PFET 界面钝化质量较差，存在极高界面态密度导致器件特性不稳定的难题，将低功函数金属凹槽阳极结构进一步扩展到 GaN PFET 器件中，实现了低至 10^{11}cm^{-2}eV^{-1} 量级的栅界面态密度[36-37]。在此基础上，通过系统优化凹槽栅结构的制备工艺，实现了同时具备高击穿电压、高开关比和低界面态密度的高性能增强型 GaN PFET[38]。

1.3.2 凹槽阳极 GaN 肖特基二极管的基本结构与原理

GaN SBD 从结构上可分为横向结构、准垂直结构和全垂直结构三种，其电流流向各不相同。准垂直结构与全垂直结构 GaN SBD 均属于纵向结构器件，器件在垂直方向承受耐压，故击穿电压由 n$^-$ GaN 漂移层厚度及掺杂浓度共同决定，且器件峰值电场在 GaN 漂移层内部远离样品表面，具有电流分布均匀、尺寸小及可靠性高等优势。相比于准垂直结构和全垂直结构器件而言，基于 AlGaN/GaN 异质结材料的横向结构 GaN SBD 采用高密度及高迁移率的 2DEG 作为导电沟道，具有与 GaN HEMT 兼容的器件结构及制备工艺，有助于更好地实现单片集成应用[39-41]。为了大幅度提升 GaN 器件肖特基结的特性及可靠性，作者带领团队发展出一种位错免疫的新型凹槽阳极肖特基结结构，如图 1.3 所示。

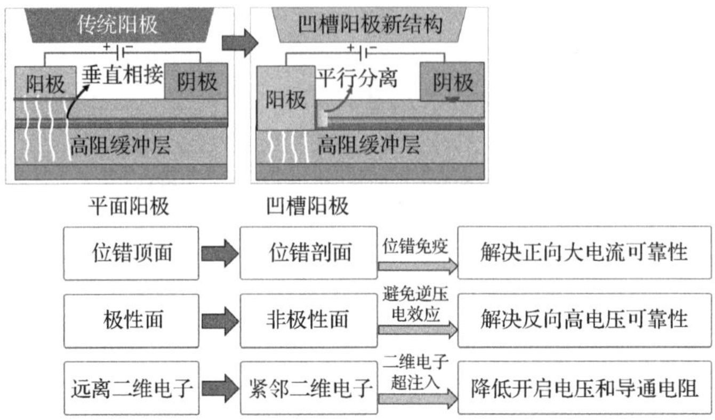

图 1.3　GaN 凹槽阳极肖特基结结构

新型凹槽阳极肖特基结构中，实现了以下三方面的重要转变。

（1）肖特基结由位错顶面转变为位错剖面，实现了位错免疫，解决了正向大电流工作下位错处电流集中带来的可靠性问题。作者所在团队首先对 GaN 中典型刃位错和螺位错的缺陷态分布进行了第一性原理计算。如图 1.4 所示，刃位错和螺位错在缺陷电子态主要局域在位错附近，如果沿[0001]晶向观察位错体系的投影态密度分布，随着坐标的变化，在费米能级（即虚线）附近的缺陷态始终稳定存在，贯通整个坐标范围，特别是螺位错，其缺陷态在禁带中的分布更加广泛。这些贯通[0001]晶向的缺陷态可以形成有效的漏电通路，导致可靠性问题。另外，从(0001)晶面来看，缺陷电子态沿非极性方向的分布呈现高度局域特征，无弥散性分布，因此，沿非极性方向的电流输运中，位错引入的缺陷电子态之间较难形成有效导电通道，制备的器件理论上具有更高可靠性。

（2）肖特基结由氮化物半导体极性面转变为非极性面，避免了极性面在高电场下的逆压电效应退化问题，解决了反向高电压工作时逆压电效应导致的可靠性问题。以氮化镓为代表的纤锌矿氮化物晶体属于 $P6_3mc$ 空间群，其压电张量的特征为：压电诱生的极化电荷绝大多数沿 c 轴方向分布，而垂直于 c 轴方向的极化电荷则仅在沿 c 轴方向的剪切应变下出现（即 d_{15}）。实际制备的器件很难出现该应力模式，因此工作电场方向沿非极性面方向分布可以有效抑制逆压电效应带来的性能退化问题。

（3）肖特基结由远离二维电子气沟道（相隔 10～30nm 的势垒层）转变为紧邻二维电子气沟道。作者团队针对 AlN/GaN 异质结沿非极性[1010]晶向的电子态密度分布进行了第一性原理计算，结果如图 1.5 所示。可以看到靠近(1010)表面处，AlN 和 GaN 发生了较为明显的表面重构。根据以往报道，这种重构会在价带顶附近引入占据的浅表面态，将费米能级钉扎在价带顶附近。在图 1.5 中，同样出现类似的分布，即靠近表面处，能带明显向上弯曲，呈现类似 p 型掺杂特征。从表面继续深入，与表面重构同时伴随沿非极性面方向发生的原子弛豫，弛豫造成的应力释放与表面态的耗尽共同诱生出一个 i 型的区域。随着深度继续增加，原子分布已经逐渐摆脱表面重构的影响，而趋向于体材料特征，此时高密度的二维电子气会将费米能级钉扎于略高于导带底的位置，因此异质结在该区域呈现 n 型掺杂特征。

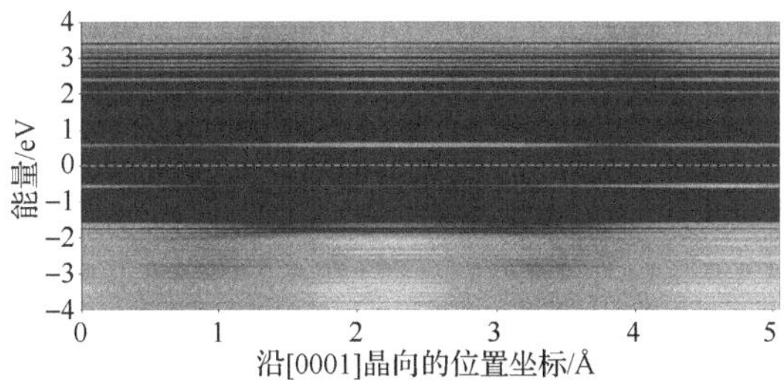

（a）刃位错沿[0001]晶向的投影态密度

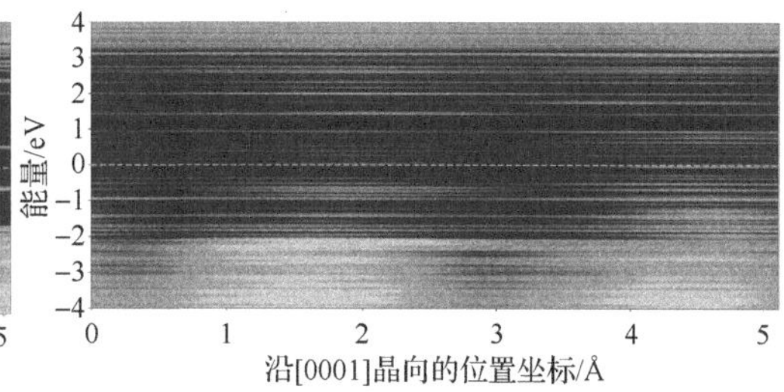

（b）螺位错沿[0001]晶向的投影态密度

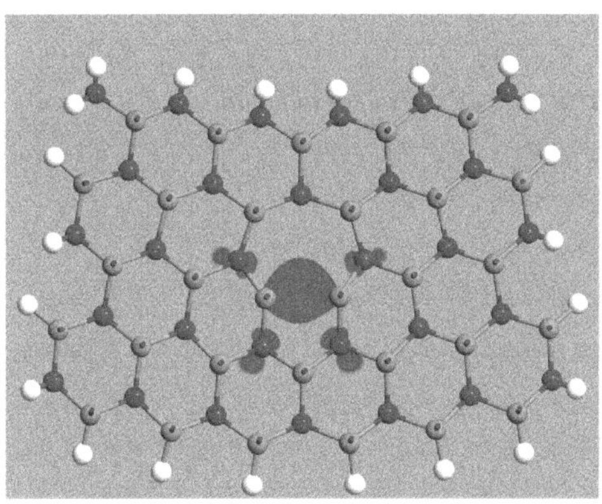

（c）刃位错缺陷电子态在(0001)晶面的空间分布

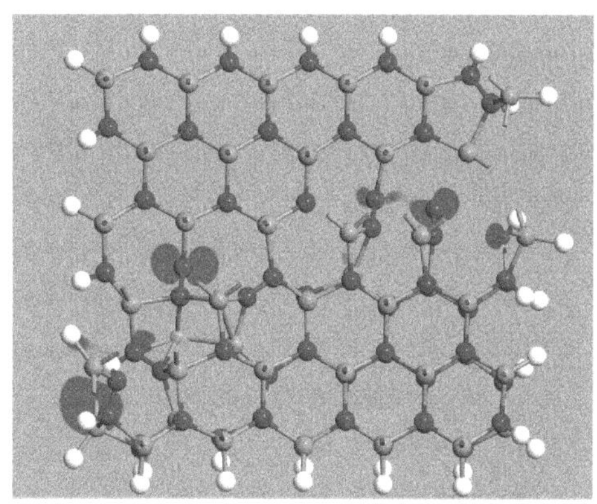

（d）螺位错缺陷电子态在(0001)晶面的空间分布

图 1.4　电子态密度分布

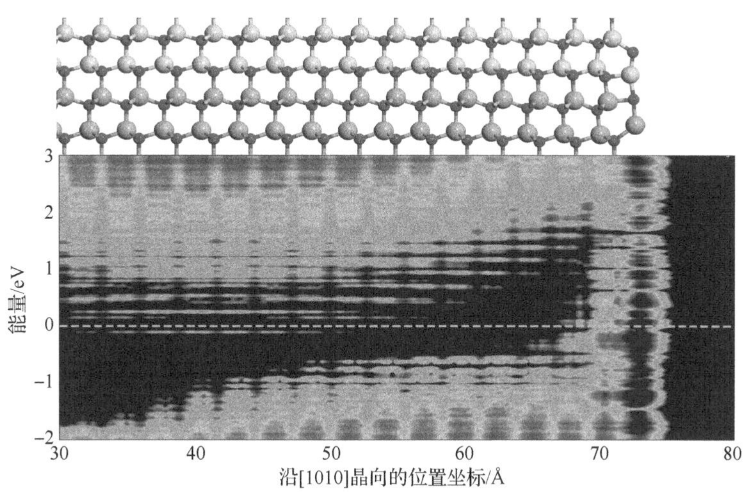

图 1.5　AlN/GaN 异质结沿[1010]晶向的原子结构及其对应的投影态密度分布

综上所述，当二维电子气沟道侧壁被刻蚀凹槽后，凹槽侧壁非极性表面发生重构，局部应力释放，导致紧邻凹槽几纳米空间内二维电子气消失，同时非极性面的重构导致侧壁表面呈现弱 p 型，因此侧壁肖特基结在二维电子气沟道处呈现 PIN 特征，即弱 p（表面态钉扎）-i（应力释放区）-强 n（高密度 2DEG）。据报道，这种 PIN 结构在正向偏置时可在 i 区诱导出超注入现象，大大降低肖特基结的开启电压和导通电阻。新型凹槽阳极结构的提出，很好地解决了高位错材料表面肖特基结大电流可靠性问题、极性面高压下的逆压电效应退化问题和宽禁带半导体肖特基结开启电压高问题等，显著提高了器件的性能和可靠性，使得氮化镓肖特基结走向了实用化。

参考文献

[1] MACKSEY H, DOERBECK F. GaAs FETs having high output power per unit gate width[J]. IEEE Electron Device Letters, 1981, 2(6): 147-148.

[2] CHEN C, SMITH F, CLIFTON B, et al. High-power-density GaAs MISFET's with a low-temperature-grown epitaxial layer as the insulator[J]. IEEE Electron Device Letters, 1991, 12(6): 306-308.

[3] 郝跃, 彭军, 杨银堂. 碳化硅宽带隙半导体技术[M]. 北京: 科学出版社, 2000.

[4] 郝跃, 张金风, 张进成. 氮化物宽禁带半导体材料与电子器件[M]. 北京: 科学出版社, 2013.

[5] 曹梦逸. 高效率和大功率氮化镓半导体放大器研究[D]. 西安: 西安电子科技大学, 2014.

[6] KIM B, MOON D, JOO K, et al. Investigation of leakage current paths in n-GaN by conductive atomic force microscopy[J]. Applied Physics Letters, 2014, 104: 102101.

[7] USAMI S, ANDO Y, TANAKA A, et al. Correlation between dislocations and leakage current of p-n diodes on a free-standing GaN substrate[J]. Applied Physics Letters, 2018, 112: 182106.

[8] CHEN L, JIN N, YAN D, et al. Charge transport in vertical GaN Schottky barrier diodes: a refined physical model for conductive dislocations[J]. IEEE Transactions on Electron Devices, 2020, 67(3): 841-846.

[9] BRAZEL E, CHIN M, NARAYANAMURTI V. Direct observation of localized high current densities in GaN films[J]. Applied Physics Letters, 1999, 74(16): 2367-2369.

[10] ZHANG D, CHENG X, NG W, et al. Reliability improvement of GaN devices on free-standing GaN substrates[J]. IEEE Transactions on Electron Devices, 2018, 65(8): 3379-3387.

[11] ANDO Y, ISHIKURA K, MURASE Y, et al. Impact of epi-layer quality on reliability of GaN/AlGaN/GaN heterostructure field-effect transistor on Si substrate[J]. IEEE Transactions on Electron Devices, 2013, 60(12): 4125-4132.

[12] LU H, HOU B, YANG L, et al. Low-resistance Ta/Al/Ni/Au ohmic contact and formation mechanism on AlN/GaN HEMT[J]. IEEE Transactions on Electron Devices, 2022, 69(11): 6023-6027.

[13] PIAZZA M, DUA C, OUALLI M, et al. Degradation of TiAlNiAu as ohmic contact metal for GaN HEMTs[J]. Microelectronics Reliability, 2009, 49, 1222-1225.

[14] 任红霞, 郝跃. 槽栅 MOS 器件的研究与进展[J]. 微电子学, 2000, 30(4): 258-262.

[15] 龚欣, 张进城, 郝跃. 多台阶介质槽隔离的 SiCOI MESFET 器件[J]. 半导体学报, 2004, 25(1): 73-76.

[16] 龚欣, 张进城, 郝跃. 一种新型介质槽隔离 SiCOI MESFET[J]. 固体电子学研究与进展, 2005, 25(1): 60-64.

[17] 杨燕, 王平, 郝跃, AlGaN/GaN 高电子迁移率晶体管解析模型[J]. 电子学报, 2005, 33(2): 205-208.

[18] 王冲, 张金风, 郝跃, 等. AlGaN/GaN HEMT 在 N_2 中高温退火研究[J]. 西安电子科技大学学报, 2006, 33(6): 862-865.

[19] 刘杰, 郝跃, 冯倩, 等. 基于 I-V-T 和 C-V-T 的 GaN 上 Ni/Au 肖特基接触特性研究[J]. 物理学报, 2007, 56(6): 3483-3487.

[20] WANG C, ZHANG J, QUAN S, et al. An enhancement-mode AlGaN/GaN HEMT with recessed-gate[J]. 半导体学报, 2008, 29(9), 1682-1685.

[21] 郝跃, 王冲, 倪金玉, 等. 增强型 AlGaN/GaN 槽栅 HEMT 研制与特性分析[J]. 中国科学 E 辑: 技术科学, 2009, 39(1): 119-123.

[22] 王冲, 全思, 马晓华, 等. 增强型 AlGaN/GaN 高电子迁移率晶体管高温退火研究[J]. 物理学报, 2010, 59(10): 7333-7337.

[23] XU Z, WANG J, LIU Y, et al. Fabrication of normally off AlGaN/GaN MOSFET using a self-terminating gate recess etching technique[J]. IEEE Electron Device Letters, 2013, 34(7): 855-857.

[24] XU Z, WANG J, CAI Y, et al. 300℃ operation of normally-off AlGaN/GaN MOSFET with low leakage current and high on/off current ratio[J]. Electronic Letters, 2014, 50(4): 315-316.

[25] ZHU M, SONG B, QI M, et al. 1.9kV AlGaN/GaN lateral Schottky barrier diodes on silicon[J]. IEEE Electron Device Letters, 2015, 36(4): 375-377.

[26] TSOU C, WEI K, LIAN Y, et al. 2.07kV AlGaN/GaN Schottky barrier diodes on silicon with high Baliga's figure-of-merit[J]. IEEE Electron Device Letters, 2016, 37(1): 70-73.

[27] ZHANG T, WANG Y, ZHANG Y, et al. Comprehensive annealing effects on AlGaN/GaN Schottky barrier diodes with different work-function metals[J]. IEEE Transactions on Electron Devices, 2021, 68(6): 2661-2666.

[28] ZHANG T, ZHANG J, ZHOU H, et al. High-performance lateral GaN Schottky barrier diode on silicon substrate with low turn-on voltage of 0.31V, high breakdown voltage of 2.65kV and high-power figure-of-merit of 2.65GW$\cdot$cm^{-2}[J]. Applied Physics Express, 2019, 12: 046502.

[29] ZHANG T, ZHANG J, ZHOU H, et al. A > 3kV/2.94m$\Omega\cdot$cm^2 and low leakage current with low turn-on voltage lateral GaN Schottky barrier diode on silicon substrate with anode engineering technique[J]. IEEE Electron Device Letters, 2019, 40(10): 1583-1586.

[30] ZHANG T, ZHAGN J, ZHOU H, et al. 1.9kV/2.61m$\Omega\cdot$cm^2 lateral GaN Schottky barrier diode on silicon substrate with tungsten anode and low turn-on voltage of 0.35 V[J]. IEEE Electron Device Letters, 2018, 39(10): 1548-1551.

[31] ZHANG T, LI R, LU J, et al. A 0.43V/90nA/mm lateral AlGaN/GaN Schottky barrier diode with plasma-free groove anode technique[J]. IEEE Electron Device Letters, 2021, 42(12): 1747-1750.

[32] DANG K, ZHANG J, ZHOU H, et al. A 5.8GHz high-power and high-efficiency rectifier circuit with lateral GaN Schottky diode for wireless power transfer[J]. IEEE Transactions on Power Electronics, 2020, 35(3): 2247-2252.

[33] DANG K, ZHANG J, ZHOU H, et al. Lateral GaN Schottky barrier diode for wireless high-power transfer application with high RF/DC conversion efficiency from circuit construction and device technologies to system demonstration[J]. IEEE Transactions on Industrial Electronics, 2020, 67(8): 6597-6606.

[34] WANG H, MAO W, ZHAO S, et al. High-performance reverse blocking p-GaN HEMTs with recessed Schottky and p-GaN isolation blocks drain[J]. Applied Physics Letters, 2021, 119: 023507.

[35] WANG H, MAO W, ZHAO S, el al. 1.3kV reverse-blocking AlGaN/GaN MISHEMT with ultralow turn-on voltage 0.25 V[J]. Journal of the Electron Devices Society, 2020, 9: 125-129.

[36] SU H, ZHANG T, XU S, et al. Normally-off p-channel AlGaN/GaN/AlGaN MESFET with high breakdown voltage and ultra-low interface state density[J]. IEEE Electron Device Letters, 2023, 44(12): 1939-1942.

[37] SU H, ZHANG T, XU S, Interface state analysis of Schottky-gated p-AlGaN/u-GaN/AlGaN p-FET with negligible hysteresis at high temperatures[J]. Applied Physics Letters, 2023, 123: 132104.

[38] WU P, SU H, ZHANG T, et al. A normally-off tungsten-gated p-AlGaN/u-GaN composite-channel p-MESFET with negligible hysteresis and a high I_{ON}/I_{OFF} ratio[J]. IEEE Transactions on Industrial Electronics, 2024, 71(7): 4433-4436.

[39] LI X, VAN H, ZHAO M, et al. 200V Enhancement-mode p-GaN HEMTs fabricated on 200mm GaN-on-SOI with trench isolation for monolithic integration[J]. IEEE Electron Device Letters, 2017, 38(7): 918-921.

[40] LI X, VAN H, ZHAO M, et al. Suppression of the backgating effect of enhancement-mode p-GaN HEMTs on 200mm GaN-on-SOI for monolithic integration[J]. IEEE Electron Device Letters, 2018, 39(7): 999-1002.

[41] LI X, ZHAO M, BAKEROOT B, et al. Buffer vertical leakage mechanism and reliability of 200mm GaN-on-SOI[J]. IEEE Transactions on Electron Devices, 2018, 66(1): 553-560.

第 2 章 凹槽阳极 GaN 肖特基结器件制备工艺

得益于 GaN 材料较大的禁带宽度，以及 AlGaN/GaN 异质界面处由自发极化和压电极化产生的高密度和高迁移率 2DEG，基于 AlGaN/GaN 异质结构的器件在高频、大功率方面具有良好的应用前景[1-4]。但对于 GaN 材料而言，较大的禁带宽度会导致器件形成较高的欧姆接触电阻，从而限制了器件的输出电流[5-6]。另外，与传统的平面阳极结构 AlGaN/GaN SBD 相比，凹槽阳极结构 AlGaN/GaN SBD 的阳极金属与 2DEG 导电沟道直接接触，能够有效降低阳极界面的肖特基势垒高度与势垒宽度，从而大幅度降低器件的开启电压[7]。值得注意的是，对于凹槽阳极结构 AlGaN/GaN SBD 而言，阳极凹槽界面刻蚀质量会直接影响器件最终的性能，界面较多的刻蚀损伤会引起器件较大的反向漏电及较大的导通电阻[8-11]。除了传统的四甲基氢氧化铵（tetramethylammonium hydroxide，TMAH）溶液水浴加热及热退火修复刻蚀损伤外，阳极后退火处理在促进刻蚀表面悬挂键与阳极金属成键方面也具有重要的作用，有助于实现器件较低的反向漏电和较高的击穿电压[10-15]。另外，由于凹槽阳极结构 AlGaN/GaN SBD 的导电沟道距离样品表面仅有 20～30nm，而常规的表面钝化技术难以解决器件高压应力状态下的导通电阻退化难题，故迫切需要寻求一种新型的耐电流崩塌钝化技术，以满足器件高压应用需求[16]。如何实现 GaN SBD 较低的导通电阻、较低的反向漏电，已成为全球范围的前沿课题。

本章通过对低漏电台面隔离、低阻欧姆接触、低损伤阳极凹槽刻蚀、阳极后退火损伤修复及低界面态钝化等几个方面进行介绍，对凹槽阳极结构 AlGaN/GaN SBD 的全流程制备方法进行了讨论。

2.1 凹槽阳极 GaN 肖特基二极管制备

与平面阳极结构的 AlGaN/GaN SBD 相比，凹槽阳极结构的 AlGaN/GaN SBD 中，阳极金属与 2DEG 沟道直接接触，有效降低了阳极肖特基势垒宽度和高度，因此器件能够实现较低的开启电压。凹槽阳极结构 AlGaN/GaN SBD 的制备工艺主要包括以下几步：（a）裸片清洗；（b）台面隔离；（c）欧姆电极制备；（d）阳极凹槽刻蚀；（e）阳极界面处理；（f）阳极金属沉积；（g）阳极后退火；（h）钝化层沉积；（i）钝化层开孔。器件制备工艺流程如图 2.1 所示[17-20]。

（a）裸片清洗：GaN 材料在金属有机化学气相沉积（metal-organic chemical vapor deposition，MOCVD）设备外延生长的过程中是较为洁净的，但由于器件制备之前，需采用一系列的设备对材料进行测试表征，如汞探针电容-电压（capacitance-voltage，CV）测试、接触式霍尔测试等，分别会在样品表面留下汞、铟等金属污染[21]。此外，当样品长时间处于空气中时，GaN 表面会形成非致密的氧化物薄膜[22]，导致器件欧姆接触质量的退化，因此，在器件制备前需先采用清洗的方法移除表面污染物。外延片的清洗可分为有机清洗和无机清洗，常规有机清洗可先将外延片放置于丙酮溶液中超声溶洗10min，去除表面有机污染物；然后将外延片放置于异丙醇或乙醇溶液中超声清洗10min，去除外延片表面残留的丙酮溶液；再将外延片放置于去离子水中超声清洗 5min，去除外延片表面残留的异丙醇或乙醇溶液，此清洗过程需重复 2～3 次；最后再用氮气枪把样品吹干。如果样品表面存在变性光刻胶等难以去除的有机物时，可采用浓硫酸与过氧化氢（俗称双氧水）按 3∶1 配制的“食人鱼”溶液（piranha solution）进行无机清洗，使表面有机物充分氧化，然后使用缓冲氧化物刻蚀液（buffered oxide etchant，BOE）溶液或稀盐酸溶液去除表面氧化物，接着用大量去离子水冲洗样品表面，最后再用氮气枪吹干样品。

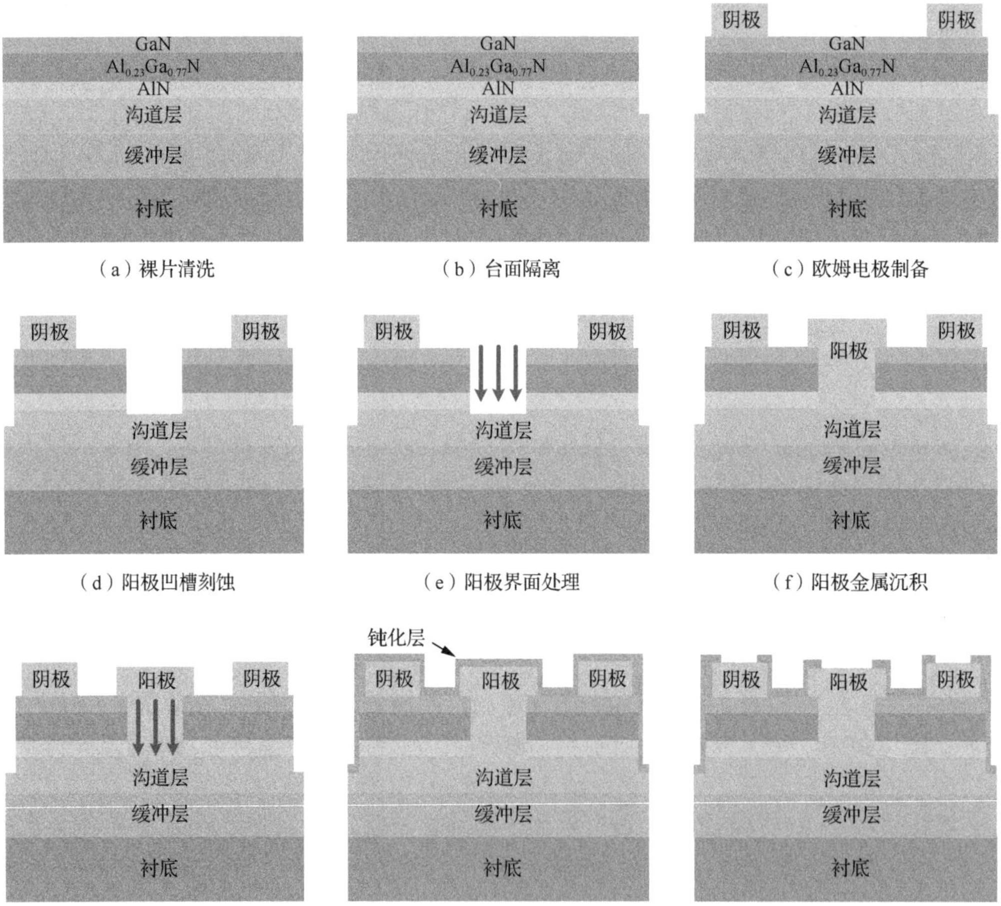

（a）裸片清洗　（b）台面隔离　（c）欧姆电极制备

（d）阳极凹槽刻蚀　（e）阳极界面处理　（f）阳极金属沉积

（g）阳极后退火　（h）钝化层沉积　（i）钝化层开孔

图 2.1　凹槽阳极结构 AlGaN/GaN SBD 的制备工艺流程

（b）台面隔离：由于 AlGaN/GaN 异质结构材料中的 2DEG 均匀分布于整个外延片，为了避免工作器件对周围其他器件产生串扰，需对器件间进行隔离。横向结构 AlGaN/GaN

器件间的隔离通常有两种方式：一种是采用高能离子轰击的方法，破坏 GaN 材料的晶格结构，达到材料高阻化的目的[23-25]；另一种是通过电感耦合等离子体（inductively coupled plasma，ICP）刻蚀设备刻蚀隔离区域的 AlGaN/GaN 材料达到隔离器件的目的，该方法具有刻蚀速率可控且易于实现等优势[12-13]。此外，在台面隔离制备过程中，可同时制备用于器件后续工艺对准的光刻标记，为保障后续套刻标记的清晰度，一般要求台面隔离深度大于 100nm。刻蚀完成之后，对样品进行丙酮、异丙醇及去离子水超声清洗，去除表面残留光刻胶，随后对样品的凹槽深度进行台阶仪或原子力显微镜测试，总刻蚀深度需大于该材料 GaN 帽层、AlGaN 势垒层及 AlN 插入层的总厚度，达到器件间隔离的目的，器件台面隔离深度测试结果如图 2.2 所示。

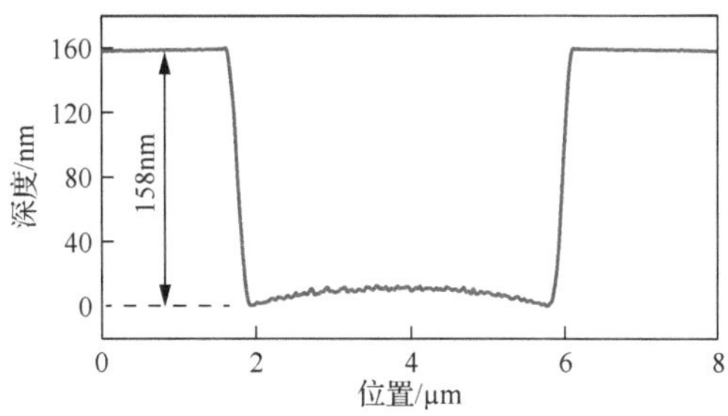

图 2.2　器件台面隔离深度测试结果

（c）欧姆电极制备：GaN 材料的欧姆接触通常可分为两种制备工艺，一种是与 Si 基 CMOS 兼容的低成本无金工艺[26-27]，另一种是以 Ti、Al、Ni、Au 为代表的有金工艺。Ti 金属具有良好的黏附性，与 GaN 材料的直接接触可确保金属剥离过程中，欧姆区域的金属电极不易脱落，且低功函数金属 Ti 与 GaN 在高温下会生成 TiN 和氮空位，进一步提高欧姆电极隧穿概率；Al 金属同样具有较低的功函数，在高温下与第一层的 Ti 金属反应生成 Al_3Ti 等化合物，防止下方的 Ti 金属被氧化导致欧姆接触退化，且较厚的 Al 金属可阻止退火时上层金属的下扩；第三层金属 Ni 具有较高的熔点且化学性质稳定，在高温退火时可阻挡金属外扩变形；第四层金属 Au 具有较为稳定的化学性质和较低的电阻率，有利于保护下方金属不被氧化，从而达到降低欧姆接触电阻的目的。上述多层金属结构的欧姆接触通常可采用电子束蒸发设备进行沉积，各层 Ti、Al、Ni、Au 金属厚度分别为 22nm、140nm、55nm、45nm，蒸发速率分别为 1Å/s、2Å/s、1Å/s、1Å/s，较低的蒸发速率有助于实现更好的黏附性和致密性。

为了形成良好的欧姆电极边缘形貌，在欧姆接触的制备中可采用双层胶剥离工艺，底层非光敏胶可采用 SF_6 或 LOR 系列，顶层光敏胶可采用 AZ6112 或 AZ5214。当欧姆金属沉积后，需先使用丙酮溶液对样品进行超声清洗，剥离掉欧姆区域以外的多层金属，然后在 60℃剥离液中水浴 10min 去掉底层胶，最后再进行丙酮、异丙醇和去离子水的有机超声清洗。把欧姆电极剥离完成后的样品放置于显微镜下观察电极表面形貌，确认样品洁净度，再将样品放置于快速退火炉中，在 N_2 氛围下以 860℃高温退火 35s，从而形成良好的低阻欧姆接触。

欧姆接触与台面隔离制备完成后，可采用图 2.3 所示的传输线模型（transmission line model，TLM）结构评估欧姆接触质量，样品欧姆接触电阻 R_C 和半导体材料方块电阻

R_{SH} 可通过测量两电极间的电阻计算得到[28]，注意测试时需使用四探针法减小探针电阻与设备电阻的影响[17]。相邻两电极间电阻的表达式可表示为

$$R = \frac{R_{SH}d}{W} + 2R_C \tag{2-1}$$

求得不同间距相邻电极间的电阻后，绘制 TLM 结构中电极间距与样品电阻的关系曲线，其中，横坐标为相邻两电极的间距 d，纵坐标为电阻 R。通过拟合直线斜率计算出 R_{SH}，拟合直线与 Y 轴截距计算出 R_C。图 2.4 为 GaN 样品 TLM 结构的 I-V 测试结果和 R_C 计算结果，样品 R_C 为 0.74Ω·mm，R_{SH} 为 318Ω·mm。另外，台面隔离漏电是评估外延材料与刻蚀工艺的重要参数。与上述 TLM 结构不同，台面隔离效果通过测量两隔离电极间的漏电大小进行表征。如图 2.5 所示，当两电极间的偏置电压为 100V 时，漏电流仅为 42pA/mm。较小的台面隔离漏电是保障器件实现高开关比的重要因素之一。

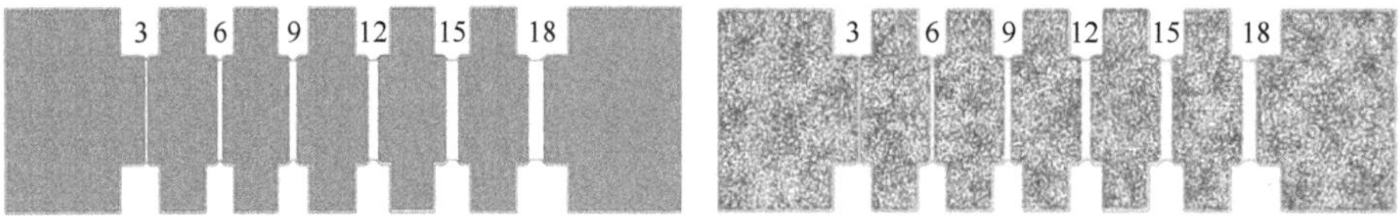

（a）TLM版图结构 （b）TLM实物结构

图 2.3 AlGaN/GaN 样品 TLM 结构

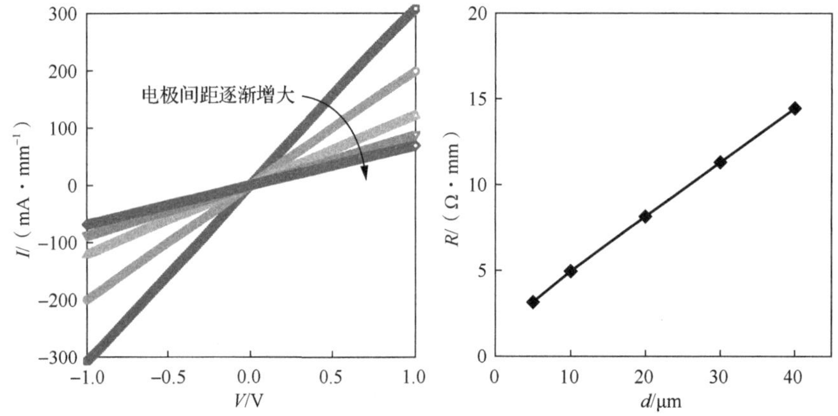

（a）不同间距TLM结构的I-V测试结果 （b）TLM结构电阻与间距的关系

图 2.4 AlGaN/GaN 样品不同间距 TLM 结构的 I-V 曲线及电阻

（d）阳极凹槽刻蚀：由于阳极金属与 GaN 刻蚀表面直接接触，界面刻蚀质量会直接影响器件的最终特性。高损伤的界面刻蚀会导致器件反向漏电增大和耐压降低等问题。基于 BCl_3 的慢速低损伤刻蚀技术具有刻蚀表面粗糙度小和刻蚀损伤小等特点，有助于实现器件较低的反向漏电和较高的击穿电压。为了使阳极金属与 2DEG 沟道能够均匀接触，阳极凹槽制备过程中需采用过刻蚀的方法，即阳极凹槽的刻蚀深度需大于 GaN 帽层、AlGaN 势垒层与 AlN 插入层的厚度总和。图 2.6 为采用原子力显微镜对阳极凹槽刻蚀深度及形貌的表征结果。结果表明，阳极凹槽刻蚀总深度约为 34nm，满足对凹槽深度过刻蚀的要求。

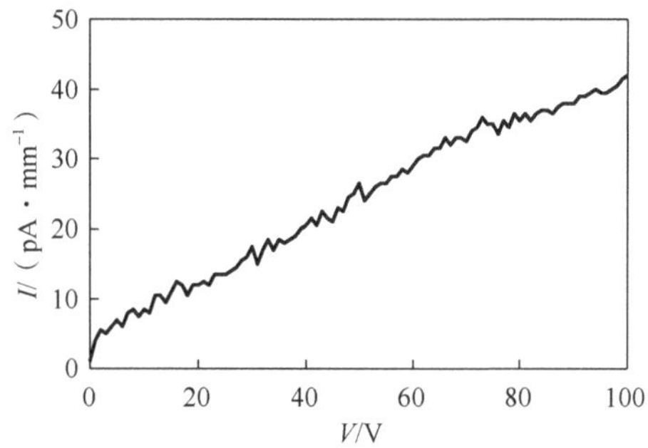

图 2.5　器件台面隔离漏电特性曲线

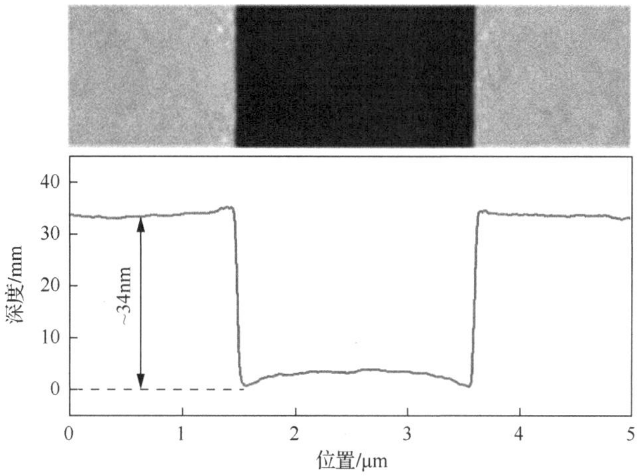

图 2.6　器件阳极凹槽深度

（e）阳极界面处理：慢速低损伤阳极凹槽刻蚀工艺虽然能够有效减少刻蚀过程中由等离子体轰击所造成的刻蚀损伤，但并不能完全避免损伤的产生，故凹槽表面仍然存在较多的悬挂键和氮空位。这些缺陷与阳极金属接触时，会作为载流子的隧穿通道，形成较大的反向隧穿电流，因此阳极凹槽界面的损伤修复技术对于降低器件反向漏电具有重要作用。GaN 材料的刻蚀损伤修复技术主要分为两种：一种是采用 TMAH 溶液水浴的方法，通过把侧壁及凹槽底部表面的高损伤 GaN 材料腐蚀掉，裸露出内部较少损伤的 GaN 材料区域；另一种是采用低温退火的方法，以促进表面悬挂键的结合，从而达到降低陷阱态密度的目的。

（f）阳极金属沉积：阳极金属的特性直接决定了 AlGaN/GaN SBD 的性能。Ni 金属由于具有较高的金属功函数及良好的黏附性，可实现较低的肖特基结漏电，因此通常作为 AlGaN/GaN HEMT 的栅电极[29-30]及 AlGaN/GaN SBD 的阳极电极[31-32]。因此，可以基于双层胶的剥离工艺，采用电子束蒸发设备或磁控溅射设备沉积双层金属 Ni/Au 作为 AlGaN/GaN SBD 的阳极金属，然后对样品依次采用丙酮超声、剥离液水浴、丙酮超声、异丙醇超声及去离子水冲洗的剥离工艺，以实现较为整洁的阳极金属边缘形貌。

（g）阳极后退火：由于阳极金-半（金属-半导体）界面处 GaN 周期性晶格排列被破坏，界面存在较多的由悬挂键形成的界面态。当器件处于反向偏置时，这些界面态会充当隧穿路径，导致器件反向漏电迅速增大。虽然对凹槽表面进行 TMAH 水浴或低温退火能够有效降低刻蚀损伤，但并不能完全消除表面悬挂键的影响。在阳极金属沉积后，通过对样品在 N_2 氛围下以 450℃低温退火 300s 处理，能够促进界面处的阳极金属原子与 GaN 原子成键[12-15]，从而实现低界面陷阱态密度及低反向漏电。

（h）钝化层沉积：在常规 AlGaN/GaN 异质结构器件中，导电沟道距离样品表面仅 20～30nm，容易受到表面态影响，导致器件在反向应力作用下动态导通电阻急剧退化，甚至器件失效。一般可通过等离子体增强原子层沉积（plasma-enhanced atomic layer deposition，PEALD）设备或等离子体增强化学气相沉积（plasma-enhanced chemical vapor deposition，PECVD）设备沉积钝化层介质，以解决器件电流崩塌的问题。

（i）钝化层开孔：器件制备工艺的最后一步为互联开孔，即通过干法刻蚀或湿法腐蚀的方法将阳极和阴极上方的钝化层移除，裸露出下方的金属电极，以便于后续测试与封装。

2.2　AlGaN/GaN 器件低漏电台面隔离工程

对于横向结构的 AlGaN/GaN 材料，采用 MOCVD 外延生长后的 AlGaN/GaN 异质结晶圆整面均存在 2DEG。为了使所制备的器件之间在电学特性上不相互影响，需制备器件间的隔离。实现器件隔离的方式主要有两种。第一种是台面隔离，特点是工艺实施简单。该方法仅需采用 ICP 设备对器件有源区以外的区域进行刻蚀，断开 2DEG 的导电通道，实现有源区隔离的效果。第二种是离子注入隔离，特点是平面化工艺，良率高，可靠性高。该方法通过补偿型高阻区实现选区隔离，缺点是离子注入设备价格昂贵，且工艺成本高。

用于隔离的离子注入深度和台面隔离刻蚀深度相仿，约为 120nm，但负性电子束光刻胶氢硅倍半环氧乙烷（HSQ）的厚度一般为 150～200nm，故可首先旋涂约 200nm 厚的 HSQ，并在 180℃热板上热烘 3min。然后再重复上述步骤，即可实现总厚度约为 400nm 的双层 HSQ 光刻胶。经过电子束光刻后的 HSQ 会转变为质地疏松的 SiO_2，在光刻、显影之后，将其置于 350℃的氧气炉中退火 30min 以增强其致密性，然后使用氩离子进行平面隔离注入。另外，也可以使用 AZ4620 等较厚的光刻胶作为离子注入的掩膜。图 2.7（a）为使用氩离子注入的蒙特卡洛仿真结果。多能量氩离子注入的能量和剂量分别为 10keV，$2\times10^{13}cm^{-2}$ 和 50keV，$8\times10^{13}cm^{-2}$。离子注入完毕后，使用 BOE 溶液去除离子注入掩膜。图 2.7（b）为离子注入平面隔离和干法刻蚀台面隔离的漏电效果对比。相比于台面隔离，离子注入隔离的样品隔离漏电减小了 2 个数量级，隔离区方阻高达 $2.4\times10^{12}\Omega/\square$。刻蚀引入的表面损伤和悬挂键是导致台面刻蚀隔离漏电显著增大的主要原因。

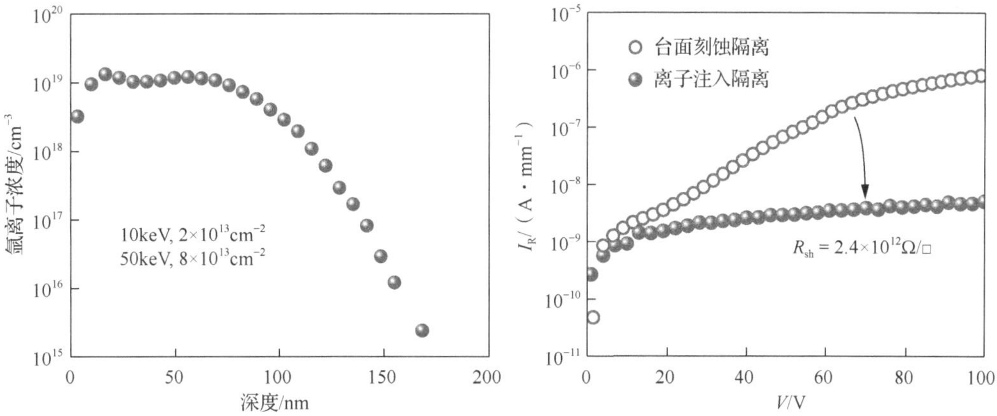

（a）多能量氩离子注入深度仿真　（b）干法刻蚀与离子注入隔离漏电对比

图 2.7　离子注入平面隔离深度及隔离效果

2.3　AlGaN/GaN 器件低阻欧姆接触

2.3.1　凹槽结构低阻欧姆接触

对于 AlGaN/GaN 外延材料而言，由于样品表面距离 2DEG 导电沟道较远，导致欧姆电极金属难以电迁移到沟道中与 2DEG 相接触，形成较大的欧姆接触电阻，因此可通过刻蚀的方法移除欧姆电极区域的 AlGaN 势垒层，使欧姆金属与 2DEG 导电沟道直接接触，从而减小载流子输运路径，实现较低的接触电阻[33-34]。在图形化凹槽欧姆电极的制备过程中，欧姆金属下方的 AlGaN 势垒层厚度会直接影响接触电阻的大小，较厚的 AlGaN 势垒层导致沟道中的 2DEG 需要跃过较宽的势垒，而过薄的 AlGaN 势垒层宽度会导致欧姆金属下方 2DEG 密度的降低，两种情况都会引起欧姆接触阻值的退化[35-36]。

图 2.8 显示了 AlGaN/GaN 材料的平面欧姆电极及凹槽欧姆电极的传输线模型 *I-V* 特性曲线。其中，材料核心结构从上至下分别为 2nm GaN 帽层、23nm $Al_{0.23}Ga_{0.77}N$ 势

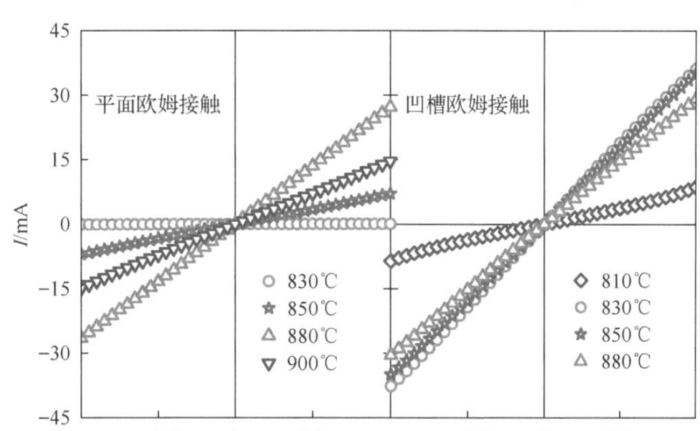

图 2.8　平面欧姆电极及凹槽欧姆电极的传输线模型 *I-V* 特性曲线

垒层、1nm AlN 插入层和 300nm GaN 沟道层。对于常规平面欧姆电极，样品经 830℃退火后，电极虽然已经形成欧姆接触，但输出电流极小；随着退火温度的逐渐增加，样品的输出电流呈现出先增大后减小的特点，电极在 850～900℃范围内存在最优欧姆接触特性；对于凹槽欧姆电极，样品经过 810℃退火后，电极形成肖特基接触特性，随着退火温度的逐渐增加，样品的输出电流也呈现出先增大后减小的特点，且输出电流明显高于平面欧姆电极。

在凹槽欧姆电极实现高输出电流密度的基础上，通过系统优化凹槽刻蚀深度，能够进一步实现更低的接触电阻。图 2.9（a）为不同凹槽深度的欧姆接触特性。其中，平面欧姆电极样品的退火温度为 880℃，15nm 及 21nm 凹槽深度欧姆电极样品的退火温度为 830℃，三种样品的接触电阻分别为 1.23Ω·mm、0.65Ω·mm、0.26Ω·mm，且 21nm 凹槽深度样品的欧姆接触阻值基本与采用再生长工艺或离子注入工艺欧姆电极的阻值相当。图 2.9（b）为样品欧姆接触电阻随凹槽深度的变化关系。当欧姆电极的凹槽深度由 15nm 逐渐增加至 21nm 时，样品欧姆接触电阻逐渐减小，但当凹槽深度进一步增大后，由于欧姆金属下方 2DEG 密度的减小，样品欧姆接触电阻出现明显增大[37]。

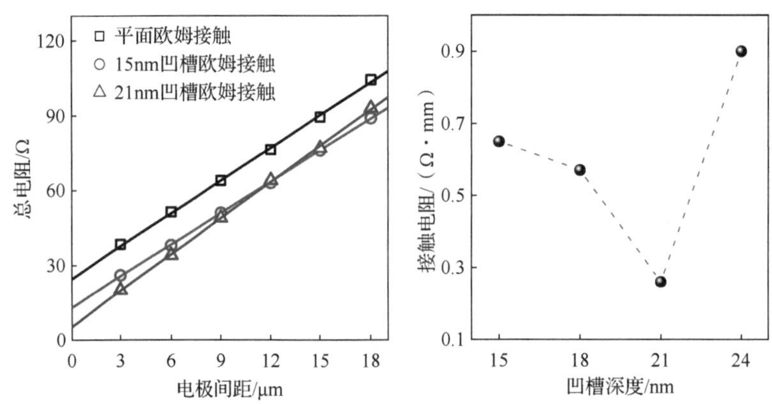

（a）不同凹槽深度的欧姆接触特性　　（b）欧姆接触阻值随凹槽深度的变化

图 2.9　AlGaN/GaN 材料欧姆接触特性与凹槽深度的关系

为了进一步深入了解凹槽结构 AlGaN/GaN 材料低阻欧姆接触的实现机制，以及退火过程中欧姆电极金属的动态分布特性，通过采用透射电子显微镜对该 21nm 凹槽深度样品的欧姆接触界面进行了表征分析，样品测试结果如图 2.10 所示。样品经退火处理后，AlGaN 势垒层上方 5～8nm 范围内出现 N 原子与 Ti 原子均匀分布的现象，即 AlGaN 势垒层中的大量 N 原子渗透进入 Ti 金属中，形成 TiN 等低功函数金属氮化物。同时，在 AlGaN 势垒层中形成大量 N 空位，有效降低了欧姆接触电阻；另外，退火过程中仅有部分 Ti 原子沿位错线到达 GaN 沟道中，未出现 Ti 原子大量穿透 AlGaN 势垒层进入 GaN 沟道中的现象。

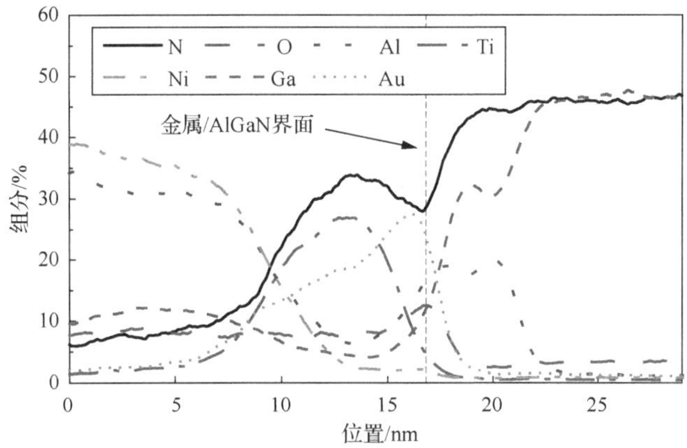

图 2.10（彩图）

图 2.10　21nm 深度凹槽欧姆电极接触界面元素分布

2.3.2　SiN 插入层结构低阻欧姆接触

对于凹槽结构 AlGaN/GaN 欧姆接触而言，虽然金属下方较薄的 AlGaN 势垒层能够有效降低样品的欧姆接触电阻，但对其刻蚀精度要求极高。即使是较小的刻蚀深度偏差，也会导致器件欧姆接触电阻迅速增大。因此，迫切需要寻求一种新型的高一致性低阻欧姆接触制备方法。通过采用原位 SiN 插入层结构，能够有效避免低阻欧姆接触制备过程中对高精度 AlGaN 势垒层刻蚀的需求，从而实现较高的一致性。另外，通过采用原位 SiN 表面钝化层结构，能够有效降低常规异质钝化技术所引入的较高界面态密度，进一步提升器件耐电流崩塌水平。带原位 SiN 钝化层结构的 AlGaN/GaN 样品从上至下各层结构分别为 8nm 原位 SiN 层、5nm $Al_{0.65}Ga_{0.35}N$ 势垒层和 1.7μm 缓冲层。在传统欧姆接触制备过程中，需先采用反应离子刻蚀设备移除表面 SiN 钝化层，然后采用电子束蒸发设备沉积欧姆电极金属。而在新型欧姆接触制备过程中，省略了对表面 SiN 钝化层的刻蚀，直接在 SiN 表面沉积欧姆电极金属，并进行合金化退火。图 2.11 为带 SiN 插入层结构的新型欧姆接触电极与传统欧姆接触电极的金属表面 3D 形貌，采用 SiN 插入层结构的新型欧姆接触技术虽然没有明显降低表面粗糙度，但有效实现了相对平坦的合金化表面形貌，缓解了传统欧姆接触合金化过程中由 Al-Au 相和 Al-Ni 相所导致的欧姆金属表面粗糙度过高的问题。

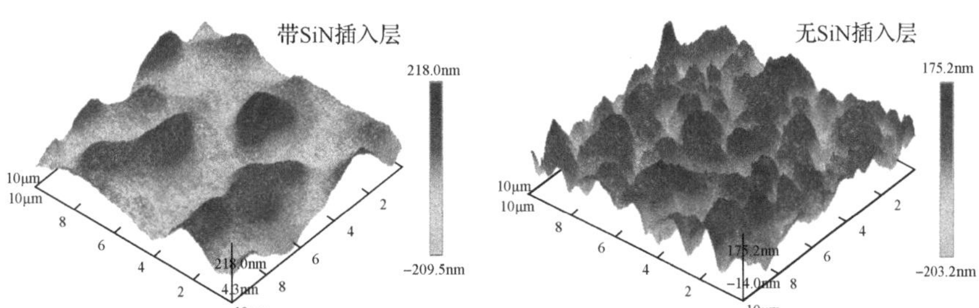

RMS=47.9nm　　RMS=48.7nm

（a）新型欧姆接触电极表面形貌　　（b）传统欧姆接触电极表面形貌

图 2.11（彩图）

图 2.11　带 SiN 插入层结构和无 SiN 插入层结构欧姆接触电极的金属表面 3D 形貌

图 2.12 为带 SiN 插入层结构的新型欧姆接触电极与传统欧姆接触电极的传输线模型 *I-V* 特性测试曲线，其中，采用带 SiN 插入层结构的新型欧姆接触电阻仅为 0.171Ω·mm，而采用传统工艺制备的欧姆接触电阻为 0.311Ω·mm，即该新型欧姆接触电极制备技术在减少器件制备工艺步骤的同时，有效降低了欧姆接触阻值，且该欧姆接触阻值几乎可比拟于采用再生长方案所制备的样品接触电阻。为了进一步验证带 SiN 插入层结构低阻欧姆接触技术的一致性，分别对同一批次所制备的 4 组传输线模型进行测试。图 2.13 为样品一致性的表征结果，并与国际同期高水平低阻欧姆接触性能进行了对比。基于本批次所制备的 4 组传输线模型提取的欧姆接触阻值为(0.175 ± 0.005)Ω·mm，样品欧姆接触电阻一致性极高。

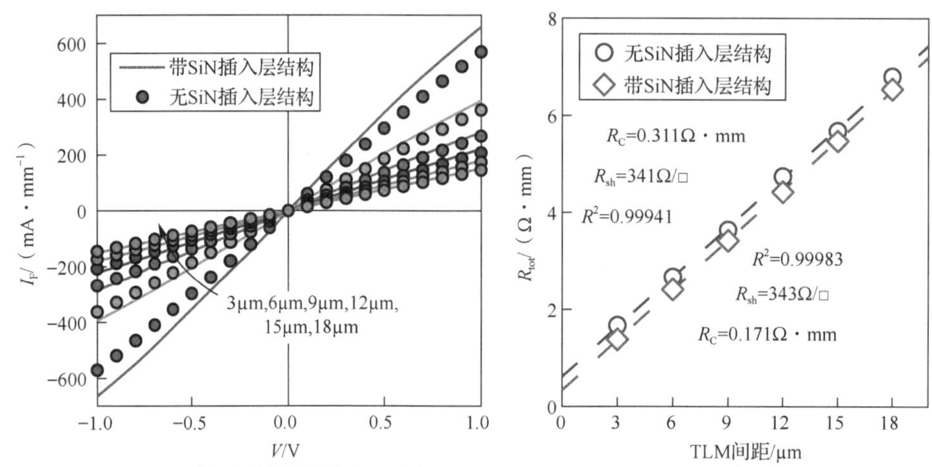

（a）欧姆接触传输线模型 *I-V* 曲线　　（b）欧姆接触电阻

图 2.12　有/无 SiN 插入层结构欧姆接触电阻

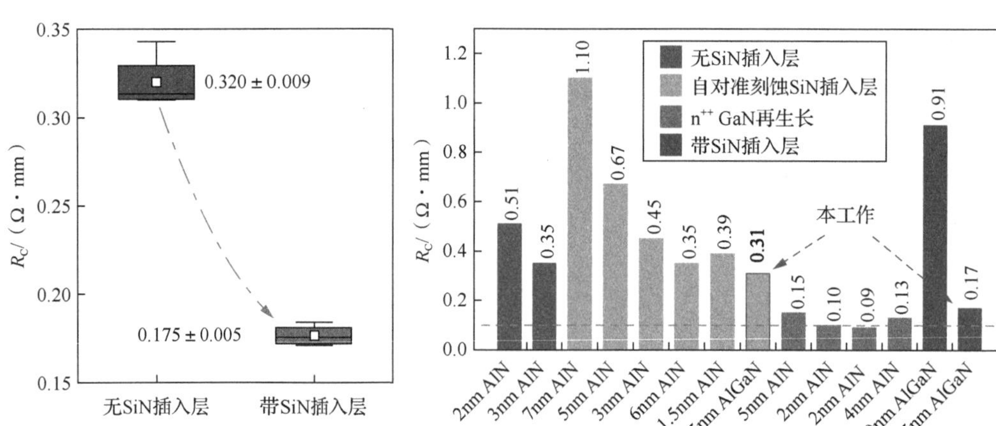

（a）欧姆接触一致性　　（b）与国际同期高水平欧姆接触特性对比

图 2.13　有/无 SiN 插入层结构欧姆接触电阻一致性及与国际同期高水平欧姆接触特性对比

图 2.13（彩图）

对于金-半欧姆接触而言，载流子的输运机制主要有三种，分别为场发射（field emission，FE）、热电子发射（thermionic emission，TE）和热电子场发射（thermionic-field emission，TFE）。当半导体一侧重掺杂时，金-半界面的势垒高度较高且势垒宽度较窄，此时，电子主要以直接隧穿的方式跃过金-半界面势垒，FE 机制占主导；在低功函数的金-半欧姆接触中，金-半界面的势垒高度较低且势垒宽度较宽，此时，电子主要以热电子发射的方式跃过金-半界面势垒，TE 机制占主导；TFE 是兼具 FE 和 TE 机制运输特点的一种机制。式（2-2）、式（2-3）和式（2-4）分别为 FE、TE 和 TFE 三种机制占主导时的比接触电阻率表达式。

FE 机制：

$$\rho_{\mathrm{c}}=\left[\frac{\pi q A_{\mathrm{Ri}} T}{k_{\mathrm{B}} \sin \left(\pi k_{\mathrm{B}} c_{1} T\right)} \exp \left(\frac{-\phi_{\mathrm{B}}}{E_{00}}\right)-\frac{q A_{\mathrm{Ri}} c_{1}}{\left(k_{\mathrm{B}} c_{1}\right)^{2}} \exp \left(\frac{-\phi_{\mathrm{B}}}{E_{00}}-c_{1} E_{\mathrm{n}}\right)\right]^{-1} \tag{2-2}$$

TE 机制：

$$\rho_{\mathrm{c}}=\frac{k_{\mathrm{B}}}{q A_{\mathrm{Ri}} T} \exp \left(\frac{\phi_{\mathrm{B}}}{k_{\mathrm{B}} T}\right) \tag{2-3}$$

TFE 机制：

$$\rho_{\mathrm{c}}=\left(\frac{1}{q A_{\mathrm{Ri}}}\right) \frac{k_{\mathrm{B}}^{2}}{\sqrt{\pi\left(\phi_{\mathrm{B}}+E_{\mathrm{n}}\right) E_{00}}} \cosh \left(\frac{E_{00}}{k_{\mathrm{B}} T}\right) \sqrt{\coth \left(\frac{E_{00}}{k_{\mathrm{B}} T}\right)} \exp \left(\frac{\phi_{\mathrm{B}}+E_{\mathrm{n}}}{E_{0}}-\frac{E_{\mathrm{n}}}{k_{\mathrm{B}} T}\right) \tag{2-4}$$

其中，

$$c_{1}=\frac{1}{2 E_{00}} \ln \left(\frac{4 \phi_{\mathrm{B}}}{E_{\mathrm{n}}}\right) \tag{2-5}$$

$$E_{00}=\frac{q h}{4 \pi}\left(\frac{N_{\mathrm{D}}}{m_{\mathrm{n}}{}^{*} \varepsilon}\right)^{-\frac{1}{2}} \tag{2-6}$$

$$E_{0}=E_{00} \coth \left(\frac{E_{00}}{k_{\mathrm{B}} T}\right) \tag{2-7}$$

式中，A_{Ri} 为理查德森常数；m_{n}^{*} 为隧穿电子的有效质量；E_{n} 为导带底与费米能级的能量间距；ϕ_{B} 为金-半界面电子输运的势垒高度；其他物理量均是惯用的物理量。

根据上述三种输运机制的比接触电阻率表达式可知，不同输运机制的欧姆接触电阻率具有不同的温度依赖特性，其中，FE 机制弱相关于温度，TE 机制强相关于温度，而 TFE 机制与温度的相关度介于 FE 与 TE 之间。图 2.14 为上述两种样品的材料方阻、接触电阻及比接触电阻率随温度的变化关系，当环境温度升高时，带 SiN 插入层结构的欧姆接触电阻显著降低，当温度达到 475K 时，其欧姆接触电阻仅为 0.02Ω·mm，远优于采用再生长方案所制备的样品，而采用传统工艺制备的欧姆接触电阻未能表现出明显的温度依赖关系，故带 SiN 插入层结构的新能欧姆接触非常适合于高温下应用。

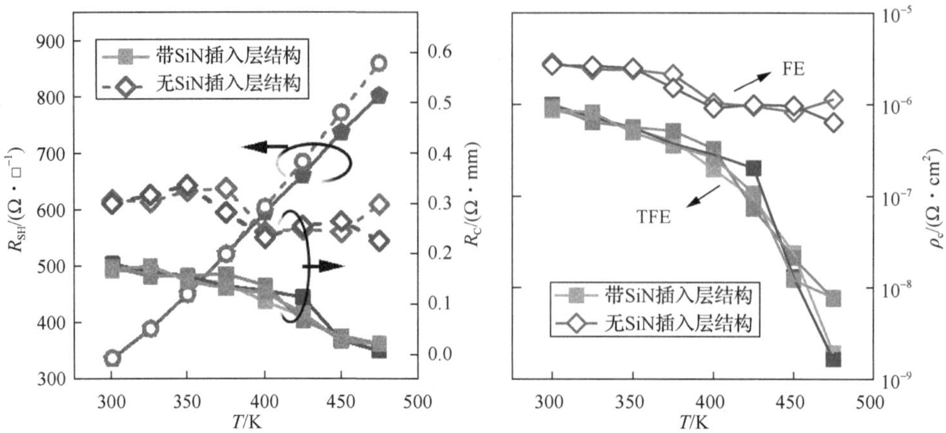

（a）R_{SH}及R_C随温度的变化关系　　（b）ρ_c随温度的变化关系

图 2.14　有/无 SiN 插入层结构材料方阻及欧姆接触特性随温度的变化关系

相关研究表明，依靠 5nm 厚度的势垒层能够有效增强电子隧穿效应，从而减小样品接触电阻。在上述结果中，基于样品 5nm 较薄的势垒层厚度以及由高 Al 组分势垒层所形成的较高的金-半界面势垒高度等因素，传统无 SiN 插入层结构的欧姆接触电子输运机制符合 FE 模型，而带 SiN 插入层结构的欧姆接触电子输运机制符合 TFE 模型。

为了进一步分析原位 SiN 插入层结构对低阻欧姆接触的影响机制，通过采用透射电子显微镜及能量色散 X 射线光谱技术对带 SiN 插入层结构欧姆接触的金-半接触界面进行测试表征，结果如图 2.15 所示。对于带 SiN 插入层结构的样品而言，界面处的 SiN 插入层在高温退火作用下分解，Si 元素扩散进入邻近的合金层中，具有与 Ni 元素相似的原子占比分布，受到能量色散 X 射线光谱检测 Si 元素能力的限制，难以确认表面浅层 AlGaN/GaN 中是否含有扩散的少量 Si 元素，但考虑 Si 元素在 GaN 中的激活能较高，通常需要上千摄氏度的激活温度才可形成 n 型掺杂，故可排除 850℃ 30s 的快速热退火对 AlGaN/GaN 中 Si 元素的激活作用。

相关研究表明，在不同温度条件下，不同种类的金属可以与 Si 发生固相反应，生成接触电阻率更低的金属硅化物。这项技术已被应用在现代先进的 CMOS 工艺中，以降低欧姆接触电阻[38]。基于这一原理，在 SiC 器件的 Ni 金属低阻欧姆接触的制备中，通过退火形成的金属硅化物 $NiSi_x$ 也扮演着类似的作用[39]；另外，在 GaN 基异质结器件的欧姆接触制备中，通过 Si 与 Ti 在高温退火过程中生成低功函数金属硅化物 $TiSi_x$，也可实现较低的欧姆接触电阻。因此，在带 SiN 插入层结构的欧姆接触电极的退火过程中，由 SiN 分解产生的 Si 原子与 Ni 金属和 Ti 金属反应生成低功函数金属硅化物。另一方面，由 SiN 分解产生的 N 原子与 Ti 金属反应生成低功函数 TiN，而在传统欧姆接触制备过程中，TiN 主要依靠 Ti 金属与 AlGaN 或 GaN 材料中提取出的 N 原子反应生成。低功函数金属硅化物（$NiSi_x$、$TiSi_x$）及高密度的 TiN 有效增强了电子热发生过程，从而表现出较强的温度依赖特性。

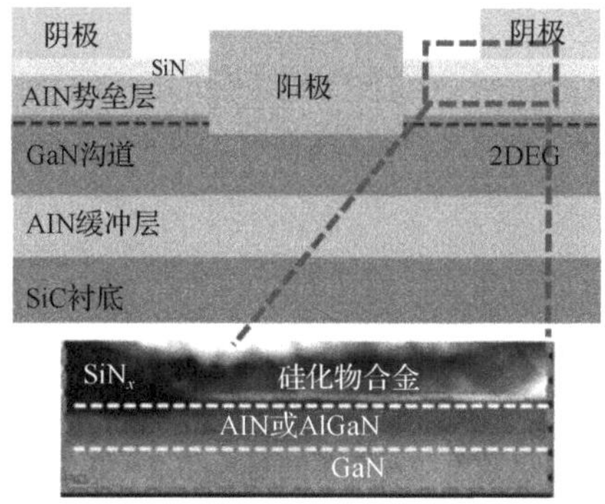

（a）基于原位SiN辅助欧姆接触的凹槽阳极结构GaN SBD示意图

图 2.15（彩图）

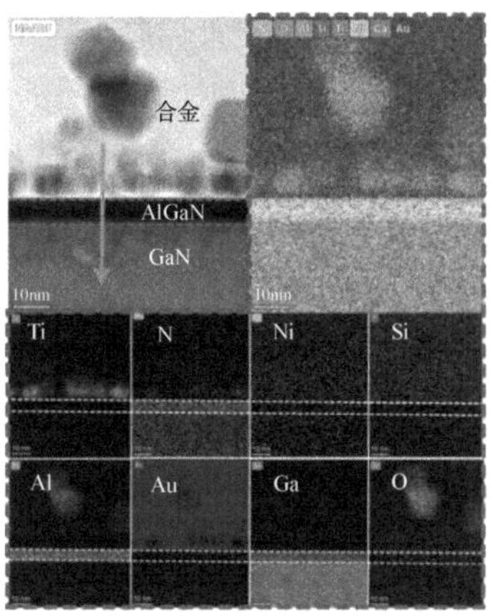

（b）欧姆接触元素图谱

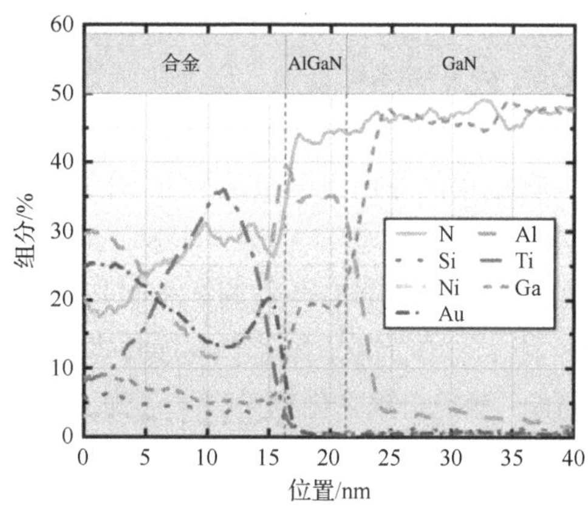

（c）欧姆接触元素线扫图

图 2.15　带 SiN 插入层结构欧姆接触元素图谱及线扫图

图 2.16 为传统无 SiN 插入层结构欧姆接触金-半界面的透射电子显微镜及能量色散 X 射线光谱的测试结果。由于欧姆接触区域的原位 SiN 插入层被刻蚀，故样品中未明显出现 Si 元素的分布，且欧姆接触界面处 TiN 的含量也明显少于带 SiN 插入层结构的

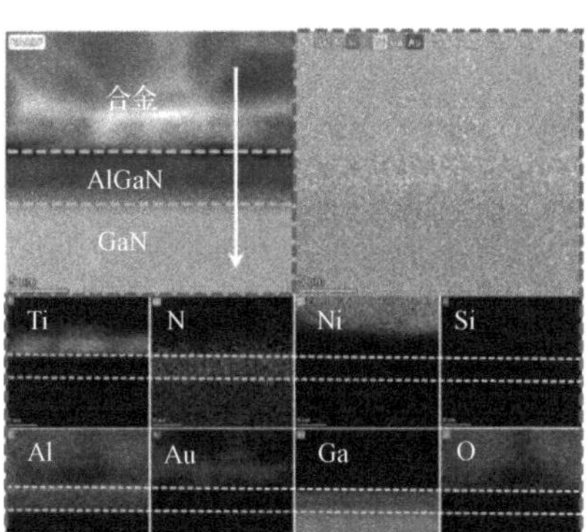

（a）无SiN插入层结构欧姆接触元素图谱

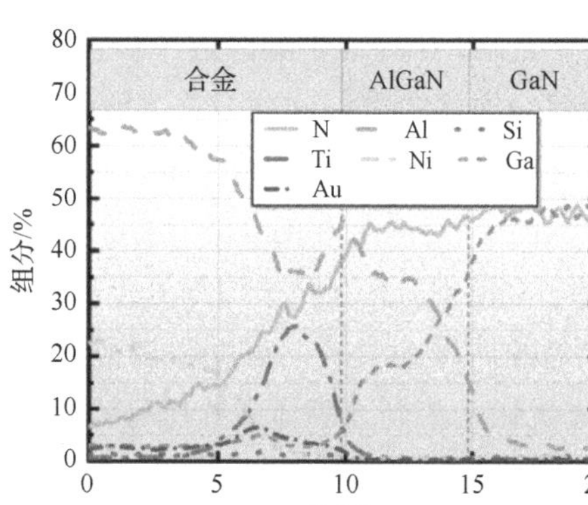

（b）无SiN插入层结构元素欧姆接触线扫图

图 2.16　传统无 SiN 插入层结构欧姆接触元素图谱及线扫图

图 2.16（彩图）

样品，电子更多地依赖隧穿作用穿过界面势垒，因此未表现出明显的温度依赖特性。此外，欧姆合金中出现了明显的可导致欧姆表面凹凸起伏的 Al-Ni 复合物，而在带 SiN 插入层结构样品的欧姆接触中，则是形成了 Al-Au 复合物，这也是导致图 2.4 中两种样品具有不同合金表面形貌的原因。

2.4 AlGaN/GaN 器件低损伤阳极凹槽刻蚀技术

国际上通常采用两种器件结构实现 AlGaN/GaN 二极管较低的开启电压：一种是采用传统的刻蚀工艺把 AlGaN 势垒层部分移除或者全部移除，降低阳极肖特基势垒宽度和势垒高度；另一种是采用类似于增强型 HEMT 的器件结构，将阳极边缘肖特基金属下方的 AlGaN 势垒层局部刻蚀，在高功函数阳极金属和较薄 AlGaN 势垒层的共同作用下，耗尽阳极边缘肖特基金属下方的 2DEG，从而实现器件的关断。当器件阳极处于正向偏置时，在电场的作用下阳极边缘下方的 2DEG 逐渐形成，器件导通。

在上述两种低开启电压 AlGaN/GaN 二极管的制备方案中，均需对 AlGaN 势垒层进行刻蚀，目前国际上主要有两种刻蚀方案：一种是采用湿法腐蚀技术把 AlGaN 势垒层移除；另一种是采用等离子体干法刻蚀技术把 AlGaN 势垒层移除。2002 年，加利福尼亚大学 Buttari 等提出数字化刻蚀技术，先对 AlGaN 势垒层进行氧化处理，再采用 HF 溶液移除氧化层，通过改变氧化处理的功率及时间，可以对单个周期腐蚀的 AlGaN 势垒层厚度进行调节，每个周期腐蚀的 AlGaN 厚度约 0.5nm[40]。通过多次重复上述步骤，从而实现对 AlGaN 势垒层精确的腐蚀深度控制。该方案制备的凹槽表面具有良好的均匀性和较低的刻蚀损伤，且工艺重复性好，缺点是耗时较长，不太适合工业化生产。2006 年，加利福尼亚大学 Keogh 等通过采用 Ar 离子轰击 AlGaN 材料表面及热 KOH 湿法腐蚀方案，进一步优化了数字化刻蚀技术，通过控制 Ar 离子能量，可以有效地调节单个周期的刻蚀深度[41]。2010 年，HRL 实验室 Burnham 等通过在等离子体刻蚀腔体内先对外延片氧化处理，再结合 BCl_3 刻蚀步骤，进一步优化了数字化刻蚀技术，在单步刻蚀操作过程中即可实现多个周期的重复刻蚀工艺，且刻蚀速率较为稳定[42]。北京大学 Wang 等提出采用热氧氧化结合 KOH 湿法腐蚀方案，成功实现了对 AlGaN 势垒层的低损伤刻蚀，由于热氧氧化对 AlGaN 势垒层和 GaN 沟道层之间存在选择性，因此腐蚀的凹槽表面具有良好的 GaN 原子台阶流，且在凹槽边缘处不存在类似于干法刻蚀中因等离子体分布不均匀导致的凹槽边缘区域的尖峰，有助于提高器件的可靠性[43-45]。2016 年，台湾清华大学 Tsou 等通过优化干法刻蚀腔体中的压强和气体流量，实现了与采用 MOCVD 外延材料表面粗糙度近似的刻蚀形貌，较低的刻蚀功率有助于实现较小的刻蚀速率和刻蚀损伤，减小器件反向漏电[46]。

2.4.1　低损伤 GaN 干法刻蚀技术

基于上述两种 GaN 主流刻蚀方案及凹槽阳极结构 AlGaN/GaN SBD 的结构特点，GaN 干法刻蚀方案更适合最终器件的产业化批量生产。但由于在干法刻蚀过程中，阳极凹槽内部的等离子体运动会受到凹槽侧壁的阻挡，导致凹槽边界处等离子体浓度较大，从而形成相对较深的刻蚀效果。因此，在阳极凹槽的制备过程中，需要通过降低刻蚀气体流量、腔体压强和刻蚀功率来优化等离子体能量和分布，以实现较低的刻蚀速率和良好的刻蚀深度一致性。

为了满足器件制备过程中不同的刻蚀深度需求，需分别研发不同的刻蚀工艺。一种是针对刻蚀深度较大的快速刻蚀技术，主要用于垂直结构 GaN 器件的漂移层刻蚀和横向结构 GaN 器件的台面隔离刻蚀；另一种是针对刻蚀精度要求较高且刻蚀深度较小的慢速刻蚀工艺，主要用于凹栅结构 AlGaN/GaN HEMT 栅凹槽的制备以及 AlGaN/GaN SBD 阳极凹槽的制备。在快速刻蚀工艺中，高流量的 Cl_2 和 BCl_3 刻蚀气体在高 RF 功率和高 ICP 功率的共同作用下，能够实现与 GaN 材料间的快速反应和较高的刻蚀速率，该刻蚀工艺以化学反应刻蚀为主，离子轰击为辅。在慢速刻蚀工艺中，BCl_3 刻蚀气体在 RF 功率的作用下，通过 B 离子轰击实现较小的刻蚀速率和良好的刻蚀形貌。两种 GaN 干法刻蚀工艺的详细参数如表 2.1 所示。为了验证两种不同刻蚀工艺的刻蚀效果，分别对四英寸 Si 基 AlGaN/GaN 材料进行刻蚀，并对图 2.17 所示的 5 个凹槽区域进行 AFM 测试。

表 2.1　快/慢速刻蚀工艺参数

参数	BCl_3/sccm	Cl_2/sccm	ICP 功率/W	RF 功率/W	压强/mT
快速刻蚀	8	32	500	300	12
慢速刻蚀	25	0	0	55	6

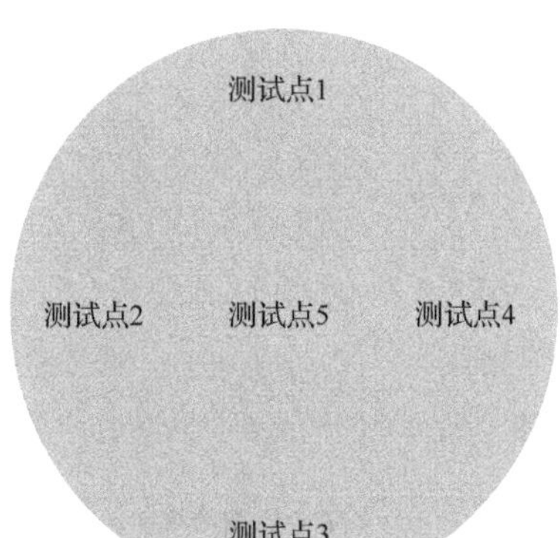

图 2.17　4 英寸 Si 基 AlGaN/GaN 材料刻蚀效果测试区域

图 2.18 为基于快速刻蚀方案的 4 英寸 Si 基 AlGaN/GaN 材料的凹槽刻蚀深度测试结果。样品的刻蚀时间为 20s，测试结果表明，GaN 外延片的刻蚀深度约为 48nm，刻蚀速率约为 144nm/min。较快的刻蚀速率一般会在刻蚀表面形成较多的 Ga 悬挂键和 N 悬挂键，导致较大的刻蚀损伤，通常可采用 TMAH 湿法处理或热退火的方式实现对刻蚀损伤的修复。其中，TMAH 湿法处理通过腐蚀掉刻蚀界面处悬挂键较多的 GaN 材料，帮助实现平整光滑的刻蚀形貌；热退火则主要通过促进表面悬挂键的结合，实现对刻蚀表面损伤的修复。另外，基于快速刻蚀方案的 4 英寸 Si 基 AlGaN/GaN 材料凹槽边缘处存在较大的尖峰，当器件阳极处于反向偏置时，该尖峰区域的电场较为集中，可能导致器件击穿电压和可靠性的退化。

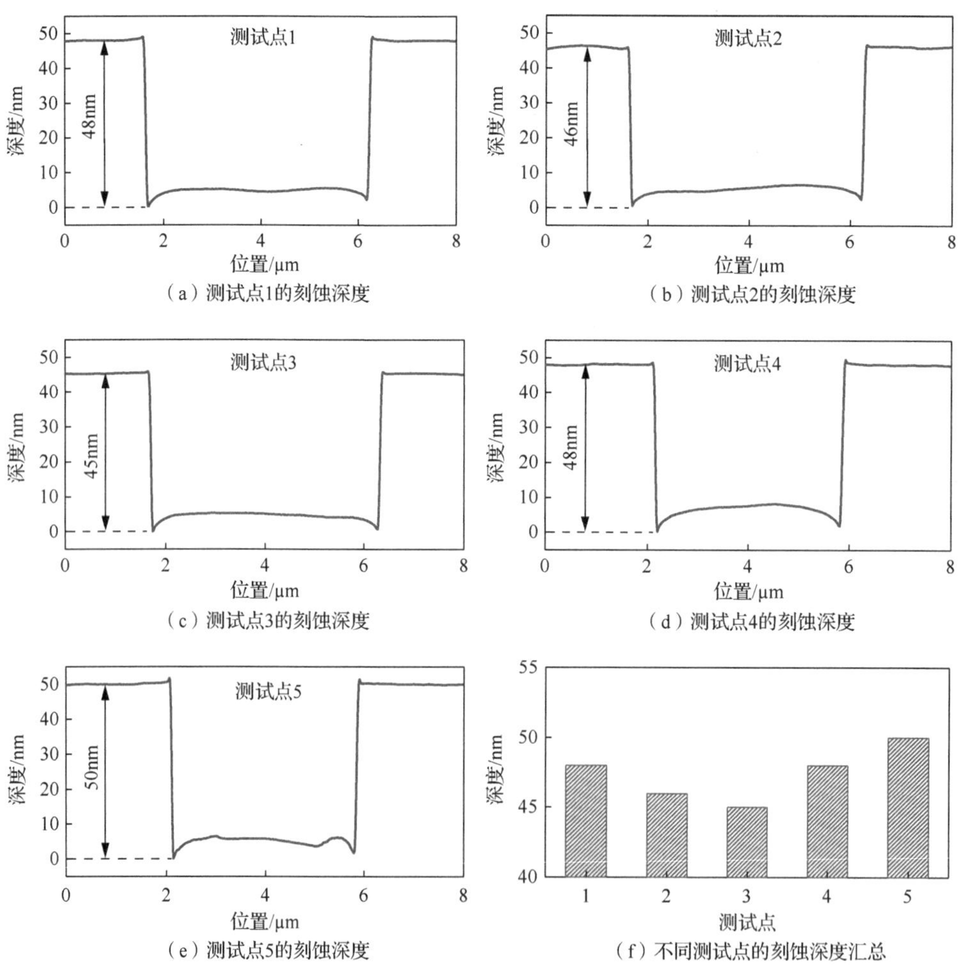

图 2.18　基于快速刻蚀方案的样品不同位置处凹槽深度及统计分布

图 2.19 为基于慢速刻蚀方案的 4 英寸 Si 基 AlGaN/GaN 材料的凹槽刻蚀深度测试结果。刻蚀时间为 40min，测试结果表明，GaN 外延片的刻蚀深度约为 57nm，刻蚀速率约为 1.4nm/min。较慢的刻蚀速率有助于实现较低的刻蚀损伤和良好的表面形貌。基于

两种不同刻蚀速率工艺的凹槽深度及形貌测试结果可知，仅采用 BCl_3 作为工艺气体的慢速刻蚀具有更好的片内一致性和刻蚀形貌。凹槽边缘处的刻蚀尖峰较小，有助于器件实现更高的击穿电压和良好的可靠性。由于凹槽阳极结构 AlGaN/GaN SBD 只需对势垒层进行刻蚀，一般所需的刻蚀深度通常仅为几十纳米，因此采用慢速刻蚀工艺非常适合于低开启电压凹槽阳极结构 AlGaN/GaN SBD 的制备。

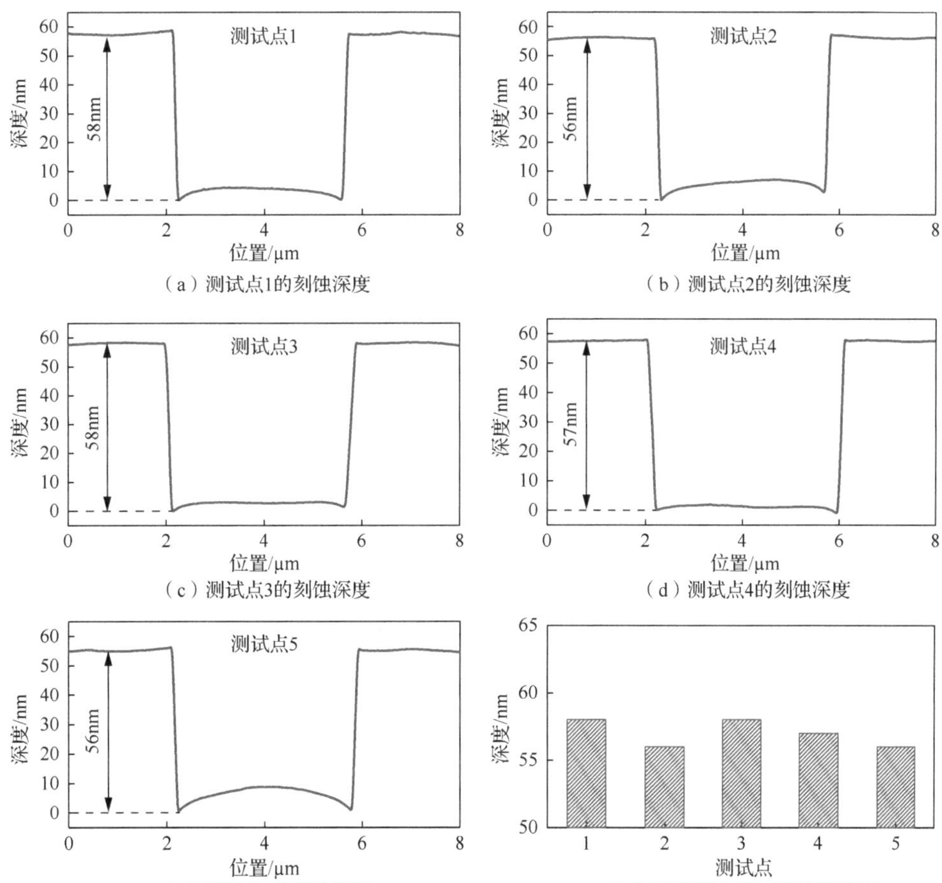

（a）测试点1的刻蚀深度　（b）测试点2的刻蚀深度

（c）测试点3的刻蚀深度　（d）测试点4的刻蚀深度

（e）测试点5的刻蚀深度　（f）不同测试点的刻蚀深度汇总

图 2.19　基于慢速刻蚀方案的样品不同位置处凹槽深度及统计分布

为了实现较高的器件击穿电压，在阳极凹槽刻蚀之前，通常可先对外延片进行钝化层沉积，制备阳极场板结构。为了深入分析先钝化技术对阳极凹槽刻蚀效果的影响，可以在 4 英寸 Si 基 AlGaN/GaN 材料表面采用 PECVD 设备沉积 120nm SiO_2 作为器件钝化层，然后对样品凹槽区域进行反应离子刻蚀（reactive ion etching，RIE）和慢速 ICP 刻蚀，ICP 刻蚀时间为 30min，凹槽刻蚀深度测试结果如图 2.20 所示。因此，基于该慢速刻蚀工艺的带钝化层结构 GaN 样品的凹槽刻蚀深度仍具有良好的一致性。

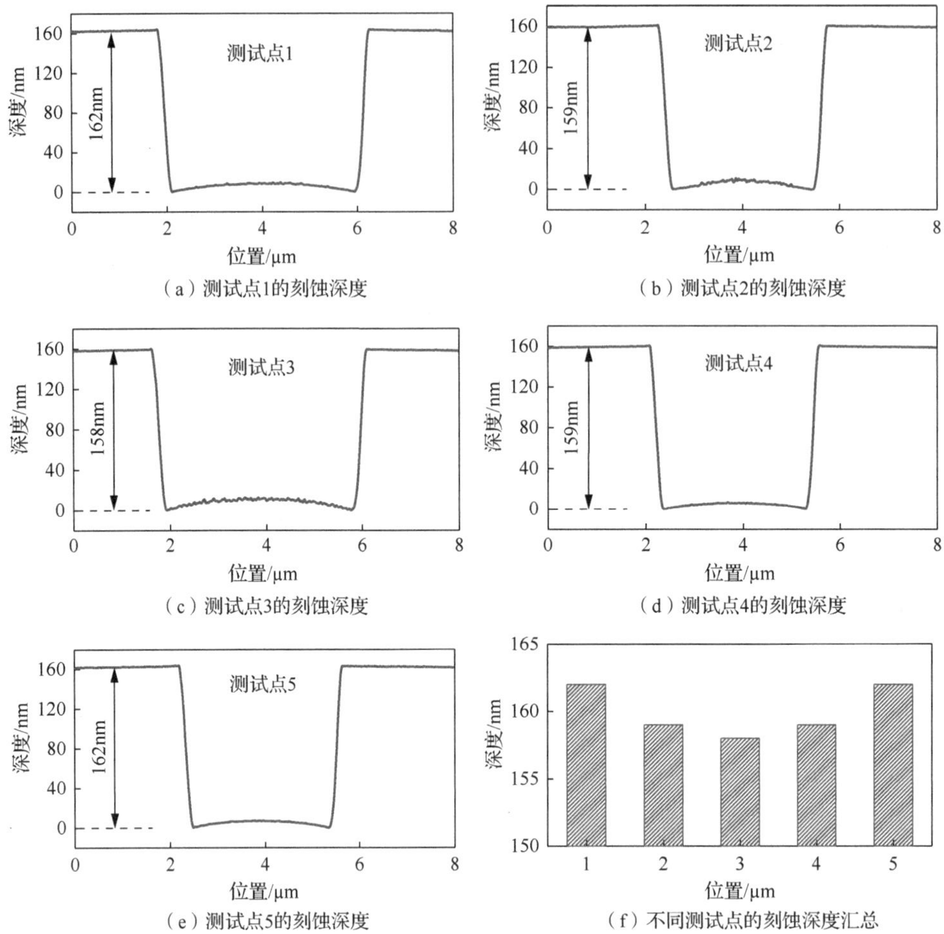

图 2.20　基于 RIE 刻蚀及慢速刻蚀方案的样品不同位置处凹槽深度及统计分布

2.4.2　低损伤 GaN 湿法腐蚀技术

凹槽阳极结构的 AlGaN/GaN SBD 具有开启电压低、导通电流大、反向漏电小等优势。然而，在阳极凹槽的制备过程中，由于腔体内部等离子体分布不均匀，常规 ICP 干法刻蚀工艺会导致所制备的阳极凹槽边缘区域出现刻蚀尖峰。当器件阳极处于反向偏置时，该区域通常会形成较大的电场，从而对器件的击穿电压和可靠性产生影响[47-50]。另外，为了减少后续工艺对 AlGaN/GaN 样品表面的污染，一般先对样品进行钝化。在阳极凹槽刻蚀过程中，需先使用 RIE 设备对 SiN 或 SiO_2 钝化层进行刻蚀，该过程会引入 F 离子注入问题。由于阳极界面 F 离子的存在，会使 AlGaN/GaN SBD 的开启电压出现正漂，且当器件处于反向偏置时，F 离子在电场的作用下会四处扩散，导致器件可靠性的下降。通过采用湿法腐蚀技术替代传统的干法刻蚀技术能够有效抑制表面钝化层刻蚀过程中引入的 F 离子注入问题，同时，可实现低粗糙度的凹槽表面，抑制凹槽边缘处刻蚀尖峰的出现。

为了减少 AlGaN 势垒层热氧氧化过程对有源区的影响，在器件阳极凹槽制备之前，首先使用 LPCVD 设备进行 SiN 沉积。与 PECVD SiN 相比，LPCVD 采用高温生长工艺，故材料致密性更好，经椭偏仪拟合显示，SiN 钝化层厚度约为 56.3nm。在阳极凹槽腐蚀工艺中，由于氧化处理过程不会与表层 SiN 钝化层和 GaN 帽层发生剧烈反应，因此应首先对阳极凹槽区域的 SiN 钝化层和 GaN 帽层进行刻蚀，裸露出下层的 AlGaN 势垒层，其中对 GaN 帽层的刻蚀工艺采用慢速低损伤刻蚀技术，以保障刻蚀侧壁较小的损伤。刻蚀后的样品经过有机清洗以去除表面残留的光刻胶后，再将其放置于退火炉中进行氧化处理，设置腔体温度为 660℃，氧气流量为 3L/min，氧化时间为 50min。AlGaN 势垒层中的 Al 原子在高温下会与氧气快速反应，形成 AlGaON 等复杂的化合物，由于 Ga-N 键具有相对较强的键能，故氧气基本不与沟道处的 GaN 材料发生反应，从而实现 GaN 沟道层的自停止效果。将氧化处理后的样品放置于 70℃的 KOH 溶液中进行湿法腐蚀，再用 BOE 溶液进行漂洗，充分中和样品表面残留的 KOH，最后，用大量去离子水冲洗样品，并用氮气枪吹干。

为了与常规干法刻蚀阳极凹槽进行对比，在湿法腐蚀阳极凹槽制备过程中，同时制备基于 RIE 和 ICP 刻蚀技术的干法刻蚀凹槽结构。图 2.21 为基于湿法腐蚀及干法刻蚀

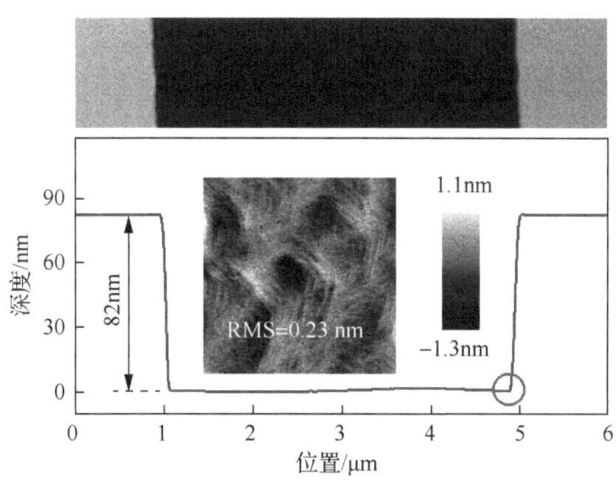

（a）湿法腐蚀凹槽结构及底部表面形貌

图 2.21（彩图）

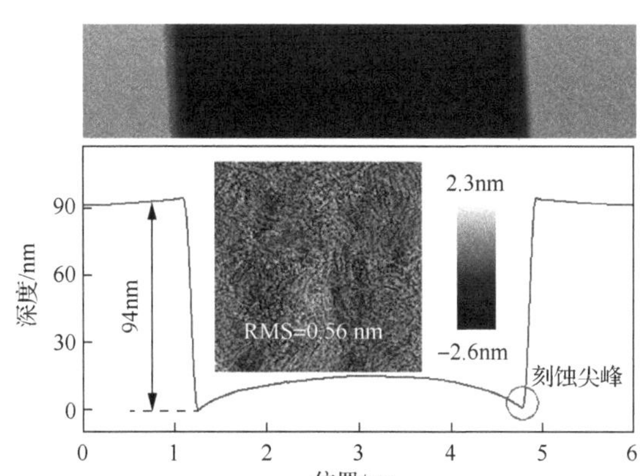

（b）干法刻蚀凹槽结构及底部表面形貌

图 2.21　基于不同制备工艺的阳极凹槽结构及底部表面形貌

凹槽形貌的 AFM 测试结果，内部插图为凹槽刻蚀界面的表面粗糙度，测试范围为 $3\times3\mu m^2$。得益于热 KOH 溶液对热氧氧化后的 AlGaN 势垒层和 GaN 沟道层之间的选择性腐蚀效果，采用湿法腐蚀技术的凹槽深度约为 82nm，即热 KOH 溶液的腐蚀反应自停止于 GaN 沟道表面，且凹槽底部 GaN 沟道表面出现明显的原子台阶流，表面粗糙度约为 0.23nm，凹槽底部与凹槽侧壁之间的夹角较为陡直。对于采用干法刻蚀技术的阳极凹槽而言，为了确保阳极金属与沟道中的 2DEG 直接接触，需对阳极下方的 AlGaN 势垒层采用过刻蚀的方法，总刻蚀深度约为 94nm，凹槽底部 GaN 沟道表面出现颗粒状形貌，表面粗糙度约为 0.57nm。另外，由于干法刻蚀过程中腔体内的等离子体分布不均匀，导致凹槽底部与侧壁之间存在明显的刻蚀尖峰，当器件处于反向偏置时，该刻蚀尖峰会导致阳极边缘电场进一步聚集，从而降低器件击穿电压。

由于该器件采用先钝化技术对样品表面进行保护，因此在器件阳极凹槽制备的过程中需先采用 RIE 设备移除表面的 SiN 钝化层。为了避免残留的 SiN 钝化层影响后续 ICP 设备对 GaN 材料的刻蚀效果，通常 SiN 钝化层的实际刻蚀时间应大于理论所需的刻蚀时间。该过程不可避免地会在样品表面引入氟离子，导致阳极界面势垒高度的变化。另外，氟离子在长时间高压应力偏置作用下会产生移动，引起器件阈值电压的漂移。图 2.22 为湿法腐蚀及干法刻蚀凹槽表面 F 1s 核级谱的测试结果。采用势垒层热氧氧化及湿法腐蚀技术所制备的样品表面无明显的 F 1s 峰位，而采用常规干法刻蚀所制备的凹槽样品表面存在较多的氟离子，即湿法腐蚀阳极凹槽制备技术可以有效解决 SiN 钝化层刻蚀过程中所引入的氟离子注入问题。

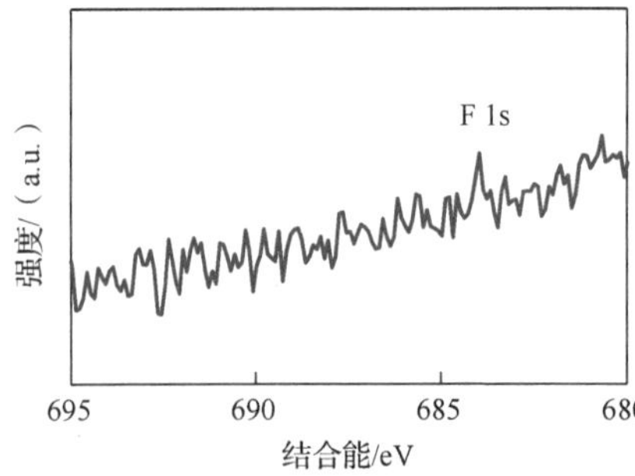

（a）湿法腐蚀凹槽表面F 1s核级谱

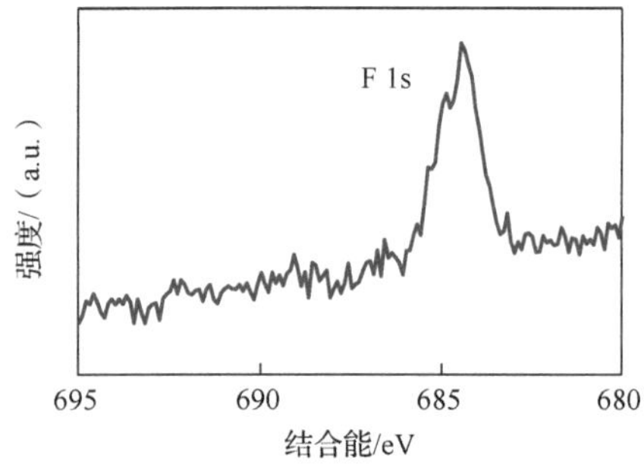

（b）干法刻蚀凹槽表面F 1s核级谱

图 2.22　基于不同制备工艺的阳极凹槽表面 F 1s 核级谱分析

2.4.3　湿法腐蚀凹槽阳极结构 AlGaN/GaN SBD 特性

图 2.23 为采用湿法腐蚀技术制备的 AlGaN/GaN SBD 阳极凹槽边缘的 TEM 测试结果。从图中可知，采用 LPCVD 生长的 SiN 钝化层厚度约为 56.3nm，GaN 帽层、AlGaN 势垒层及 AlN 插入层的总厚度约为 25.8nm，与 AFM 测试所得的凹槽深度及椭偏仪测试所得的 SiN 厚度基本相同，且采用该湿法腐蚀技术制备的阳极凹槽结构实现了边缘陡峭的刻蚀效果，AlGaN 势垒层侧壁与 GaN 沟道表面夹角近似为 90°，且 GaN 沟道表面较为平坦，未出现干法刻蚀过程中由于腔体内等离子体分布不均匀所导致的刻蚀尖峰。

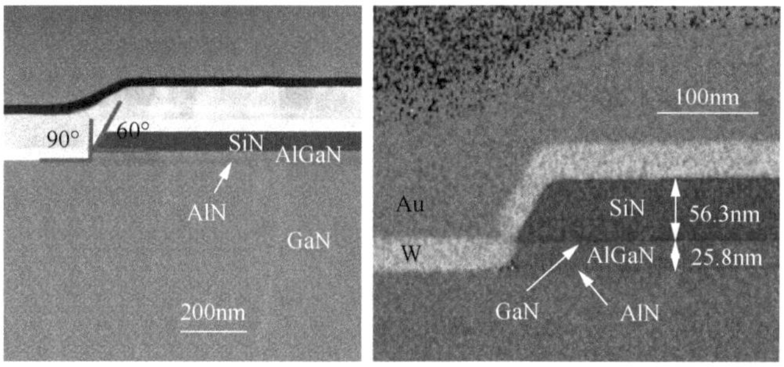

图 2.23　基于湿法腐蚀凹槽制备技术的 AlGaN/GaN SBD 阳极边缘切面图

图 2.24（a）为采用湿法腐蚀及干法刻蚀技术的凹槽阳极结构 AlGaN/GaN SBD 正向特性，器件阳极正向电流密度为 1mA/mm 时所对应的开启电压分别为 0.43V 和 0.44V，与采用后钝化工艺的器件相比，器件开启电压均正向增加。由于 AlGaN/GaN 异质结界面处的高浓度 2DEG 位于 GaN 沟道靠近势垒层一侧，距离异质界面约为几纳米范围，同时，由凹槽侧壁表面和次表面原子重构所引入的空间电荷区宽度也在几纳米范围，导致基于该湿法腐蚀凹槽制备技术的肖特基势垒宽度宽于基于常规干法刻蚀凹槽制备技术的肖特基势垒宽度，因此出现基于该湿法腐蚀凹槽阳极 GaN SBD 器件的输出电流相对偏低的情况。图 2.24（b）为采用湿法腐蚀及干法刻蚀技术的凹槽阳极结构 AlGaN/GaN SBD 反向击穿特性。由于湿法腐蚀阳极凹槽制备过程中避免了等离子体的刻蚀损伤，因此，当器件的反向偏置电压为–1kV 时，反向漏电仅为 2.6×10^{-7}A/mm，而采用干法刻蚀阳极凹槽技术的 AlGaN/GaN SBD 器件的反向漏电高达 1.5×10^{-6}A/mm，器件阳极反向电流密度为 10μA/mm 时所对应的击穿电压分别为–1.73kV 和–1.28kV。

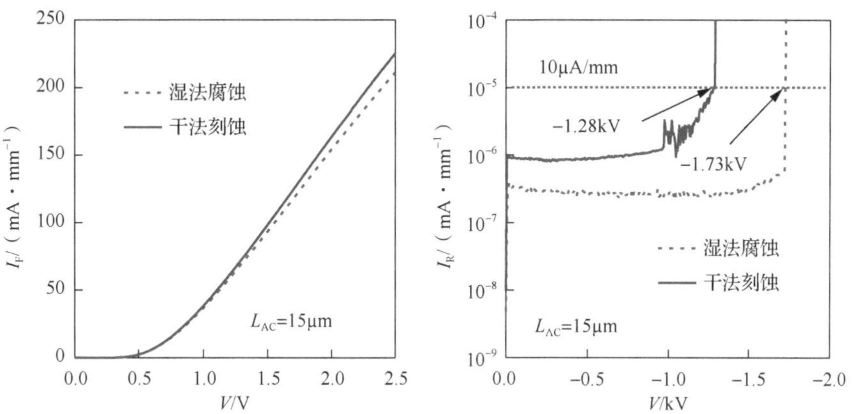

（a）器件正向导通特性　（b）器件反向击穿特性

图 2.24　基于不同阳极凹槽制备技术的 AlGaN/GaN SBD 特性

2.5　AlGaN/GaN 器件阳极后退火工程

AlGaN/GaN SBD 的阳极金属通常采用电子束蒸发或磁控溅射的方式进行沉积。较低的沉积温度会导致阳极金属与 GaN 界面之间存在较多的界面态，从而引起较大的反向漏电和较大的导通电阻。通过采用阳极后退火处理，能够有效促进阳极金属与 GaN 表面原子成键，达到减小界面态密度、提高器件特性的目的[12,15]。本节基于磁控溅射的低功函数金属 W 阳极平面阳极结构 AlGaN/GaN SBD 器件，分别从退火前后器件的 *I-V* 特性以及阳极界面态的变化及金-半界面微观结构的变化三个方面，系统分析阳极后退火处理对器件特性的影响机制。

2.5.1　平面阳极后退火对器件特性的影响

图 2.25 为 AlGaN/GaN SBD 退火前后的正向导通特性和反向漏电特性的对比。对于正向测试而言，器件阳极偏置电压从 0V 逐渐增加到 5V；对于反向测试而言，器件阳极偏置电压从 0V 逐渐增加到 40V。其中，未经过阳极后退火处理的 AlGaN/GaN SBD 开启电压为 1.46V，经过阳极后退火处理的 AlGaN/GaN SBD 开启电压为 2.02V。这一变化主要是由于阳极金属 W 原子与 GaN 表面原子反应生成高势垒高度的界面复杂化合物所导致。器件正向电流密度为 100mA/mm 时所对应的微分导通电阻分别为 17.05Ω·mm 和 12.57Ω·mm，微分导通电阻的降低主要是由于退火过程促进了阳极金属 W 原子与 GaN 表面原子反应成键，大幅度降低了阳极金-半界面态密度所导致；器件反向漏电流分别为 4.55×10^{-4}A/mm 和 5.10×10^{-6}A/mm，退火后较低的反向漏电也是由于阳极低界面态密度所导致。在阳极后退火处理过程中，肖特基界面的 GaN 与阳极金属 W 相互反应，抑制了肖特基界面处悬挂键的数量，大幅度降低了阳极界面态密度。因此，与未经过阳极后退火处理的器件相比，经过处理的器件开启电压增大，微分导通电阻降低，并且器件反向漏电大幅度被抑制。

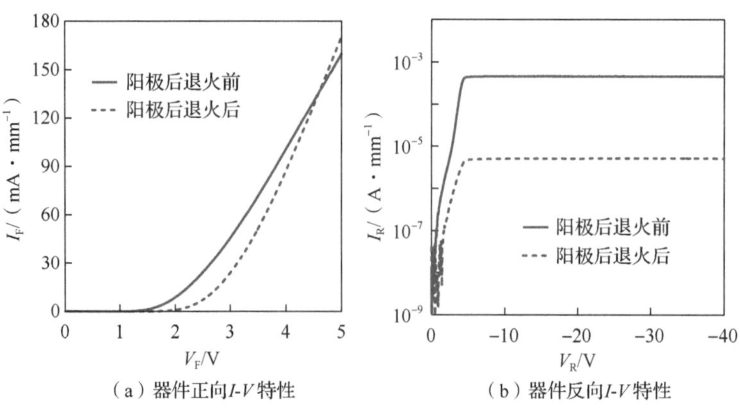

（a）器件正向 *I-V* 特性　　（b）器件反向 *I-V* 特性

图 2.25　阳极后退火前后器件 *I-V* 特性变化

图 2.26 为阳极后退火前后 AlGaN/GaN SBD 的正向变温特性。在测试过程中，热台的温度从 300K 逐渐增加到 500K，步长为 25K。当热台显示温度达到设定温度时，需额外等待 5min 再进行测试，以确保热台与器件温度的一致性。随着测试温度的逐渐升高，器件开启电压逐渐降低。对于经阳极后退火处理的 AlGaN/GaN SBD 而言，器件开启电压随温度的变化率为–3.03mV/K，而未经阳极后退火处理的 AlGaN/GaN SBD 开启电压随温度的变化率为–2.75mV/K。这是因为当温度升高时，沟道中的载流子获得更大的能量，因此更容易跃过肖特基界面势垒，导致开启电压降低。图 2.27 为基于 TE 模型提取的器件势垒高度随温度的变化关系。经阳极后退火处理的器件势垒高度从 300K 时的 0.77eV 提高至 500K 时的 1.26eV，而未经阳极后退火处理的器件势垒高度从 0.65eV 提升至 0.88eV。器件经阳极后退火处理后，阳极界面处的 W 金属原子与 GaN 相互反应成键，形成较为复杂的金属间化合物，降低了阳极 W 金属下方 GaN 表面的悬挂键数量以及 W 金属溅射过程中引入的损伤，因此器件势垒高度明显提升。

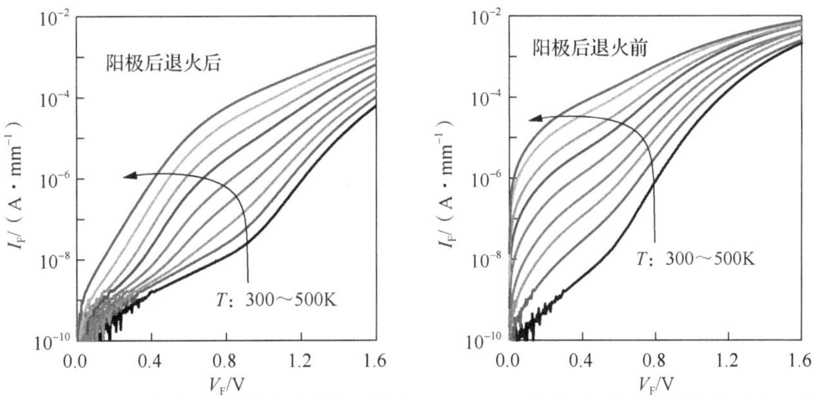

（a）不同温度下阳极后退火后器件 I-V 特性　（b）不同温度下阳极后退火前器件 I-V 特性

图 2.26　不同温度下阳极后退火前后器件 I-V 特性

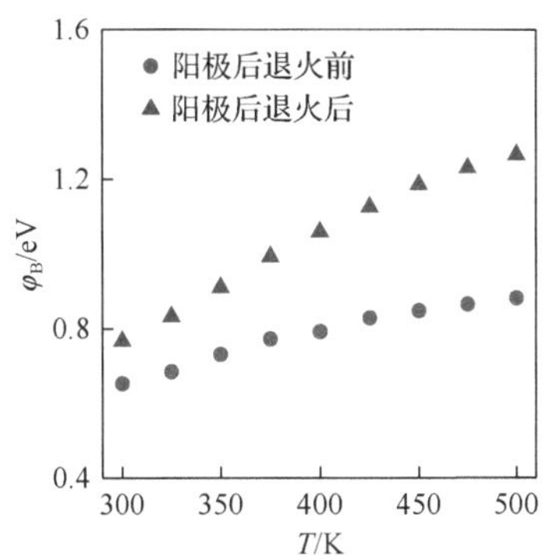

图 2.27　阳极后退火前后器件势垒高度随温度的变化关系

图 2.28（a）为阳极后退火处理前后器件的击穿特性，器件经阳极后退火处理后的硬击穿电压由 1.05kV 提升至 1.30kV。图 2.28（b）为阳极界面陷阱漏电的能带结构示

意图。当反向电压增大时，载流子获得足够的能量跃迁到陷阱能级，再经陷阱能级跃迁到导带形成漏电流。由于阳极后退火前肖特基界面存在较多的陷阱态，载流子在较小的电场下也能获得足够的能量隧穿到导带中，这直接导致了器件较大的反向漏电。

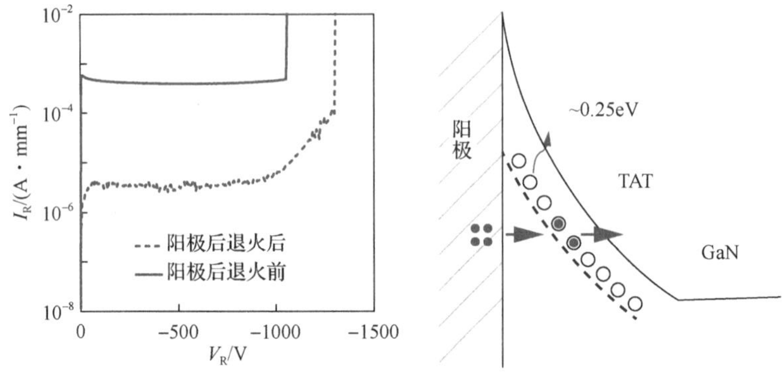

（a）阳极后退火前后器件击穿特性　　（b）阳极界面陷阱漏电机制示意图

图 2.28　阳极后退火前后器件击穿特性及漏电机制示意图

2.5.2　凹槽阳极后退火对器件特性的影响

对于 p-Si 衬底 AlGaN/GaN SBD 而言，通过优化缓冲层结构及外延工艺，进一步增加缓冲层厚度有助于器件实现更高的击穿电压。本节基于 6μm 厚度缓冲层结构的 AlGaN/GaN 外延片系统分析阳极后退火技术对低功函数阳极金属凹槽阳极结构 AlGaN/GaN SBD 的影响。AlGaN/GaN 外延片各层结构由上至下分别为 2nm GaN 帽层、22nm $Al_{0.25}Ga_{0.75}N$ 势垒层、1nm AlN 插入层、200nm GaN 沟道层和 6μm 缓冲层。图 2.29 为阳极凹槽刻蚀深度及底部表面形貌测试结果，阳极凹槽区域总刻蚀深度为 40nm，满足阳极金属与侧壁 GaN 沟道层直接接触的需求，阳极凹槽底部 2×2μm^2 区域表面粗糙度均方根为 0.235nm，基本与采用 MOCVD 外延材料的粗糙度相当，良好的表面粗糙度保证了器件较高的击穿电压。为了进一步抑制器件表面漏电，并提升耐电流崩塌特性，采用多层介质复合钝化结构。首先，采用 PEALD 设备淀积 20nm Al_2O_3 介质层与 GaN 表面形成良好的界面特性，减少器件表面漏电。然后，采用 PECVD 设备生长 200nm SiN 钝化层，进一步减小表面态对器件动态特性的影响。器件阴阳极间距 L_{AC}=25μm，阳极凹槽边缘类场板长度 L_{EX} = 2μm。

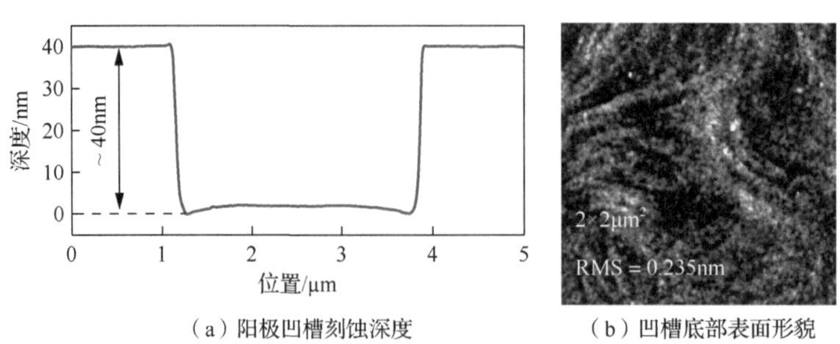

（a）阳极凹槽刻蚀深度　　（b）凹槽底部表面形貌

图 2.29　阳极凹槽刻蚀深度及底部表面形貌

器件阳极的详细处理过程如下。

样品 A：首先采用热退火的方式修复凹槽刻蚀损伤，再使用 25%浓度的 TMAH 在 75℃水浴条件下进行湿法处理，进一步修复刻蚀损伤。阳极金属溅射之后，将样品放置于退火炉中，在 450℃高温 N_2 氛围下对阳极进行 5min 后退火处理。

样品 B：首先采用热退火的方式修复凹槽刻蚀损伤，再使用 BOE 溶液对凹槽界面进行处理，移除热退火过程在凹槽表面形成的氧化层。阳极金属溅射之后，将样品放置于退火炉中，在 450℃高温 N_2 氛围下对阳极进行 5min 后退火处理。

样品 C：首先采用热退火的方式修复凹槽刻蚀损伤，再使用 BOE 溶液对凹槽界面进行处理，移除热退火过程在凹槽表面形成的氧化层。阳极金属溅射之后，不对阳极进行后退火处理。

图 2.30（a）为线性坐标下样品 A、B、C 的正向 *I-V* 特性及微分导通电阻特性，器件正向电流密度为 1mA/mm 时所对应的开启电压分别为 0.37V、0.38V、0.34V，器件阳极偏置电压为 2V 时所对应的正向电流密度分别为 149mA/mm、147mA/mm、125mA/mm，器件微分导通电阻分别为 10.3Ω·mm、10.7Ω·mm、12.5Ω·mm。阳极后退火处理对 W 金属阳极凹槽阳极结构 AlGaN/GaN SBD 的开启电压影响较小，且能有效减小肖特基结的导通电阻，提高器件输出电流。图 2.30（b）为对数坐标下样品 A、B、C 的正向 *I-V* 特性及亚阈值斜率特性。由于阳极后退火处理能够有效促进阳极金属 W 原子与界面 GaN 中的 Ga 原子和 N 原子结合成键，有效降低金-半界面态密度，器件亚阈值斜率分别为 65mV/dec、65mV/dec、81mV/dec，势垒高度分别为 0.62eV、0.65eV、0.57eV，理想因子分别为 1.09、1.08、1.35。较小的理想因子和较大的势垒高度表明器件阳极金属与 GaN 材料之间的良好接触特性，有助于减小器件反向漏电。

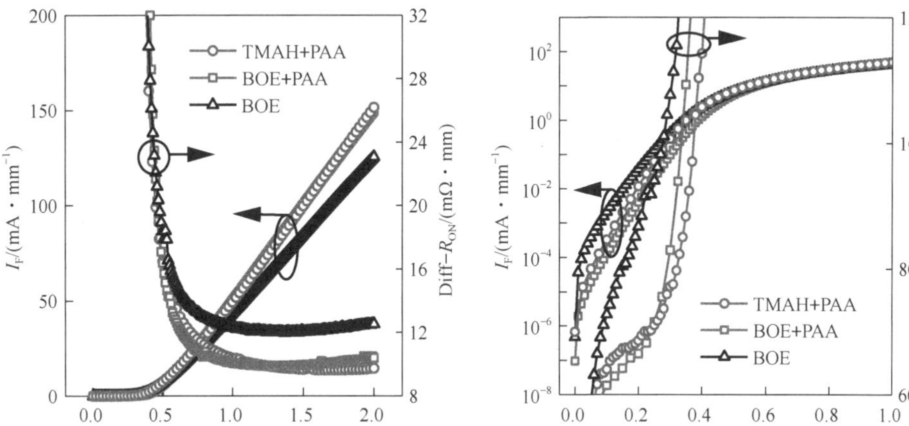

（a）器件正向*I-V*特性及导通电阻特性　　（b）器件正向*I-V*特性及亚阈值斜率特性

图 2.30　基于不同阳极处理技术的凹槽阳极结构 AlGaN/GaN SBD 正向特性

图 2.31 为样品 A、B、C 的器件正反向特性随温度的变化关系。室温下，样品 A、B、C 的器件反向漏电分别为 4.10×10^{-7}A/mm、1.28×10^{-7}A/mm、3.26×10^{-5}A/mm，较小的反向漏电对应器件较大的肖特基势垒高度，即样品经过阳极后退火处理后，器件

正向导通特性及反向漏电特性均得到明显提升。当环境温度为 425K 时，器件的反向漏电分别为 5.37×10^{-6}A/mm、2.59×10^{-6}A/mm、3.89×10^{-4}A/mm，采用阳极后退火处理的凹槽阳极结构 AlGaN/GaN SBD 不仅在室温下具有良好的工作特性，高温下仍可实现较低的反向漏电，实现更低的静态功耗。图 2.32 为样品 A、B、C 的器件势垒高度随温度的变化关系。随着温度的增加，器件有效势垒高度逐渐增加，在相同温度下，经过阳极后退火处理的样品 A、B 的有效势垒高度均高于样品 C 的有效势垒高度。对于未进行阳极后退火处理的器件而言，肖特基金属与 GaN 的接触仅限于界面处 1～2 个原子层，且存在较多的悬挂键，直接导致器件有效势垒高度的降低。另外，由于接触界面极薄，电子在一定偏压下会通过隧穿的方法穿过势垒，未经过阳极后退火处理的 AlGaN/GaN SBD 理想因子远高于经过阳极后退火处理的器件。在阳极后退火处理过程中，阳极金属在高温的作用下会向 GaN 一侧扩散，使 W 原子更好地与 Ga 原子和 N 原子成键，提高界面处的有效势垒高度和势垒宽度，从而实现较小的器件反向漏电[15]。

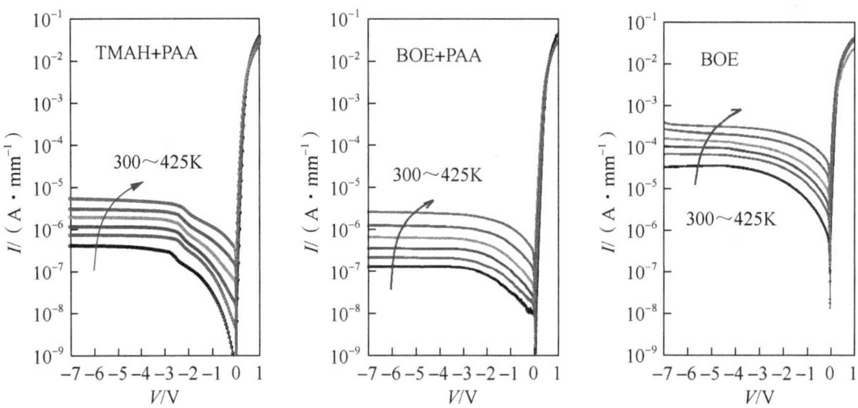

（a）样品A变温I-V特性　（b）样品B变温I-V特性　（c）样品C变温I-V特性

图 2.31　样品 A、B、C 的正反向 I-V 特性随温度的变化关系

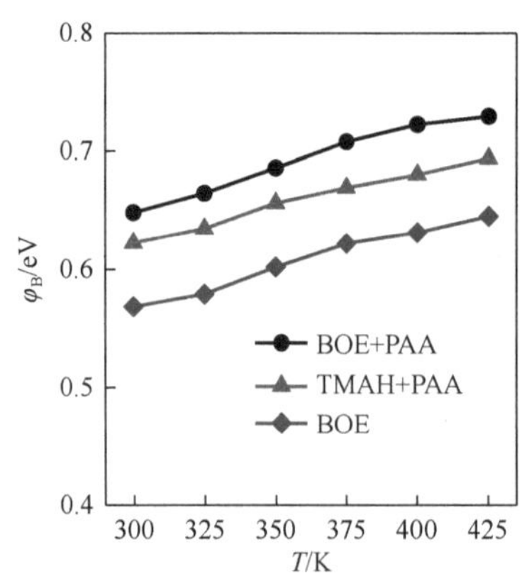

图 2.31（彩图）

图 2.32（彩图）

图 2.32　样品 A、B、C 的势垒高度随温度的变化关系

图 2.33（a）展示了器件反向击穿特性。定义器件反向漏电达到 1mA/mm 时对应的

阳极偏压为器件的击穿电压，则样品 A、B 的击穿电压分别高达 2.95kV、3kV，而未采用阳极后退火处理的样品 C 器件击穿电压仅为 2.1kV，采用低功函数金属阳极的凹槽阳极结构 AlGaN/GaN SBD 经过阳极后退火处理后功率品质因数超过 $3GW/cm^2$。当定义器件反向漏电达到 1μA/mm 时对应的阳极偏压为器件的击穿电压时，样品 B 器件的击穿电压高达 2.7kV，即阳极后退火处理可以有效地降低器件反向漏电、提高器件击穿电压。图 2.33（b）为上述器件特性与国际同期高水平 GaN SBD 特性的对比。

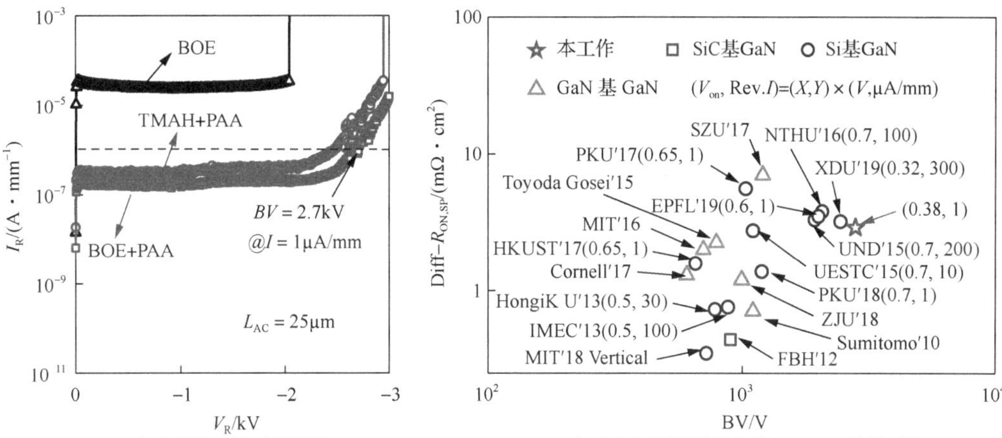

（a）器件反向击穿特性　　（b）与国际同期高水平GaN SBD特性对比

图 2.33　器件反向击穿特性及器件特性与国际同期高水平器件性能对比

大功率电子器件需要具备大导通电流和高击穿电压的特点，一般可通过增大器件尺寸来获得，由于单个器件的有源区尺寸较大，相比于小器件而言，大功率器件对工艺的均匀性要求更高，图 2.34 为所制备的尺寸为 20mm 的低功函数金属 W 阳极凹槽阳极结构 AlGaN/GaN SBD 的特性，器件阴阳极间距 L_{AC}=20μm，当器件阳极正向偏压为 3V 时，正向电流高达 5A，且器件耐压高达 2kV。

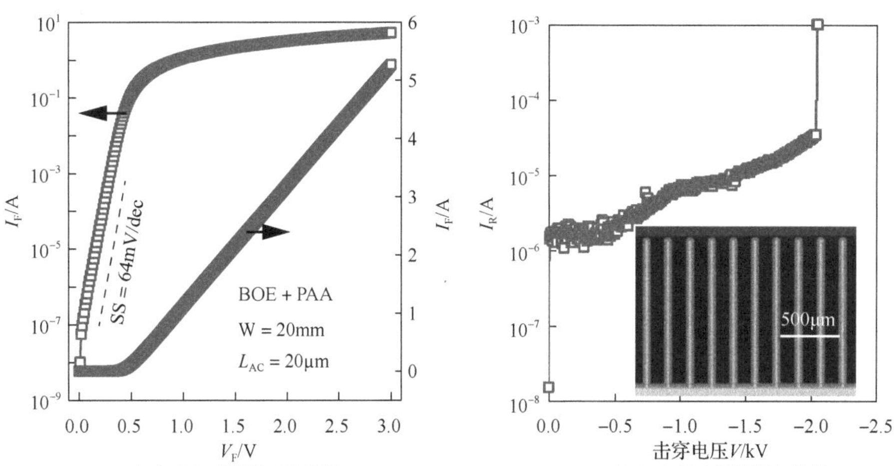

（a）大尺寸器件正向特性　　（b）大尺寸器件反向特性

图 2.34　20mm 大尺寸器件特性

2.5.3　阳极后退火处理对界面态的影响

采取变频 C-V 法对阳极后退火处理前后器件的正向偏置电容进行测试，能够有效评估阳极后退火处理前后器件肖特基结的界面态密度，测试频率分别为 1kHz、1.46kHz、2.15kHz、3.16kHz、4.64kHz、6.81kHz、10kHz、14.68kHz、21.54kHz、31.62kHz、46.42kHz、68.13kHz、100kHz、146.78kHz、215.44kHz、316.23kHz、464.16kHz、681.29kHz、1000kHz、1467.8kHz。图 2.35 展示了不同频率下阳极后退火处理前后器件的 C-V 特性曲线。经过阳极后退火处理和未经过阳极后退火处理的器件峰值电容所对应的阳极偏置电压分别为 2.3V 和 1.8V。由于阳极金-半界面处的界面态陷阱存在不同的寿命，在高频条件下部分界面态陷阱难以跟随测试频率的变化，因此出现峰值电容随测试频率增大而降低的现象。由于后退火处理有效促进了阳极金属 W 与 GaN 材料相互结合成键，大幅度消除了界面陷阱态密度。因此在相同测试频率下，经过阳极后退火处理的器件峰值电容远小于未经过阳极后退火处理的器件峰值电容。

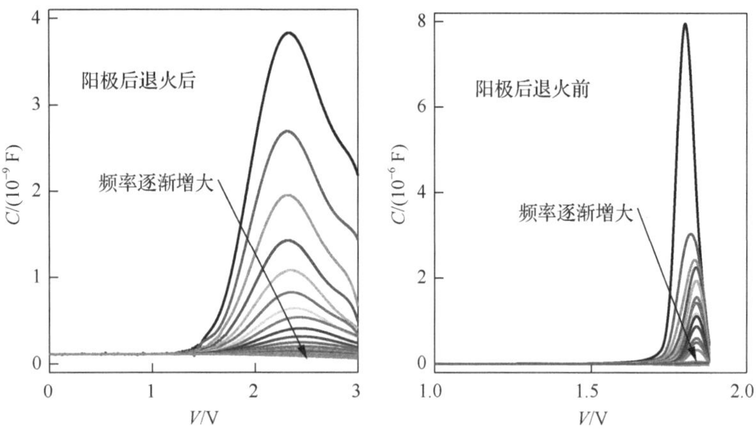

（a）阳极后退火后器件C-V特性　（b）阳极后退火前器件C-V特性

图 2.35　不同频率下阳极后退火前后器件 C-V 特性

图 2.36（a）为器件阳极到沟道处的等效电路图，其中，C_i 和 C_S 分别为界面势垒电容和 GaN 沟道层电容，R_T 和 C_T 分别为由陷阱态引起的电阻和电容。低频条件下，界面处的陷阱有足够的时间俘获载流子，填充陷阱态，导致测试电容值的上升。当测试频率逐渐增大时，寿命高的陷阱态无法及时俘获载流子，故不再对电容有贡献，导致测试频率在高频时出现频散现象。图 2.36（b）为器件电导-角频率的特性曲线，曲线峰值处的角频率满足：

$$\omega_{\max} \approx \frac{2}{\tau_T} \tag{2-8}$$

式中，τ_T 为陷阱态寿命，对应的陷阱能级 $E_C - E_T$ 可依据 SRH（Shockley-Read-Hall）复合模型计算得出，其表达式满足：

$$E_C - E_T = kT\ln\left(\tau_T N_C \sigma_t v_T\right) \tag{2-9}$$

式中，k 为玻尔兹曼常数；N_C 为 GaN 导带的有效态密度；T 为温度；σ_t 为界面态的捕获截面；v_T 为平均热速度。未经后退火处理的器件阳极界面陷阱能级为 0.23eV，而经后退火处理的器件阳极界面陷阱能级为 0.26eV。图 2.37 为阳极后退火处理前后器件电导-电压关系。由于阳极界面陷阱态的响应时间不同，随着测试频率的增加，部分界面态陷阱难以跟随测试频率的变化，导致电导增大的速率逐渐降低。

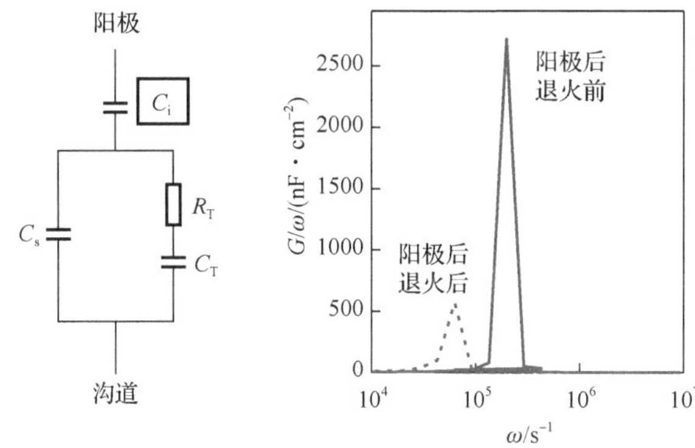

（a）陷阱态评估等效电路图　（b）阳极后退火前后器件 G/ω-ω 关系曲线

图 2.36　器件陷阱态评估等效电路图及 G/ω-ω 关系曲线

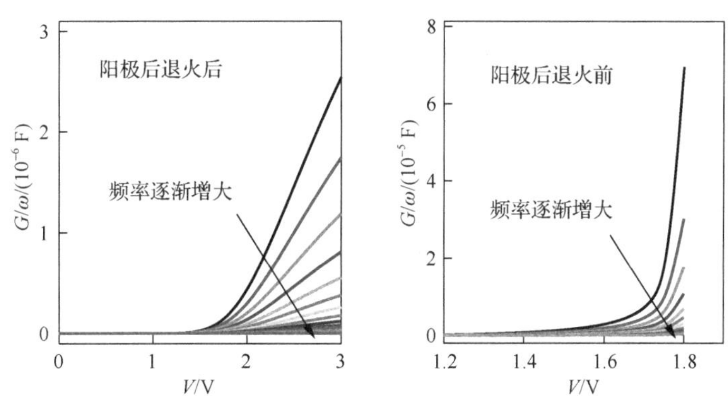

（a）阳极后退火后器件 G/ω-V 关系曲线　（b）阳极后退火前器件 G/ω-V 关系曲线

图 2.37　阳极后退火前后器件 G/ω-V 关系曲线

对于平面阳极结构 AlGaN/GaN SBD 而言，器件阳极界面态密度随测试频率的变化关系满足 Hill-Coleman 方法[51-52]，可表示为

$$N_{SS} = \frac{2}{qA} \frac{(G/\omega)_m}{\left((G/\omega)_m / C_i\right)^2 + \left(1 - C_m / C_i\right)^2} \tag{2-10}$$

式中，$\omega=2\pi f$ 为角频率；C_m 为峰值电容；$(G/\omega)_m$ 为峰值电容所对应的峰值电导；C_i 为界面层电容，即阳极下方 GaN 层在高频下的强集聚电容，可表示为

$$C_i = C_m \left(1 + \left(\frac{G_m}{\omega C_m}\right)^2\right) \tag{2-11}$$

通过计算可得，1MHz 下经阳极后退火处理的器件 C_i 值为 1.31×10^{-10}F，未经阳极后退火处理的器件 C_i 值为 7.9×10^{-8}F。

图 2.38 为阳极后退火处理前后器件阳极界面态密度随频率的变化关系。器件经阳极后退火处理后，界面态密度由 $9.48\times10^{15}\text{eV}^{-1}\cdot\text{cm}^{-2}$ 降低至 $1.77\times10^{13}\text{eV}^{-1}\cdot\text{cm}^{-2}$。因此，阳极后退火处理可以有效消除阳极下方 GaN 表面悬挂键对器件载流子输运特性的影响，抑制器件反向隧穿漏电，降低器件导通电阻。

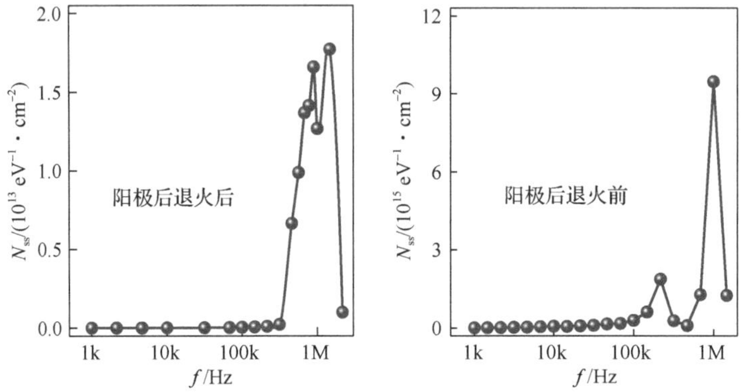

（a）阳极后退火后器件界面态密度　　（b）阳极后退火前器件界面态密度

图 2.38　阳极后退火前后器件界面态密度

2.5.4　阳极后退火对器件肖特基结的影响机制

为了进一步分析阳极后退火处理对金属 W 与 GaN 材料界面处物理特性的影响，在两片 GaN 样品上分别溅射 100nm 厚的 W 金属，并采用透射电子显微镜（transmission electron microscope，TEM）对金属 W 退火前后的金-半界面微观形貌进行表征。图 2.39 为阳极后退火处理前后样品的肖特基界面形貌。对于未经退火处理的样品而言，金属 W 与 GaN 材料界面存在较为清晰的界线，而当样品在 N_2 氛围下经过 450℃退火 5min 后，金属 W 与 GaN 材料界面变得较为模糊，即界面处的金属 W 与 GaN 在 450℃退火条件下发生了相互扩散发生反应[53-54]，形成了 WN_x、GaW_xN_y 等化合物。该界面化合物的存在有助于器件实现较小的反向漏电。

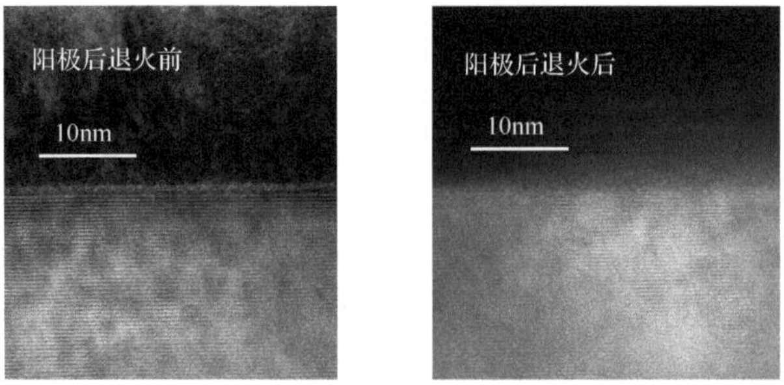

（a）阳极后退火前肖特基界面形貌　　（b）阳极后退火后肖特基界面形貌

图 2.39　阳极后退火前后肖特基界面形貌

采用 X 射线光电子能谱（X-ray photoelectron spectroscopy，XPS）设备对金属 W 薄膜与 GaN 界面的价带谱进行测试，能够有效确定退火前后界面处化学键的变化情况。由于 XPS 设备仅能对距离表面数纳米范围内的材料进行测试，因此可在两片 GaN 样品上分别溅射 5nm 厚的 W 金属，其中一片在 N_2 氛围下采用 450℃退火 5min，另一片不进行金属后退火处理，然后对两样品及 GaN 裸片分别进行 XPS 测试，测试结果如图 2.40（a）所示。当 5nm W 金属薄膜淀积在 GaN 材料表面后，GaN 价带谱在金属 W 的作用下朝负方向偏移 1.70eV，表明 GaN 材料表面处势垒高度增加，即 GaN 材料在肖特基金属的作用下，表面电子耗尽，形成相对较宽的耗尽区；当样品经过 450℃退火后，GaN 表面势增加 0.18eV，表明退火促进了 GaN 与 W 金属之间的反应，形成 Ga-W 或 W-N 化学键，从而改变了 GaN 的价带谱[55-58]。图 2.40（b）为 W 4f 的核能级变化情况，当较薄的 5nm W 薄膜淀积在 GaN 外延片表面时，由于受到 GaN 材料的影响，W 4f 峰位向负方向偏移 1.41eV，当薄膜经过退火处理之后，W 4f 峰位向正向偏移 0.19eV。上述研究结果表明，当 GaN 材料上 W 薄膜经退火处理之后，界面处材料相互扩散发生反应，且器件在该反应产物的作用下有助于实现较小的漏电。

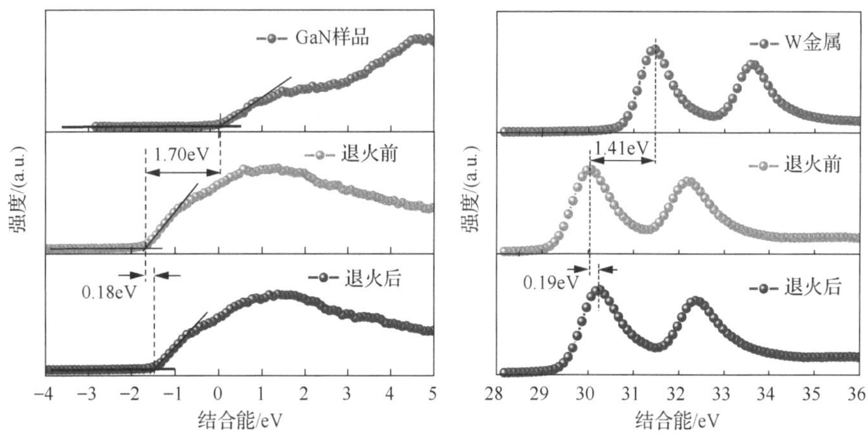

（a）退火前后GaN价带谱　（b）退火前后W价带谱

图 2.40 W 金属沉积前后及后退火前后样品价带谱变化

2.6 AlGaN/GaN 器件低界面态钝化工程

PEALD 是一种常用的原子层沉积方式，能够在原子层面上精确控制薄膜厚度。在 GaN 器件的制备过程中，通常用于生长高质量的 Al_2O_3、HfO_2、ZrO 等介质，以实现较低的界面漏电。该工艺系统主要包括脉冲感应耦合等离子发生器、真空工艺腔体、真空和压力控制系统、前驱气体输运系统以及设备控制系统等部分。在介质沉积过程中，PEALD 通过等离子体增强前体的反应，激活基片表面以增加表面活性成核位点，在去除反应副产物的同时，提高薄膜的晶体质量和沉积速率。另外，相比于传统的 PECVD、磁控溅射等沉积技术，PEALD 能够通过控制前体反应周期来精确地控制薄膜沉积厚度，且生长速率不受基片面积大小、基片温度分布以及气流形状等因素的影响，因此能够获得厚度均匀性极佳且台阶覆盖性良好的薄膜。下面将介绍常用的 PEALD Al_2O_3 介质沉积工艺及 GaN 表面处理工艺对介质/半导体界面态的影响。

2.6.1 不同氧源对 Al_2O_3/GaN 界面的影响

PEALD 工艺中沉积 Al_2O_3 介质常用的氧源包括 H_2O、O_2 和 O_3 三种，基于不同氧源沉积的介质层特性各不相同，通常可通过图 2.41 所示的金属-氧化物-半导体电容器（metal-oxide-semiconductor capacitor，MOSCAP）结构对界面态进行评估。该结构由一个大电容和一个小电容串联而成，其中，欧姆电极采用 Ti/Al/Ni/Au 叠层结构在 N_2 氛围下退火 30s 形成，15nm Al_2O_3 的生长温度为 300℃，阳极电极采用 Ni/Au 叠层结构。三种不同样品分别采用 H_2O、O_2 和 O_3 作为氧源。

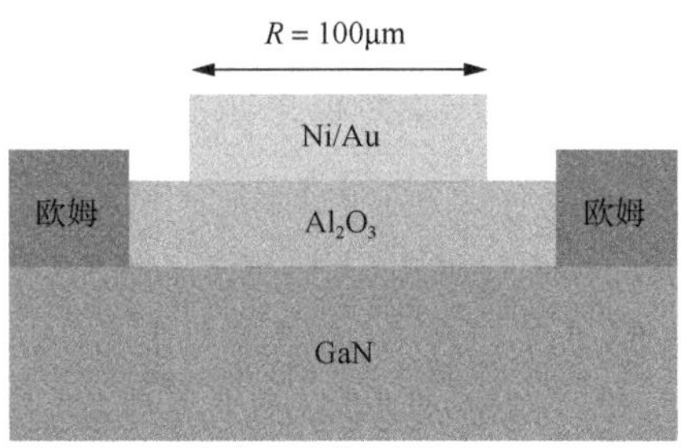

图 2.41　基于 PEALD 沉积的 Al_2O_3 介质的 GaN MOSCAP 截面图

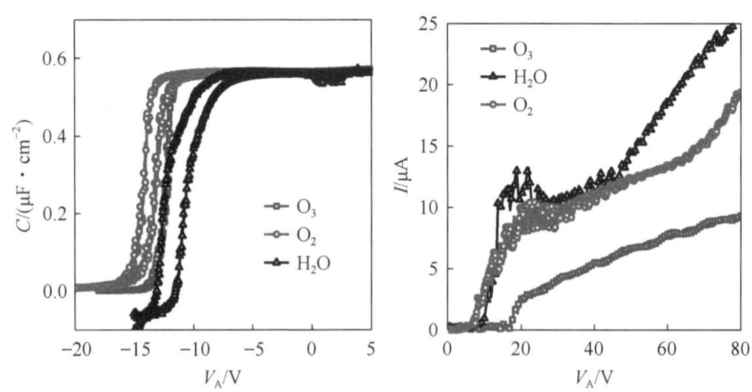

（a）C-V 回滞特性　　（b）台面隔离漏电特性

图 2.42（彩图）

图 2.42　基于不同氧源沉积的 Al_2O_3 介质的 GaN MOSCAP *C-V* 回滞特性及台面隔离特性

图 2.42（a）展示了在 1MHz 频率下，采用三种不同氧源沉积的 Al_2O_3 介质的 GaN MOSCAP 的 *C-V* 回滞结果。当阳极偏置电压从负逐渐增加到正时，半导体内的电子由耗尽态转向积累态。由于半导体与介质界面存在大量的界面态，电子会填充界面态陷阱，从而增加半导体表面的耗尽程度，导致回扫时出现阈值电压的正向漂移，因此可通

过 *C-V* 回滞的大小判断界面质量的优劣。图 2.42（b）展示了同批工艺中台面隔离漏电的测试结果，以 O_3 为氧源的台面隔离漏电最小，且 *C-V* 回滞最小。

2.6.2　不同表面处理对 Al_2O_3/GaN 界面的影响

表面处理工艺是优化介质与半导体界面质量的重要环节。本节基于 HVPE 生长的 a 面 GaN 材料，系统分析表面处理对介质与非极性 GaN 界面的影响。在样品制备前，首先将 GaN 样品依次放入丙酮、乙醇、去离子水中进行超声清洗，以除去表面杂质。所有样品均以三甲基铝和臭氧作为铝源和氧源，沉积的 Al_2O_3 薄膜厚度为 15nm，详细的表面处理工艺如表 2.2 所示，图 2.43 为样品 A 的 *C-V* 特性曲线，基于 *C-V* 曲线可得样品的掺杂浓度为 $2.7\times10^{17}cm^{-3}$。

表 2.2　Al_2O_3/a 面 GaN MOSCAPs 样品界面处理方式

样品编号	处理方式
A	不处理
B	介质淀积后在 N_2 氛围下 450℃热退火 5min（N_2 PDA）
C	介质淀积前用食人鱼溶液浸泡 1min
D	介质淀积前用食人鱼溶液浸泡 1min，BOE 溶液（49% HF∶40% NH_4F = 1∶6）浸泡 30s，沉积后 N_2 氛围下 450℃热退火 5min

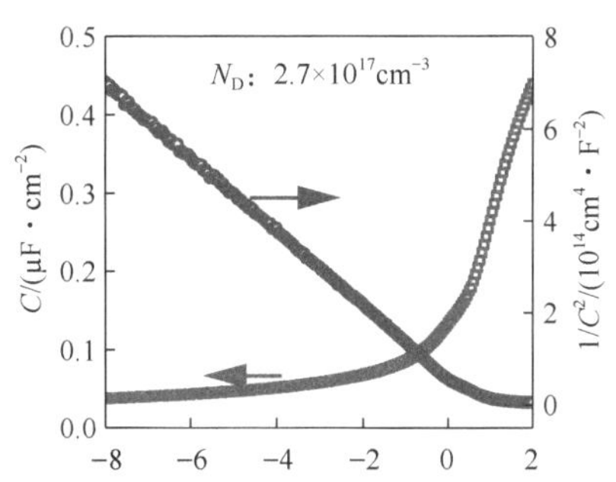

图 2.43　样品 A 的 *C-V* 特性与载流子浓度

图 2.44 为上述 4 种样品的变频 *C-V*、*G-V* 回滞特性。样品从耗尽态扫至积累态后再回扫至耗尽态，测试频率分别为 10kHz、100kHz 和 1MHz，步频为 0.01V。基于回滞测试结果，探测到的界面陷阱数量（Q_{it}）[59]可表示为

$$Q_{it} = C_{ox} \times \Delta V / q \tag{2-12}$$

式中，C_{ox} 为氧化层电容；ΔV 为电压漂移量。从测试结果可知，未经任何处理的样品 A 表现出较大的频散、电压漂移量和界面陷阱量，且 MOSCAP 结构漏电较大，平带电容持续增加；样品 B 的频散相对较小，且电压漂移量也相对较小，仅为 0.23V；样品 C 表

现出高达 0.41V 的电压漂移量和最小的漏电特性；样品 D 表现出仅为 0.13V 的低电压漂移量、低频散和较低的漏电特性。

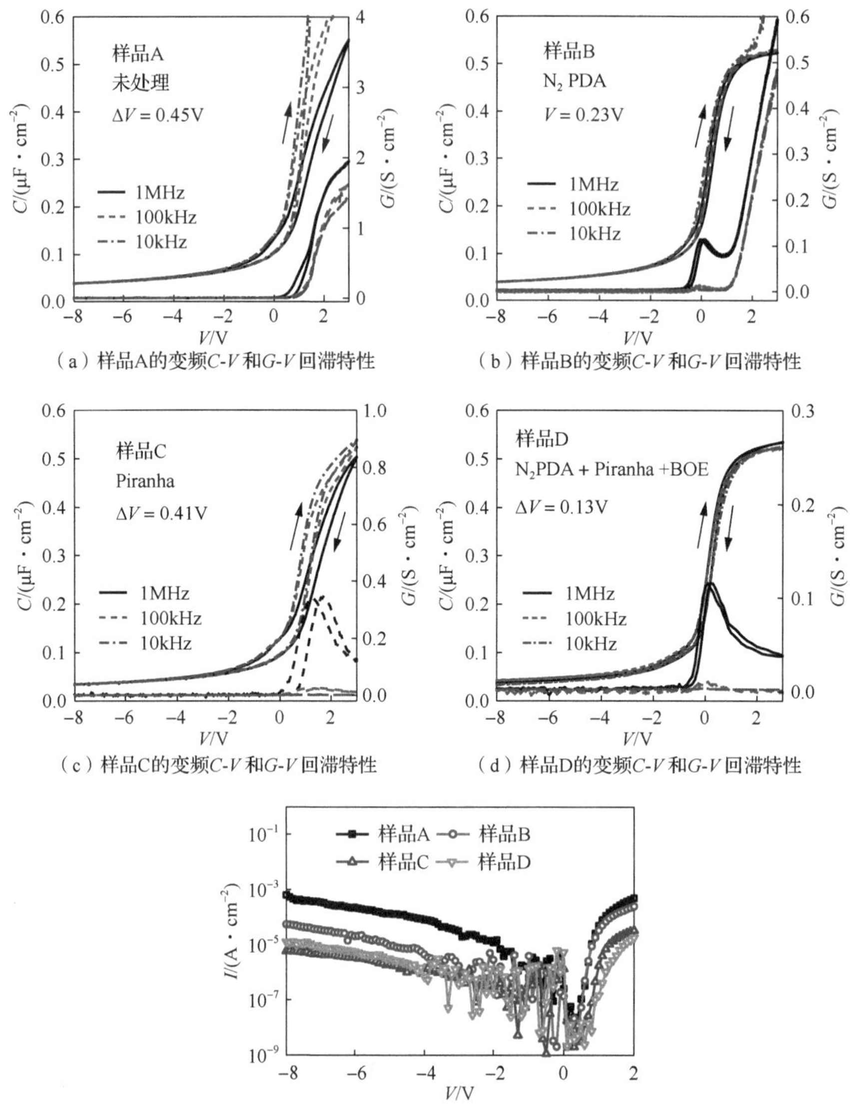

（a）样品A的变频C-V和G-V回滞特性

（b）样品B的变频C-V和G-V回滞特性

（c）样品C的变频C-V和G-V回滞特性

（d）样品D的变频C-V和G-V回滞特性

（e）4种样品MOSCAP的I-V特性

图 2.44　样品 A、B、C、D 的变频 *C-V*、*G-V* 回滞特性和对应 MOSCAP 的 *I-V* 特性

首先，采用 XPS 设备分析 N_2 PDA 退火工艺对界面元素及成键的影响。由于 XPS 设备只能探测表面及以下几纳米的深度，故可在 a 面 GaN 衬底上沉积 2nm 厚度的 Al_2O_3 薄膜，并对其中一片样品进行 N_2 PDA 处理，而另一片样品不做处理。从图 2.45 可知，样品经过 N_2 PDA 处理后，界面处 Ga-N 键与 Ga-O 键的比值从 8.13 增加至 9.77，有效减少了高氧化态的 Ga 所导致的高界面缺陷密度和陷阱[59-60]，因此 N_2 PDA 处理后 Ga-O 键的减少可能是导致 Q_{it} 下降的主要因素之一。

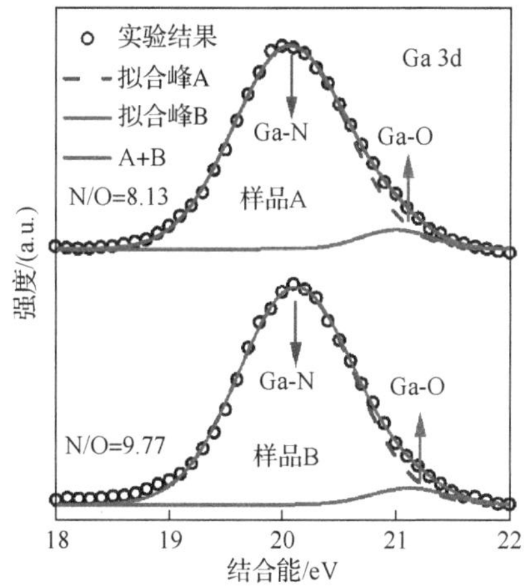

图 2.45（彩图）

图 2.45 N_2 PDA 退火前后界面处 Ga-N 键与 Ga-O 键的比

其次，采用 XPS 设备分析食人鱼溶液处理对样品表面特性的影响。两片 a 面 GaN 样品的表面分别进行 1min 食人鱼溶液清洗，以及 1min 食人鱼溶液及 30s BOE 溶液联合清洗。图 2.46（a）显示了两种样品表面的 XPS 测试结果。样品经食人鱼溶液及 BOE 溶液清洗后，286eV 峰值附近所对应的 C-O 键、C-N 键[61]和 C=O 键[62]明显减少，故样品 D 较低的界面态密度可能是由于较少的表面残留氧化物导致[63]。另外，如图 2.46（b）所示，样品经食人鱼溶液处理后，表面粗糙度从 0.405nm 降低至 0.180nm，表面平整度明显提升。

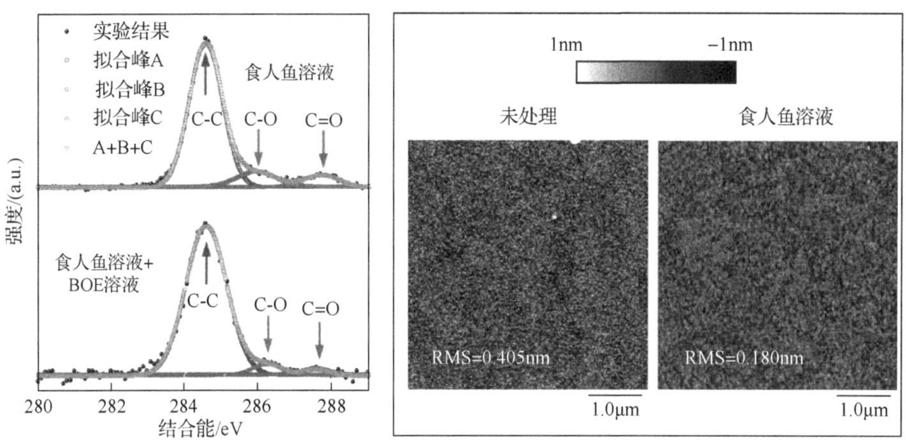

（a）BOE处理前后GaN表面元素分析　（b）食人鱼溶液处理前后GaN表面粗糙度

图 2.46 食人鱼溶液及 BOE 溶液对 GaN 样品表面的影响

图 2.46（彩图）

探明表面处理对界面改善的机理后，进一步采用电导法对界面态密度（D_{it}）进行定量表征。由于 GaN 材料的禁带宽度大，导致室温下难以探测到部分陷阱能级，因此除室温外再增加 150℃测试点，测试频率为 1kHz～1MHz。并联电导（G_p/ω）可根据电容（C_m）和电导（G_m）计算得出，其表达式[64]为

$$\frac{G_p}{\omega}=\frac{\omega C_{OX}^2 G_m}{\left[C_m^2+\omega^2\left(C_{ox}-C_m\right)\right]} \tag{2-13}$$

式中，ω 为测试频率；C_{ox} 为氧化层电容。

探测到的界面态陷阱能级（E_T）相对于 GaN 导带底（E_C）的距离可通过 SRH 模型计算得出，其表达式为

$$E_C-E_T=k_B T\ln\left(\tau_{it}\sigma v_t N_C\right) \tag{2-14}$$

式中，k_B 为玻尔兹曼常数；T 为温度；τ_{it} 为界面态寿命；σ 为界面态捕获截面；v_t 为热速度；N_C 为 GaN 导带的有效态密度。

样品 A、B、C、D 的变频 *C-V* 特性如图 2.47 所示。其中，样品 A、B、C 在变频 *C-V* 特性中均表现出较大的频散现象，尤其在 150℃高温下退化更为明显，但经过 N_2 PDA 处理、食人鱼溶液清洗和 BOE 溶液清洗的样品 D 表现出良好的特性。图 2.48 为 150℃高温下，样品 A、D 的并联电导（G_p/ω）与频率的关系，样品 D 未展现出明显的包络状归一化电导（$G_p/Aq\omega$）特性。由于 GaN 材料禁带宽度大、陷阱能级深，故需更低频、更高温的环境才能探测到其较深处的陷阱[65-67]。而采用 1kHz 和 150℃的测试条件未能探测到优化后的样品界面态能级，表明浅能级陷阱问题已被 N_2 PDA 处理、食人鱼溶液清洗和 BOE 溶液清洗过程改善。

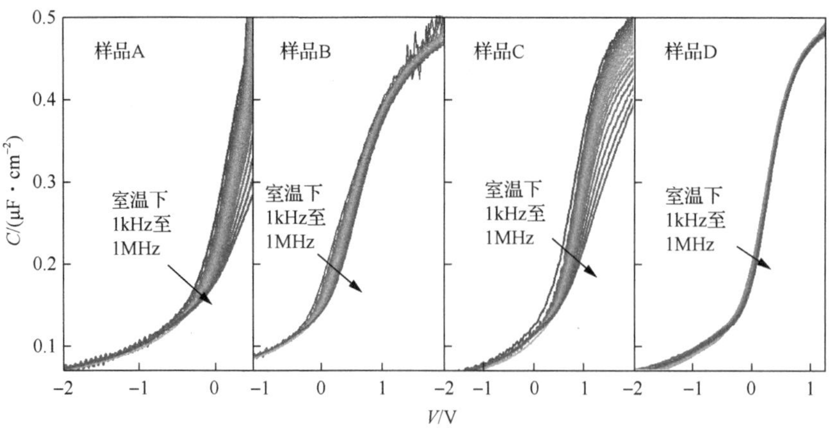

（a）室温下样品A、B、C、D的变频*C-V*特性

图 2.47　室温和 150℃高温下样品 A、B、C、D 的变频 *C-V* 特性

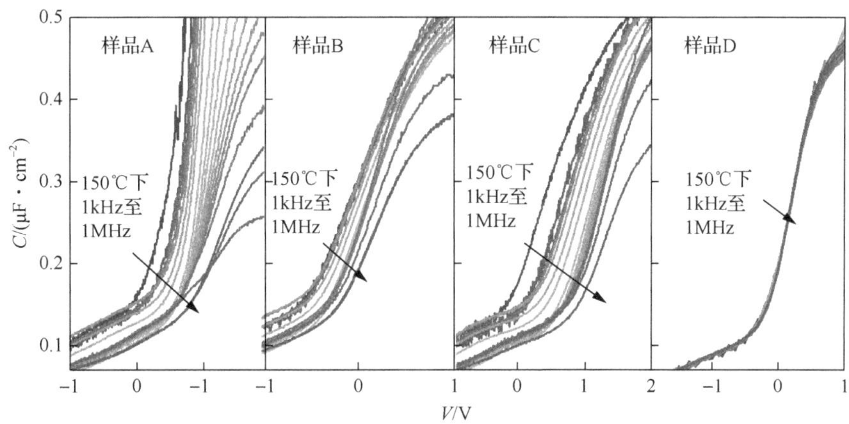

（b）150℃高温下样品A、B、C、D的变频C-V特性

图 2.47（续）

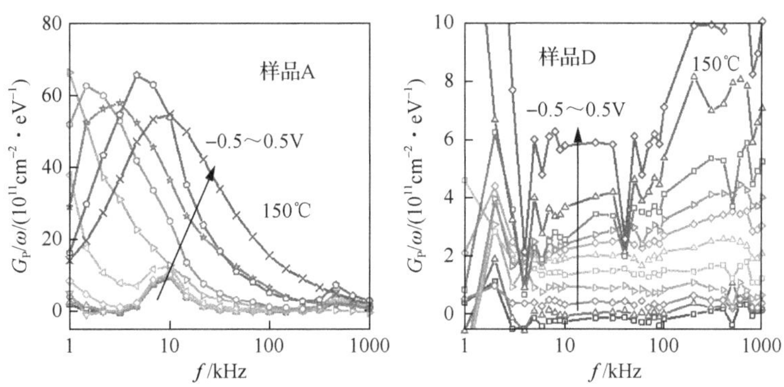

（a）样品A的G_p/ω-f关系　（b）样品D的G_p/ω-f关系

图 2.48　150℃高温下样品 A、D 的 G_p/ω-f 关系

另外，光辅助 C-V 法通过借助紫外线在半导体靠近界面处产生空穴和电子对，确保禁带中不同能级高度的陷阱在 C-V 测量过程中均响应测量信号，可用于评估界面质量，并确定 MOSCAP 样品的平均界面态密度（$\bar{D}_{it}$）。为了避免陷阱未被电子完全填充，测量开始时先将样品偏置在积累态 10s，然后在黑暗中从深度耗尽状态扫描至积累态得到暗 C-V 曲线，测试频率 f = 1MHz。然后，阳极保持在−10V 偏置状态，耗尽界面附近的电子，同时采用紫外线照射 10min，以迫使生成的空穴朝向 Al_2O_3/GaN 界面移动，界面处的高浓度空穴与界面态俘获的电子复合。之后，关闭紫外光，再次进行相同频率的 C-V 测试以获得紫外线照射后的 C-V 曲线。紫外线照射产生的空穴与陷阱中捕获的电子复合，导致表面的耗尽减弱。与紫外线照射前相比，C-V 曲线发生负向偏移，定义该偏移量为 ΔV_F，故平均 $\bar{D}_{it}$[68]可以表示为

$$\bar{D}_{it} = \frac{C_{ox} \times \Delta V_F}{qE_g} \tag{2-15}$$

式中，ΔV_F 为平带电压（V_{FB}）漂移量；V_{FB} 可由$(C_{ox}/C)^2$−1 与 V 的关系曲线外推至

$(C_{ox}/C)^2-1=0$ 处确定。图 2.49 为黑暗环境中（UV 前）和紫外线照射后（UV 后）不同样品的 C-V 曲线，插图为 V_{FB} 偏移量的提取结果。经 N_2 PDA 处理的样品 V_{FB} 负移是由 Al_2O_3/GaN 界面处的负有效氧化物电荷减少导致的[69]，进一步采用食人鱼溶液和 BOE 溶液清洗可降样品 A 的ΔV_F，实现最小平均界面陷阱态密度为 $2.04\times10^{11}cm^{-2}\cdot eV^{-1}$ 的良好界面。

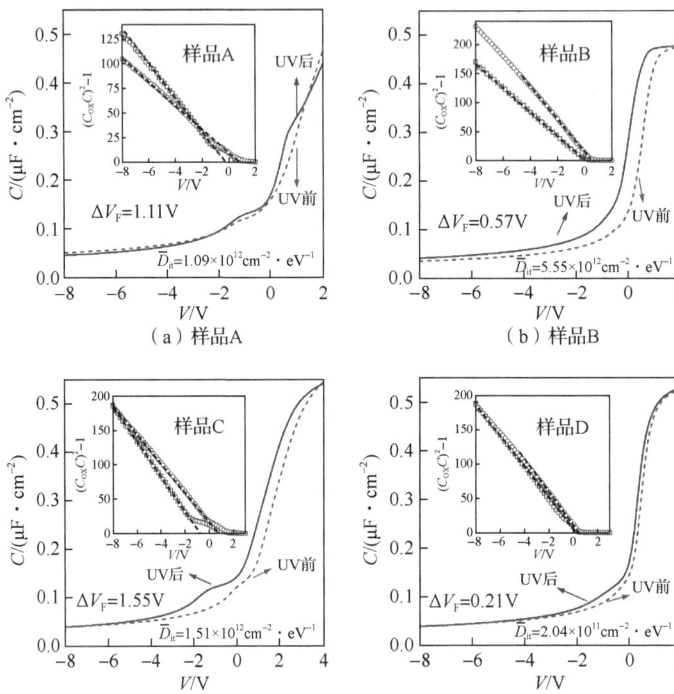

（a）样品A　（b）样品B　（c）样品C　（d）样品D

图 2.49　黑暗环境中和紫外线照射后各样品的 C-V 曲线及 V_{FB} 漂移量

2.7　AlGaN/GaN 器件全局钝化可靠性提升技术

基于 AlGaN/GaN 异质结结构的横向 GaN 器件稳定性受到电流崩塌现象影响严重。以 HEMT 器件为例，其主要表现在高频大信号驱动下，器件的膝点电压增大，输出电流摆幅（由最大电流决定）剧减，导致输出功率和功率附加效率减小。此外，在较高电压冲击后，器件最大电流减小，膝点电压增大，直流与射频表现恶化。电流崩塌的表现形式多种多样，但基本可以归结为电流不稳定。这直接影响了器件的稳定性与可靠性，是相关产品商用必须解决的核心问题。

相关研究表明，电流崩塌的主要原因是 GaN 材料界面与表面存在大量的陷阱，表面态密度较高。陷阱在表面俘获电子形成带负电的虚栅，削弱二维电子气，从而控制沟道电流。由于表面态的充放电需要时间，因此在一些状态下电流变化赶不上外界信号变化，从而导致电流崩塌。电流崩塌现象与器件的表面状态有很强的相关性。凹槽阳极

GaN 肖特基二极管采用 AlGaN/GaN 异质结外延片，同样面临巨大的电流崩塌挑战，因此抑制电流崩塌是提升器件性能与可靠性的重要课题。

2.7.1　LPCVD 表面钝化抑制电流崩塌

高质量钝化技术被证明是解决电流崩塌的重要手段，其原理为通过气相淀积方法在 GaN 表面沉积介质薄膜，从而减少表面态密度，抑制电流崩塌。原子层沉积（plasma enhanced atomic layer deposition，PEALD）、等离子体增强化学气相沉积（plasma enhanced chemical vapor deposition，PECVD）、低压化学气相沉积（low pressure chemical vapor deposition，LPCVD）是生长高质量介质薄膜的主要手段。为同时满足器件低漏电、低电容与高可靠性，本节提出了 ALD Al_2O_3（20nm）+PECVD SiO_2（120nm）和 LPCVD SiN（20nm）+ PECVD SiO_2（120nm）两种钝化方案。图 2.50 分别展示了两种方案器件动态特性测试结果。测试方法为对器件施加一段时间反向应力后立即测量器件正向特性。结果显示，随着偏置电压和持续时间的增加，LPCVD 表面钝化器件的正向曲线几乎没有明显变化，仅在-80V 及-100V 偏置持续 10s 后稍微退化，而 ALD 表面钝化的器件在大偏压和长时间应力后明显出现正向特性退化。

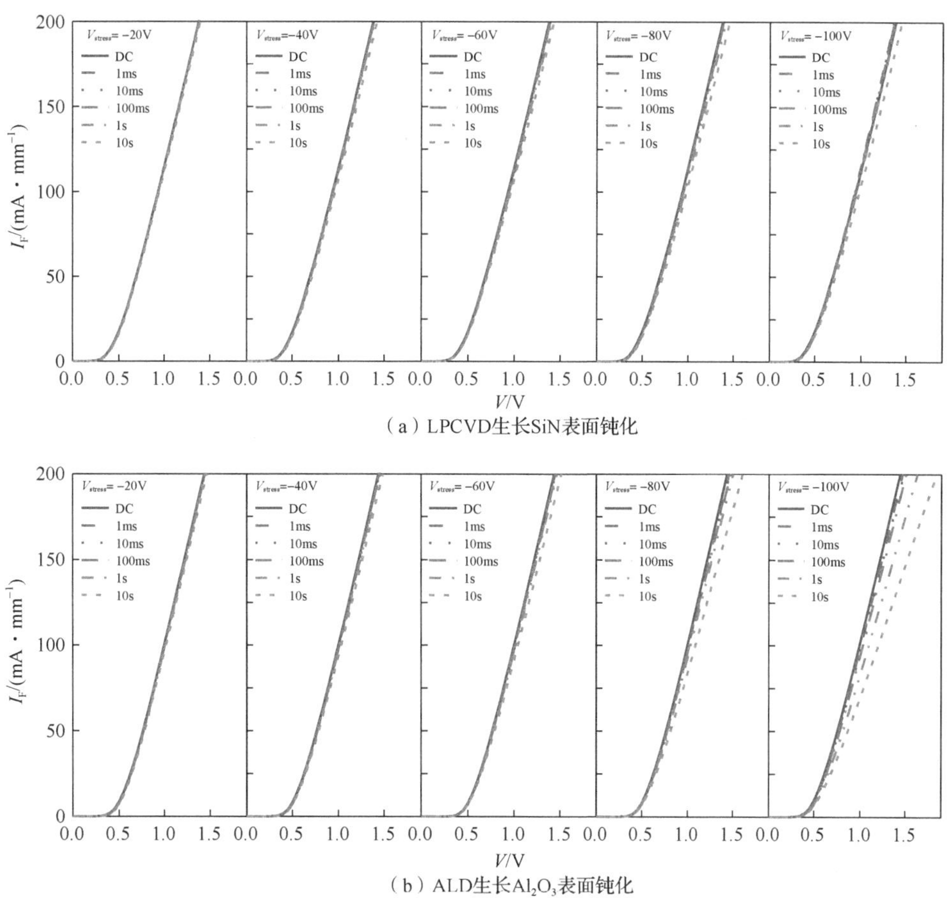

（a）LPCVD生长SiN表面钝化

（b）ALD生长Al_2O_3表面钝化

图 2.50　器件在施加反向应力后正向 *I-V* 特性曲线

图 2.51 进一步统计了动态电阻的退化结果，LPCVD 生长 SiN 表面钝化器件在−100V 应力持续 10s 后，动态电阻增加了 8%，即变为原来的 1.08 倍，而 ALD 生长 Al_2O_3 表面钝化器件在相同条件下动态电阻增加了 35%，两者差异明显。LPCVD 钝化方案显著提升了器件的动态特性。

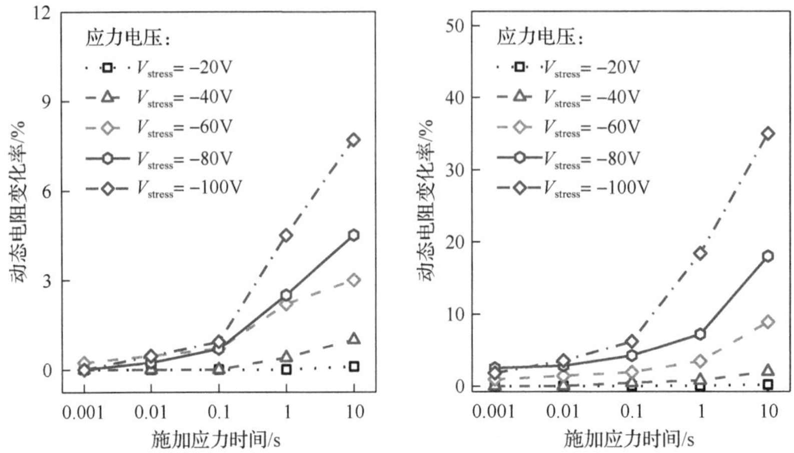

（a）LPCVD生长SiN表面钝化　　（b）ALD生长Al_2O_3表面钝化

图 2.51　器件动态电阻随应力时间变化曲线

分析其原因，对于 AlGaN/GaN 异质结材料，晶格的周期性结构在势垒层的表面突然中断，导致其表面产生悬挂键以及大量的缺陷和陷阱态。当器件反偏时，阳极和二维电子气的部分电子被悬挂键捕获，导致界面呈现负电性，部分耗尽了下方的二维电子气，从而造成电子气浓度的下降。在应力后的正向测试中，陷阱未及时恢复，从而导致器件动态电阻的下降。更大的偏压和更长的持续时间会加剧电子的俘获。

表面钝化的目的就是终止悬挂键，减小表面态，提升表面的化学稳定性，同时避免后续工艺中的表面沾污和机械损伤。如图 2.52 所示，采用 ALD 方法生长的 Al_2O_3 介质在 GaN 界面上产生了更多的界面态，产生大量的电子俘获中心，在持续的大偏压下，陷阱俘获大量电子并对沟道进行耗尽，导致了动态电阻的严重退化。相比之下，LPCVD 方法生长的致密 SiN 与 GaN 间的界面态大幅减少，对二维电子气的耗尽不明显，因此动态电阻退化较小，电流崩塌得到了较好的抑制。

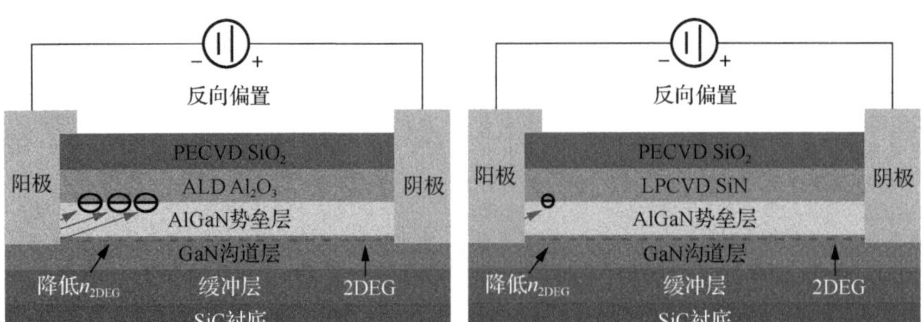

（a）ALD Al_2O_3　　（b）LPCVD SiN

图 2.52　两种表面钝化在反向应力下对二维电子气的影响

2.7.2　全局钝化提升二极管长时可靠性

采用 LPCVD 方法生长的 SiN 用于氮化镓二极管表面钝化，有效抑制了器件电流崩塌，但器件在长时间高偏压应力下开态电阻仍会退化。图 2.53（a）展示了器件在持续 1h 的−100V 高反向应力下正向特性的测试结果。可以明显看出，在应力持续的最初 100s 内，器件的正向特性退化不明显，但在 100s 后，器件出现了明显的退化。图 2.53（b）进一步展示了器件在施加−100V 电压时的反向漏电。结果显示，随着施加偏压的持续，器件漏电逐渐增大，并在某个时间点出现跳变式的突然增大。随着时间的持续，漏电的增加以及跳变的次数与幅度逐渐减缓。器件最初漏电仅 5μA，在 500s 应力后，漏电增加至 26μA。

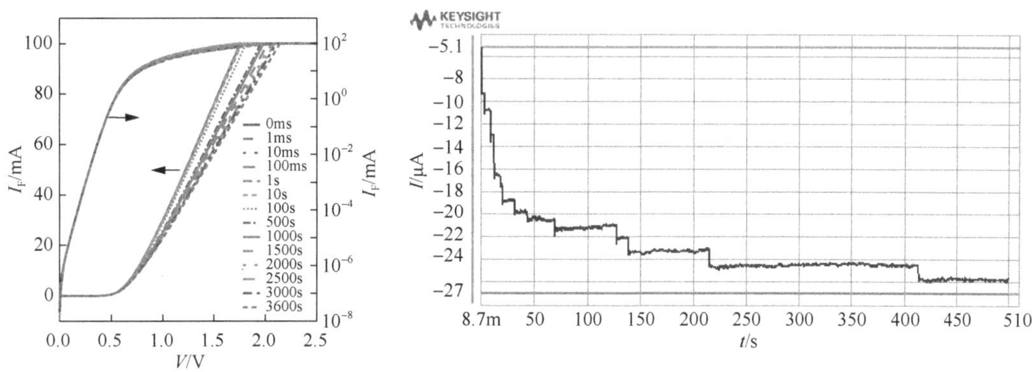

（a）长时间100V反向应力后正向I-V曲线　　（b）应力持续期间反向漏电

图 2.53　LPCVD 表面钝化 GaN 微波二极管长时应力作用特性

该测试结果显然不理想。在持续应力移除后，器件反向漏电能够部分恢复，但在长时间应力后器件漏电还是略有增加。应力持续期间漏电流的增加以及跳变现象可能与较薄的钝化层下发生高场电子向界面态能级的填充导致的辅助隧穿效应有关。为进一步提升器件可靠性，本节提出几种全局钝化方案，以调控表面电场。图 2.54 展示了全局钝化器件截面图。

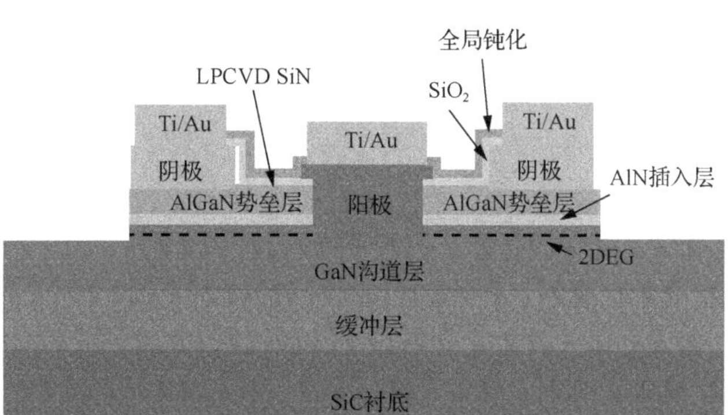

图 2.54（彩图）

图 2.54　全局钝化器件截面图

全局钝化采用 ICPCVD 设备在 75℃下生长钝化介质，以避免长时间高温生长对器件肖特基势垒的影响。考虑薄膜应力也会对器件状态产生影响，本节设计了 4 种全局钝化方案。方案 A 为生长厚度为 600nm 的 SiN 薄膜；方案 B 为 SiN/SiO_2叠层，单层厚度 60nm，重复 4 次，并在顶部继续生长 120nm 厚度的 SiN 薄膜，薄膜总厚度为 600nm；方案 C 为 300nm 厚度的 SiN 薄膜；方案 D 也采用 SiN/SiO_2叠层方案，单层厚度 40nm，重复 3 次，并在顶部生长 60nm 的 SiN，薄膜总厚度为 300nm。

图 2.55 展示了 4 种方案器件在持续应力后正向特性的测试结果。可以看出，相比于未进行全局钝化的器件，4 种方案都有效抑制了正向特性的大幅度退化。其中，方案 A 与方案 D 正向特性几乎没有发生明显的退化，方案 C 略差于方案 A 与方案 D，方案 B 在 4 种钝化中退化程度最大，但仍远好于未全局钝化的器件。图 2.56 给出了方案 D 器件在持续应力中的漏电变化情况。在偏压施加早期，器件漏电流由 3.25μA 减小至 3.15μA，随着时间的增加，在 50s 附近减小至 3.05μA，此后基本趋于稳定。方案 A、B、C 也有着类似的漏电随时间变化曲线。全局钝化消除了器件原有的漏电流随偏压时间逐渐增大并时有跳变的现象，提升作用明显，且漏电的缓慢减小与负电压下陷阱填充有关。

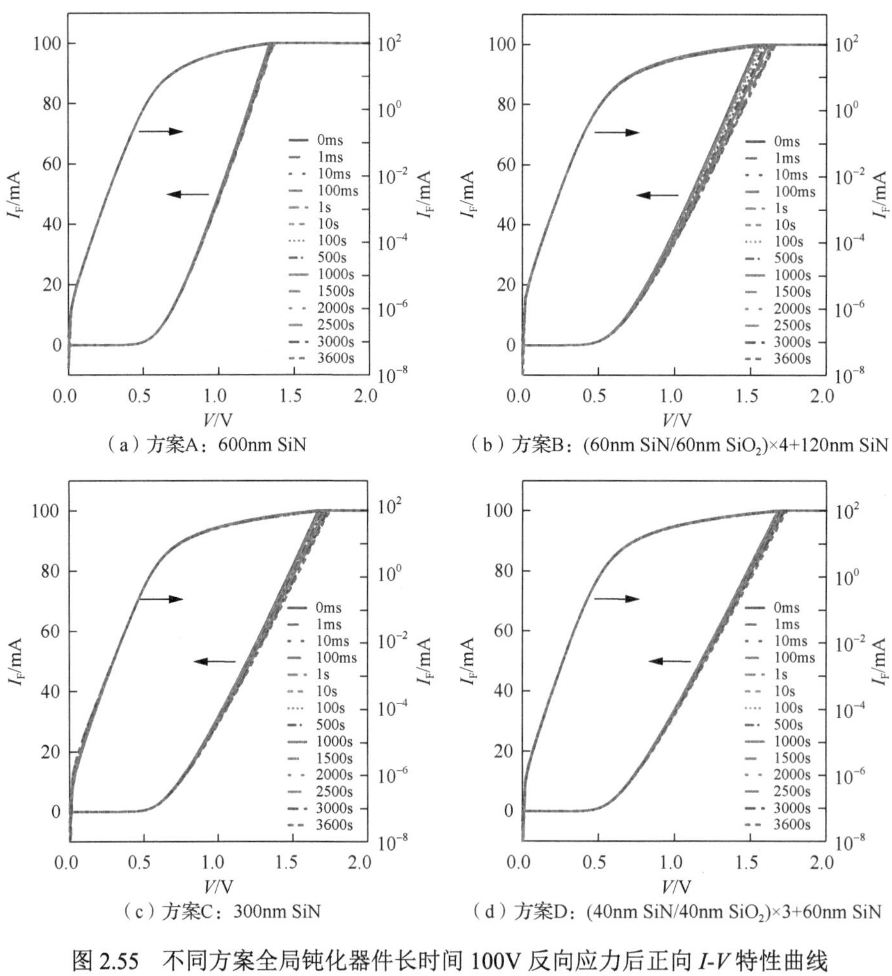

（a）方案A：600nm SiN

（b）方案B：(60nm SiN/60nm SiO_2)×4+120nm SiN

（c）方案C：300nm SiN

（d）方案D：(40nm SiN/40nm SiO_2)×3+60nm SiN

图 2.55　不同方案全局钝化器件长时间 100V 反向应力后正向 *I-V* 特性曲线

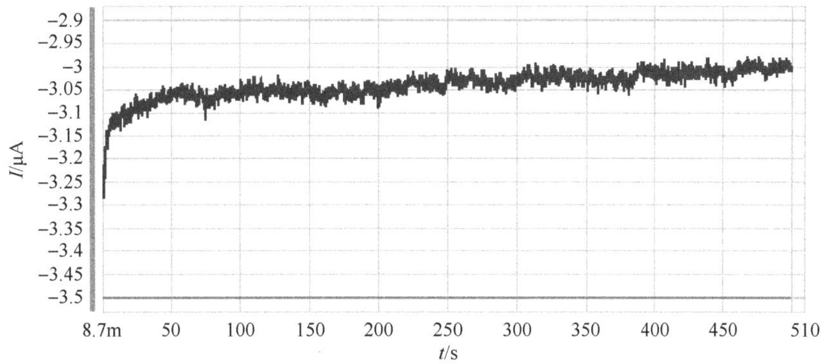

图 2.56 全局钝化器件 100V 反向应力期间漏电

为了进一步对比几种方案，图 2.57 提取了未全局钝化器件与 4 种方案钝化器件的电阻变化曲线。可以明显看出，几种器件在施加 100s 应力后开态电阻均有较为明显的增加，但全局钝化器件电阻退化大幅度优于未钝化器件。对比方案 A 和方案 C，两者随时间增加有同样的退化趋势，且均在 1500s 后开态电阻趋于稳定。1h 应力后，方案 A 电阻退化率仅为 3.3%，方案 C 电阻退化率为 7%，较厚的 SiN 钝化更有利于抑制电阻退化。采用叠层钝化的方案 B 和方案 D 则有不一样的规律，方案 D 仍旧有开态电阻逐渐饱和的趋势，而介质更厚的方案 B 开态电阻则随时间逐渐增大。1h 应力后，方案 B 和方案 D 的电阻退化率分别为 14%和 4.5%。整体来看，方案 A 与方案 D 有更高的可靠性。相比于未全局钝化器件持续 1h 应力后 37%的电阻退化率，这两种方案的退化率减少了一个数量级。

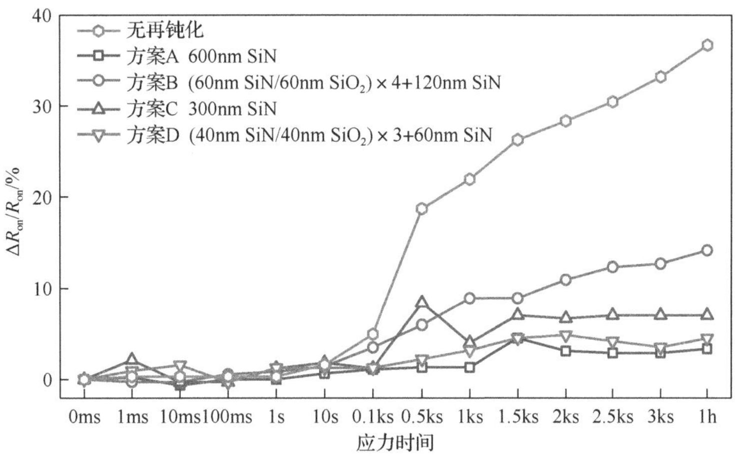

图 2.57 几种全局钝化器件与未全局钝化器件电阻随−100V 应力持续时间变化率

为了进一步比较方案 A 与方案 D 的优劣，对其进行了高温加速退化及恢复实验。具体方法为在 150℃高温下进行−100V 的反向持续应力实验，测试不同应力时间后器件的正向特性。1h 后停止施加应力，并在一定时间后继续测试器件的正向特性。测试期间器件均放置在 150℃热板上，并且为防止光照加速器件的恢复，整个测试过程均在暗箱中进行。

图 2.58 展示了方案 A 器件高温应力后及恢复期间的正向特性。相比于常温测试，器件展现出更大的电阻退化，但也呈现出逐渐稳定的趋势。在停止应力后，器件的正向特性有一个逐渐恢复的过程。

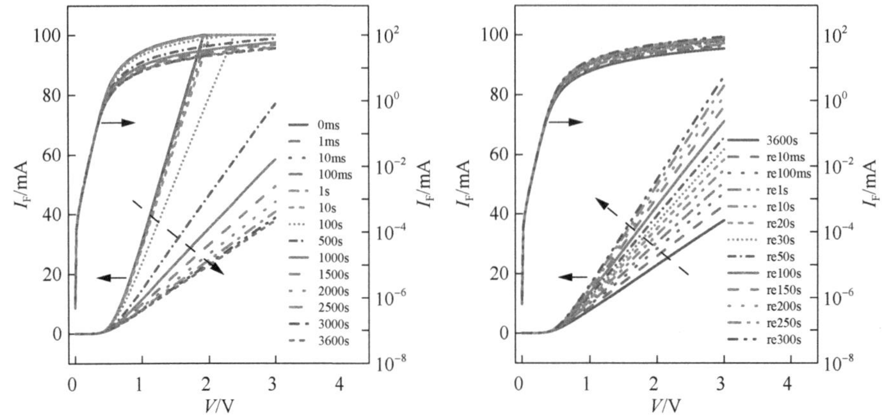

（a）高温应力后I-V曲线　　（b）恢复期间I-V曲线

图 2.58　全局钝化方案 A 器件 150℃高温应力后及恢复期间正向 I-V 特性

图 2.59 展示了方案 D 器件的相同测试的测试结果。相比于方案 A 器件，该器件应力期间特性的退化在 1000s 时达到稳定，随后有略微恢复的趋势，也呈现出更加快速的应力后恢复。

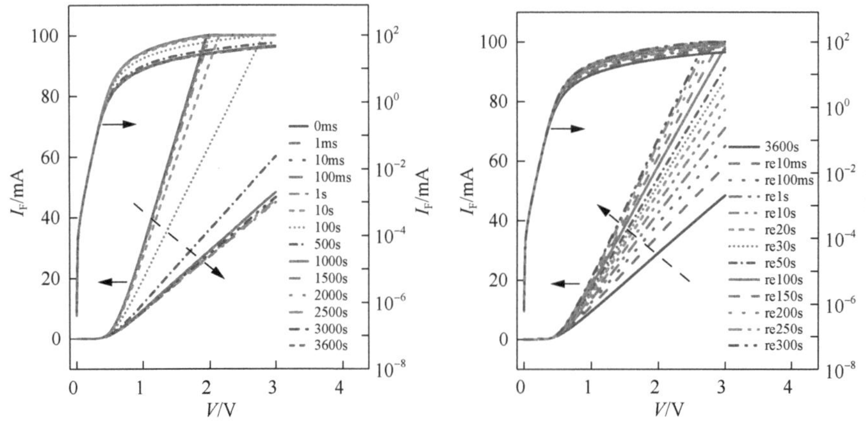

（a）高温应力后I-V曲线　　（b）恢复期间I-V曲线

图 2.59　全局钝化方案 D 器件 150℃高温应力后及恢复期间正向 I-V 特性

进一步统计两种方案电阻的变化，如图 2.60 所示。在高温应力初期，方案 A 的器件开态电阻退化小于方案 D，这与常温结果一致。但在 1500s 后，方案 D 的电阻不再变化甚至略有减小，而方案 A 的电阻在 1h 应力期间均在上升。方案 A 在 1h 应力后电阻退化严重，比应力前增加 3.88 倍，且有继续增加的趋势。方案 D 在应力施加 2000s

时达到最大退化，其电阻比应力前增大 2.94 倍，施加 1h 后恢复至电阻增大 2.67 倍。在恢复期内，两种方案有相同的趋势，均在应力停止初期恢复较快，然后随着时间的延续恢复速度减慢。在应力停止 300s 后，方案 A 和方案 D 的器件电阻分别比应力前增大 1.12 倍和 0.53 倍。

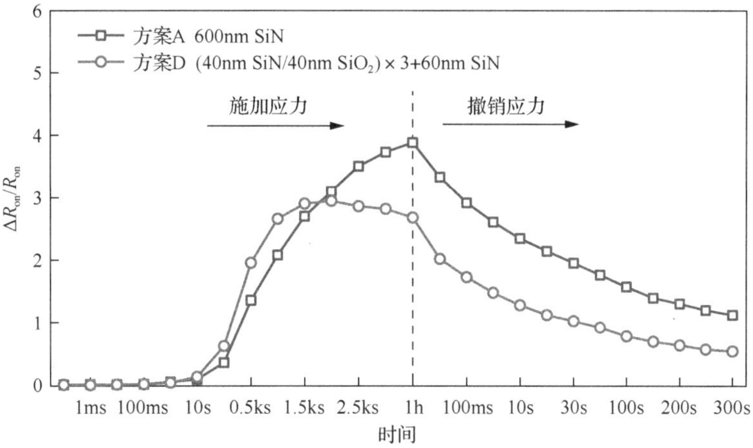

图 2.60　方案 A 与方案 D 全局钝化器件高温应力与恢复期内动态电阻随时间变化曲线

综合以上比较，采用 300nm 厚度复合钝化层的方案在常温应力、高温应力以及恢复实验中均表现出较好的特性，尤其是 150℃和−100V 的高温高压应力下，虽然也有一定的退化，但在一定时间后趋于稳定，且在应力撤销后可以较快恢复。相比于未全局钝化器件，该方案展现出巨大的可靠性提升。

参 考 文 献

[1] WANG Y, HU S, GUO J, et al. Enhancement of breakdown voltage in p-GaN gate AlGaN/GaN HEMTs with a stepped hybrid GaN/AlN buffer layer[J]. Journal of the Electron Devices Society, 2022, 10: 197-202.

[2] ZHAO R, KANG X, ZHENG Y, et al. High-power microwave limiters using recess-free AlGaN/GaN Schottky barrier diodes[J]. IEEE Microwave and Wireless Technology Letters, 2023, 33(2): 208-211.

[3] GUO H, GONG H, SHAO P, et al. Over 1200V normally-off p-NiO gated AlGaN/GaN HEMTs on Si with a small threshold voltage shift[J]. IEEE Electron Device Letters, 2022, 43(2): 268-271.

[4] ZHANG F, ZHENG X, ZHANG H, et al. Linearity enhancement of AlGaN/GaN HEMTs with selective-area charge implantation[J]. IEEE Electron Device Letters, 2022, 43(11): 1838-1841.

[5] SHINOHARA K, REGAN D C, TANG Y, et al. Scaling of GaN HEMTs and Schottky diodes for submillimeter-wave MMIC application[J]. IEEE Transactions on Electron Devices, 2013, 60(10): 2982-2996.

[6] LU Y, MA X, YANG L, et al. High RF performance AlGaN/GaN HEMT fabricated by recess-arrayed Ohmic contact technology[J]. IEEE Electron Device Letters, 2018, 39(6): 811-814.

[7] BAHAT-TREIDEL E, HILT O, ZHYTNYTSKA R, et al. Fast-switching GaN-based lateral power Schottky barrier diodes with low onset voltage and strong reverse blocking[J]. IEEE Electron Device Letters, 2012, 33(3): 357-359.

[8] TSOU C, WEI K, LIAN Y, et al. 2.07kV AlGaN/GaN Schottky barrier diodes on silicon with high Baliga's figure-of-merit[J]. IEEE Electron Device Letters, 2016, 37(1): 70-73.

[9] XU R, CHEN P, LIU M, et al. 3.4kV AlGaN/GaN Schottky barrier diode on silicon substrate with engineered anode structure[J]. IEEE Electron Device Letters, 2021, 42(2): 208-211.

[10] ZHANG T, LI R, LU J, et al. A 0. 43V/90nA/mm lateral AlGaN/GaN Schottky barrier diode with plasma-free groove anode technique[J]. IEEE Electron Device Letters, 2021, 42(12): 1747-1750.

[11] GAO J, JIN Y, XIE B, et al. Low on-resistance GaN Schottky barrier diode with high V_{ON} uniformity using LPCVD Si_3N_4 compatible self-terminated, low damage anode recess technology[J]. IEEE Electron Device Letters, 2018, 39(6): 859-862.

[12] ZHANG T, ZHANG J, ZHOU H, et al. A > 3kV/2.94mΩ·cm^2 and low leakage current with low turn-on voltage lateral GaN Schottky barrier diode on silicon substrate with anode engineering technique[J]. IEEE Electron Device Letters, 2019, 40(10): 1583-1586.

[13] ZHANG T, ZHANG Y, LI R, et al. Current transport mechanism of AlGaN-channel Schottky barrier diode with extremely low leakage current and high blocking voltage of 2.55kV[J]. Applied Physics Letters, 2022, 120: 092102.

[14] ZHANG T, ZHANG J, ZHOU H, et al. 1.9kV/2.61mΩ·cm^2 lateral GaN Schottky barrier diode on silicon substrate with tungsten anode and low turn-on voltage of 0.35V[J]. IEEE Electron Device Letters, 2018, 39(10): 1548-1551.

[15] ZHANG T, WANG Y, ZHANG Y, et al. Comprehensive annealing effects on AlGaN/GaN Schottky barrier diodes with different work-function metals[J]. IEEE Transactions on Electron Devices, 2021, 68(6): 2661-2666.

[16] ZHANG Y, ZHANG J, HU Z, et al. Impact of surface treatments and post-deposition annealing upon interfacial property of ALD-Al_2O_3 on a-Plane GaN[J]. Journal of the Electron Devices Society, 2020, 8: 970-975.

[17] 张涛. 横向结构 GaN 基肖特基二极管研究[D]. 西安: 西安电子科技大学, 2020.

[18] 张燕妮. GaN 基凹槽阳极肖特基和 PiN 二极管研究[D]. 西安: 西安电子科技大学, 2020.

[19] 王怡. 低损耗 AlGaN/GaN 肖特基势垒二极管研究[D]. 西安: 西安电子科技大学, 2020.

[20] 李若晗. 厚本征 GaN 帽层横向肖特基势垒二极管研究[D]. 西安: 西安电子科技大学, 2020.

[21] 张苇杭. 高压 GaN 基电力电子器件制备与陷阱电学特性研究[D]. 西安: 西安电子科技大学, 2018.

[22] 边照科. 准垂直结构 GaN 肖特基二极管研究[D]. 西安: 西安电子科技大学, 2020.

[23] LI X, ZHANG J, JI J, et al. Demonstration of >8kV GaN HEMTs with CMOS-compatible manufacturing on 6in sapphire substrates for medium-voltage applications[J]. IEEE Transactions on Electron Devices, 2024, 71(6): 3989-3993.

[24] LI X, WANG J, ZHANG J, et al. 1700 V high-performance GaN HEMTs on 6inch sapphire with 1.5μm thin buffer[J]. IEEE Electron Device Letters, 2024, 45(1): 84-87.

[25] LO C, KANG T, LIU L, et al. Isolation blocking voltage of nitrogen ion-implanted AlGaN/GaN high electron mobility transistor structure[J]. Applied Physics Letters, 2010, 97: 262116.

[26] HU J, STOFFELS S, LENCI S, et al. Investigation of constant voltage off-state stress on Au-free AlGaN/GaN Schottky barrier diodes[J]. Japanese Journal of Applied Physics, 2015, 54: 04DF07.

[27] HU J, STOFFELS S, ZHAO M, et al. Time-dependent breakdown mechanisms and reliability improvement in edge terminated AlGaN/GaN Schottky diodes under HTRB tests[J]. IEEE Electron Device Letters, 2018, 39(10): 1548-1551.

[28] 郝跃, 张金风, 张进成. 氮化物宽禁带半导体材料与电子器件[M]. 北京: 科学出版社, 2013.

[29] ZHANG W, ZHANG J, XIAO M, et al. $Al_{0.3}Ga_{0.7}N$/GaN (10nm)/$Al_{0.1}Ga_{0.9}N$ HEMTs with low leakage current and high three-terminal breakdown voltage[J]. IEEE Electron Device Letters, 2018, 39(9): 1370-1372.

[30] WANG X, HUANG S, ZHENG Y, et al. Effect of GaN channel layer thickness on DC and RF performance of GaN HEMTs with composite AlGaN/GaN buffer[J]. IEEE Transactions on Electron Devices, 2014, 61(5): 1341-1346.

[31] NELA L, KAMPITSIS G, MA J, et al. Fast-switching tri-anode Schottky barrier diodes for monolithically integrated GaN-on-Si power circuits[J]. IEEE Electron Device Letters, 2020, 41(1): 99-102.

[32] HAN S, SONG J, SADEK M, et al. 12.5 kV GaN super-heterojunction Schottky barrier diodes[J]. IEEE Transactions on Electron Devices, 2021, 68(11): 5736-5741.

[33] ZHANG J, KANG X, WANG X, et al. Ultralow-contact-resistance Au-free Ohmic contacts with low annealing temperature on AlGaN/GaN heterostructures[J]. IEEE Electron Device Letters, 2018, 39(6): 847-850.

[34] LU Y, MA X, YANG L, et al. High RF performance AlGaN/GaN HEMT fabricated by recess-arrayed Ohmic contact technology[J]. IEEE Electron Device Letters, 2018, 39(6): 811-814.

[35] DU H, ZHANG J, ZHOU H, et al. GaN high-electron-mobility-transistor on free-standing GaN substrate with low contact resistance and state-of-the-art $f_T \times L_G$ value[J]. IEEE Transactions on Electron Devices, 2021, 68(11): 5736-5741.

[36] 武鹏，张涛，张进成．低反向漏电自支撑衬底 AlGaN/GaN 肖特基二极管[J]．物理学报, 2022, 71(15): 158503.

[37] GRECO G, IUCOLANO F, ROCCAFORTE F. Ohmic contacts to gallium nitride materials[J]. Applied Surface Science, 2016, 383(15): 324-345.

[38] YANG R, SU N, BONFANTI P, et al. Advanced in situ pre-Ni silicide (Siconi) cleaning at 65nm to resolve defects in NiSix modules[J]. Journal of Vacuum Science & Technology B, 2021, 28: 56-61.

[39] BUCHER E, SCHULZ S, LUX-STEINER M, et al. Work function and barrier heights of transition metal silicides[J]. Applied Physics A, 1986, 40: 71-77.

[40] BUTTARI D, HEIKMAN S, KELLER S, et al. Digital etching for highly reproducible low damage gate recessing on AlGaN/GaN HEMTs[C]//Proceedings of the IEEE Lester Eastman Conference on High Performance Devices, IEEE, 2002: 1-4.

[41] KEOGH D, ASBECK P, CHUNG T, et al. Digital Etching of III-N Materials Using a Two-Step Ar/KOH Technique[J]. Journal of Electronic Materials, 2006, 35(4): 771-776.

[42] BURNHAM S, BOUTROS K, HASHIMOTO P, et al. Gate-recessed normally-off GaN-on-Si HEMT using a new O_2-BCl_3 digital etching technique[J]. Physica Status Solidi (c), 2010, 7(7): 2010-2012.

[43] XU Z, WANG J, LIU Y, et al. Fabrication of normally off AlGaN/GaN MOSFET using a self-terminating gate recess etching technique[J]. IEEE Electron Device Letters, 2013, 34(7): 855-867.

[44] XU Z, WANG J, LIU Y, et al. Demonstration of normally-off recess-gated AlGaN/GaN MOSFET using GaN cap layer as recess mask[J]. IEEE Electron Device Letters, 2014, 35(12): 1197-1199.

[45] LIN S, WANG M, SANG F, et al. A GaN HEMT structure allowing self-terminated, plasma-free etching for high-uniformity, high-mobility enhancement-mode devices[J]. IEEE Electron Device Letters, 2016, 37(4): 377-380.

[46] TSOU C, WEI K, LIAN Y, et al. 2.07kV AlGaN/GaN Schottky barrier diodes on silicon with high baliga's figure-of-merit[J]. IEEE Electron Device Letters, 2016, 37(1): 70-73.

[47] 武鹏，朱宏宇，吴金星．基于湿法腐蚀凹槽阳极的低漏电高耐压 AlGaN/GaN 肖特基二极管[J]．物理学报, 2023, 72(17): 178501.

[48] ZHANG T, LI R, LU J, et al. A 0.43V/90nA/mm lateral AlGaN/GaN Schottky barrier diode with plasma-free groove anode technique[J]. IEEE Electron Device Letters, 2021, 42(12): 1747-1750.

[49] HA W, CHHAJED S, OH S, et al. Analysis of the reverse leakage current in AlGaN/GaN Schottky barrier diodes treated with fluorine plasma[J]. Applied Physics Letters, 2012, 100(13): 132104.

[50] HUANG S, CHEN H, CHEN K. Surface properties of $Al_xGa_{1-x}N$/GaN heterostructures treated by fluorine plasma: An XPS study[J]. Physica Status Solidi (c), 2011, 8(7): 2200-2203.

[51] DU L, XIN Q, XU M, et al. High-performance Ga_2O_3 diode based on tin oxide Schottky contact[J]. IEEE Electron Device Letters, 2019, 40(3): 451-454.

[52] BILKAN Ç, Gümüş A, ALTINDAL Ş. The source of negative capacitance and anomalous peak in the forward bias capacitance-voltage in Cr/p-Si Schottky barrier diodes (SBDs)[J]. Materials Science in Semiconductor Processing, 2015, 39: 484-491.

[53] SHEN J, SU Y. The effect of thermal annealing on the Ni/Au contact of p-type GaN[J]. Journal of Applied Physics, 1998, 83(6): 3172-3178.

[54] CHEN L, CHEN F, KAI J. Microstructural investigation of oxidized Ni/Au ohmic contact to p-type GaN[J]. Journal of Applied Physics, 1999, 86(7): 3826-3832.

[55] NONJIMA N, HIGASHIWAKI M, MATSUI T, et al. XPS study of surface potential in AlGaN/GaN heterostructure with Cat-CVD SiN passivation[J]. Physica Status Solidi (c), 2007, 4(7): 2354-2357.

[56] LI F, LIU J, ZHANG J, et al. Measurement of barrier height of Pd on diamond (100) surface by X-ray photoelectron spectroscopy[J]. Applied Surface Science, 2016, 370: 496-500.

[57] SPORKEN R, SILIEN C, MALENGREAU F, et al. XPS study of Au/GaN and Pt/GaN contacts[J]. MRS Internet Journal of Nitride Semiconductor Research, 1997, 2(23): e23.

[58] HINKLE C, MILOJEVIC M, VOGEL E, et al. The significance of core-level electron binding energies on the proper analysis of InGaAs interfacial bonding[J]. Applied Physics Letters, 2009, 95(15): 151905.

[59] HONG Z, ALGHMADI S, Si M, et al. Al_2O_3/β-Ga_2O_3(-201) Interface improvement through piranha pretreatment and postdeposition annealing[J]. IEEE Electron Device Letters, 2016, 37(11): 1411-1414.

[60] ENGLISH C, WHEELER V, GARCES N, et al. Impact of surface treatments on high-κ dielectric integration with Ga-polar and N-polar GaN[J]. Journal of Vacuum Science & Technology B, 2014, 32(3): 03D106.

[61] RUSOP M, SOGA T, JIMBO T. X-ray photoelectron spectroscopy studies on the bonding properties of amorphous carbon nitride films synthesized by pulsed laser deposition with different substrate temperatures[J]. Journal of Non-Crystalline Solids, 2005, 351(49-51): 3738-3746.

[62] GELIUS U, HEDCN P, HEDMAN J, et al. Molecular spectroscopy by means of ESCA III. Carbon compounds[J]. Physica Scripta, 1970, 2: 70-80.

[63] HOSSAIN T, WEI D, EDGAR J H, et al. Effect of GaN surface treatment on Al_2O_3/n-GaN MOS capacitors[J]. Journal of Vacuum Science & Technology B, 2015, 33(6): 1201.

[64] SCHRODER D K. Semiconductor material and device characterization[M]. Hoboken: Wiley, 2005.

[65] YELURI R, SWENSON B L, MISHRA U K. Interface states at the SiN/AlGaN interface on GaN heterojunctions for Ga and N-polar material[J]. Journal of Applied Physics, 2012, 111(4): 117-124.

[66] WU Y, SHEN T, YE P, et al. Photo-assisted capacitance-voltage characterization of high-quality atomic-layer-deposited Al_2O_3/GaN metal-oxide-semiconductor structures[J]. Applied Physics Letters, 2007, 90(14): 151-154.

[67] SWENSON B, MISHRA U K. Photoassisted high-frequency capacitance-voltage characterization of the Si_3N_4/GaN interface[J]. Journal of Applied Physics, 2009, 106(6): 143504.

[68] TAN J, DAS M K, Cooper J A, et al. Metal-oxide-semiconductor capacitors formed by oxidation of polycrystalline silicon on SiC[J]. Applied Physics Letters, 1997, 70(17): 2280-2282.

[69] KANG H, SIVA P, KIM D, et al. Effect of oxygen species on the positive flat-band voltage shift in Al_2O_3/GaN metal-insulator-semiconductor capacitors with post-deposition annealing[J]. Journal of Physics D: Applied Physics, 2013, 46(15): 363-367.

第3章　位错免疫的凹槽阳极GaN肖特基结器件结构与特性

目前，基于 SiC[1]、Al_2O_3[2]及 Si[3]等衬底材料的异质外延技术仍是获得 GaN 薄膜的主流生长方式，但由于衬底材料与 GaN 材料之间存在较大的晶格失配及热失配，导致外延材料内部产生大量缺陷，给 GaN 基电子器件的稳定性和寿命带来不良影响[4]。GaN 材料中常见的缺陷包括多晶、面缺陷、线缺陷、点缺陷等类型[5]。随着 GaN 材料外延技术的不断进步，晶体和晶面级别的缺陷已经得到了有效的控制，但沿位错线附近区域发生原子错排所导致的线缺陷密度依然很高，对材料的电学性能影响极大[6-7]。作为 GaN 材料中最主要的缺陷形式，位错的基本类型可分为螺位错、刃位错和混合位错。Kittler 等研究发现，位错会成为器件中载流子的泄漏通道[8]，使器件漏电增大、击穿电压降低；对于从成核层延伸至器件表面的穿通位错，也会成为一个重要的散射中心，导致 2DEG 迁移率降低；Ghosh 等研究发现，位错在势垒层引入的表面态是造成“电流崩塌”效应的主要原因[9]。

本章主要采用理论仿真与实验结果相结合的方法对凹槽阳极结构 AlGaN/GaN SBD 的结构优势进行介绍，具体包括阳极凹槽深度对器件特性的影响、阳极场板结构对器件特性的调制机制，以及凹槽阳极结构的位错免疫机理等。

3.1　凹槽阳极器件特殊工作机理与结构设计

本书中除特殊说明外所有仿真工作均采用 Silvaco-ATLAS 仿真软件完成。该软件可以进行半导体工艺模拟及器件性能模拟，提取 SPICE（simulation program with integrated circuit emphasis）参数，软件仿真速度较快且准确度较高。可通过 Silvaco 软件所提供的设计工具完成器件各个物理特性的仿真，也可以用作 Silvaco Virtual Wafer Fab 环境的核心工具，用于 Si 化物、III-V族化合物、II-IV族化合物、有机材料、聚合物等各种材料的仿真，也可以对 CMOS、Bipolar、FET、HEMT、LED 等类型器件进行仿真[10]。

3.1.1　Silvaco 仿真模型与参数

本书仿真工作所采用的主要物理模型及参数如表 3.1 所示，包括载流子统计模型、载流子传输模型、产生-复合模型、碰撞电离模型及隧穿模型等。相关模型可通过语句

models 或 impact 定义引用，并匹配相应的模型结构，以标定具体结构器件在实际工作中的表现。

表 3.1　Silvaco-ATLAS 仿真中常用的模型和参数

载流子行为	模型/参数
载流子统计	费米-狄拉克统计；不完全电离模型（施主电离能：15meV，受主电离能：170meV）
载流子传输	漂移-扩散模型；杂质浓度及电场相关迁移率模型[11]
产生-复合	Shockley-Read-Hall 复合（电子寿命：0.1ns[12]，空穴寿命：6.5ns[13]）；俄歇复合
碰撞电离	Selberherr 碰撞电离模型[14]
隧穿	带间隧穿模型；陷阱辅助隧穿模型；声子辅助隧穿模型[15]

1．载流子连续性方程

定义电子与空穴的载流子连续性方程分别为

$$\frac{\partial n}{\partial t}=\frac{1}{q}\mathrm{div}\boldsymbol{J}_{\mathrm{n}}+G_{\mathrm{n}}-R_{\mathrm{n}} \tag{3-1}$$

$$\frac{\partial p}{\partial t}=-\frac{1}{q}\mathrm{div}\boldsymbol{J}_{\mathrm{p}}+G_{\mathrm{p}}-R_{\mathrm{p}} \tag{3-2}$$

2．漂移-扩散模型

依据玻尔兹曼传输理论，在漂移-扩散模型中电子和空穴的电流密度分别为

$$\boldsymbol{J}_{\mathrm{n}}=-q\mu_{\mathrm{n}}n\nabla\phi_{\mathrm{n}} \tag{3-3}$$

$$\boldsymbol{J}_{\mathrm{p}}=-q\mu_{\mathrm{p}}p\nabla\phi_{\mathrm{p}} \tag{3-4}$$

式中，ϕ_{n} 和 ϕ_{p} 为准费米能级；n 和 p 为载流子浓度；μ_{n} 和 μ_{p} 为电子和空穴的迁移率。载流子浓度 n、p 与准费米能级 ϕ_{n}、ϕ_{p} 的关系表达式可表示为

$$\phi_{\mathrm{n}}=\psi-\frac{kT}{q}\ln\frac{n}{n_{\mathrm{i}}} \tag{3-5}$$

$$\phi_{\mathrm{p}}=\psi+\frac{kT}{q}\ln\frac{p}{n_{\mathrm{i}}} \tag{3-6}$$

式中，ψ 为静电势；n_{i} 为本征载流子浓度；T 为材料晶格温度。

上述表达式联立后，电流密度可表示为

$$\boldsymbol{J}_{\mathrm{n}}=qD_{\mathrm{n}}\nabla n-qn\mu_{\mathrm{n}}\nabla\psi-n\mu_{\mathrm{n}}\left(kT\nabla\left(\ln n_{\mathrm{i}}\right)\right) \tag{3-7}$$

$$\boldsymbol{J}_{\mathrm{p}}=-qD_{\mathrm{p}}\nabla p-qp\mu_{\mathrm{p}}\nabla\psi+p\mu_{\mathrm{p}}\left(kT\nabla\left(\ln n_{\mathrm{i}}\right)\right) \tag{3-8}$$

式中，D_n、D_p 与 μ_n、μ_p 建立在爱因斯坦关系成立的基础上，满足玻尔兹曼统计分布时，漂移-扩散模型对应的方程可表示为

$$D_n = \frac{kT}{q}\mu_n \tag{3-9}$$

$$D_p = \frac{kT}{q}\mu_p \tag{3-10}$$

电场与电势成梯度关系，满足

$$E = -\nabla\psi \tag{3-11}$$

故电子和空穴产生的有效电场可表示为

$$\boldsymbol{E}_n = -\nabla\left(\Psi + \frac{kT}{q}\ln n_i\right) \tag{3-12}$$

$$\boldsymbol{E}_p = -\nabla\left(\Psi - \frac{kT}{q}\ln n_i\right) \tag{3-13}$$

漂移-扩散方程可简化为

$$J_n = qD_n\nabla n + qn\mu_n\boldsymbol{E}_n \tag{3-14}$$

$$J_p = -qD_p\nabla p + qp\mu_p\boldsymbol{E}_p \tag{3-15}$$

3. 迁移率模型

横向结构 AlGaN/GaN 器件沟道中的电子在电场作用下不断加速，但散射作用会降低电子动能，当两种作用机制相互抵消后得到宏观迁移率，常见的散射机制有表面陷阱、电离杂质、晶格振动等。因此，在电场加速和散射减速的共同作用下，沟道电子速度逐渐饱和维持在一个定值 V_{sat}，适用于 AlGaN/GaN 异质结的迁移率模型可表示为

$$\mu(E) = \mu_0\left[1 + \left(\frac{\mu_0 E}{V_{sat}}\right)^{\beta}\right]^{-\frac{1}{\beta}} \tag{3-16}$$

4. 碰撞电离模型

载流子在高场强下能够获得较大的漂移速度，与原子碰撞后产生新的电子-空穴对，导致电流迅速增大。通过粒子间碰撞，由雪崩效应导致的器件击穿为“硬击穿”，与漏电所致的“软击穿”不同，在仿真中需通过定义碰撞电离模型，方可实现雪崩击穿特性。常见的碰撞离化模型可表示为

$$G = \alpha_n\left|\boldsymbol{J}\right|_n + \alpha_p\left|\boldsymbol{J}\right|_p \tag{3-17}$$

式中，G 为电子-空穴对的生成速率；$\boldsymbol{J}_n$、$\boldsymbol{J}_p$ 为电子与空穴漂移电流密度；α_n、α_p 为

电子与空穴的离化系数，可表示为

$$\alpha_{\mathrm{n}} = \alpha_{\mathrm{n0}} \exp\left(-\frac{E_{\mathrm{C}}}{E}\right) \tag{3-18}$$

$$\alpha_{\mathrm{p}} = \alpha_{\mathrm{p0}} \exp\left(-\frac{E_{\mathrm{C}}}{E}\right) \tag{3-19}$$

式中，系数 $\alpha_{\mathrm{n0}}=\alpha_{\mathrm{p0}}=2.9\times10^8/\mathrm{cm}$；$E_{\mathrm{C}}=3.4\times10^7\mathrm{V/cm}$[16]。

5. SRH 复合模型

载流子产生-复合平衡时本征载流子浓度[17]可表示为

$$n_0 p_0 = n_{\mathrm{i}}^2 \tag{3-20}$$

宽禁带半导体材料禁带中存在的陷阱会导致声子跃迁效应，SRH 复合模型可以用来描述受缺陷影响的载流子产生-复合现象[18]，可表示为

$$R_{\mathrm{SRH}} = \frac{np - n_{\mathrm{i}}^2}{\tau_{\mathrm{p}}\left[n + n_{\mathrm{i}} \exp\left(\frac{E_{\mathrm{TRAP}}}{kT}\right)\right] + \tau_{\mathrm{n}}\left[p + n_{\mathrm{i}} \exp\left(\frac{-E_{\mathrm{TRAP}}}{kT}\right)\right]} \tag{3-21}$$

式中，τ_{n} 和 τ_{p} 分别为电子和空穴的寿命；E_{TRAP} 为陷阱能级与费米能级的差值。

6. Auger 复合模型

Auger 复合一般为空穴、电子、本征载流子三者间直接发生转化，转化的过程中伴随载流子的发射与捕获，通常在具有较大导通电流密度的器件中起主导作用，相关表达式如下[19]：

$$R_{\mathrm{Auger}} = \mathrm{AUGN}\left(pn^2 - nn_{\mathrm{i}}^2\right) + \mathrm{AUGP}\left(np^2 - pn_{\mathrm{i}}^2\right) \tag{3-22}$$

7. 极化模型

对于 AlGaN/GaN 异质结构器件而言，自发极化与压电极化强度对沟道中 2DEG 浓度影响较大，通过参数中比例因子的修改可以得到相对准确的极化电荷密度。GaN 与 AlN 材料的极化电荷模型参数值如表 3.2 所示。

表 3.2　极化电荷模型参数值

常数	GaN	AlN
a_0/Å	3.189	3.112
c_0/Å	5.185	4.982
C_{13}/GPa	103	108
C_{33}/GPa	405	373
e_{31}/cm^{-2}	−0.49	−0.58
e_{33}/cm^{-2}	0.73	1.55

8. 氮化镓材料陷阱

GaN 材料中的陷阱能级对器件的电流崩塌效应和泄漏电流特性具有重要的影响，因此在基于氮化镓物理模型的仿真工作中必须明确不同陷阱的类型、密度、能级、位置及捕获截面等重要参数，尤其是陷阱能级的相关参数与载流子的捕获与发射特性呈现指数关系，任何微小的变化都会对仿真结果产生较大的影响。在器件的仿真过程中，需重点考虑两种陷阱类型，分别是受主陷阱能级和施主陷阱能级。在非故意掺杂 GaN 材料样品中，施主杂质不完全电离呈现出 n 型导电能力并造成器件适度漏电[20]，仿真中背景载流子浓度通常可设定为 10^{15}～10^{13}cm^{-3}，施主陷阱能级通常可设定为 E_C-0.10eV[21-22]、E_C-0.50eV[23]、E_C-0.60eV[24]等。另外，处于沟道层或缓冲层的施主陷阱在电压作用下产生的正电荷有利于补偿呈现负电性的电子陷阱，减少 2DEG 的损耗。

器件的电流崩塌现象主要是由受主陷阱导致的，图 3.1 为受主陷阱发射和捕获载流子的过程示意图。当样品无外界偏置时，处于费米能级之上的受主陷阱呈现电中性，一旦外界偏置电压使其受激发处于费米能级之下，受主陷阱会捕获电子释放空穴，成为负电荷中心，因此受主陷阱又被称为电子陷阱。该过程中，空穴发射率可表示为

$$e_p = \sigma_p v_p N_V \mathrm{e}^{-\frac{E_T - E_V}{kT}} \tag{3-23}$$

式中，σ_p 为受主能级的捕获截面；v_p 为空穴的热运动速度；N_V 为价带态密度；E_T 为受主陷阱能级。图 3.1（c）为受主陷阱的恢复过程，由负电荷中心捕获空穴或释放电子恢复成电中性状态。空穴捕获率可表示为

$$c_p = \sigma_p v_p N_V \mathrm{e}^{-\frac{E_F - E_V}{kT}} \tag{3-24}$$

故空穴发射率由陷阱能级（$E_T - E_V$）决定，而空穴捕获率由费米能级（$E_F - E_V$）决定，受主陷阱密度的增加会导致严重的电流崩塌，材料中自由空穴浓度决定了受主陷阱的恢复速度。另外，温度 T 对 e_p 和 c_p 具有较为直观的影响，高温环境下，陷阱的捕获作用更加明显，同时，恢复时间也会更短。

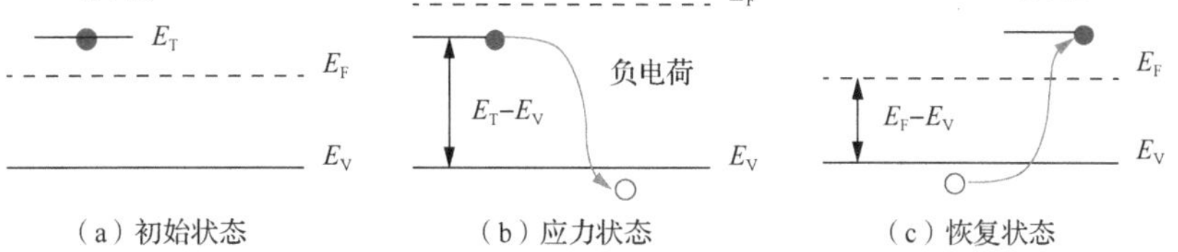

图 3.1　受主能级陷阱发射和捕获自由载流子过程

本节重点考虑了两种受主陷阱能级。第一种是位于 AlGaN 势垒层或 GaN 帽层表面的肖特基接触区域附近的电子陷阱，又被称为表面态陷阱，会导致肖特基势垒高度的增大，抑制肖特基结的泄漏电流，但同时也会导致电流崩塌等问题，恶化器件动态导通电阻；第二种是位于 GaN 沟道层或缓冲层中的电子陷阱，会部分消耗 2DEG 导致输出电流的降低。根据对受主陷阱能级和密度的研究结果[25]，定义表面态能级 ΔE 约为 0.65eV，沟道中电子陷阱能级 ΔE 约为 0.47eV，非故意掺杂 GaN 帽层中受主能级约为 E_C−2.20eV[26]，深受主能级为 E_C−2.85eV[27]。

3.1.2　凹槽阳极深度对器件特性的影响

基于凹槽阳极结构的 AlGaN/GaN SBD 能够有效降低器件开启电压和反向漏电，图 3.2 为平面阳极结构、非完全刻蚀 AlGaN 势垒层凹槽阳极结构和完全刻蚀 AlGaN 势垒层凹槽阳极结构器件的截面示意图。对于完全刻蚀 AlGaN 势垒层凹槽阳极结构器件而言，阳极金属与 2DEG 导电沟道直接接触，具有较小的势垒宽度和势垒高度。当器件正向导通时，AlGaN/GaN 界面处的 2DEG 仅需跃过较薄势垒层即可到达阳极，因此器件开启电压较低[28]。

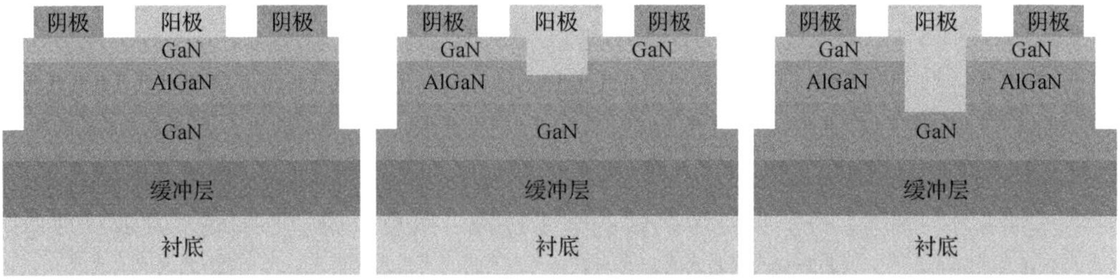

（a）平面阳极结构　（b）非完全刻蚀凹槽阳极结构　（c）完全刻蚀凹槽阳极结构

图 3.2　不同阳极凹槽深度 AlGaN/GaN SBD 结构示意图

采用 Silvaco-ATLAS 器件仿真工具分别对 5 种不同阳极凹槽刻蚀深度的 AlGaN/GaN SBD 进行特性仿真，器件各层结构参数分别为 2nm GaN 帽层、25nm $Al_{0.25}Ga_{0.75}N$ 势垒层、1nm AlN 插入层、320nm GaN 沟道层和 2μm 缓冲层。各层材料均为非故意掺杂，器件阴阳极间距 L_{AC} 为 15μm，阳极金属为 W/Au，且金属 W 与 GaN 材料为肖特基接触。5 种不同阳极凹槽深度分别为 0nm、7nm、14nm、26nm、36nm，器件特性如图 3.3 所示。随着阳极凹槽深度的逐渐增加，器件开启电压逐渐降低，正向导通电流密度逐渐增大，且器件反向泄漏电流逐渐降低。除 *I-V* 特性外，器件 *C-V* 特性也随阳极凹槽深度的变化而变化。当阳极偏置电压小于−4.5V 时，阳极边缘类场板区域下方的电子被耗尽，耗尽前类场板区域下方的电容值约为 63pF。当阳极偏置电压逐渐增大到−3V 和−2V 左右时，局部刻蚀 AlGaN 势垒层阳极凹槽区域下方的电子逐渐积累，使得电容值逐渐增大达到饱和。

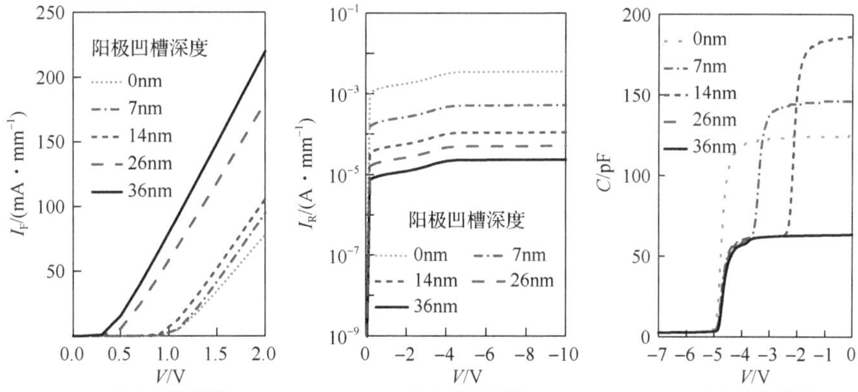

（a）正向特性　（b）反向特性　（c）电容特性

图 3.3　不同阳极凹槽刻蚀深度的器件特性仿真结果

3.1.3　场板结构对器件耐压的影响

场板结构通过对阳极边缘较为集中的电场线再分布，能够有效提高器件击穿电压[29]，是一种方便且高效的电场调制技术，场板结构被广泛应用在各类功率器件中。图 3.4 为不同阳极场板长度的凹槽阳极结构 AlGaN/GaN SBD 的电场分布仿真结果，器件阳极偏置电压为−400V，场板长度 L_{FP} 分别为 0μm、1μm、2μm、3μm、4μm。对于无场板结构的器件而言，峰值电场位于阳极边缘区域；对于有场板结构的器件而言，峰值电场位于场板边缘，且峰值电场强度被大幅度削弱，即场板结构有效调控了阳极边缘的电场峰值。当场板长度 L_{FP}= 0μm 时，峰值电场强度 $\boldsymbol{E}_M$=3.53MV/cm；当场板长度 L_{FP}=1μm 时，峰值电场强度 $\boldsymbol{E}_{FP1}$=3.12MV/cm；当场板长度 L_{FP}=2μm 时，峰值电场强度 $\boldsymbol{E}_{FP2}$=2.39MV/cm；当场板长度 L_{FP}=3μm 时，峰值电场强度 $\boldsymbol{E}_{FP3}$=2.14MV/cm；当场板长度 L_{FP}=4μm 时，峰值电场强度 $\boldsymbol{E}_{FP4}$=2.14MV/cm。在一定范围内，随着阳极场板长度的增加，器件峰值电场不断降低；但当阳极场板长度超过一定值后，场板长度继续增大，而峰值电场几乎不发生变化，即击穿电压出现饱和现象。另外，电子隧穿到表面的概率 P 可表示为

$$P = \exp\left[-\left(\frac{8\pi}{3}\right)\left(\frac{2m^*}{h^2}\right)^{\frac{1}{2}} E_g^{\frac{3}{2}}\left(\frac{1}{q|\boldsymbol{E}|}\right)\right] \tag{3-25}$$

式中，E_g 为 AlGaN 势垒层的禁带宽度。阳极场板能够有效降低峰值电场强度 $|\boldsymbol{E}|$，故抑制了隧穿概率 P，表面态捕获电子的概率降低，器件稳定性升高。

AlGaN/GaN SBD 的击穿机制主要有以下三类：第一类，局部峰值电场达到极限；第二类，横向和纵向关态泄漏电流达到极限；第三类，空气击穿。依据不同的击穿机制，可采用对应的方法提高器件击穿电压，如采用场板结构、P-GaN 终端结构等方法能够有效平滑电场分布；MIS 阳极结构、阳极后退火、高功函数阳极金属等方法能够有效抑制阳极关态漏电；缓冲层 Fe/C 掺杂、背势垒结构、超晶格结构等方法能够有效抑制缓冲层泄漏电流。其中，第一类器件击穿是由于阳极边缘局部电场较为集聚所导致，较大的

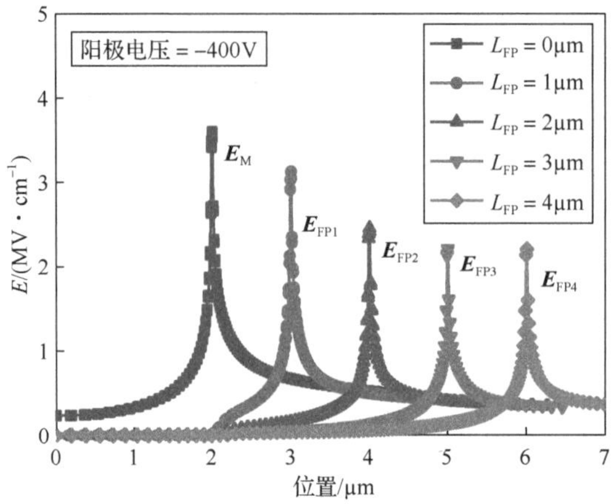

图 3.4　AlGaN/GaN SBD 电场分布与场板长度的关系

负偏置电压使阳极金-半接触区域附近的耗尽层扩宽，同时耗尽层中的内建电场由固定正电荷指向金属方向，阳极边缘处的电场线较为密集，形成峰值电场，该电场强度一旦大于 GaN 材料的实际击穿场强，就会发生击穿。第二类器件击穿可分为阳极与阴极间泄漏电流过大或阳极与衬底间泄漏电流过大所导致的击穿，二者的电流传输路径分别为横向路径和纵向路径两种，这种由漏电主导的击穿称为软击穿。可通过测量阳极与衬底之间的 *I-V* 特性区分器件软击穿的具体类型，如果器件的软击穿曲线与垂直电流曲线高度重合，则纵向泄漏电流占主导地位，否则横向泄漏电流占主导地位。第三类器件击穿是由阴阳极间的平均电场强度超过了空气的理论击穿场强所导致，在实际器件击穿测试过程中，可将器件浸泡在氟化液中避免该机制的触发。

3.2　凹槽阳极结构的位错免疫特性

如图 3.5 所示，对于传统平面阳极结构 AlGaN/GaN SBD 而言，阳极金属与外延材料表面的穿透位错直接接触，当器件处于反向偏置状态时，阳极金属中的电子会通过穿透位错流向沟道，形成沿位错的漏电通道，导致器件反向漏电的增加，但对于完全刻蚀

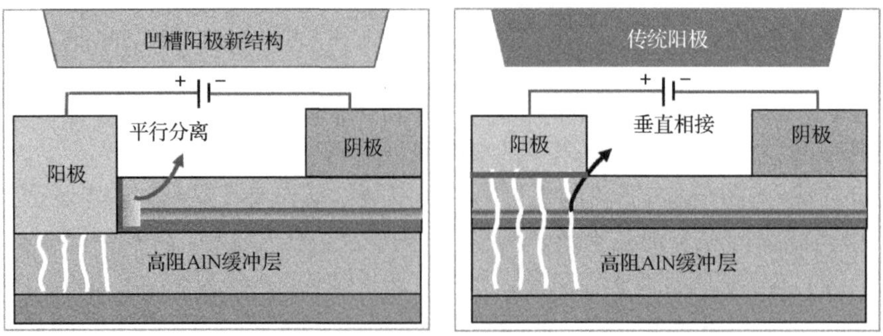

（a）凹槽阳极结构　　　　（b）平面阳极结构

图 3.5　GaN 材料穿透位错对不同阳极结构器件漏电通道的影响

AlGaN 势垒层的凹槽阳极结构 AlGaN/GaN SBD 而言，有效阻断了与凹槽底部区域阳极金属直接接触的穿透位错和沟道间的漏电通道，且凹槽阳极结构的阳极侧壁与位错线平行，能够有效避免位错的影响。

3.2.1　不同衬底上 AlGaN/GaN 外延材料表征

一般而言，不同异质衬底上 GaN 外延材料的位错密度的关系通常为：SiC 衬底 GaN 材料的位错密度＜Al_2O_3 衬底 GaN 材料的位错密度＜Si 衬底 GaN 材料的位错密度。因此，基于上述三种衬底的不同位错密度 AlGaN/GaN 材料的研究，有助于系统分析凹槽阳极结构 AlGaN/GaN SBD 对位错的敏感度。基于电子-空穴二次复合产生能量及扫描电子显微镜放大成像的阴极荧光光谱技术（cathodoluminescence spectroscopy，CL）是一种重要的材料位错密度表征手段。由于设备的入射电子能量较高，因此可以有效穿透 GaN 表面对近表面区域的位错密度进行表征。图 3.6 为 SiC、Al_2O_3 及 Si 衬底 AlGaN/GaN 样品的 CL 测试结果，通过对局部区域的位错点数进行统计，可以估算出材料的整体位错密度。

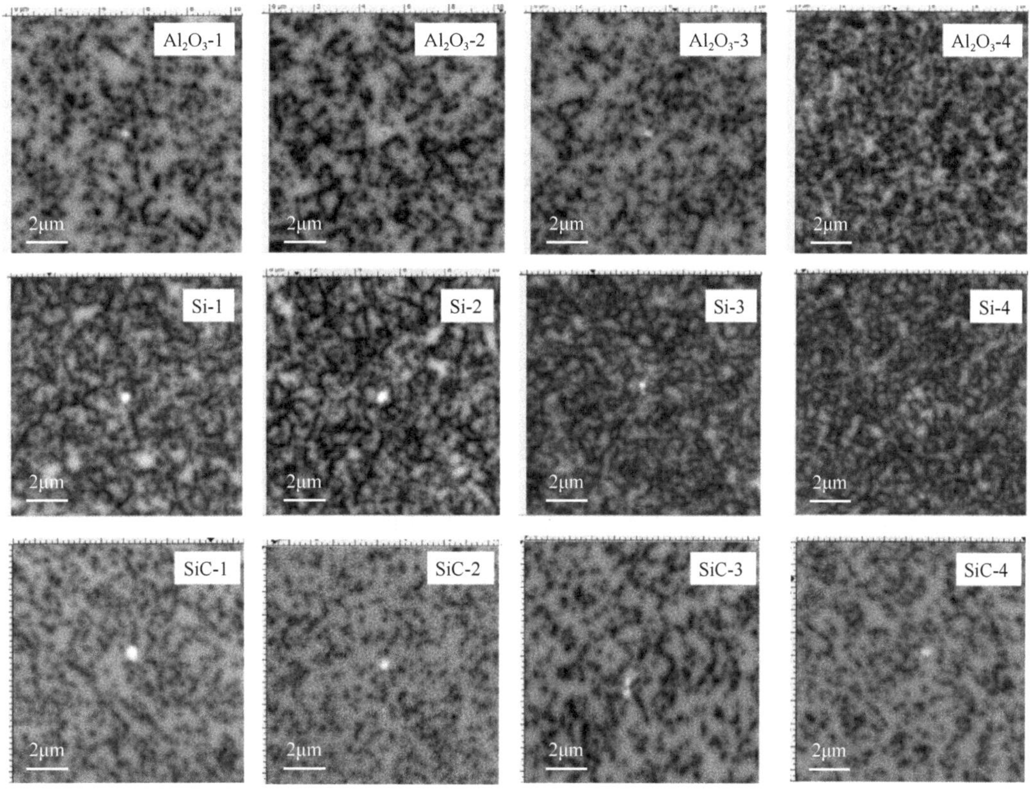

图 3.6　不同衬底 GaN 样品的穿透位错密度

另外，X 射线是一种波长很短的电磁波，可以穿透一定厚度的材料，用于分析材料内部的结晶质量，因此高分辨率 X 射线衍射法（X-ray diffraction，XRD）是一种常见的研究 GaN 材料结晶质量的手段。理想的单晶 GaN 材料 X 射线 Bragg 衍射峰存在一个本征半高宽，但由于实际晶体中存在各种类型的缺陷，使得实际样品的半高宽远大于本征半高宽，因此可根据测试所得的半高宽估算晶体中的位错密度。表 3.3 为 Al_2O_3、Si 和 SiC 衬底 AlGaN/GaN 样品的 XRD 半高宽测试统计结果，其中，SiC 衬底外延材料的半高宽较小，Si 衬底外延材料的半高宽最大，这是由于部分位错在生长过程中湮灭，未达到样品表面附近，因此一般采用 CL 法估算出的位错密度小于采用 XRD 法估算出的位错密度。对于不同衬底的 GaN 外延材料而言，SiC 衬底外延材料的位错密度最低，Al_2O_3 衬底外延材料的位错密度次之，Si 衬底外延材料的位错密度最高。

表 3.3　不同衬底的 AlGaN/GaN 外延片 XRD 测试结果和位错密度

衬底材料	样品编号	（002）晶面/arcsec	（102）晶面/arcsec	位错密度（XRD 法）/cm^{-2}	位错密度（CL 法）/cm^{-2}
Al_2O_3	Al_2O_3-1	298	492	1.46×10^9	8.9×10^8
	Al_2O_3-2	320	540	1.75×10^9	1.23×10^9
	Al_2O_3-3	359	552	1.88×10^9	1.57×10^9
	Al_2O_3-4	360	671	2.65×10^9	2.13×10^9
Si	Si-1	456	532	2.01×10^9	1.04×10^9
	Si-2	543	663	2.92×10^9	1.86×10^9
	Si-3	568	716	3.36×10^9	3.07×10^9
	Si-4	596	1335	1.02×10^{10}	9.88×10^9
SiC	SiC-1	174	262	4.25×10^8	3.64×10^8
	SiC-2	257	309	6.39×10^8	5.78×10^8
	SiC-3	294	317	7.06×10^8	5.23×10^8
	SiC-4	470	652	2.70×10^9	1.26×10^9

图 3.7 为采用原子力显微镜测试的样品表面形貌及均方根粗糙度，从测试结果可知，各衬底外延材料表面呈现明显的原子台阶流，整体质量较好。

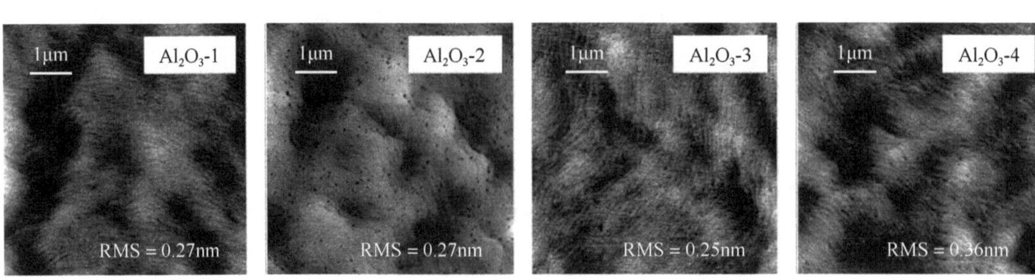

图 3.7　不同衬底的 AlGaN/GaN 外延片的表面粗糙度

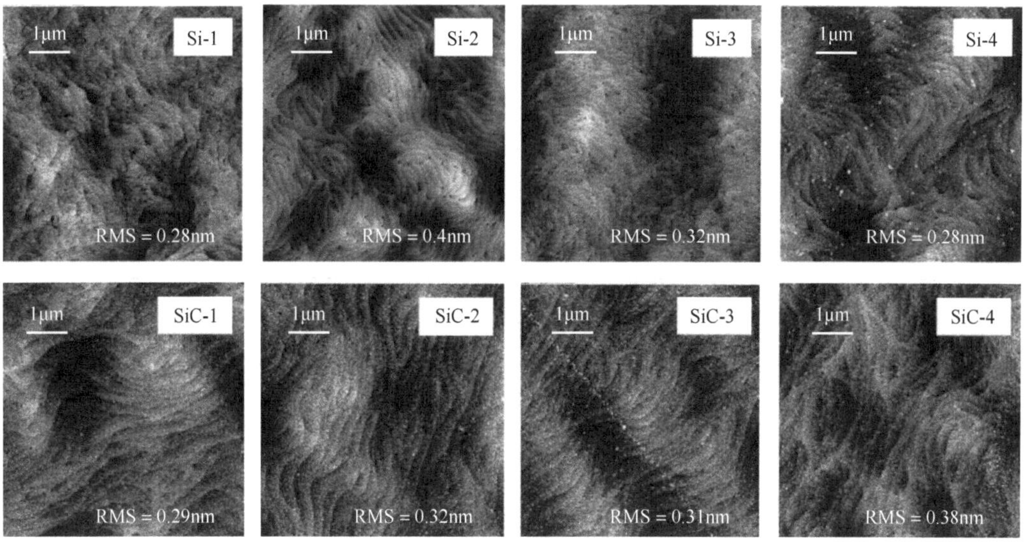

图 3.7（续）

3.2.2　平面和凹槽阳极结构 AlGaN/GaN 肖特基二极管特性分析

图 3.8 展示了基于 Al_2O_3、Si 及 SiC 衬底的平面阳极结构和凹槽阳极结构 AlGaN/GaN SBD 正向 *I-V* 特性曲线。定义器件正向电流密度为 1mA/mm 时的阳极偏置电压为器件开启电压，则对于传统平面阳极结构 AlGaN/GaN SBD 而言，其开启电压在 0.7V 左右，而凹槽阳极结构 AlGaN/GaN SBD 的开启电压约为 0.4V。凹槽阳极结构中，AlGaN/GaN SBD 的阳极金属与 GaN 非极性侧壁面的导电沟道直接接触形成肖特基结，而传统平面阳极结构 AlGaN/GaN SBD 的阳极金属与 GaN 帽层接触形成肖特基结，距离下方的电子导电沟道较远且势垒高度较大，因此平面阳极结构 AlGaN/GaN SBD 的开启电压较高。

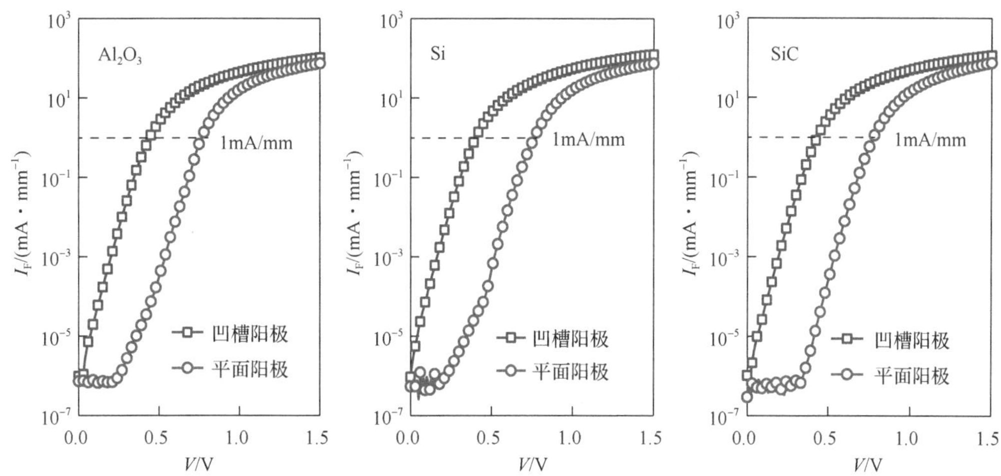

（a）Al_2O_3衬底　（b）Si衬底　（c）SiC衬底

图 3.8　基于不同衬底的凹槽阳极结构与平面阳极结构 AlGaN/GaN SBD 正向特性

位错密度对器件正向特性的影响主要体现在开启电压上，如表 3.4 所示，对于相同衬底及相同器件结构的 AlGaN/GaN SBD 而言，位错会引入更多的正向电流通道，使器件提前开启。因此，位错密度越大，器件开启电压越小。但由于位错能提供的电流通道在正向热电子输运机制中占比较小，因此器件在 3V 时的正向电流密度（$\boldsymbol{J}_\mathrm{F}$）受位错密度的影响较小。

表 3.4　不同衬底的 AlGaN/GaN SBD 开启电压、正向电流密度与位错的关系

衬底材料	样品编号	位错密度（XRD 法）/ cm^{-2}	凹槽阳极		平面阳极	
			V_{ON}/V	J_F/（$mA\cdot mm^{-1}$）	V_{ON}/V	J_F/（$mA\cdot mm^{-1}$）
Al_2O_3	Al_2O_3-1	1.46×10^9	0.44	296	0.77	246
	Al_2O_3-2	1.75×10^9	0.44	284	0.72	257
	Al_2O_3-3	1.88×10^9	0.43	289	0.70	268
	Al_2O_3-4	2.65×10^9	0.40	294	0.62	267
Si	Si-1	2.01×10^9	0.40	276	0.76	243
	Si-2	2.92×10^9	0.39	285	0.74	253
	Si-3	3.36×10^9	0.39	274	0.72	266
	Si-4	1.02×10^{10}	0.36	288	0.65	268
SiC	SiC-1	4.25×10^8	0.43	311	0.77	286
	SiC-2	6.39×10^8	0.43	315	0.74	279
	SiC-3	7.06×10^8	0.42	304	0.70	292
	SiC-4	2.70×10^9	0.39	317	0.65	284

定义α_1为同类型衬底的器件开启电压与材料位错密度最低的器件开启电压的比值，图 3.9 为不同衬底的平面阳极结构及凹槽阳极结构 AlGaN/GaN SBD 的α_1值。从图中可知，材料位错密度越高，则器件开启电压越低。

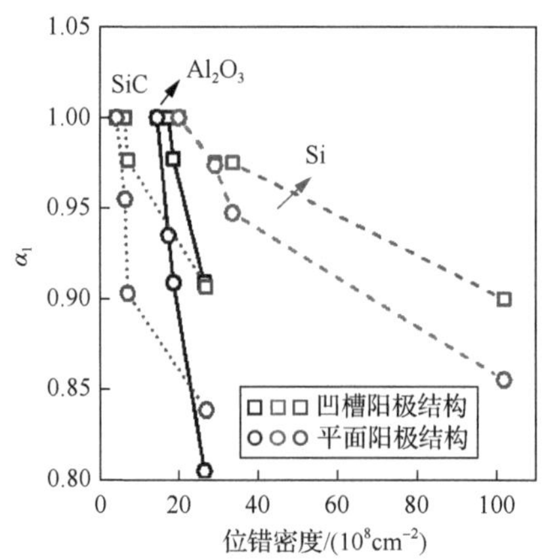

图 3.9　不同衬底 GaN 材料的位错密度与 AlGaN/GaN SBD α_1 的关系

图 3.10 展示了不同衬底的平面阳极结构及凹槽阳极结构 AlGaN/GaN SBD 的反向漏电特性。当器件处于高反向偏置电压下时，凹槽阳极结构 AlGaN/GaN SBD 的反向漏电小于平面阳极结构 AlGaN/GaN SBD 的反向漏电。此外，不同阳极结构的 AlGaN/GaN SBD 的漏电趋势并不相同，在较小的反向偏压下，平面阳极结构的反向漏电小于凹槽阳极结构的反向漏电。随着反向偏压的进一步增大，凹槽阳极结构的反向漏电逐渐趋于饱和，但平面阳极结构的反向漏电持续增大。这种不同的漏电趋势是由于两种阳极结构的反向漏电机制不同所导致的。

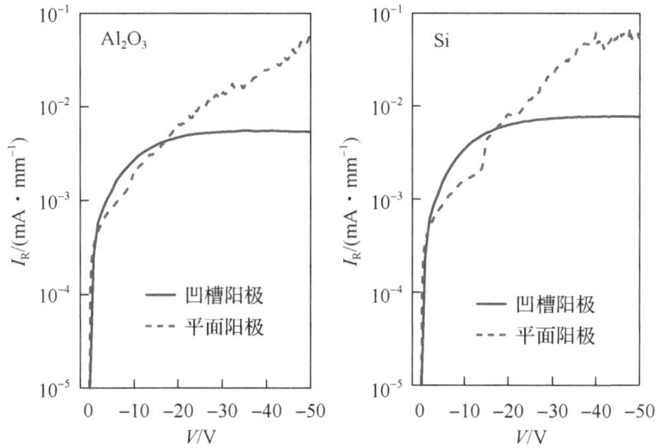

（a）Al_2O_3衬底　（b）Si衬底　（c）SiC衬底

图 3.10　基于不同衬底的凹槽阳极结构与平面阳极结构 AlGaN/GaN SBD 反向特性

定义α_2为同类型衬底器件在−50V 偏置下的反向漏电与材料位错密度最低的器件反向漏电的比值。由图 3.11 可知，平面阳极结构 AlGaN/GaN SBD 的反向漏电对位错的敏感度更高。

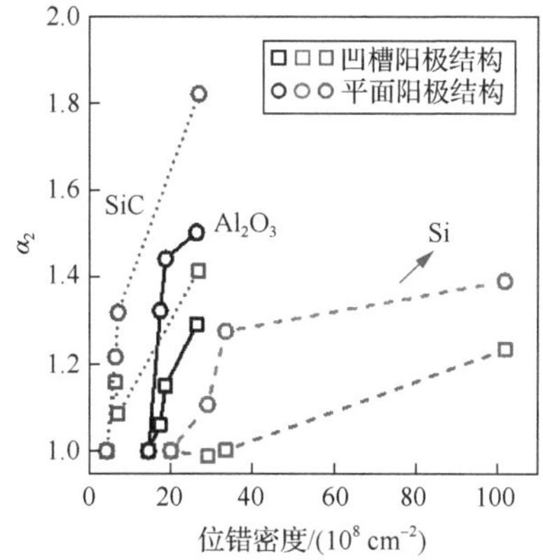

图 3.11　不同衬底 GaN 材料的位错密度与 AlGaN/GaN SBD α_2的关系

3.3　场板结构对阳极势垒高度及电容的影响

图 3.12 为有/无场板结构的凹槽阳极 AlGaN/GaN SBD 结构示意图。场板结构不仅可以用于对阳极边缘区域的电场进行调制再分布，还可以在器件的实际制备过程中，帮助避免由于阳极金属与凹槽阳极之间的套刻偏差导致的器件异常。对于凹槽阳极结构 AlGaN/GaN SBD 而言，阳极金属与 2DEG 导电沟道直接接触形成肖特基结，因此其主要电流通道在凹槽侧壁处。

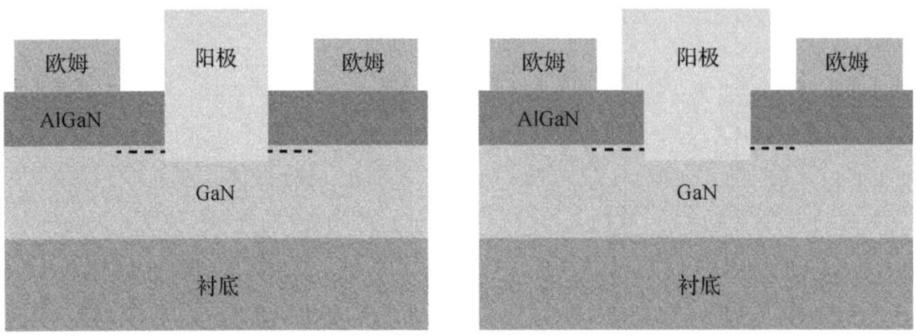

（a）无场板器件结构　　（b）有场板器件结构

图 3.12　有/无场板结构的凹槽阳极 AlGaN/GaN SBD 结构示意图

图 3.12（彩图）

3.3.1　镜像力对阳极势垒高度的影响

通常情况下，热电子发射（thermionic emission，TE）机制为 AlGaN/GaN SBD 的主要电流输运机制，解释了电子在热能作用下跃过肖特基势垒形成电流的过程，但由于受到材料特性、器件结构及器件制备工艺的影响，实际器件特性与理论模型之间存在一定的偏差。其中，镜像力被认为是影响肖特基势垒高度的主要因素。如图 3.13（a）所示，当金-半接触界面半导体一侧存在一个电子时，该电子将在距离金属表面的镜像位置处感应出一个正电荷。若电子距金属表面的距离为 x，则它与镜像正电荷之间的镜像力（f_e）[30]可表示为

$$f_e = -\frac{q^2}{16\pi\varepsilon_0 x^2} \tag{3-26}$$

由于受到镜像力的影响，平衡时电子在金-半接触界面半导体一侧所具有的电势能叠加结果如图 3.13（b）所示，即越接近金属一侧，势垒的降低效果越明显。

由镜像力导致金-半接触界面肖特基势垒高度的降低量（$\Delta\varphi$）可表示为

$$\Delta\varphi = \sqrt{\frac{q\boldsymbol{E}_m}{4\pi\varepsilon_0\varepsilon_s}} \tag{3-27}$$

式中，ε_0 是真空介电常数；ε_s 是半导体介电常数；$\boldsymbol{E}_m$ 是耗尽层近似的表面最大电场。

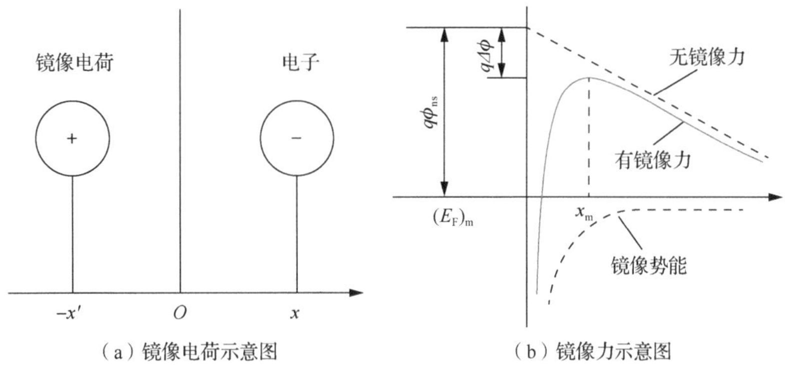

图 3.13　肖特基金-半界面镜像电荷及镜像力示意图

图 3.14 为考虑镜像力时，不同偏压下金-半接触界面肖特基势垒高度的理论示意图。对于理想的肖特基接触而言，界面势垒高度主要由肖特基金属与金-半界面的特性决定，几乎与材料掺杂浓度无关，因此，对于一个给定的半导体材料，其肖特基势垒特性仅受肖特基金属的影响。然而，在镜像力的作用下，通过采用离子注入等方式在半导体表面引入可控剂量的掺杂薄层，能够有效调控金-半接触的肖特基势垒特性[31]。图 3.15 为 n 型半导体表面重掺杂对肖特基势垒特性的影响示意图，$\boldsymbol{E}_{\mathrm{m}}$ 可以表示为

$$\boldsymbol{E}_{\mathrm{m}}=\frac{qn_1a}{\varepsilon_0\varepsilon_{\mathrm{s}}} \tag{3-28}$$

式中，n_1 是半导体一侧的载流子浓度；a 是耗尽区的宽度。

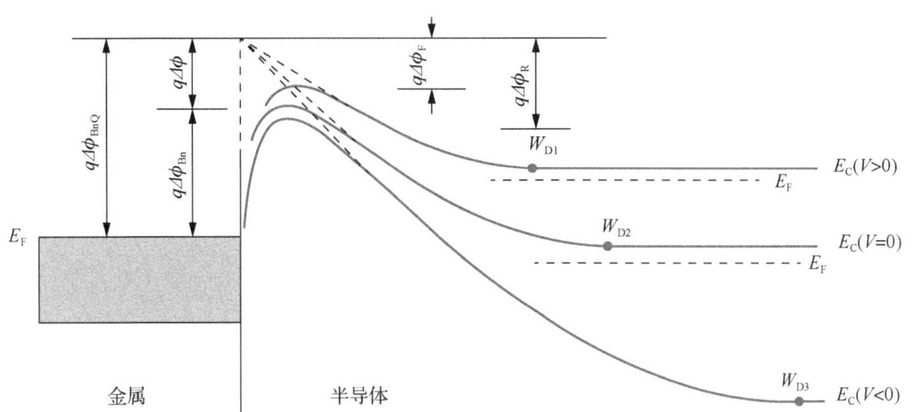

图 3.14　不同偏压下镜像力所导致的金-半界面势垒高度变化

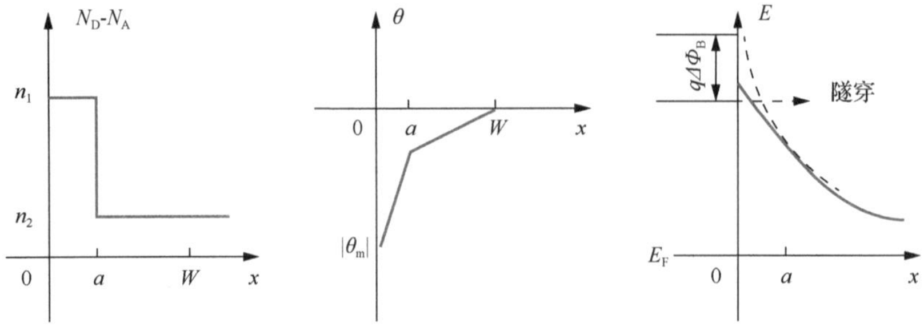

图 3.15　n 型半导体表面重掺杂对势垒高度的影响示意图

3.3.2　凹槽阳极结构 GaN 肖特基二极管势垒高度模型

根据镜像力对势垒高度的修正模型可知，镜像力对势垒高度的调控效果主要受半导体一侧载流子浓度的影响。对于凹槽阳极结构 AlGaN/GaN SBD 而言，半导体一侧的电子浓度越高，其势垒高度受镜像力影响而降低的幅度也越大。因此，计算器件势垒高度随电压变化的关键因素是确定电子浓度如何随电压变化。采用 TCAD 软件对图 3.12 所示的有/无场板结构的凹槽阳极 AlGaN/GaN SBD 进行仿真，器件在虚线位置的电子浓度随偏置的电压的变化关系如图 3.16 所示。场板下方的 2DEG 浓度随阳极正向偏置电压的变化而变化，肖特基结附近的电子浓度随着电压的增大而增加；当器件处于反向偏压时，场板下方的电场会耗尽沟道中的 2DEG；对于无场板结构的凹槽阳极 AlGaN/GaN SBD 而言，阳极凹槽边界处的 2DEG 浓度随偏压的变化较小，对势垒高度的影响可以忽略。

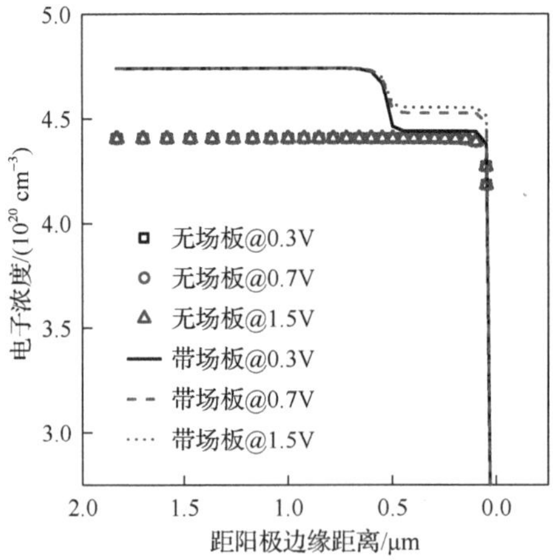

图 3.16　不同结构及不同偏压下 AlGaN/GaN SBD 阳极边缘电子浓度分布

与无场板结构的凹槽阳极 AlGaN/GaN SBD 相比，带场板结构的凹槽阳极 AlGaN/GaN SBD 的势垒高度变化量 $\Delta\varphi_B$ 可表示为

$$\Delta\varphi_B = \sqrt{\frac{q\Delta E_m}{4\pi\varepsilon_0\varepsilon_s}} \tag{3-29}$$

式中，$\Delta\boldsymbol{E}_{\mathrm{m}}$ 为带场板结构的凹槽阳极 AlGaN/GaN SBD 相对于无场板结构的凹槽阳极 AlGaN/GaN SBD 电场的变化量，可表示为

$$\Delta\boldsymbol{E}_{\mathrm{m}}=\frac{q\Delta nW}{\varepsilon_0\varepsilon_{\mathrm{s}}}\tag{3-30}$$

式中，Δn 为带场板结构的凹槽阳极 AlGaN/GaN SBD 相对于无场板结构的凹槽阳极 AlGaN/GaN SBD 肖特基结附近电子面密度的变化量，可表示为

$$\Delta n=qC\Delta V=\frac{\varepsilon_0\varepsilon_{\mathrm{s}}\Delta V}{qd}\approx\left(\Delta V\times2.4\times10^{12}\right)\mathrm{cm}^{-2}\tag{3-31}$$

式中，C 为场板电容；d 为 AlGaN 势垒层厚度，并以 20nm 的典型值进行计算。考虑到 AlGaN/GaN 异质结的阈值电压为−4V，即在反向偏置电压为−4V 时，沟道中的 2DEG 被完全耗尽。当反向偏置电压继续增大时，耗尽区进一步扩大，电子浓度的降低程度较小，因此，反向偏压下肖特基势垒高度的变化需引入电压修正项。将参数代入方程，计算得到的带场板结构的凹槽阳极 AlGaN/GaN SBD 势垒高度（φ_{FP}）与无场板结构的凹槽阳极 AlGaN/GaN SBD 势垒高度（φ_{T}）之间的关系可表示为

$$\varphi_{\mathrm{FP}}=\begin{cases}\varphi_{\mathrm{T}}-0.034\sqrt{V},0<V\\\varphi_{\mathrm{T}}+0.034\sqrt{V},-4<V<0\\\varphi_{\mathrm{T}}+0.048,V<-4\end{cases}\tag{3-32}$$

3.3.3 GaN 肖特基二极管势垒高度调控模型的验证

图 3.17（a）展示了有/无场板结构的凹槽阳极 AlGaN/GaN SBD 的器件正向 I-V 特性测试结果。当阳极正向电流密度为 1mA/mm 时器件所对应的开启电压分别为 0.45V 和 0.52V。在正向偏置电压作用下，阳极场板结构有效提升了肖特基结附近的 2DEG 浓度，并在镜像力作用下降低了阳极界面的肖特基势垒高度，因此带场板结构的凹槽阳极 AlGaN/GaN SBD 开启电压较小。图 3.17（b）展示了有/无场板结构的凹槽阳极

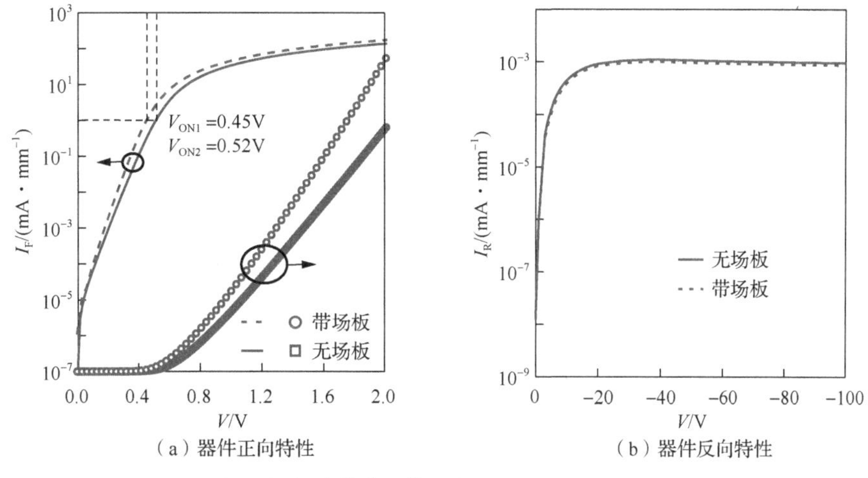

（a）器件正向特性　（b）器件反向特性

图 3.17　有/无场板结构的凹槽阳极 AlGaN/GaN SBD 器件特性

AlGaN/GaN SBD 的器件反向 *I-V* 特性测试结果。在反向偏置电压作用下，场板结构有效提高了肖特基势垒高度，从而一定程度上减小了反向漏电，但由于反向漏电的影响因素较多且各种机制混杂，这种减弱效应并不明显。

图 3.18 为带场板结构的凹槽阳极 AlGaN/GaN SBD 的实际特性曲线与理论计算结果的对比。在器件开启电压附近，理论计算所得的正向 *I-V* 曲线与实验结果吻合度较高，证明了该模型的合理性。由于在器件开启前，串联电阻在总电阻中占比较低，因此在 TE 模型拟合的过程中通常可以忽略不计。但当器件偏置电压超过开启电压后，器件的串联电阻不能被忽略，这导致器件的实际电流远小于 TE 模型计算所得的电流。

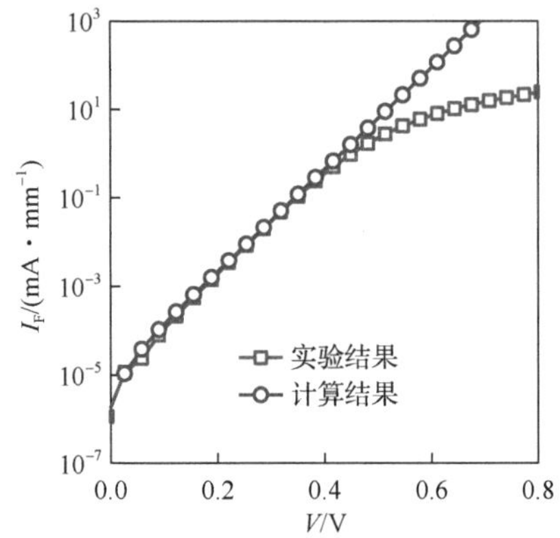

图 3.18　场板结构的凹槽阳极 AlGaN/GaN SBD 势垒调控模型计算结果与实验结果对比

3.3.4　场板介质及场板长度对阳极电容的影响

电容特性决定了肖特基二极管的开关速度和使用频率，是器件的核心指标之一。对于凹槽阳极结构 GaN 二极管来说，其阳极电容主要由两部分组成：一部分为侧壁肖特基结上的结电容，另一部分为阳极场板与二维电子气之间形成的场板电容。这两者并联决定了凹槽阳极 GaN 肖特基二极管的总电容。由于 GaN 异质结结构二维电子气浓度高且离表面近，场板电容对器件总电容影响极大，需要深入研究。

凹槽阳极结构 GaN 肖特基二极管的阳极凹槽区域下方不存在 2DEG，故阳极金属与 2DEG 的交叠面积减小，大幅度减小了器件寄生电容。然而，为了确保阳极金属与沟道 2DEG 直接接触，阳极金属必须完全覆盖凹槽侧壁，即凹槽侧壁与阳极金属之间需具有一定的工艺容差。如图 3.19（a）所示，超出阳极凹槽边缘部分的阳极金属形成场板结构，该区域的阳极金属与下方 2DEG 形成阳极寄生电容。图 3.19（b）展示了凹槽边缘场板区域下方有钝化层和无钝化层两种器件的 *C-V* 特性曲线对比。未钝化器件的凹槽边缘阳极场板直接与势垒层表面接触，钝化器件先在材料表面生长钝化层，再依次刻蚀钝化层与 GaN 凹槽。并且随后生长阳极金属，使得场板位于介质层上。未钝化器件场板在高反向偏压下对沟道进行部分耗尽，因此具有较低电容，但当电压达到阈值后，沟道开启，场板与二维电子气形成很大的寄生电容。对于钝化器件，由于介质增大了场板与沟道间的距离，因此阈值电压向负方向漂移，难以有效关断场板下方的沟道。因此在 –8～–4V 范围内，电容较未钝化器件大，但由于介质填充有效减小了寄生电容，因此在零偏条件下电容显著减小，仅为未钝化器件的三分之一。

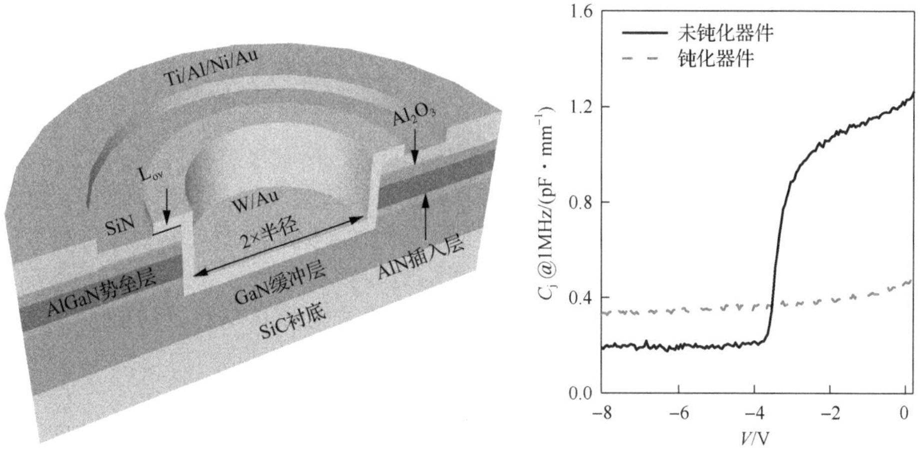

（a）有场板介质器件结构　（b）器件电容特性

图 3.19　场板介质对器件电容的影响

对于单位阳极宽度的凹槽结构氮化镓肖特基二极管，场板长度是决定场板面积进而影响电容的重要因素之一。图 3.20（a）展示了阴阳极间距为 3μm，场板长度分别为 0.5μm、0.7μm 和 0.9μm 的器件归一化 *C-V* 曲线。可以看到，器件电容随场板长度的增加呈现明显的上升趋势。提取三个不同场板长度器件的零偏压电容值并进行线性拟合，如图 3.20（b）所示，这三个电容值与场板长度呈现明显的线性关系，拟合曲线与电容轴的截距仅为 0.043pF/mm，二极管的本征结电容仅 0.043pF/mm，场板寄生电容与场板长度成正比，在总电容中占据更大的比例。

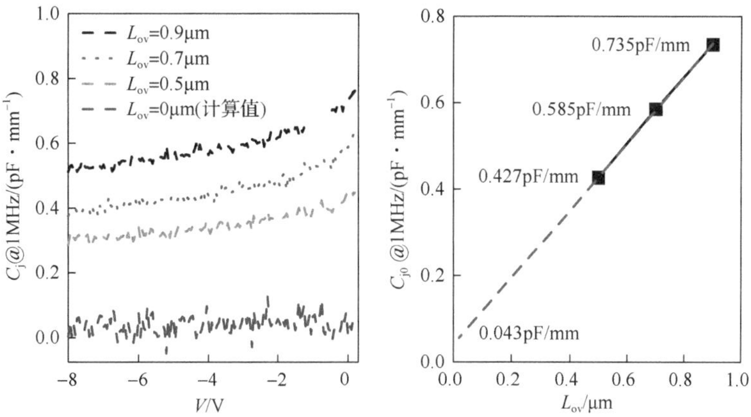

（a）不同场板长度器件 *C-V* 特性曲线　（b）零偏电容与场板长度的关系

图 3.20　场板长度对器件电容的影响

以上分析表明，器件阳极侧壁的肖特基结电容约为 0.043pF/mm。由于刻蚀工艺不可避免地会引入刻蚀角，因此阳极凹槽的侧壁为一个斜面，其寄生电容、结电容关系可能更加复杂。进一步减小场板长度，以及采用更厚更低介电常数的钝化介质，有望进一步减小凹槽阳极肖特基二极管的电容，从而提升器件截止频率，满足更高频率应用场景的需求。

3.4　凹槽阳极结构 GaN 肖特基结器件电流输运机制

相较于传统的平面阳极结构 AlGaN/GaN SBD，凹槽阳极结构 AlGaN/GaN SBD 因其平行于材料位错方向的阳极侧壁及与导电沟道直接接触的阳极界面结构，展现出对材料位错不敏感的优势，使得器件的开启电压更低、泄漏电流更小、可靠性更高，更接近于理想的肖特基二极管特性。但阳极凹槽结构的制备是否会导致不同于传统平面结构 AlGaN/GaN SBD 的输运机制，以及刻蚀损伤是否会引起器件高温下漏电的急剧增加，仍然是亟待探索的问题。

3.4.1　凹槽阳极结构 AlGaN/GaN SBD 变温特性

为了最大限度地减弱表面漏电对器件反向特性的影响，在凹槽阳极结构 AlGaN/GaN SBD 制备过程中，采用 PEALD 设备沉积 20nm Al_2O_3 介质层对有源区进行钝化，器件结构如图 3.21 所示，其中，器件阳极半径为 R，阳极凹槽区域外侧的金属宽度为 L_{FP}。图 3.22 展示了器件室温下正反向 I-V 特性。得益于阳极金属钨的较小功函数，当阳极正向电流密度为 1mA/mm 时，对应的器件开启电压为 0.39V，器件击穿电压为 321V。较小的开启电压和较低的反向漏电是保障器件具有较高转换效率的前提。

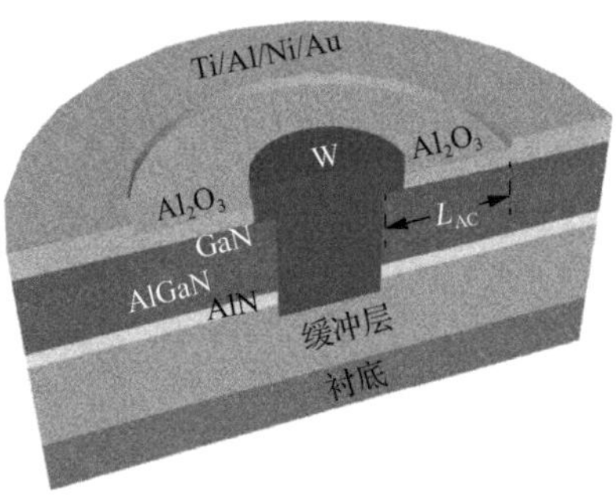

图 3.21（彩图）

图 3.21　凹槽阳极结构 AlGaN/GaN SBD 结构示意图

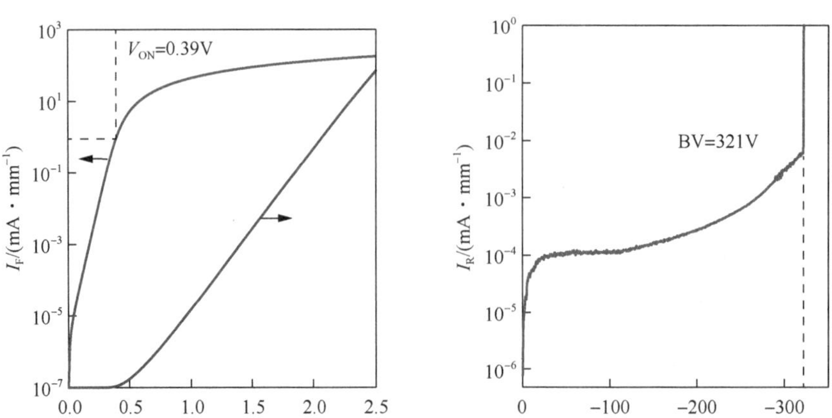

（a）正向特性　　（b）反向特性

图 3.22　凹槽阳极结构 AlGaN/GaN SBD 正反向 I-V 特性曲线

图 3.23（a）和图 3.23（b）分别展示了不同 R 和不同 L_{FP} 器件的反向漏电特性。虽然 R 的增大会引起阳极面积的显著增大，但对器件反向漏电特性的影响有限。而仅 0.2μm 的 L_{FP} 变化量就会导致器件反向电流的显著增加，因此阳极边缘类场板区域是器件反向漏电的主要通道。

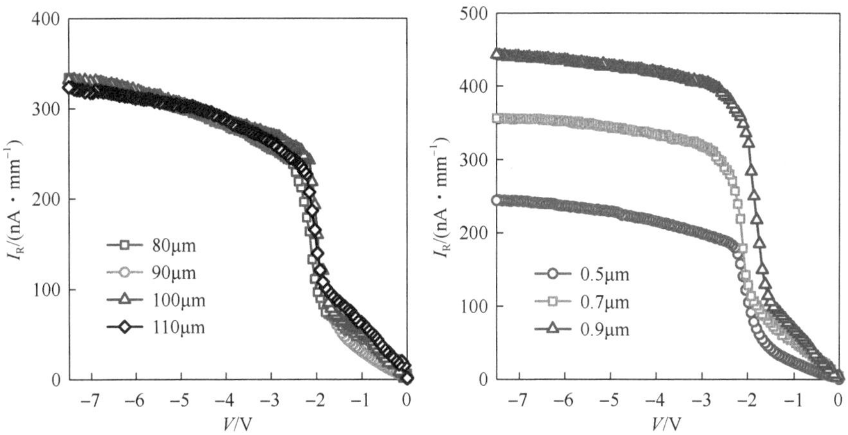

（a）反向漏电与阳极半径的关系　　（b）反向漏电与场板长度的关系

图 3.23　凹槽阳极结构 AlGaN/GaN SBD 反向漏电器件结构的关系

图 3.24（a）展示了器件正向 I-V 特性随温度的变化关系。随着测试温度的逐渐升高，沟道中的载流子获得更多的能量，导致器件的开启电压逐渐降低。然而，较高的温度会导致沟道中载流子运动加剧，引起沟道导通电阻的增大，因此较高偏置电压下，器件正向电流减小。图 3.24（b）展示了采用 TE 模型计算所得的器件理想因子随温度的变化关系，凹槽阳极结构 AlGaN/GaN SBD 的理想因子非常接近于 1，且随着温度的升高逐渐降低，故该器件的正向导通机制以 TE 为主。器件反向 I-V 特性随温度的变化关系如图 3.25 所示。根据不同偏压下器件不同的漏电趋势，可将其划分为三个区域：接近 0V 的区域Ⅰ、较低反向偏压的区域Ⅱ、较高反向偏压的区域Ⅲ。

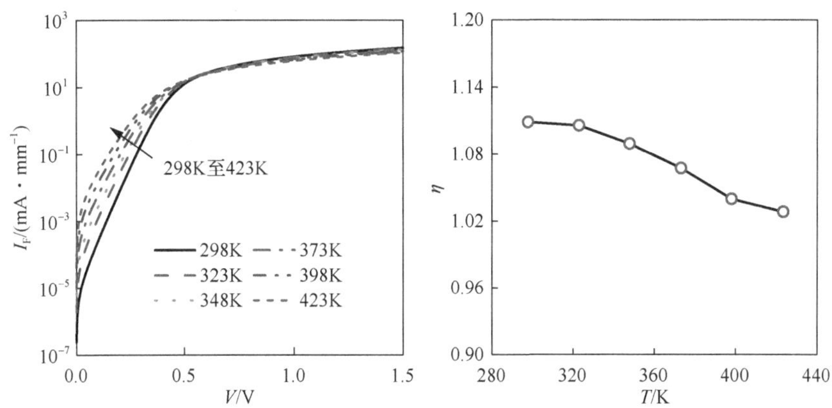

（a）温度相关的正向 I-V 特性　　（b）理想因子随温度的变化关系

图 3.24　凹槽阳极结构 AlGaN/GaN SBD 温度相关的正向 I-V 特性及理想因子

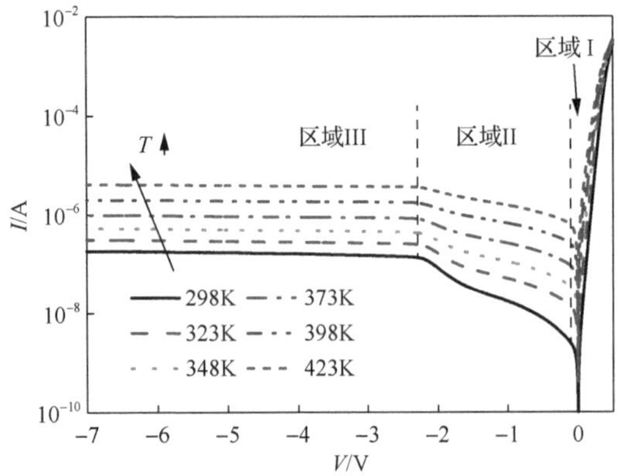

图 3.25　凹槽阳极结构 AlGaN/GaN SBD 温度相关的正/反向 *I-V* 特性

3.4.2　凹槽阳极结构 AlGaN/GaN SBD 漏电机制

表 3.5 列出了半导体器件中常见的几种反向漏电机制及泄漏电流随电场和温度的变化关系。本节采用分区讨论的方法，对凹槽阳极结构 AlGaN/GaN SBD 的漏电机制进行分析，并将实验结果与模型拟合结果进行对比，以验证不同反向偏置电压下器件漏电模型随温度和电压的变化关系。

表 3.5　半导体器件中常见的几种反向漏电机制及表达式[32]

漏电机制	表达式
TAT（trap-assisted tunneling）	$J \propto \exp\left(-\frac{E_A}{kT}\right)$
SL（surface leakage）	$J \propto \frac{E}{\rho}$
PF（poole-frenkel）	$J \propto E\exp\left(-\frac{\beta_{PF}E^{1/2}}{2kT}\right)$
VRH（variable-range-hopping）	$J \propto \exp\left[-\left(\frac{T_0}{T}\right)^{1/4}\right]$
SCL（space-charge limited）	$J = \frac{\varepsilon_0\varepsilon_s\mu E^2}{L^3}$
FN（fowler-nordheim）	$J = \left(\frac{q^3E^2}{8\pi\hbar\phi}\right)\exp\left(-\frac{4(2m)^{1/2}\phi^{3/2}}{3\hbar qE}\right)$
SE（Schottky emission）	$J \propto T^2\exp\left(\frac{\sqrt{qE/\pi\varepsilon}}{2kT}\right)$

1. 区域 I 漏电机制

在接近 0V 的区域 I 内，电流与电压呈现出较强的指数关系，与标准的 TE 模型相似，因此考虑 TE 为该区域的主要漏电机制，其电流表达式为

$$J_{TE} = A^*T^2\exp\left(-\frac{q\varphi_B}{kT}\right)\left[\exp\left(\frac{qV}{\eta kT}\right)-1\right] \tag{3-33}$$

$$J_{\mathrm{TE}} = J_0\left[\exp\left(\frac{qV}{\eta kT}\right)-1\right] \tag{3-34}$$

等号两边同时求对数可得

$$\ln J_{\mathrm{TE}} = \ln J_0 + \frac{qV}{\eta kT} \tag{3-35}$$

式中，A^*为有效理查德森常数；T 为环境温度；k 为玻尔兹曼常数；φ_{B} 为肖特基势垒高度；η 为理想因子。

图 3.26 展示了基于 TE 模型拟合的器件反向漏电特性与实际器件反向漏电特性的对比。当测试温度在 298K 至 423K 范围内时，拟合曲线与实际特性具有良好的重合性，表明当器件反向偏置电压不足以耗尽阳极侧壁沟道附近的 2DEG 时，电子通过 TE 机制从金属侧直接跃过肖特基势垒进入半导体，从而形成初始的反向漏电。对于肖特基接触而言，TE 机制引入的反向漏电是无法避免的，但一般器件的反向漏电远大于 TE 漏电，因此其他区域的漏电机制更需要被关注和研究。

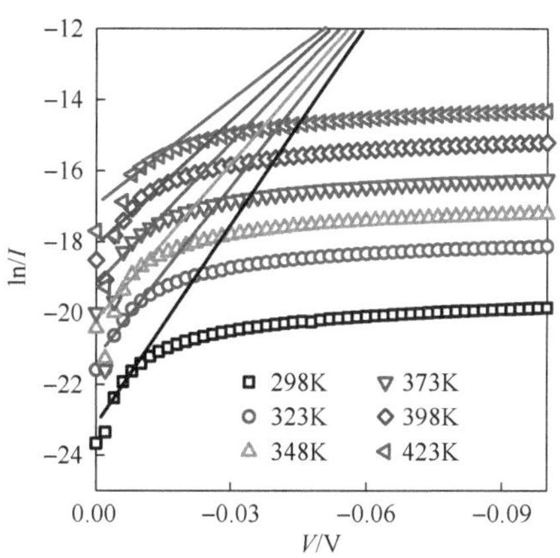

图 3.26　基于 TE 模型拟合的器件反向漏电特性与实际器件反向漏电特性的对比

2. 区域 II 漏电机制

随着器件反向偏压逐渐增大，阳极侧壁附近的半导体区域形成电子耗尽区，热电子发射需要跨越的势垒高度随电压的增大而迅速增大，由该机制导致的漏电不再主导反向漏电的变化。半对数坐标下器件 ln *I*-*V* 曲线的斜率随温度的增大而减小，多数电子只能通过陷阱能级隧穿漏电，FP（Frenkel-Poole）发射电流开始主导反向漏电，其电流表达式[33]为

$$J_{\mathrm{FP}} = CE_{\mathrm{B}}\exp\left[-\frac{q\left(\varphi_{\mathrm{t}}-\sqrt{q\boldsymbol{E}_{\mathrm{B}}/\pi\varepsilon_0\varepsilon_{\mathrm{s}}}\right)}{kT}\right] \tag{3-36}$$

式中，C 为常数；φ_t 为电子从陷阱态发射所翻越的势垒高度；ε_0 为真空介电常数；ε_s 为 GaN 材料相对介电常数；$\boldsymbol{E}_B$ 为势垒层电场强度。$\boldsymbol{E}_B$ 可通过泊松方程求得：

$$\boldsymbol{E}_B \approx \frac{q\left(\sigma_\rho - n_{2DEG}\right)}{\varepsilon_0 \varepsilon_s} \tag{3-37}$$

式中，σ_ρ 为负的固定表面极化电荷；n_{2DEG} 为二维电子气密度。器件 $\boldsymbol{E}_B$ 随偏置电压的变化关系如图 3.27 所示，当反向偏置电压超过−2V 时，势垒层的电场强度随电压的变化趋势减弱，即阳极附近的电子被完全耗尽，耗尽层开始向半导体内部延伸。

式（3-36）可转化为

$$\ln\left(J_{FP}/\boldsymbol{E}_B\right) = m(T)\sqrt{\boldsymbol{E}_B} + b(T) + \ln(A) \tag{3-38}$$

式中，

$$m(T) = \frac{q}{kT}\sqrt{\frac{q}{\pi\varepsilon_0\varepsilon_s}} \tag{3-39}$$

$$b(T) = -\frac{q\varphi_t}{kT} + \ln C \tag{3-40}$$

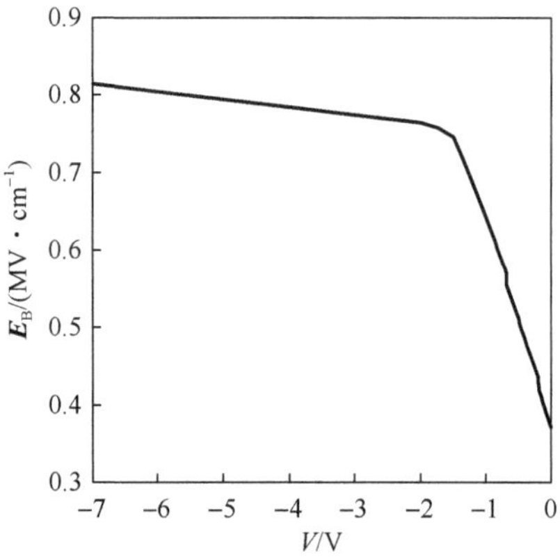

图 3.27　势垒层电场强度与反偏电压的关系

基于式（3-38）计算所得的 FP 模型中 $\ln(J_{FP}/\boldsymbol{E}_B)$与 $\boldsymbol{E}_B^{1/2}$ 的关系特性如图 3.28（a）所示。二者展示出了较强的线性关系，基于图 3.28（b）拟合所得的器件陷阱能级势垒高度 $\varphi_t = 0.61$eV。该过程中导致器件反向漏电的陷阱主要来自两个方面：一是外延片生长过程中产生的材料缺陷，二是阳极凹槽蚀刻过程中引入的氮空位等缺陷[34]。凹槽界面处的缺陷能够俘获沟道中的载流子，当这些被俘获的载流子在电场中获得足够的能量后，会发射到电极或半导体中形成漏电流，通过场板结构、低倾角阳极结构等方案抑制阳极边缘处的电场峰值，从而能够有效减小 FP 漏电流。

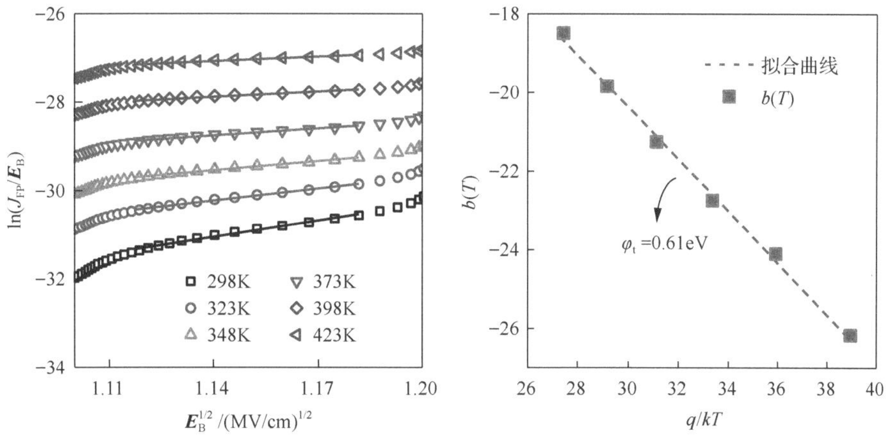

（a）ln(J_{FP}/E_B)与$E_B^{1/2}$的关系　（b）b(T)与q/kT的关系

图 3.28　II 区 FP 模型中各参数关系

3. 区域III漏电机制

当器件反向偏置电压在区域III继续增大时，反向电流基本保持不变，此时反向电流主要受温度影响，而不受逐渐增大的电场影响。陷阱辅助隧穿机制（trap-assisted tunneling，TAT）与电场/电压无关，故被认为是区域III的主要漏电机制，其电流表达式[35]为

$$J_{TAT} \propto \exp\left(\frac{-E_A}{kT}\right) \tag{3-41}$$

式中，E_A 为电子从金属隧穿到半导体所需的激活能。

图 3.29（a）展示了器件 ln I 与 1/T 的 Arrhenius 关系（阿累尼乌斯关系）。由图可知，拟合所得的 E_A 几乎不随偏置电压的变化而变化，即特定温度下器件的反向饱和漏电流主要受陷阱辅助隧穿机制中 E_A 的影响。值得注意的是，该模型中的陷阱与 AlGaN 势垒层有关，阳极金属电子通过 AlGaN 层内的陷阱隧穿进入半导体内部形成反向漏电，故 AlGaN 及 GaN 内部的纵向位错可能是该机制下的主要漏电通道。图 3.29（b）为同一批次制备的凹槽阳极场板结构、凹槽阳极类场板结构及平面阳极结构 AlGaN/GaN SBD 反向漏电特性，场板结构器件采用高质量 Al_2O_3 作为介质层。在低反向偏压下，蚀刻引入的损伤导致 FP 漏电产生，故凹槽阳极结构器件的反向电流高于传统的平面阳极结构器件，但随着反向偏压的逐渐增大，由于凹槽阳极结构减少了阳极金属与 AlGaN 层表面的接触面积，有效规避了纵向位错的影响，因此反向漏电小于传统平面阳极结构器件。另外，场板下方的 Al_2O_3 介质层进一步减少了阳极金属与 AlGaN 层表面的接触面积，有效阻挡了 TAT 引入的反向漏电流。

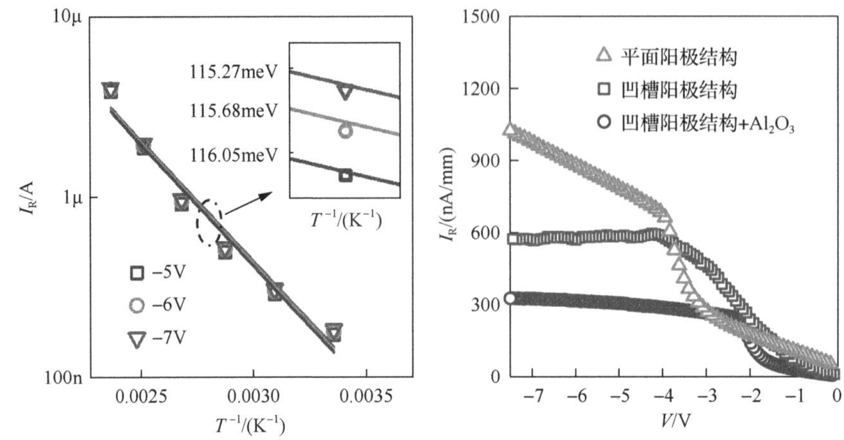

（a）ln I与$1/T$的Arrhenius关系　　（b）不同阳极结构器件反向I-V曲线

图 3.29　Ⅲ区 TAT 机制下器件各参数关系

4. 三区漏电模型拟合

为了验证前文提出的对三个区域不同反向漏电机制的假设，采用上述模型对器件在348K 时的反向漏电曲线进行拟合，并与实际器件结果进行对比。其中，器件面积 A 为 $2.54\times10^{-4}\text{cm}^{-2}$，TE 模型中 φ_B 和 η 分别为 0.86eV 和 1.06，FP 模型中常数 C 为 5×10^{-4}，图 3.30（a）为拟合结果与实际测试结果的对比，二者重合度极高，进一步表明了各区域所选用模型的正确性。图 3.30（b）为该凹槽阳极结构 AlGaN/GaN SBD 的开启电压、反向漏电特性与国际同期高水平 AlGaN/GaN SBD 的对比。基于低功函数金属阳极的凹槽阳极结构 AlGaN/GaN SBD 在较低器件开启电压的前提下，同时实现了较低的反向漏电。

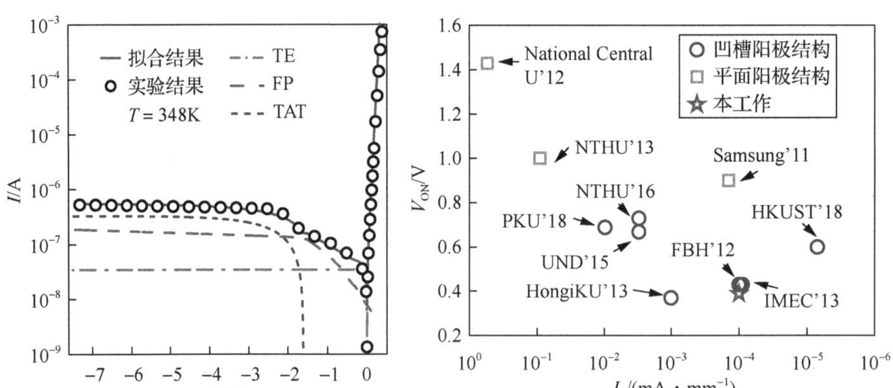

（a）模型拟合结果与实验结果的对比　　（b）国际同期高水平器件特性对比

图 3.30　模型准确性验证及与国际高水平器件特性的对比

值得注意的是，不同反向偏置电压下器件反向漏电的变化量与温度相关，定义 β 为“温度为 T 时，反向漏电与温度相关项的值”与“温度为 298K 时，反向漏电与温度相关项的值”的比。图 3.31 为不同漏电机制中 β 与温度的关系。其中，TE 机制对温度的敏感性最高，TAT 机制对温度的敏感性最低，故随着温度的增大，区域 I 和区域 II 的器件反向漏电增加更为明显。

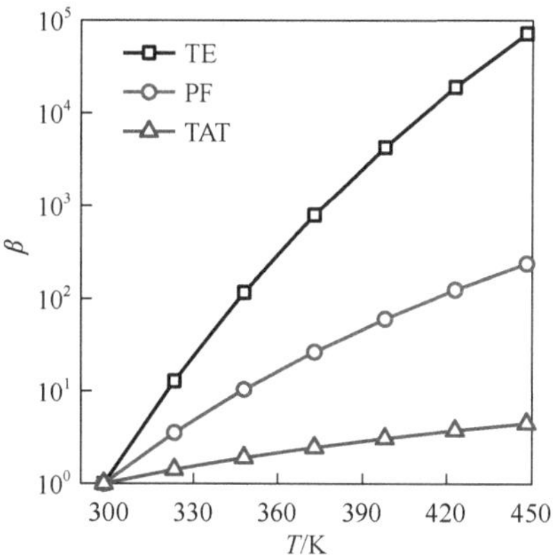

图 3.31　不同漏电机制中 β 与温度的关系

3.4.3　凹槽阳极结构 AlGaN/GaN SBD 击穿机制

如图 3.32 所示，凹槽阳极结构 AlGaN/GaN SBD 在临近击穿时（−200～−300V）的反向漏电与偏置电压呈现很强的线性关系，故考虑传输场发射（tunneling field emission，TFE）为该区域的主要漏电机制，其电流表达式为

$$J_{\mathrm{TFE}}=\frac{A^{*}TqhE}{k}\sqrt{\frac{\pi}{2m_{\mathrm{n}}kT}}\exp\left\{-\frac{1}{kT}\left[\varphi_{\mathrm{B}}-\frac{(qhE)^{2}}{24m_{\mathrm{n}}(kT)^{2}}\right]\right\} \tag{3-42}$$

式中，E 是金-半界面处的电场；h 是普朗克常数。在较大反向偏压下，凹槽阳极处形成非常窄的三角形势垒，允许电子直接发射通过直至器件击穿，且反向漏电和温度呈现正相关性，器件击穿电压随温度的升高而降低。

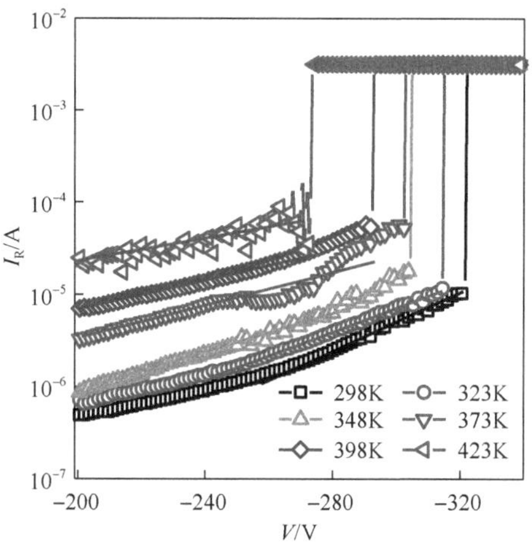

图 3.32　凹槽阳极结构 AlGaN/GaN SBD 的临近击穿 I-V 特性

图 3.33 采用器件结构剖面图与能带图相结合的方式对凹槽阳极结构 AlGaN/GaN SBD 的反向漏电机制进行表述。如图 3.33（a）所示，在零偏压附近，TE 被认为是反向漏电的主导机制，电子通过翻越肖特基势垒直接进入沟道形成反向漏电；如图 3.33（b）所示，随着反向偏压的增加，肖特基界面势垒升高，电子通过陷阱能级进行 FP 发射进入半导体；如图 3.33（c）所示，当反向漏电随反向偏压的增加而几乎不变时，TAT 为器件反向漏电的主导机制，电子通过陷阱直接隧穿进入半导体；如图 3.33（d）所示，当反向偏压接近器件击穿电压时，电子直接获得能量隧穿界面势垒形成随电压增大而持续增大的反向漏电。

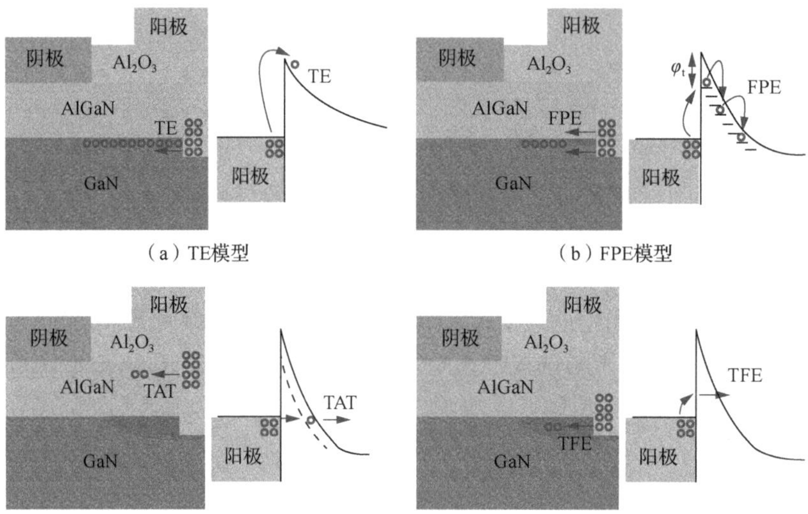

（a）TE模型　　（b）FPE模型

（c）TAT模型　　（d）TFE模型

图 3.33　四种漏电机制对应的电子输运与能带结构

参 考 文 献

[1] WANG X, HUANG S, ZHENG Y, et al. Effect of GaN channel layer thickness on DC and RF performance of GaN HEMTs with composite AlGaN/GaN buffer[J]. IEEE Transactions on Electron Devices, 2014, 61(5): 1341-1346.

[2] ZHANG Y, ZHU H, LIU X, et al. Effect of tensile and compressive strain on the gate leakage current and inverse piezoelectric effect in AlGaN/GaN HEMT devices[J]. Applied Physics Letters, 2024, 125: 032101.

[3] LIU S, ZHUANG Y, LI H, et al. Variable range hopping-assisted parasitic channel leakage in AlN/GaN/AlGaN HEMTs on Si[J]. Applied Physics Letters, 2024, 125: 023504.

[4] HU J, STOFFELS S, LENCI S, et al. On the identification of buffer trapping for bias-dependent dynamic R_{ON} of AlGaN/GaN Schottky barrier diode with AlGaN: C Back Barrier[J]. IEEE Electron Device Letters, 2016, 37(3): 310-313.

[5] 郝跃, 张金风, 张进成. 氮化物宽禁带半导体材料与电子器件[M]. 北京: 科学出版社, 2013.

[6] 薛军帅. 新型氮化物 InAlN 半导体异质结构与 HEMT 器件研究[D]. 西安: 西安电子科技大学, 2013.

[7] 周小伟. 高 Al 组分 AlGaN/GaN 半导体材料的生长方法研究[D]. 西安: 西安电子科技大学, 2013.

[8] KITTLER M, REICHE M, ARGUIROV T, et al. Dislocations in silicon as a tool to be used in optics, electronics and biology[J]. Solid State Phenomena, 2008(131-133): 289-292.

[9] GHOSH S, DAS S, DINARA S M, et al. OFF-state leakage and current collapse in AlGaN/GaN HEMTs: A virtual gate induced by dislocations[J]. IEEE Transactions on Electron Devices, 2018, 65(4): 1333-1339.

[10] 韩燕, 丁扣宝. 半导体器件 TCAD 设计与应用[M]. 北京: 电子工业出版社, 2013.

[11] FARAHMAND M, GARETTO C, BELLOTTI E, et al. Monte Carlo simulation of electron transport in the III-nitride wurtzite phase materials system: Binaries and ternaries[J]. IEEE Trans. Electron Devices, 2001, 48(3): 535-542.

[12] Bandić Z, BRIDGER P, PIQUETTE E, et al. Electron diffusion length and lifetime in p-type GaN[J]. Applied Physics Letters, 1998, 73(22): 3276-3278.

[13] Bandić Z, BRIDGER P, PIQUETTE E, et al. Minority carrier diffusion length and lifetime in GaN[J]. Applied Physics Letters, 1998, 72(24): 3166-3168.

[14] SELBERHERR S. Analysis and Simulation of Semiconductor Devices[M]. New York: Springer-Verlag, 1984.

[15] PIPINYS P, LAPEIKA V. Temperature dependence of reverse-bias leakage current in GaN Schottky diodes as a consequence of phonon-assisted tunneling[J]. Journal of Applied Physics, 2006, 99(9): 093709.

[16] KUNIHIRO K, KASAHARA K, TAKAHASHI Y, et al. Experimental evaluation of impact ionization coefficients in GaN[J]. IEEE Electron Device Letters, 1999, 20(12): 608-610.

[17] SHOCKLEY W, READ W. Statistics of the recombinations of holes and electrons[J]. Physical Review, 1952, 87(5): 835-842.

[18] GRASSER T, TANG T, KOSINA H, et al. A review of hydrodynamic and energy-transport models for semiconductor device simulation[J]. Proceedings of the IEEE, 2003, 91(2): 251-274.

[19] FOSSUM J, MERTENS R, LEE D, et al. Carrier recombination and lifetime in highly doped silicon[J]. Solid-State Electronics, 1983, 26(6): 569-576.

[20] POBLENZ C, WALTEREIT P, RAJAN S, et al. Effect of carbon doping on buffer leakage in AlGaN/GaN high electron mobility transistors[J]. Journal of Vacuum Science and Technology B, 2004, 22(3): 1145-1149.

[21] MENEGHESSO G, RAMPAZZO F, KORDOS P, et al. Current collapse and high-electric-field reliability of unpassivated GaN/AlGaN/GaN HEMTs[J]. IEEE Transactions on Electron Devices, 2006, 53(12): 2932-2941.

[22] FARAMEHR S, KALNA K, IGIC P. Modeling of 2DEG and 2DHG in i-GaN capped AlGaN/AlN/GaN HEMTs[C]//2014 29th International Conference on Microelectronics Proceedings. Serbia: IEEE, 2014: 81-84.

[23] HANAWA H, ONODERA H, NAKAJIMA A, et al. Numerical analysis of breakdown voltage enhancement in AlGaN/GaN HEMTs with a high-k passivation layer[J]. IEEE Transactions on Electron Devices, 2014, 61(3): 769-775.

[24] YANG S, HAN S, SHENG K, et al. Dynamic on-resistance in GaN power devices: mechanisms, characterizations, and modeling[J]. IEEE Journal of Emerging and Selected Topics in Power Electronics, 2019, 7(3): 1425-1439.

[25] HU J, STOFFELS S, LENCI S, et al. Current transient spectroscopy for trapping analysis on Au-free AlGaN/GaN Schottky barrier diode[J]. Applied Physics Letters, 2015, 160: 083502.

[26] HU W, CHEN X, YIN F, et al. Two-dimensional transient simulations of drain lag and current collapse in GaN-based high-electron-mobility transistors[J]. Journal of Applied Physics, 2009, 105: 084502.

[27] HANAWA H, ONODERA H, NAKAJIMA A, et al. Numerical analysis of breakdown voltage enhancement in AlGaN/GaN HEMTs with a high-k passivation layer[J]. IEEE Transactions on Electron Devices, 2014, 61(3): 769-775.

[28] PARK Y, KIM J, CHANG W, et al. Low onset voltage of GaN on Si Schottky barrier diode using various recess depths[J]. Electronics Letters, 2014, 50(16): 1164-1165.

[29] KARMALKAR S, MISHRA U. Enhancement of breakdown voltage in AlGaN/GaN high electron mobility transistors using a field plate[J]. IEEE Transactions on Electron Devices, 2001, 48(8): 1515-1521.

[30] 刘恩科, 朱秉升, 罗晋生. 半导体物理学[M]. 4 版. 北京: 国防工业出版社, 1994.

[31] SHANNON J. Reducing the effective height of a Schottky barrier using low-energy ion implantation[J]. Applied Physics Letters, 1974, 24(8): 369-371.

[32] ZHANG W, SIMOEN E, ZHAO M, et al. Analysis of leakage mechanisms in AlN nucleation layers on p-Si and p-SOI substrates[J]. IEEE Transactions on Electron Devices, 2019, 66(4): 1849-1855.

[33] RAO P, PARK B, LEE S, et al. Analysis of leakage current mechanisms in Pt/Au Schottky contact on Ga-polarity GaN by Frenkel-Poole emission and deep level studies[J]. Journal of Applied Physics, 2011, 110(1): 025015.

[34] FAN Q, CHEVTCHENKO S, NI X, et al. Reactive ion etch damage on GaN and its recovery[J]. Journal of Vacuum Science & Technology B, 2006, 24(3): 1197-1201.

[35] MILLER E, YU E, WALTEREIT P, et al. Analysis of reverse-bias leakage current mechanisms in GaN grown by molecular-beam epitaxy[J]. Applied Physics Letters, 2004, 84(4): 535-537.

第 4 章　凹槽阳极 GaN 肖特基结开启电压调控方法

对于凹槽阳极结构 AlGaN/GaN SBD，由于阳极金属与 GaN 非极性侧壁直接接触，因而阳极金属与 GaN 非极性面的界面特性直接决定了器件的最终性能[1-2]。本章首先系统分析 GaN 非极性面的物理特性以及金属与 GaN 非极性面势垒高度的形成机理，然后基于实验方法实现了不同功函数阳极金属对界面势垒高度的调控，并基于极低功函数金属钼（Mo）阳极结构，实现了具有极低开启电压的凹槽阳极结构 AlGaN/GaN SBD。此外，本章还系统分析了双阳极金属结构 GaN SBD 的导通与关断机制，为进一步降低器件开启电压指引了方向。

4.1　金属功函数对阳极势垒高度的影响

4.1.1　凹槽侧壁非极性 GaN 表面第一性原理计算

对于凹槽阳极结构的 GaN SBD，GaN 侧壁的非极性表面与阳极金属直接接触，其表面能带、态密度等微观电子结构对载流子在界面处的输运特性会产生较大的影响，因此，深入研究 GaN 非极性表面的物性对了解器件的工作机理具有深远意义。图 4.1 展示了采用第一性原理计算设计构建的充分弛豫的 GaN（10-10）表面模型。在 GaN 凹槽侧壁处发生了明显的重构现象，表面 Ga-N 键明显向内扭转，导致 N-Ga-N 键角由 109.26°降低至 105.52°，而次表面 N-Ga-N 键角则降低至 105.03°，同时 Ga-N 键长由 1.95Å 缩短至 1.81Å。

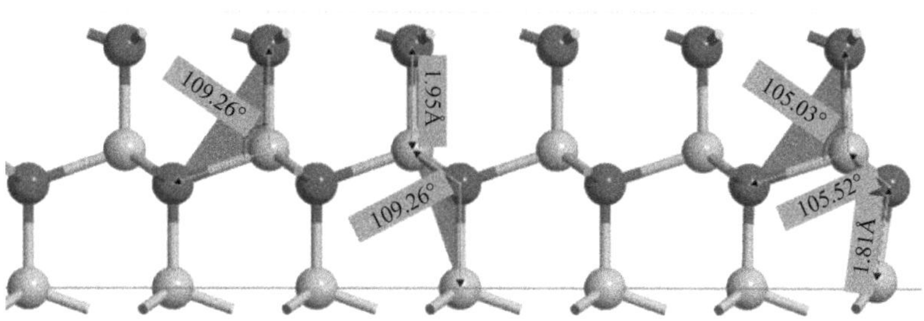

图 4.1　GaN（10-10）表面原子结构示意图

半导体表面态通常是影响肖特基势垒的重要因素，对器件载流子的输运具有明显影响。GaN（10-10）接触面的电子态密度和能带结构如图 4.2 所示。从态密度可知，GaN 材料的禁带宽度为 3.42eV，重构后的表面原子在价带顶上方引入了占据的施主表面态，但由于其能级位置非常低，不会影响载流子的输运特性。此外，重构后的原子在导带底上方 1.4～3.0eV 范围内引入了一系列未占据的受主表面态，由于其能级位置较浅，也不会显著影响载流子的输运特性。从能带结构上可知，表面重构后的悬挂键在禁带中引入了两条能带[3]：一条为位于价带顶的施主表面态，非常局域；另一条为靠近导带底的受主表面态，除此之外禁带中无其他能带或者表面态出现。因此，凹槽侧壁非极性 GaN 表面非常有利于肖特基结的设计及制备。

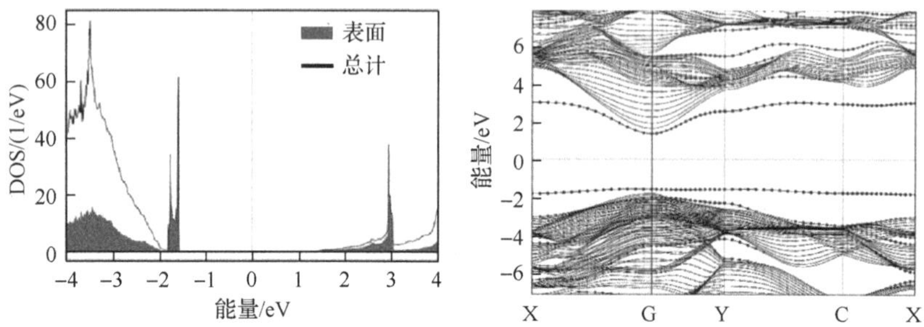

（a）表面电子态密度　　（b）能带结构

图 4.2（彩图）

图 4.2　GaN（10-10）表面电子态密度及能带结构

图 4.3 为实空间中 GaN（10-10）表面的投影能带结构。表面原子和次表面原子在禁带中引入了两个表面态。施主表面态在价带顶上方表现为局域，与前文分析结果一致，同时可以看出该施主表面态的分布深入 GaN 体材料中约 1nm 范围。此外，在导带底下方同样存在分布较为连续的受主表面态，呈现离域特性，且主要分布在表面和次表面范围内。除价带顶和导带底以外，带隙内没有其他能带，尤其是没有深能级出现。此外，可以注意到由于表面填充的施主表面态，非极性 GaN 表面存在一个深度约为 1.8nm 的空间电荷区[4]，其势垒最大高度为 1.4eV。

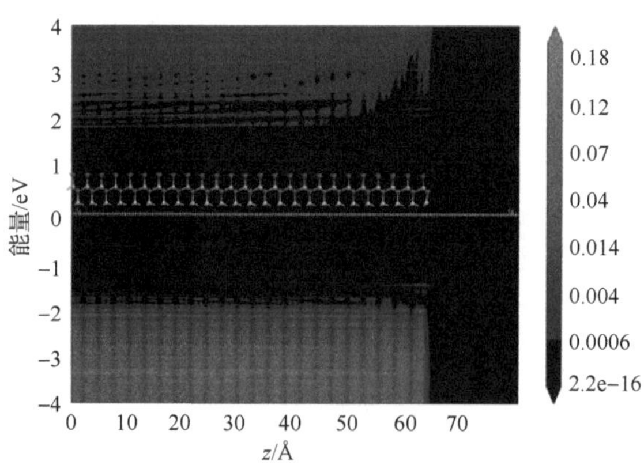

图 4.3（彩图）

图 4.3　GaN（10-10）面在实空间中的投影能带图

4.1.2　金属/GaN 非极性面界面电子结构研究

图 4.4 展示了不同功函数金属 Ni、W、Mo 与 GaN（10-10）界面的原子结构。三种金属与 GaN 表面的 Ga 原子和 N 原子均形成化学键，且金属/GaN 界面两侧原子有明显

移动。为了更准确地描述界面特性，采用了一种全新的基于非平衡格林函数的方法计算界面性质。相较于传统 Slab 模型，非平衡格林函数可以为远离界面的 GaN 材料维持稳定的费米能级，从而极大缓解了量子尺寸限制效应，更符合实际情形[5]。为了更准确地描述界面处空间电荷区耗尽特性，各结构 GaN 材料的长度均大于 5nm，以最大限度屏蔽界面处金属与 GaN 的相互作用。

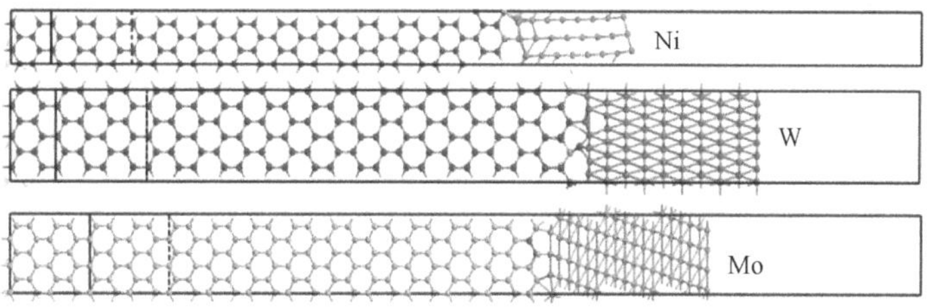

图 4.4（彩图）

图 4.4　Ni、W、Mo/GaN（10-10）界面的原子结构示意图

图 4.5 展示了基于非平衡格林函数计算所得 Ni/GaN（10-10）、W/GaN（10-10）和 Mo/GaN（10-10）界面结构的投影能带图。当 Ni 金属与 GaN 材料接触后，GaN 带隙内引入了大量金属诱导间隙态（metal-induced gap states，MIGS），其平均作用深度约为 0.6nm，基本与 GaN 表面重构层一致，体现了界面处 Ni 与 GaN 表面的杂化作用，这也是肖特基势垒成因之一。此外，杂化后形成的电荷层使得 GaN 导带在界面处明显向上弯曲，形成电子势垒，其最大势垒高度为 2.26eV，对应于肖特基势垒高度。与 Ni/GaN（10-10）界面类似，W 与 GaN 接触后，带隙中同样引入了大量 MIGS 态，对应了界面处杂化情况，

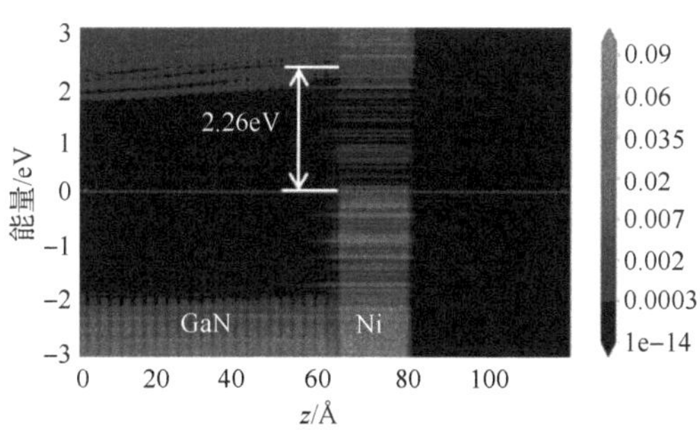

（a）Ni/GaN（10-10）界面的投影能带图

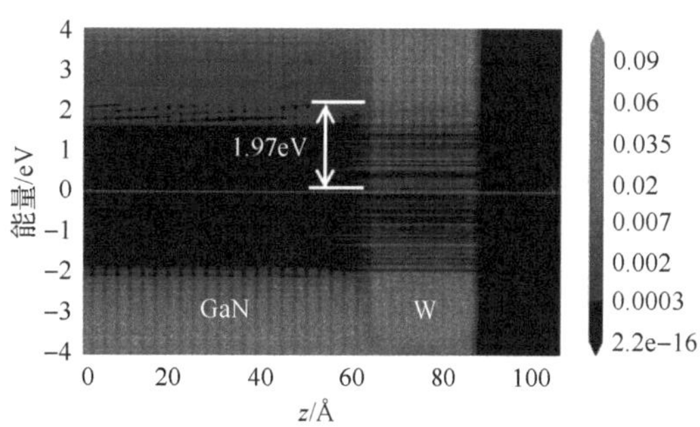

（b）W/GaN（10-10）界面的投影能带图

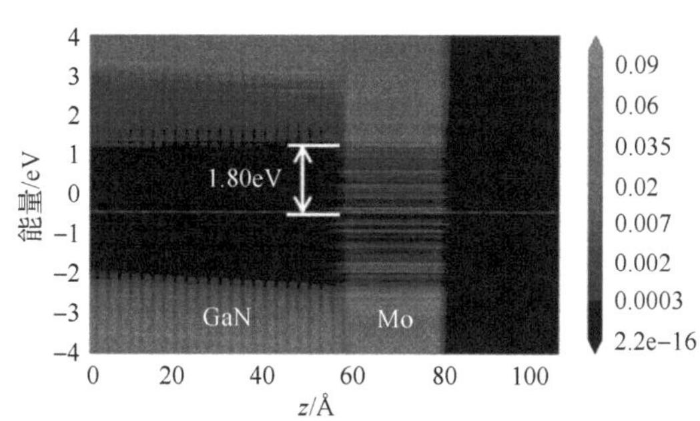

图 4.5（彩图）

（c）Mo/GaN（10-10）界面的投影能带图

图 4.5　不同功函数金属与 GaN（10-10）接触界面的投影能带图

其最大势垒高度为 1.97eV。受益于 GaN（10-10）面较少的界面态，金-半界面处未出现费米钉扎现象[6]，并且采取更低功函数的金属 W 获得了更低的肖特基势垒高度。对于具有更低功函数的金属 Mo/GaN（10-10）界面接触结构而言，界面处导带向上弯曲的趋势已经消失，甚至出现了价带向下弯曲的情况，意味着空间电荷区已经和 Ni、W 接触的情形显著不同。此时，肖特基势垒高度为 1.80eV，近似对应于 GaN 禁带宽度的一半，因此采用 Mo 作为阳极金属以进一步降低开启电压。

4.2 不同功函数金属阳极 GaN 肖特基结

对于凹槽阳极结构的 AlGaN/GaN SBD，常用的阳极金属 Ni 由于具有较大的功函数，导致肖特基结势垒高度较高。基于 Ni 金属阳极的凹槽阳极结构 AlGaN/GaN SBD，其开启电压一般处于 0.6～0.7V，难以满足器件低开启电压的要求[7-8]。采用具有更低功函数的金属[2]或金属氮化物[9]作为凹槽阳极结构 AlGaN/GaN SBD 的阳极，虽然有助于降低阳极肖特基势垒高度从而实现较低的开启电压，但该方案通常会引起器件反向漏电的增加，导致器件反向功耗迅速增大。因此，系统分析不同功函数金属与 GaN 接触界面的势垒特性，对高性能 AlGaN/GaN SBD 的制备具有重要的指导意义。

4.2.1 不同功函数金属与 GaN 材料肖特基势垒分析

凹槽阳极结构的 AlGaN/GaN SBD 的器件特性直接受到阳极金属与 GaN 界面所形成的肖特基结的影响。因此，系统分析肖特基结金-半界面特性，有助于更好地理解阳极金属对器件特性的影响。XPS 测试可以精确表征样品表面的元素种类、元素分布及其化学态，但由于深层光电子的能量不足以从材料内部逸出，因此该测试通常仅对 10nm 以下的厚度有效。为了更好地表征不同金属与 GaN 表面接触时的界面特性，分别在 GaN 材料表面沉积 5nm Cr 金属薄膜、5nm W 金属薄膜和 5nm Ni 金属薄膜来模拟阳极肖特基界面，并在 N_2 氛围中以 450℃温度对样品进行 5min 退火处理，以促进金属电极与 GaN 材料结合成键。上述三种金属功函数分别为 4.5eV、4.6eV、5.1eV，分别命名为样品 A、B、C，未沉积金属的 GaN 材料为样品 D。在 XPS 测试前，对样品 A、B、C 进行 Ar^+等离子体轰击以裸露出金-半界面，并与样品 D 一同进行能谱分析。

图 4.6 展示了样品表面及金-半界面的 XPS 测试结果。图 4.6（a）为 GaN 样品表面 Ga 2p 芯能级与价带谱，定义价带谱线性部分延长线与 Y=0 水平基线的交点 0.95eV 处为价带顶，与 Ga 2p 芯能级之差为 1116.35eV。图 4.6（b）为样品 A/B/C 的 Ga 2p 峰位图，由于样品表面与外界环境中的氧气发生氧化反应，故样品表面出现明显 Ga-O 峰位。三种样品的 Ga 2p 峰位分别为 1119.5eV、1119.1eV、1118.83eV。为了降低设备误差对测试结果的影响，可基于图 4.7 所示 GaN 材料的价带谱计算肖特基结势垒高度，定义费米能级 E_F 为 0eV，样品金-半界面势垒高度计算公式[10-11]如下：

$$E_{\mathrm{Ga2p}} - E_{\mathrm{V}} = {E_{\mathrm{Ga2p}}}^{\mathrm{M}} - {E_{\mathrm{V}}}^{\mathrm{M}} \tag{4-1}$$

$$E_{\mathrm{F}}^{\ \mathrm{i}} = E_{\mathrm{Ga2p}}^{\ \ \mathrm{M}} - E_{\mathrm{V}}^{\ \mathrm{M}} = E_{\mathrm{Ga2p}}^{\ \ \mathrm{M}} - \left(E_{\mathrm{Ga2p}} - E_{\mathrm{V}}\right) \tag{4-2}$$

$$\phi_{\mathrm{B}} = 3.44\ \mathrm{eV} - E_{\mathrm{F}}^{\mathrm{i}} = 3.44\ \mathrm{eV} - \left(E_{\mathrm{Ga2p}}^{\ \ \mathrm{M}} - \left(E_{\mathrm{Ga2p}} - E_{\mathrm{V}}\right)\right) \tag{4-3}$$

式中，E_{Ga2p}为未沉积金属的 GaN 样品表面 Ga 2p 芯能级；E_{V}为未沉积金属的 GaN 样品表面价带谱；$E_{\mathrm{Ga2p}}^{\ \ \mathrm{M}}$为沉积金属后的 GaN 样品表面 Ga 2p 芯能级；$E_{\mathrm{V}}^{\ \mathrm{M}}$为沉积金属后的 GaN 样品表面价带谱。

由式（4-3）计算可知，Cr/GaN 肖特基结势垒高度为 0.29eV；W/GaN 肖特基结势垒高度为 0.69eV；Ni/GaN 肖特基结势垒高度为 0.96eV。其中，Cr 金属功函数仅比 W 金属功函数低 0.1eV，但与 GaN 接触形成的肖特基势垒高度却低了 0.4eV，差值远高于功函数之差的影响。该现象可能是由于 Cr 金属比较活泼，与 GaN 表面反应生成低势垒高度的界面化合物或引入相关空位缺陷所导致[12]。

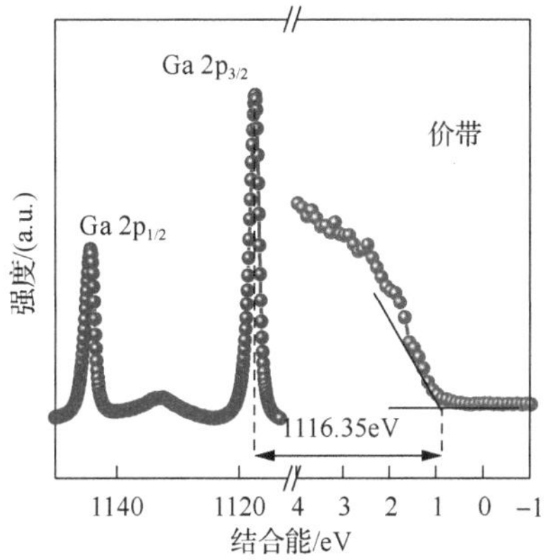

（a）样品D表面Ga 2p芯能级与价带谱

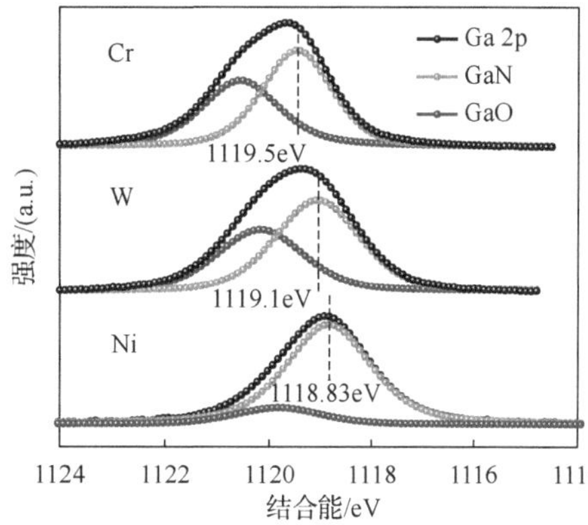

（b）不同金-半界面Ga 2p峰位图

图 4.6　样品表面及金-半界面 XPS 测试结果

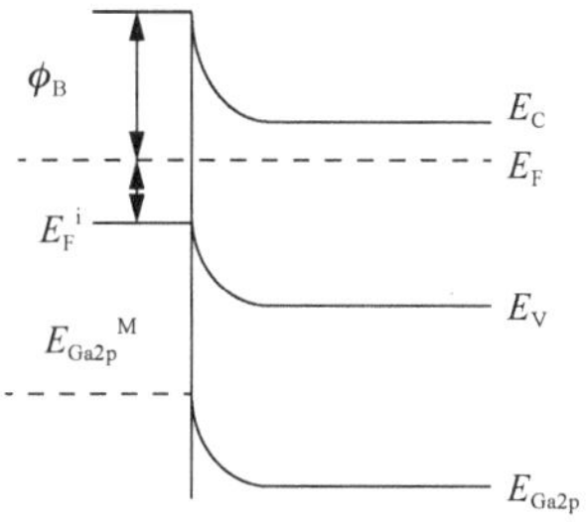

图 4.7　GaN 材料的价带谱

4.2.2　不同功函数金属阳极器件电学特性

图 4.8 展示了基于不同金属 Cr、W、Ni 的凹槽阳极结构 AlGaN/GaN SBD 的正向特性。器件阳极半径 R=100μm，阴阳极间距 L_{AC}=10μm，阳极偏置电压从 0V 逐渐增大至 2.5V，步长为 0.01V。器件正向电流密度为 1mA/mm 时所对应的开启电压分别为 0.16V、0.43V、0.97V，器件正向电流密度为 100mA/mm 时所对应的导通电阻分别为 12.9Ω·mm、13.7Ω·mm、16.3Ω·mm。较小的器件开启电压有助于器件实现较低的导通电阻，从而提升器件工作效率。

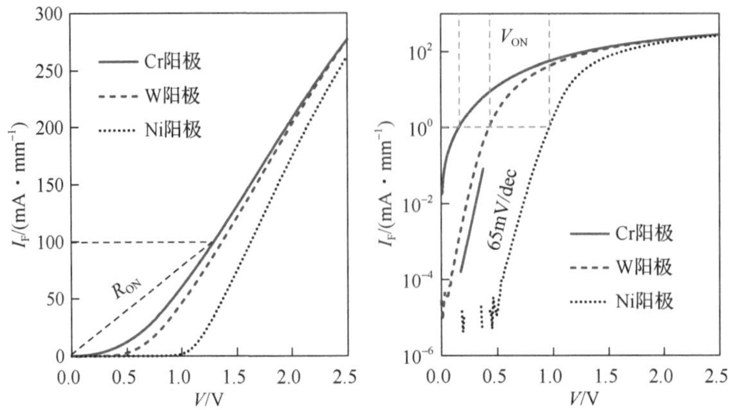

（a）线性坐标下器件正向 I-V 特性　　（b）对数坐标下器件正向 I-V 特性

图 4.8　不同阳极金属器件正向 I-V 特性

图 4.9 展示了不同金属的凹槽阳极结构 AlGaN/GaN SBD 的变温特性。测试温度从 300K 逐渐升高至 425K。对于 Cr 金属阳极 AlGaN/GaN SBD，器件在 300K、325K、350K、375K、400K、425K 下的开启电压分别为 0.17V、0.16V、0.14V、0.13V、0.12V、0.11V，器件在−40V 阳极偏置电压下的反向漏电分别为 7.09mA/mm、12.94mA/mm、22.49mA/mm、31.84mA/mm，当热板温度超过 400K 时，器件反向漏电过大，超过设备测试极限。对于 W 金属阳极 AlGaN/GaN SBD，器件在上述温度下的开启电压分别为 0.47V、0.46V、0.46V、0.45V、0.43V、0.41V，器件在−40V 阳极偏置电压下的反向漏电分别为 3.48×10^{-4}mA/mm、4.47×10^{-4}mA/mm、6.46×10^{-4}mA/mm、10.63×10^{-4}mA/mm、19.06×10^{-4}mA/mm、38.51×10^{-4}mA/mm，即器件测试温度升高 125K，反向泄漏电流增加 10.07 倍。对于 Ni 金属阳极 AlGaN/GaN SBD，器件的开启电压则分别为 0.98V、0.97V、0.96V、0.95V、0.93V、0.92V，器件在−40V 阳极偏置电压下的反向漏电分别为 6.08×10^{-6}mA/mm、7.34×10^{-6}mA/mm、8.48×10^{-6}mA/mm、10.69×10^{-6}mA/mm、14.92×10^{-6}mA/mm、21.56×10^{-6}mA/mm，即器件测试温度升高 125K，反向漏电仅增加了 2.54 倍。

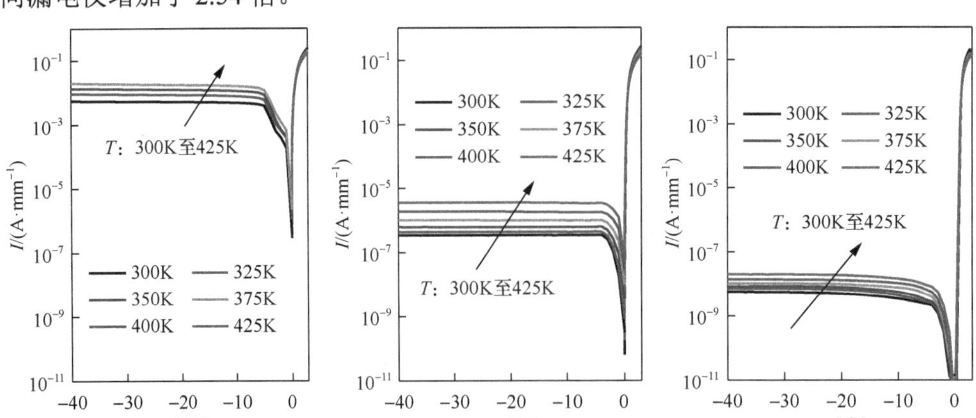

（a）Cr阳极　　（b）W阳极　　（c）Ni阳极

图 4.9　不同金属阳极 AlGaN/GaN SBD 变温 I-V 特性

基于 TE 理论，理想情况下肖特基二极管的 I-V 关系[13-14]可以表示为

$$I = AA^{*}T^{2}\exp\left(-\frac{q\phi_{\rm B}}{kT}\right)\left[\exp\left(\frac{qV}{kT}\right)-1\right] \tag{4-4}$$

$$I_{S}=AA^{*}T^{2}\exp\left(-\frac{q\phi_{\rm B}}{kT}\right) \tag{4-5}$$

式中，A 为器件阳极面积；在 300K 下，GaN 的有效理查森常数 A^{*}为 26.3A/(cm^2·K^2)，对于 Al 组分分别为 10%、20%、25%的 AlGaN 材料，A^{*}分别为 29.5A/(cm^2·K^2)、32.6A/(cm^2·K^2)、34.2A/(cm^2·K^2)；T 为绝对温度；$\phi_{\rm B}$ 为势垒高度；k 为玻尔兹曼常数；V 为肖特基结电压。当考虑镜像力作用、隧穿效应、电子空穴复合电流、空穴注入效应、串联电阻等非理想效应时，肖特基二极管的 I-V 方程可以表示为

$$I = AA^{*}T^{2}\exp\left(-\frac{q\phi_{\rm B}}{kT}\right)\left[\exp\left(\frac{qV-IR_{\rm s}}{\eta kT}\right)-1\right] \tag{4-6}$$

式中，η 为理想因子；$R_{\rm s}$ 为电流通路的等效串联电阻。当 $V>3kT/q$ 时，等效串联电阻 $R_{\rm s}$ 相对较小，可以简化为

$$I = AA^{*}T^{2}\exp\left(-\frac{q\phi_{\rm B}}{kT}\right)\exp\left(\frac{qV}{\eta kT}\right) \tag{4-7}$$

器件肖特基势垒高度 $\phi_{\rm B}$ 和理想因子 η 分别可由 ln I-V 曲线线性区域延长线的截距（$I_{\rm S}$）和斜率（slope）获得，表达式[15]为

$$\phi_{\rm B}=\frac{kT}{q\lg e}\ln\left(\frac{AA^{*}T^{2}}{I_{\rm S}}\right) \tag{4-8}$$

$$\eta=\frac{q\lg e}{kT}\frac{1}{\rm slope} \tag{4-9}$$

基于式（4-8）可以求得室温下三种器件的阳极势垒高度分别为 0.27eV、0.68eV、0.98eV，与采用 XPS 计算所得结果基本吻合。

4.3　低功函数金属阳极 GaN 肖特基二极管

4.3.1　钨金属阳极 AlGaN/GaN 肖特基二极管

基于低功函数金属 W 阳极的凹槽阳极结构 AlGaN/GaN SBD 制备工艺主要分为以下几个步骤：（a）裸片清洗；（b）台面刻蚀；（c）欧姆电极制备；（d）阳极凹槽刻蚀；（e）阳极界面处理；（f）阳极金属沉积；（g）阳极后退火；（h）钝化层沉积；（i）钝化层开孔。器件结构如图 4.10（a）所示。值得注意的是，由于低功函数金属 W 材料的熔

点较高，常规电子束蒸发的方法难以满足沉积温度，因此 W 阳极金属的沉积需采用磁控溅射设备[16-17]。上述器件制备工艺的具体细节在此不再重复叙述。图 4.10（b）展示了采用慢速低损伤刻蚀工艺制备的阳极凹槽结构，凹槽总深度为 37nm，大于 2nm GaN 帽层、20nm $Al_{0.25}Ga_{0.75}N$ 势垒层及 1nm AlN 插入层总厚度，故阳极金属与 GaN 沟道侧壁直接接触，确保了器件较低的开启电压和良好的一致性。

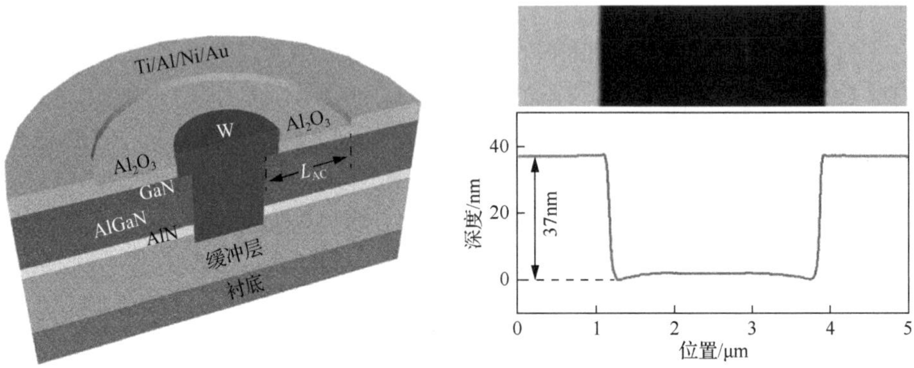

（a）凹槽阳极结构AlGaN/GaN SBD三维结构示意图　（b）阳极凹槽深度

图 4.10　W 金属阳极 AlGaN/GaN SBD 器件结构及阳极凹槽深度

图 4.11 展示了 W 金属阳极 AlGaN/GaN SBD 正向 *I-V* 特性。得益于阳极金属较低的功函数，器件正向电流密度为 1mA/mm 时所对应的开启电压仅为 0.35V，远低于 Ni 金属阳极 AlGaN/GaN SBD 的开启电压。当器件正向偏置电压为 2V 时，阴阳极间距 L_{AC}=6μm 的器件输出电流密度高达 325mA/mm，阴阳极间距 L_{AC}=25μm 的器件输出电流密度高达 150mA/mm。基于 TE 理论，采用低功函数金属 W 阳极的凹槽阳极结构 AlGaN/GaN SBD 的有效势垒高度和理想因子分别为 0.65eV 和 1.1，理想因子非常接近于理论极限值，表明采用低功函数金属 W 阳极的凹槽阳极结构 AlGaN/GaN SBD 具有非常理想的金-半肖特基界面。

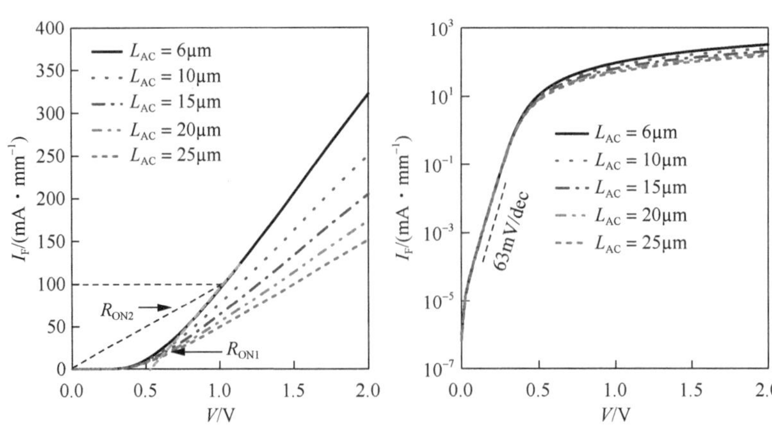

（a）线性坐标下器件正向*I-V*特性　（b）对数坐标下器件正向*I-V*特性

图 4.11　W 金属阳极 AlGaN/GaN SBD 正向 *I-V* 特性

肖特基二极管的导通电阻通常有两种计算方法：一种是器件的微分导通电阻[18]，由施加电压的变化量与电流密度变化量的比值计算所得，该计算方法不受器件开启电压的影响，记该方法对应的微分导通电阻为 R_{ON1}；另一种是器件正向电流密度为 100mA/mm 时所对应的正向偏置电压与电流密度的比值[19]，该计算方法受器件开启电压的影响，记该方法对应的导通电阻为 R_{ON2}，用于评估器件实际工作条件下的导通特性。对于阴阳极间距 L_{AC} 为 6μm、10μm、15μm、20μm、25μm 的凹槽阳极结构 AlGaN/GaN SBD，R_{ON1} 分别为 4.2Ω·mm、5.6Ω·mm、6.9Ω·mm、8.1Ω·mm、9.3Ω·mm，R_{ON2} 分别为 10.0Ω·mm、11.5Ω·mm、12.6Ω·mm、13.8Ω·mm、15.0Ω·mm。定义器件的亚阈值斜率为电流密度每增加一个数量级所对应的电压增量，则采用 W 金属阳极所制备的 AlGaN/GaN SBD 在 300K 时的亚阈值斜率仅为 63mV/dec，非常接近于器件亚阈值斜率的理论极限 60mV/dec，故器件具有非常理想的金-半肖特基界面。

通过对大量同批次器件的正向 *I-V* 特性进行测试和统计，可以表征低功函数金属 W 凹槽阳极结构 AlGaN/GaN SBD 的一致性。图 4.12（a）为同批次所制备的 80 只相同结构 AlGaN/GaN SBD 的正向 *I-V* 特性，器件阴阳极间距 L_{AC}=10μm。从测试结果可知，金属 W 凹槽阳极结构 AlGaN/GaN SBD 在正向导通特性上表现出极好的一致性。图 4.12（b）为器件开启电压柱状统计分布图。从高斯拟合结果可知，器件的平均开启电压为 0.3551V，标准差仅为 68mV。与采用 AlGaN 势垒层局部刻蚀的凹槽阳极结构器件相比，采用 AlGaN 势垒层完全刻蚀的凹槽阳极结构 AlGaN/GaN SBD 的阳极金属与侧壁 GaN 导电沟道直接接触，器件具有极高的一致性，非常适合产业化生产。

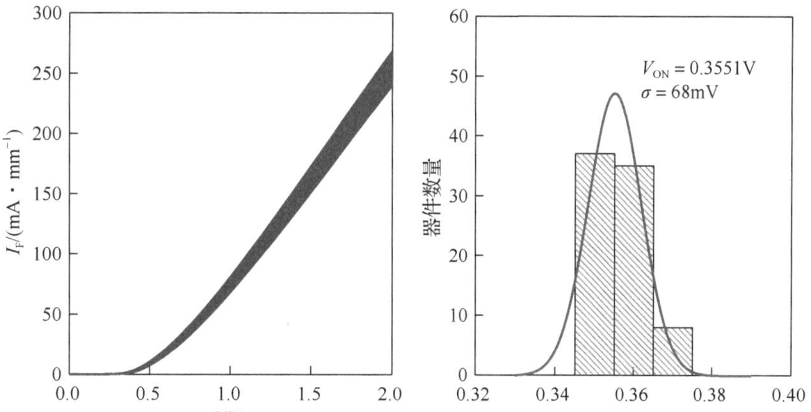

（a）线性坐标下器件正向 *I-V* 特性　　（b）器件开启电压柱状统计分布

图 4.12　80 只凹槽阳极结构 AlGaN/GaN SBD 一致性表征

图 4.13（a）展示了器件正向 *I-V* 特性随温度变化的关系。当温度升高时，沟道中的电子获得较高的能量，更容易跃过肖特基势垒形成导电通路，因此器件开启电压随温度的升高而逐渐降低。当温度分别为 300K、325K、350K、375K、400K、425K 时，器件开启电压分别为 0.35V、0.33V、0.32V、0.30V、0.28V、0.27V。此外，沟道中 2DEG 的散射作用随温度升高而增强，导致器件导通电阻增加，电流密度降低。图 4.13（b）

为器件反向 I-V 特性随温度变化的关系。电子在高温下具有更高的能量，更易发生隧穿，因此器件反向漏电随温度的升高而逐渐增加。

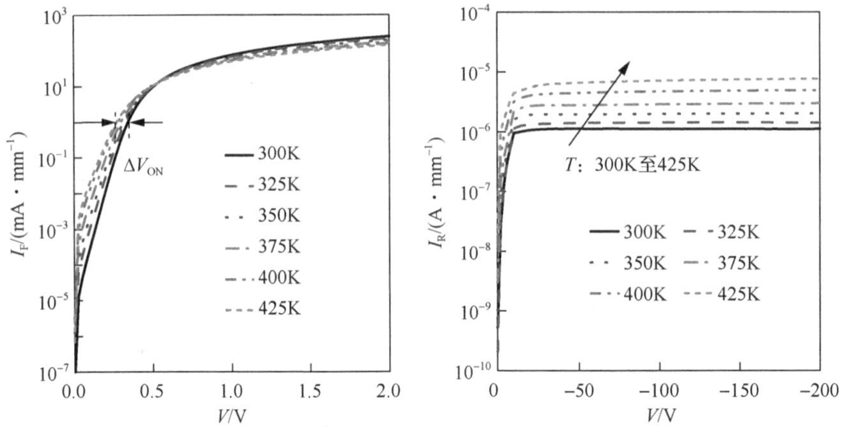

（a）器件正向I-V特性随温度变化的关系　　（b）器件反向I-V特性随温度变化的关系

图 4.13　凹槽阳极结构 AlGaN/GaN SBD 温度相关的 I-V 特性

图 4.14（a）展示了 W 金属凹槽阳极结构 AlGaN/GaN SBD 反向击穿特性。定义器件的击穿电压为阳极反向漏电达到 1mA/mm 时对应的阳极偏压，则当器件的阴阳极间距 L_{AC}=25μm 时，器件击穿电压高达 1900V，实现了 Si 基 AlGaN/GaN SBD 耐压的极高水平。较高的击穿电压得益于良好的刻蚀界面及阳极后退火技术。图 4.14（b）展示了器件的比导通电阻 $R_{ON,SP}$ 及功率品质因数（power figure of merit，PFOM）随器件阴阳极间距变化的关系。当 L_{AC}=10μm 时，PFOM 高达 1.7GW/cm^2。

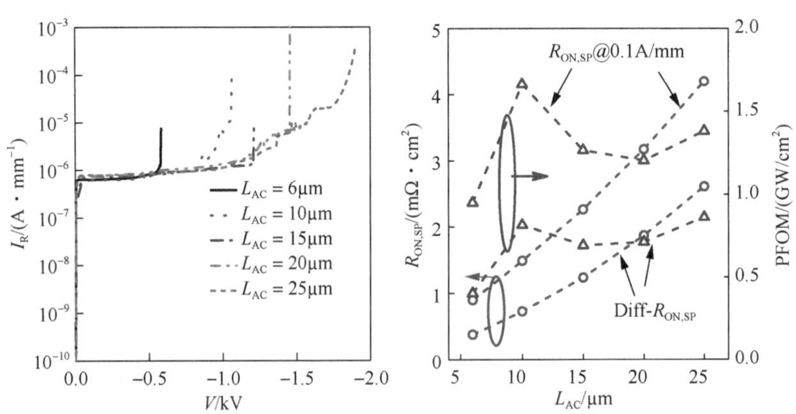

（a）反向击穿特性　　（b）$R_{ON,SP}$与PFOM随L_{AC}的变化关系

图 4.14　W 金属凹槽阳极结构 AlGaN/GaN SBD 反向击穿特性及 PFOM 特性

4.3.2　钼金属阳极 AlGaN/GaN 肖特基二极管

通过采用更低功函数的金属 Mo 作为器件阳极，可进一步实现具有更低开启电压的凹槽阳极结构 AlGaN/GaN SBD[20-21]。与金属 W 不同，金属 Mo 具有相对较低的熔点，因此可以采用电子束蒸发的方法进行沉积。AlGaN/GaN 外延片结构从上至下依次为 2nm GaN 帽层、20nm $Al_{0.25}Ga_{0.75}N$ 势垒层、1nm AlN 插入层、300nm GaN 沟道层、5μm

缓冲层和 Si 衬底，器件阳极半径 R=60μm，阴阳极间距 L_{AC} 分别为 6μm、10μm、15μm、20μm、25μm。

图 4.15 为金属 Mo 阳极 AlGaN/GaN SBD 的正向 I-V 特性。得益于极低的功函数特性，器件正向电流密度为 1mA/mm 时所对应的开启电压仅为 0.31V，低于 W 金属阳极 AlGaN/GaN SBD 的开启电压。当器件正向偏置电压为 1.8V 时，L_{AC} 分别为 6μm、10μm、15μm、20μm、25μm 的器件电流密度分别为 265mA/mm、210mA/mm、165mA/mm、137mA/mm、115mA/mm，微分导通电阻分别为 5.05Ω·mm、6.44Ω·mm、8.25Ω·mm、9.94Ω·mm、11.9Ω·mm。器件亚阈值斜率仅为 64mV/dec，接近于理想状态下的 60mV/dec。较小的亚阈值斜率得益于慢速低损伤阳极凹槽刻蚀工艺和退火工艺对刻蚀损伤的修复，另外，阳极后退火处理对器件各方面性能的提升也发挥了巨大的作用。得益于器件阳极金属与 GaN 沟道直接接触的特点，器件 I-V 特性在 0～0.31V 范围内具有良好的重合性。器件在较低偏压的作用下，仅有小部分电子能够跃过肖特基势垒，故电流较小；随着偏压的逐渐增大，大量电子获得足够的能量跃过肖特基势垒，器件导通，此时正向电流大小的差异主要受沟道电阻的影响。

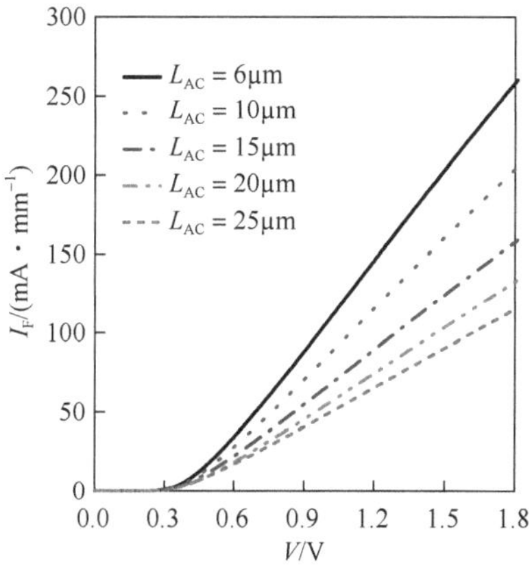

（a）线性坐标下器件正向 I-V 特性

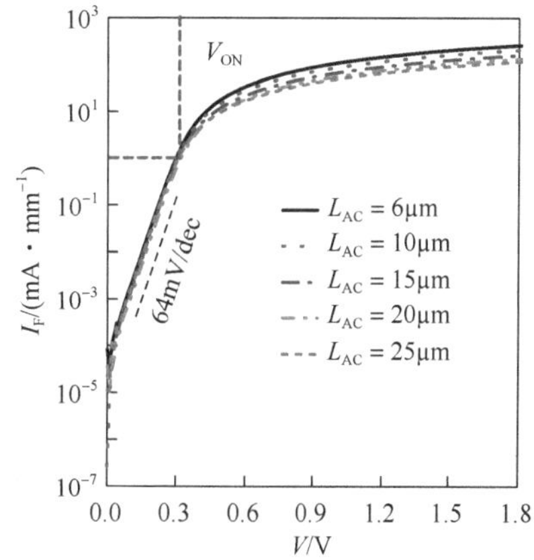

（b）对数坐标下器件正向 I-V 特性

图 4.15　凹槽阳极结构 AlGaN/GaN SBD 正向 I-V 特性

图 4.16 为凹槽阳极结构 AlGaN/GaN SBD 反向击穿特性及与国际同期高水平器件性能对比。图 4.16（a）为器件反向 I-V 特性，定义器件击穿电压为器件反向漏电达到 0.1mA/mm 时所对应的阳极反向偏置电压，则对于阴阳极间距 L_{AC} 分别为 6μm、10μm、15μm、20μm、25μm 的器件，其反向耐压分别为 0.83kV、1.23kV、1.62kV、2.46kV、2.65kV。阳极凹槽边缘 2μm 的类场板结构有利于对阳极边缘电场进行调制再分布，从而有效提高器件的击穿电压。同时，通过对材料缓冲层结构的优化，也能有效提高器件击穿电压，以满足在更高电压下工作的需求。考虑到实际电流的传输线长度一般为 1.5μm，计算可得阴阳极间距 L_{AC} 分别为 6μm、10μm、15μm、20μm、25μm 器件的微分比导通电阻分别为 0.45mΩ·cm^2、0.83mΩ·cm^2、1.48mΩ·cm^2、2.28mΩ·cm^2、3.32mΩ·cm^2，器件的 PFOM 分别为 1.53GW/cm^2、1.82GW/cm^2、1.77GW/cm^2、2.65GW/cm^2、2.12GW/cm^2。图 4.16（b）为 Mo 金属阳极 AlGaN/GaN SBD 器件特性与国际同期高水平器件性能的对比，其具有更接近于 GaN 材料理论极限的性能。

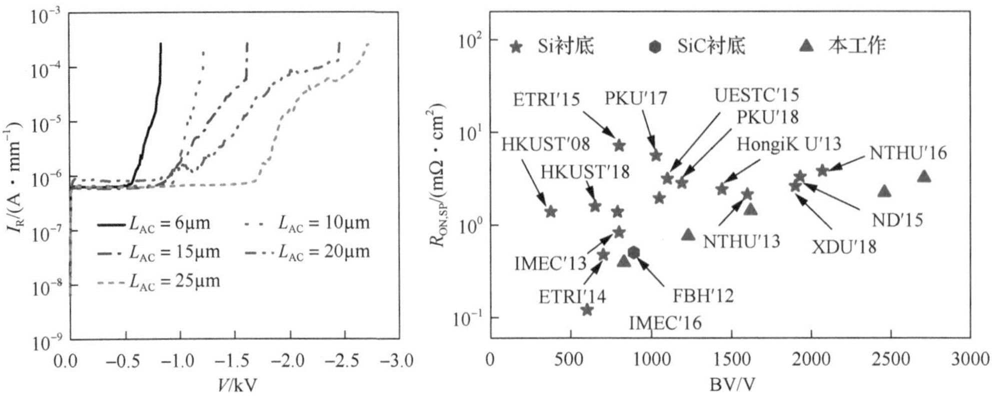

（a）器件反向击穿特性　（b）与国际同期高水平GaN SBD特性对比

图 4.16　凹槽阳极结构 AlGaN/GaN SBD 反向击穿特性及与国际同期高水平器件性能对比

4.4　凹槽阳极 GaN MIS 准肖特基二极管

对于凹槽阳极结构 AlGaN/GaN SBD 而言，器件的开启电压及反向漏电特性直接受到阳极金-半界面特性的影响。较薄的肖特基势垒宽度虽然有助于实现较低的开启电压，但通常会导致器件反向漏电的退化。通过在阳极金属与阳极凹槽侧壁之间引入薄介质层，增大阳极势垒高度及势垒宽度，有助于进一步优化器件正/反向 I-V 特性。图 4.17 为新型低功函数金属 W 阳极凹槽阳极结构 AlGaN/GaN MIS（metal-insulator-semiconductor，金属-绝缘体-半导体）准肖特基二极管结构示意图，其中，外延材料从上至下依次为 2nm GaN 帽层、25nm $Al_{0.25}Ga_{0.75}N$ 势垒层、1nm AlN 插入层、200nm GaN 沟道层和 5μm GaN 沟道层及缓冲层；器件阳极半径 R=100μm，阴阳极间距 L_{AC}=10μm，阳极凹槽边缘类场板长度 L_{EX}=2μm。器件阳极凹槽刻蚀深度为 38nm，阳极插入层结构采用三甲基铝（TMA）和臭氧（O_3）分别作为 Al 源和 O 源，在 300℃腔体温度下沉积 1.8nm Al_2O_3 介质形成；阳极金属 W/Au 叠层结构采用磁控溅射的方式沉积，并在 N_2 氛围中以 450℃退火 5min，促进阳极金属、Al_2O_3 介质与 GaN 侧壁相互成键，减小界面处的界面态密度[2,22-23]。

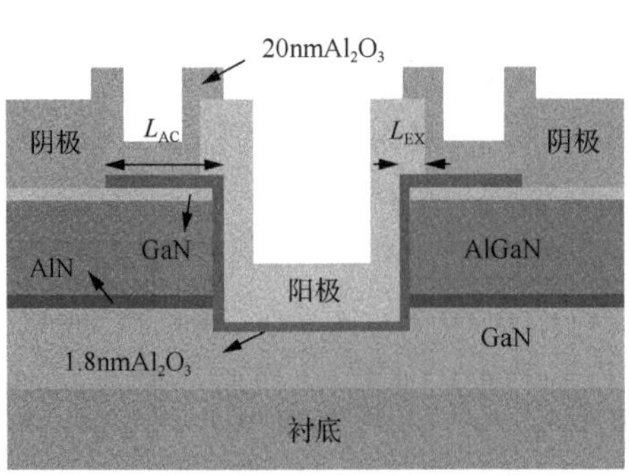

图 4.17　AlGaN/GaN MIS 准肖特基二极管结构

4.4.1　AlGaN/GaN MIS 准肖特基二极管基本特性

图 4.18（a）展示了 W 金属阳极凹槽阳极结构 AlGaN/GaN MIS 准肖特基二极管的正向变温 I-V 特性。器件在正向电流密度为 1mA/mm 时所对应的开启电压仅为 0.32V，图 4.18（b）为不同温度下器件亚阈值摆幅与正向电流密度的关系，阳极电流密度在 10^{-6}～10^{-3}A/mm 的三个数量级内 SS 值均小于 60mV/dec，极低的亚阈值摆幅表明单位电压内器件较大的电流增加量。图 4.18（c）为器件的反向变温 I-V 特性，室温下器件反向漏电仅为 4.5×10^{-4}mA/mm，在 423K 高温下器件反向漏电仅增大 12 倍，表明该结构可以有效抑制高温反向漏电。

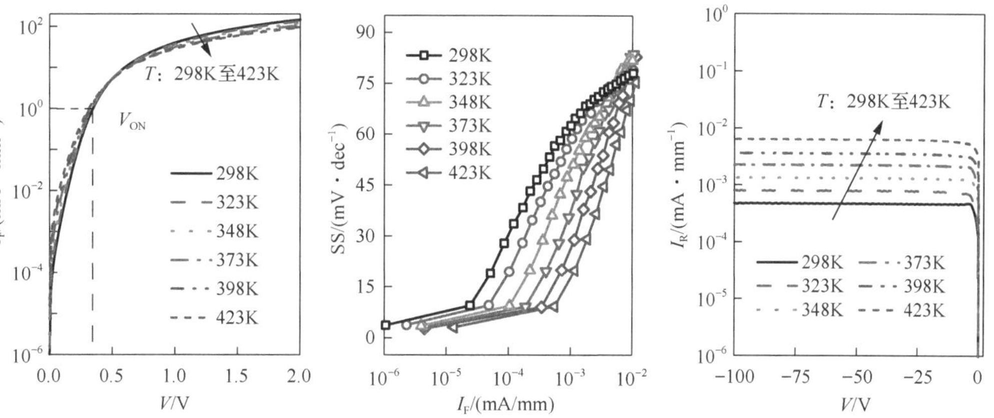

（a）正向变温 I-V 特性　（b）SS 与 I_F 的关系　（c）反向变温 I-V 特性

图 4.18　AlGaN/GaN MIS 准肖特基二极管基本特性随温度的变化关系

图 4.19 为 W 金属阳极凹槽阳极结构 AlGaN/GaN MIS 准肖特基二极管与国际同期高水平 GaN 二极管器件特性的对比。假设 V_{ON} 近似等于肖特基势垒高度（ϕ_B），则虚线为采用 TE 模型计算的 V_{ON} 与反向电流密度之间的理论关系。与其他类型 GaN 二极管相比，W 金属阳极凹槽阳极结构 AlGaN/GaN MIS 准肖特基二极管同时具有低开启电压和低反向漏电，表现出优异的整流特性。

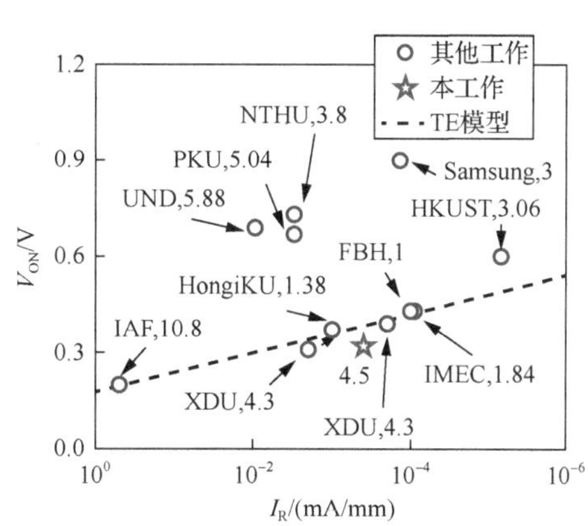

图 4.19　AlGaN/GaN MIS 准肖特基二极管与国际同期高水平器件性能对比

由于 W 金属阳极凹槽阳极结构 AlGaN/GaN MIS 准肖特基二极管的阳极金属与 2DEG 沟道之间存在一层 1.8nm Al_2O_3 介质，器件阳极肖特基势垒高度受介质层厚度影响较大，因此极易出现器件一致性变差的问题。图 4.20 为 10 只同批次的 W 金属阳极凹槽阳极结构 AlGaN/GaN MIS 准肖特基二极管的正反向 *I-V* 特性和微分导通电阻特性。得益于阳极凹槽的慢速高精度刻蚀工艺及 PEALD Al_2O_3 介质沉积工艺的高精度特性，器件展现出良好的一致性。

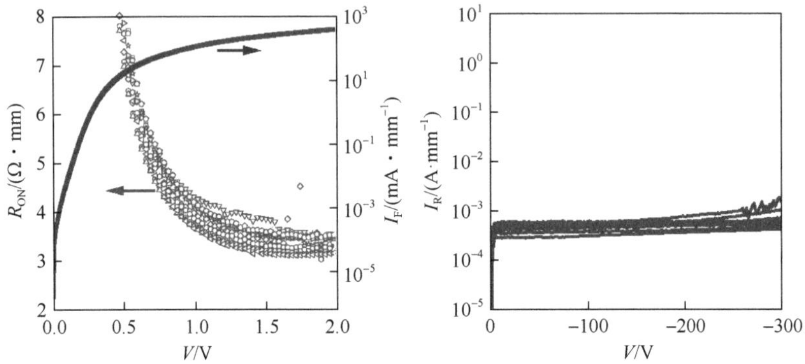

（a）器件正向*I-V*特性　　（b）器件反向*I-V*特性

图 4.20　10 只 AlGaN/GaN MIS 准肖特基二极管一致性表征

为了进一步评估 W 金属阳极凹槽阳极结构 AlGaN/GaN MIS 准肖特基二极管的稳定性，分别对器件施加开态 50mA 电流应力和关态−500V 电压应力，并监测应力期间正向压降和反向漏电变化情况，测试结果如图 4.21 所示。长时间应力下器件特性变化较小，表明 W 金属阳极凹槽阳极结构 AlGaN/GaN MIS 准肖特基二极管具有良好的稳定性。

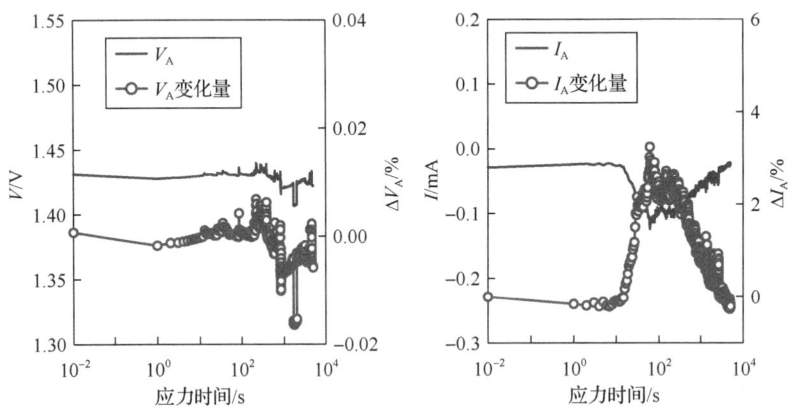

（a）开态电流应力下器件退化情况　　（b）关态电压应力下器件退化情况

图 4.21　正/反向应力下器件退化情况

4.4.2　AlGaN/GaN MIS 准肖特基二极管导通机制

对于厚栅介质 AlGaN/GaN MIS HEMT 而言，常见的栅电流输运机制为直接隧穿（direct tunneling，DT）。因此，对于 W 金属阳极凹槽阳极结构 AlGaN/GaN MIS 准肖特基二极管，首先考虑 DT 和 TE 机制为正向导通机制。图 4.22 为 W 金属阳极凹槽阳极结构 AlGaN/GaN MIS 准肖特基二极管在正/反向偏置下的能带结构示意图。当器件处于正向偏置时，极薄的 Al_2O_3 介质层允许电子直接隧穿，DT 中的有效势垒高度（ϕ_T）近似为 Al_2O_3 和 GaN 之间的导带偏移量。同时，电子也可以通过 TE 机制跨越势垒，因此正向电流由 TE 和 DT 两种机制共同组成。隧穿发生时，势垒一侧存在未被电子占据的相同能级，电子从另一侧隧穿至空位处[24]。因此，当 W 金属阳极凹槽阳极结构 AlGaN/GaN MIS 准肖特基二极管处于反向偏置时，GaN 沟道中需存在与金属费米能级 E_{Fm} 相同的空能级才能触发 DT 机制。即当器件处于反向偏置时，MIS 阳极处 GaN 一侧与金属费米能级 E_{Fm} 相同的能级处于材料禁带中，直至跨越了“沟壑区（gap）”后，导带中才存在与 E_{Fm} 相等的能级，沟壑区导致反向偏压下电子的隧穿路径变长，大大降低了隧穿概率。此外，1.8nm Al_2O_3 介质层进一步增大了器件阳极等效肖特基势垒高度，抑制了器件反向漏电流。

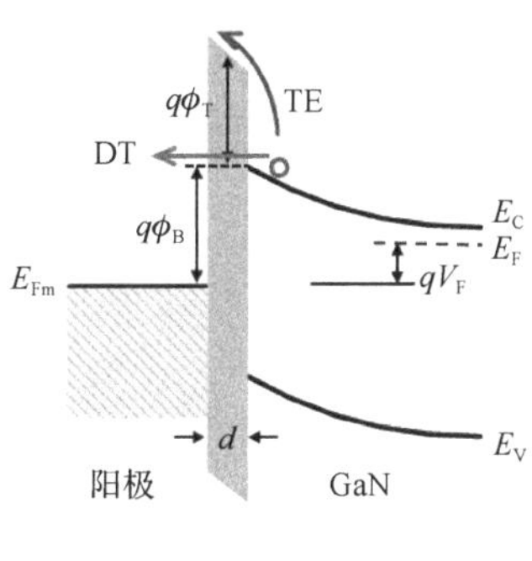

（a）正向电压偏置

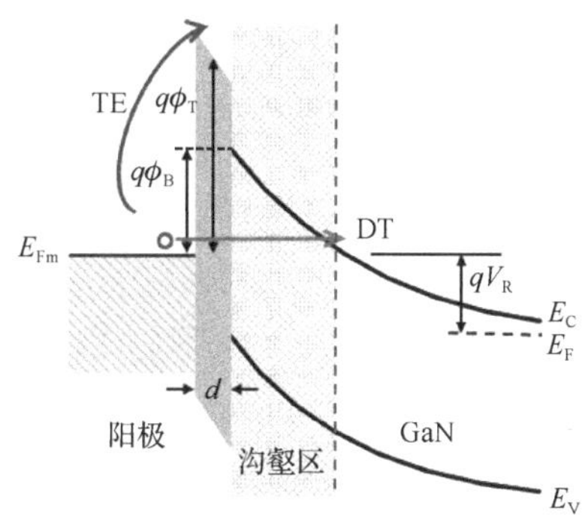

（b）反向电压偏置

图 4.22　正/反向电压偏置下的 AlGaN/GaN MIS 准肖特基二极管能带结构示意图

基于 DT 理论，W 金属阳极凹槽阳极结构 AlGaN/GaN MIS 准肖特基二极管的正向 I-V 关系[25]可表示为

$$J_{DT} = A^{*}T^{2}\exp\left(-\alpha_{T}d\sqrt{q\phi_{T}}\right)\exp\left(-\frac{q\phi_{B0}}{kT}\right)\left[\exp\left(\frac{qV}{\eta_{T}kT}\right)-1\right] \tag{4-10}$$

式中，A^* 为有效理查森常数；α_T=1.01eV$^{-1/2}$A^{-1}，d=1.8nm，为氧化物厚度；ϕ_T=1.1eV 为 DT 模型的有效势垒高度；q 为电子电荷；ϕ_{B0} 为同一批次没有 Al_2O_3 插入层的 W 金属阳极凹槽阳极结构 AlGaN/GaN SBD 的肖特基势垒高度（见表 4.1）；k 为玻尔兹曼常数；η_T 为器件理想因子，可表示为

$$\eta_T = 1+\frac{d\varepsilon_s}{W\varepsilon_i} \tag{4-11}$$

$$W = \sqrt{\frac{2\varepsilon_s V_D}{qN_D}} \tag{4-12}$$

式中，ε_i为氧化物的介电常数；ε_s为半导体的介电常数；W为半导体中的耗尽层宽度；V_D为外加电压；N_D为半导体中的施主浓度。

表 4.1　模型拟合用到的参数

环境温度/K	用于 J_{DT} 计算参数	从 J_{TE} 提取的参数	
	ϕ_{B0}/eV	ϕ_B/eV	η
298	0.51	0.59	1.28
323	0.53	0.63	1.24
348	0.55	0.67	1.23
373	0.58	0.70	1.23
398	0.60	0.74	1.24
423	0.63	0.77	1.23

图 4.23 为凹槽阳极结构 AlGaN/GaN MIS 准肖特基二极管的 *C-V* 曲线和计算所得 n_s与 V 的关系曲线，零偏下器件的 N_D为 $4.7\times10^{19}\text{cm}^{-3}$，$\eta_T$为 1.4。

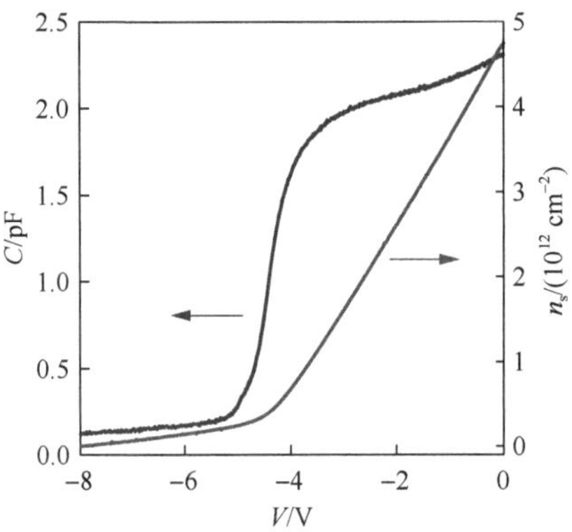

图 4.23　AlGaN/GaN MIS 准肖特基二极管 *C-V* 曲线及载流子面密度

图 4.24（a）为基于 DT 模型计算所得的不同温度下凹槽阳极结构 AlGaN/GaN MIS 准肖特基二极管的正向 *I-V* 曲线与实测结果的对比。随着正向偏置电压的增大，计算所得的 DT 电流逐渐偏离了实际测试结果，表明其他机制的电流分量逐渐占据主导。根据能带结构分析，对 TE 机制电流进行参数提取，该部分电流可表示为$J_{TE}=J-J_{DT}$。图 4.24（b）为基于 TE 模型计算所得的不同温度下凹槽阳极结构 AlGaN/GaN MIS 准肖特基二极管的正向 *I-V* 曲线与实测结果的对比，结果表明高正向偏压下 TE 机制为凹槽阳极结构 AlGaN/GaN MIS 准肖特基二极管的主要传导机制。图 4.24（c）为基于 DT 模型和 TE 模型计算所得的不同温度下各电流之和与器件实际总电流的对比，拟合结果与实测结果之间展现出高度的重合性，进一步验证了模型的正确性。

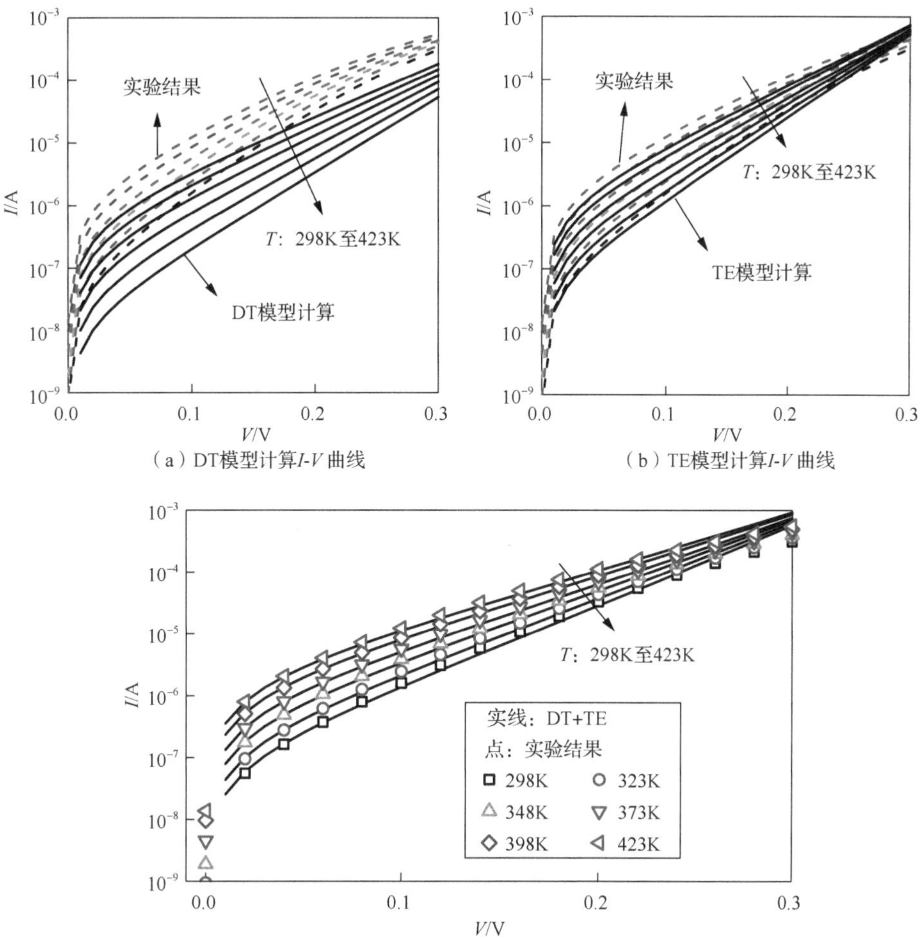

（a）DT模型计算I-V 曲线

（b）TE模型计算I-V 曲线

（c）DT模型与TE模型计算I-V 曲线之和

图 4.24　DT 模型与 TE 模型计算 I-V 曲线与器件实际 I-V 曲线的对比

4.5　双阳极金属低开启电压 GaN 肖特基二极管

双阳极金属 AlGaN/GaN 肖特基二极管的器件制备工艺主要包括以下几步：（a）裸片清洗；（b）台面隔离；（c）欧姆电极制备；（d）阳极凹槽刻蚀；（e）肖特基金属沉积；（f）钝化层沉积及开孔[26-27]。工艺流程如图 4.25 所示。裸片清洗、台面隔离、欧姆电极制备等工艺与本书前述内容基本一致。

阳极凹槽刻蚀是双阳极金属 AlGaN/GaN SBD 制备的核心关键工艺。为了使器件具有较小的反向漏电、较低的开启电压及较低的导通电阻，要求凹槽区域肖特基金属下方的 2DEG 被完全耗尽，同时应部分保留凹槽底部 AlGaN 势垒层，以减弱沟道中的 2DEG 散射强度。图 4.26 为采用慢速低损伤刻蚀技术制备的阳极凹槽结构形貌，凹槽总深度约为 19nm，凹槽下方剩余 AlGaN 势垒层厚度约为 5nm。为了进一步减小凹槽表面的刻蚀损伤，样品在 N_2 氛围中以 450℃退火 5min，从而减小肖特基金属与刻蚀表面的漏电[28-29]。为了降低器件肖特基结反向漏电，选用高功函数金属 Ni 作为器件阳极肖特基金属。

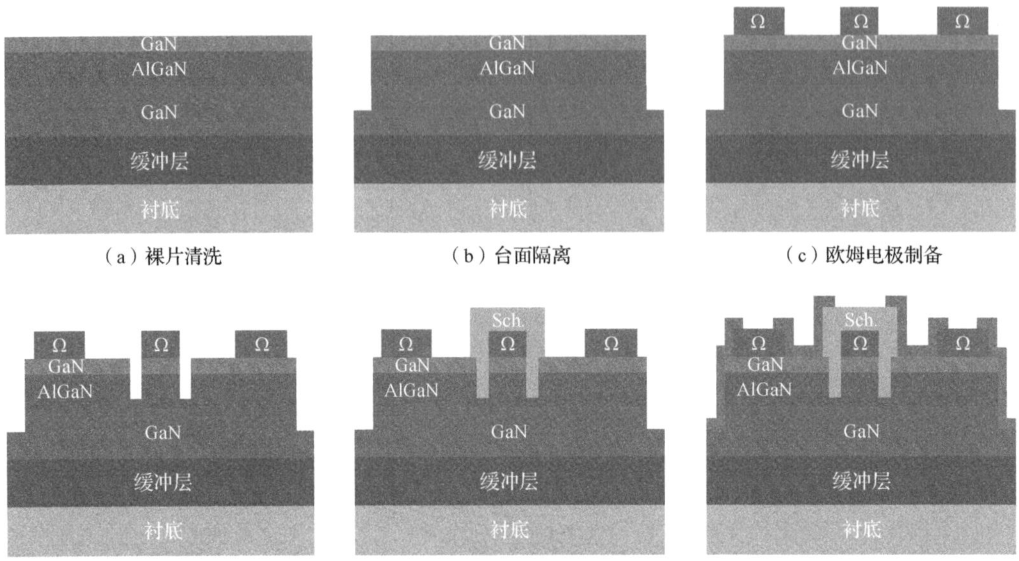

（a）裸片清洗　（b）台面隔离　（c）欧姆电极制备

（d）阳极凹槽刻蚀　（e）肖特基金属沉积　（f）钝化层沉积及开孔

图 4.25　双阳极金属结构 AlGaN/GaN SBD 的制备工艺

图 4.25（彩图）

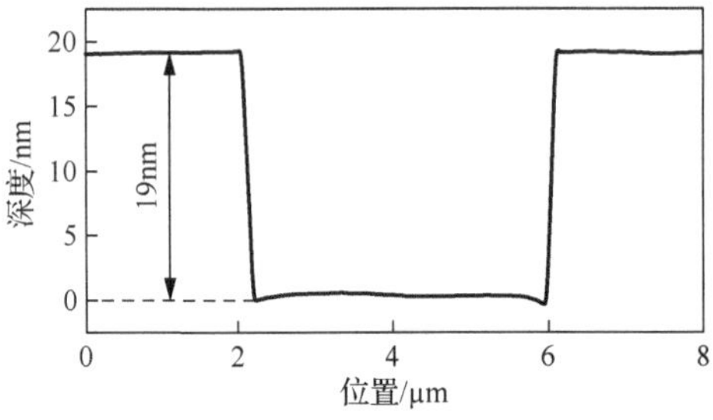

图 4.26　阳极肖特基金属下方凹槽深度

图 4.27 为凹槽阳极结构双阳极金属与单阳极金属 AlGaN/GaN SBD 的器件结构示意图。图 4.28 为两种器件的正向 *I-V* 特性，定义器件正向电流密度为 1mA/mm 时所对应的阳极偏置电压为器件开启电压，则双阳极金属 AlGaN/GaN SBD 的开启电压为 0.3V，而单阳极金属 AlGaN/GaN SBD 的开启电压为 1.0V。当器件阳极偏置电压为 2V 时，微分导通电阻由单阳极金属 AlGaN/GaN SBD 的 35.8Ω·mm 降低为双阳极金属 AlGaN/GaN SBD 的 14.1Ω·mm。当器件阳极偏置电压处于 0～0.3V 范围内时，凹槽肖特基金属下方的 2DEG 被耗尽，器件由阴极欧姆区域到阳极欧姆区域的电流路径被阻断，并且由于 Ni 金属与凹槽底部 AlGaN 势垒层之间存在较大的势垒高度，电子难以跃过该肖特基结形成导电通路，肖特基二极管未导通。随着正向偏置电压的逐渐增加，当阳极正向偏置电压处于 0.3～1.0V 范围内时，凹槽区域肖特基金属下方的电子在电场作用下逐渐聚集

形成导电沟道，此时器件由阴极欧姆区域到阳极欧姆区域的电流路径形成，但由于 Ni 金属与凹槽底部 AlGaN 势垒层之间的势垒高度较大，电子所具有的能量不足以跃过该区域的势垒，因此对于单阳极金属 AlGaN/GaN SBD 而言，器件仍处于未导通状态。当器件阳极偏置电压大于 1.0V 时，电子所具备的能量足够跃过 Ni 金属与凹槽底部 AlGaN 势垒层之间的肖特基势垒，单阳极金属 AlGaN/GaN SBD 导通，双阳极金属 AlGaN/GaN SBD 存在两个导电路径，一个为电子从阴极欧姆区域经过凹槽势垒层下方的 2DEG 沟道而流向阳极欧姆区域所形成的路径，另一个为阴极欧姆区域的电子以热电子发射方式跃过凹槽肖特基势垒所形成的路径[26]。

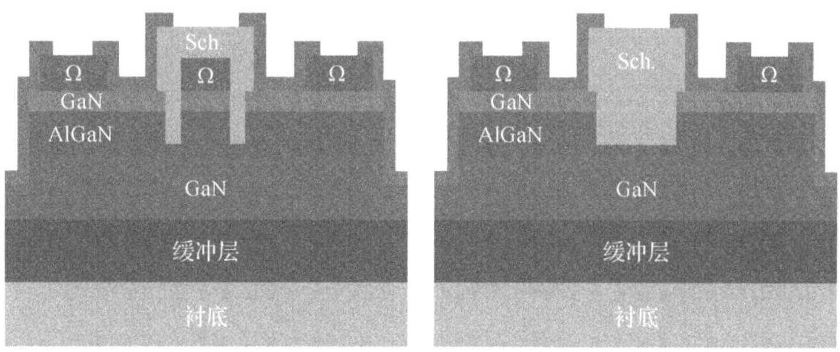

（a）双阳极金属器件结构　（b）单阳极金属器件结构

图 4.27（彩图）

图 4.27　双/单阳极金属器件结构示意图

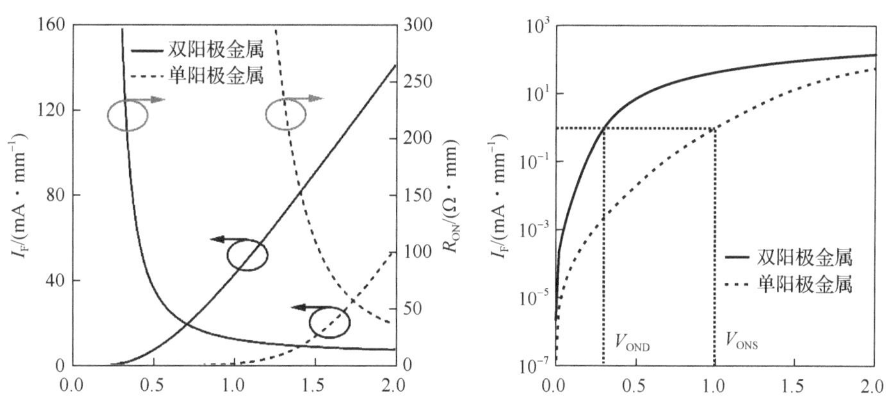

（a）线性坐标下器件正向 I-V 特性　（b）对数坐标下器件正向 I-V 特性

图 4.28　双/单阳极金属结构 AlGaN/GaN SBD 正向 I-V 特性

图 4.29（a）为线性坐标下器件正向导通特性随凹槽肖特基金属长度 L_{SC} 的变化关系。当器件正向偏置为 2V 时，对于 L_{SC}=5μm 的器件而言，导通电流高达 142mA/mm，而对于 L_{SC}=20μm 的器件而言，导通电流仅为 77mA/mm，器件导通电流随 L_{SC} 的增加而迅速减小。图 4.29（b）为器件阳极正向偏置电压为 0.75V 时的微分导通电阻随 L_{SC} 的变化关系，器件仅存在由阴极欧姆区域经过肖特基金属下方的沟道至阳极欧姆区域的导电通道。由于该器件采用干法刻蚀方法移除凹槽区域的 AlGaN 势垒层，刻蚀过程引入

的等离子体损伤会严重影响下方沟道处 2DEG 的迁移率，因此凹槽下方沟道处的电阻较大，器件微分导通电阻的大小受到凹槽区域肖特基金属长度的影响较为明显。

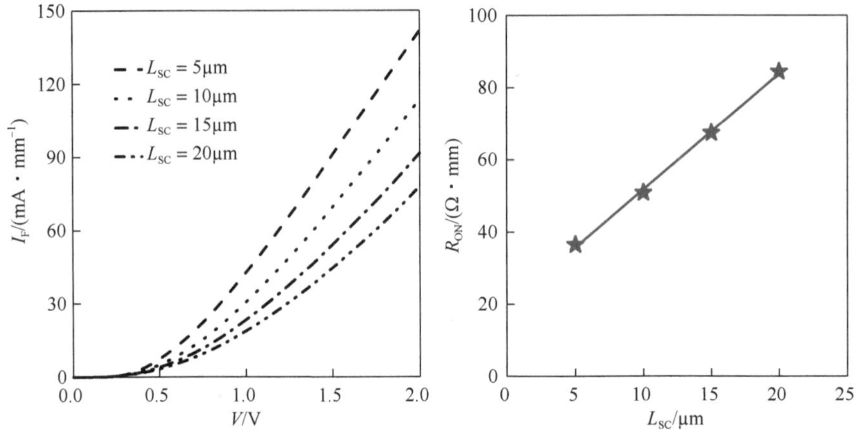

（a）器件正向I-V特性　　（b）器件导通电阻

图 4.29　双阳极金属结构 AlGaN/GaN SBD 正向 I-V 特性及导通电阻特性

图 4.30 为双阳极金属 AlGaN/GaN SBD 的器件电容随 L_{SC} 的变化关系。当器件处于反向偏置状态时，阳极凹槽边缘及肖特基金属边缘处的电场较大，此时电子在强电场的作用下被耗尽。当器件的反向偏置电压大于−3.5V 时，凹槽边缘外侧阳极金属下方区域的 2DEG 在反向电场作用下被耗尽，此时电容约为 0.06pF。随着反向偏置电压逐渐减小至−3.5V 时，凹槽边缘外侧阳极金属下方区域的 2DEG 逐渐聚集，此时电容迅速增大。当该区域的 2DEG 逐渐饱和后，电容值稳定在 2.1pF。当器件阳极偏置小于−0.1V 时，凹槽肖特基金属下方沟道中的电子逐渐聚集，器件电容迅速增大。

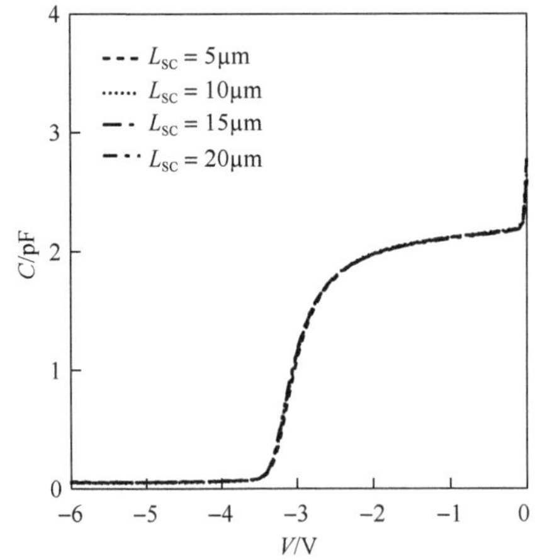

图 4.30　双阳极金属结构 AlGaN/GaN SBD 电容特性

参考文献

[1] TSOU C, WEI K, LIAN Y, et al. 2.07kV AlGaN/GaN Schottky barrier diodes on silicon with high Baliga's figure-of-merit[J]. IEEE Electron Device Letters, 2016, 37(1): 70-73.

[2] ZHANG T, WANG Y, ZHANG Y, et al. Comprehensive annealing effects on AlGaN/GaN Schottky barrier diodes with different work-function metals[J]. IEEE Transactions on Electron Devices, 2021, 68(6): 2661-2666.

[3] BERTELLI M, LOPTIEN P, WENDEROTH M, et al. Atomic and electronic structure of the nonpolar GaN($1\bar{1}00$) surface[J]. Physical Review B, 2009, 80: 115324.

[4] TSAI M, SANKEY O, SCHMIDT K, et al. Electronic structures of polar and nonpolar GaN surfaces[J]. Materials Science and Engineering: B, 2002, 88(1): 40-46.

[5] SMIDSTRUP S, MARKUSSEN T, VANCRAEYVELD P, et al. QuantumATK: An integrated platform of electronic and atomic-scale modelling tools[J]. Journal of Physics: Condensed Matter, 2019, 32: 015901.

[6] SEGEV D, VAN D W C. Origins of Fermi-level pinning on GaN and InN polar and nonpolar surfaces[J]. Europhysics Letters, 2006, 76(2): 305-311.

[7] XU R, CHEN P, LIU M, et al. 3.4kV AlGaN/GaN Schottky barrier diode on silicon substrate with engineered anode structure[J]. IEEE Electron Device Letters, 2021, 42(2): 208-211.

[8] ZHU M, SONG B, QI M, et al. 1.9kV AlGaN/GaN lateral Schottky barrier diodes on silicon[J]. IEEE Electron Device Letters, 2015, 36(4): 375-377.

[9] HU J, STOFFELS S, LENCI S, et al. Performance optimization of Au-free lateral AlGaN/GaN Schottky barrier diode with gated edge termination on 200-mm silicon substrate[J]. IEEE Transactions on Electron Devices, 2016, 63(3): 997-1004.

[10] BOZACK M. Surface studies on SiC as related to contacts[J]. Physica Status Solidi B, 2001, 202(1): 549-580.

[11] WALDROP J, GRANT R, WANG Y, et al. Metal Schottky barrier contacts to alpha 6H-SiC[J]. Journal of Applied Physics, 1992, 72(10): 4757-4760.

[12] HUANG S, CHEN H, CHEN K, et al. Surface properties of $Al_xGa_{1-x}N$/GaN heteristructures treated by fluorine plasma: An XPS study[J]. Physica Status Solidi C, 2011, 8(7-8): 2200-2203.

[13] SCHMITZ A, PING A, KHAN M, et al. Schottky barrier properties of various metals on n-type GaN[J]. Semiconductor Science and Technology, 1996, 11(10): 1464-1469.

[14] 张涛. 横向结构 GaN 基肖特基二极管研究[D]. 西安: 西安电子科技大学, 2020.

[15] SCHRODER D. Semiconductor material and device characterization[M]. Hoboken: John Wiley & Sons, 2006.

[16] BIAN Z, ZHANG T, ZHANG J, et al. Leakage mechanism of quasi-vertical GaN Schottky barrier diodes with ultra-low turn-on voltage[J]. Applied Physics Express, 2019, 12: 084004.

[17] ZHANG T, ZHANG J, ZHOU H, et al. A 1.9kV/2.61m$\Omega\cdot$cm^2 lateral GaN Schottky barrier diode on silicon substrate with tungsten anode and low turn-on voltage of 0.35V[J]. IEEE Electron Device Letters, 2018, 39(10): 1548-1551.

[18] HU J, STOFFELS S, LENCI S, et al. On the identification of buffer trapping for bias-dependent dynamic R_{ON} of AlGaN/GaN Schottky barrier diode with AlGaN C back barrier[J]. IEEE Electron Device Letters, 2016, 37(3): 310-313.

[19] LEI J, WEI J, TANG G, et al. 650V double-channel lateral Schottky barrier diode with dual-recess gated anode[J]. IEEE Electron Device Letters, 2018, 39(2): 260-263.

[20] ZHANG T, ZHANG J, ZHOU H, et al. High-performance lateral GaN Schottky barrier diode on silicon substrate with low turn-on voltage of 0.31V, high breakdown voltage of 2.65kV and high-power figure-of-merit of 2.65GW$\cdot$cm^{-2}[J]. Applied Physics Express, 2019, 12: 046502.

[21] CHEN J, BIAN Z, LIU Z, et al. Effects of thermal annealing on the electrical and structural properties of Mo/Au Schottky contacts on n-GaN[J]. Journal of Alloys and Compounds, 2021, 853: 156978.

[22] 武鹏, 李若晗, 张涛, 等. AlGaN/GaN 肖特基二极管阳极后退火界面态修复技术[J]. 物理学报, 2023, 72(19): 198501.

[23] ZHANG T, ZHANG Y, ZHANG J, et al. Current transport mechanism of high-performance novel GaN MIS diode[J]. IEEE Electron Device Letters, 2021, 42(3): 304-307.

[24] SZE S. Physics of semiconductor devices[M]. Hoboken: John Wiley & Sons, 1981.

[25] CARD H, RHODERICK E. Studies of tunnel MOS diodes I. Interface effects in silicon Schottky diodes[J]. J. Phys. D: Appl. Phys, 1971, 4(10): 1589-1601.

[26] LEE J, PARK B, CHO C, et al. Low turn-on voltage AlGaN/GaN-on-Si rectifier with gated Ohmic anode[J]. IEEE Electron Device Letters, 2013, 34(2): 214-216.

[27] LEE H, JUNG D, PARK Y, et al. 0.34 V_T AlGaN/GaN-on-Si large Schottky barrier diode with recessed dual anode metal[J]. IEEE Electron Device Letters, 2015, 36(11): 1132-1134.

[28] KIM K, JUNG S, KIM D, et al. Effect of TMAH treatment on device performance of normally off Al_2O_3/GaN MOSFET[J]. IEEE Electron Device Letters, 2011, 32(10): 1376-1378.

[29] WANG Y, WANG M, XIE B, et al. High-performance normally-off Al_2O_3/GaN MOSFET using a wet etching-based gate recess technique[J]. IEEE Electron Device Letters, 2013, 34(11): 1370-1372.

第 5 章　面向不同应用的凹槽阳极 GaN 肖特基二极管

近年来，随着半导体功率器件的不断发展，尤其是 GaN SBD 的崭露头角，电源领域迎来了新的机遇。GaN 肖特基二极管具有开关速度快、导通电阻低、开关损耗小以及高温稳定等优势，使其在高效电力转换器、电机驱动器、无线充电器和电源逆变器等应用中发挥着重要作用，成为许多电源系统的首选组件。本章针对 GaN SBD 不同的应用场景对器件核心关键指标进行系统优化，包括不同材料结构对器件反向特性的影响、表面 GaN 帽层对表面态的影响、阳极结构对器件频率特性的影响以及管芯产品化关键技术等。

5.1　低漏电高耐压凹槽阳极 GaN 肖特基二极管

5.1.1　36nA/mm 低漏电同质衬底 GaN 肖特基二极管

凹槽阳极结构虽然能够有效抑制材料位错密度对 AlGaN/GaN SBD 反向漏电的影响，但凹槽阳极侧壁的倾斜面及阳极边缘的类场板电极下方的穿透位错仍然是器件反向漏电的重要途径。因此，实现低位错密度的 GaN 材料仍然是制备高性能凹槽阳极结构 AlGaN/GaN SBD 的关键因素[1]。值得庆幸的是，得益于逐渐成熟的 GaN 衬底外延生长技术[2-4]，以及同质外延过程中低晶格失配与热失配优势，基于自支撑 GaN 衬底的纵向结构 GaN 二极管器件展示出了巨大潜力[5-7]。基于同质氮化镓衬底的 AlGaN/GaN 外延片与常规异质衬底 AlGaN/GaN 外延片相比，具有更低的穿透位错密度，在抑制器件反向漏电方面具有更大的优势[8-10]。

图 5.1 为基于同质氮化镓衬底的凹槽阳极结构 AlGaN/GaN SBD 结构示意图，其中，器件阳极半径 R=100μm，器件阳极边缘类场板长度 L_{EX}=2μm，器件阴阳极间距 L_{AC} 分别为 6μm、10μm、15μm、20μm。另外，在器件阴阳极电极制备完成之后，采用 PEALD 设备沉积 20nm 高质量 Al_2O_3 薄膜以缓解有源区表面态陷阱对器件动态特性的影响。

图 5.2（a）为半对数坐标下同质氮化镓衬底凹槽阳极结构 AlGaN/GaN SBD 的正反向扫描 I-V 特性，器件阳极电流密度为 1mA/mm 时所对应的开启电压仅为 0.67V，当器件反向偏置电压为−9V 时，阳极反向漏电仅为 3.6×10^{-8}A/mm，开关比高达 3×10^{7}。图 5.2（b）为同质氮化镓衬底凹槽阳极结构 AlGaN/GaN SBD 的开启电压与反向漏电特性与国际同期高水平 GaN 二极管器件特性的比较。与异质衬底凹槽阳极结构 AlGaN/GaN SBD 相比[11-14]，采用 GaN 衬底的器件具有近似相同的器件开启电压和更小的反向漏电。

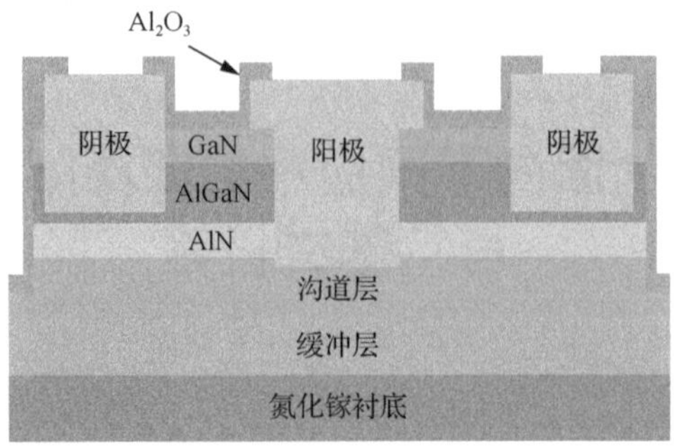

图 5.1（彩图）

图 5.1　同质氮化镓衬底凹槽阳极结构 AlGaN/GaN SBD 结构示意图

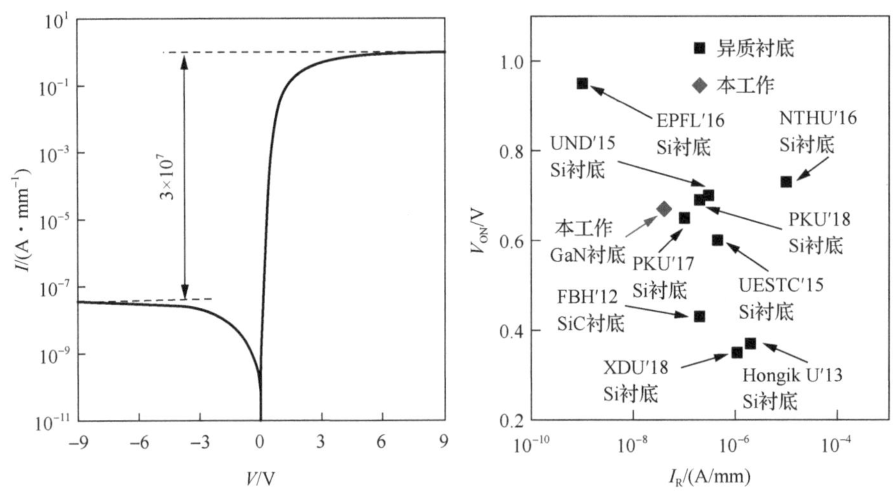

（a）正/反向 I-V 特性曲线　　（b）与国际同期水平器件性能对比

图 5.2　氮化镓衬底凹槽阳极结构 AlGaN/GaN SBD 开关比及与国际同期水平器件性能对比

图 5.3 展示了不同阴阳极间距氮化镓衬底凹槽阳极结构 AlGaN/GaN SBD 的正向 I-V 特性。得益于氮化镓衬底 AlGaN/GaN 异质界面处由较强自发极化和压电极化产生的高浓度和高迁移率 2DEG，对于阴阳极间距 $L_{AC}=6\mu m$ 的器件而言，当阳极偏置为 4V 时，正向导通电流高达 526mA/mm。考虑到电流在器件阳极和阴极边缘 1.5μm 的传输长度，对于阴阳极间距 L_{AC} 分别为 6μm、10μm、15μm、20μm 的器件，其比导通电阻分别为 1.27mΩ·cm^2、2.08Ω·cm^2、3.29Ω·cm^2、4.63mΩ·cm^2，微分导通电阻分别为 0.44mΩ·cm、0.86mΩ·cm、1.59mΩ·cm、2.55mΩ·cm。与微分导通电阻不同，比导通电阻受器件开启电压的影响显著，通过选择低功函数金属作为阳极材料，可以降低开启电压，从而有效降低器件比导通电阻。

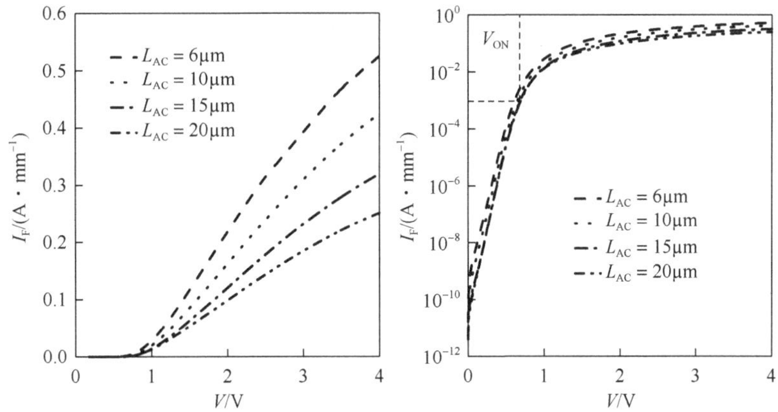

（a）线性坐标下器件正向 I-V 特性　（b）对数坐标下器件正向 I-V 特性

图 5.3　同质氮化镓衬底凹槽阳极结构 AlGaN/GaN SBD 正向 I-V 特性

图 5.4 展示了同质氮化镓衬底凹槽阳极结构 AlGaN/GaN SBD 的温度相关特性。当温度从 300K 升高到 425K 时，沟道中的电子获得更多能量跃过界面势垒，导致器件开启电压从 0.67V 降低至 0.58V，反向漏电从 3.0×10^{-8}A/mm 升高至 1.6×10^{-7}A/mm。AlGaN/GaN SBD 的正向导通电流由热电子发射电流和隧穿电流共同构成，故其有效势垒高度受到金-半界面的肖特基势垒高度和由界面陷阱态引起的隧穿势垒高度的共同影响。当温度从 300K 升高到 425K 时，器件理想因子从 1.64 降低至 1.46，势垒高度由 0.75eV 升高至 0.90eV，表明随着温度的升高，器件正向输运电流中，热电子发射电流所占比重逐渐增加。器件阳极凹槽刻蚀过程中引入的刻蚀损伤、金属沉积过程中光刻胶等杂质的污染以及 GaN 材料外延生长过程中的缺陷等因素是导致该非理想 I-V 曲线的主要因素。通过优化器件制备及材料生长工艺，有助于减少这些非理想因素的影响，从而提高器件的势垒均匀性。

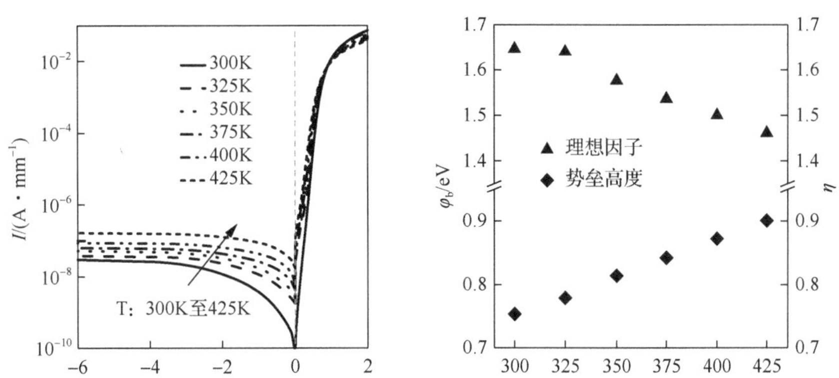

（a）器件正/反向 I-V 特性随温度变化的关系　（b）器件理想因子及势垒高度随温度变化的关系

图 5.4　温度相关的同质氮化镓衬底凹槽阳极结构 AlGaN/GaN SBD 特性

5.1.2 28nA/mm 低漏电 AlGaN 沟道肖特基二极管

AlN材料具有近两倍于GaN材料的禁带宽度和近四倍于GaN材料的临界击穿场强。因此，AlGaN 材料也展示出比 GaN 材料更大的禁带宽度和临界击穿场强。随着 Al 组分的增加，AlGaN 逐渐呈现出更接近 AlN 的材料特性[15-16]。通过使用 AlGaN 材料代替 GaN 材料作为器件沟道层，能够承受更高的电场峰值，从而实现更高的器件击穿电压[17-19]。然而，由于目前 AlGaN 材料的结晶质量相对较差，并且存在严重的合金无序散射，导致电子迁移率较低，因此国际上对高性能 AlGaN 沟道电子器件的报道非常少。与此同时，对于 AlGaN 沟道 SBD 来说，更高的禁带宽度意味着与阳极肖特基金属接触时会形成更大的势垒高度，导致器件开启电压迅速增加，使整流特性发生明显退化。因此，实现高性能 AlGaN 沟道 SBD 更为困难[20-23]。

图 5.5 展示了基于 SiC 衬底的多异质结构 $Al_{0.3}Ga_{0.7}N/AlN/Al_{0.1}Ga_{0.9}N/Al_{0.25}Ga_{0.75}N$ SBD 结构示意图。材料各层厚度从上至下分别为 2nm 的 GaN 帽层、20nm 的 $Al_{0.3}Ga_{0.7}N$ 势垒层、1nm 的 AlN 插入层、100nm 的 $Al_{0.1}Ga_{0.9}N$ 沟道层和 1μm 的 AlGaN 背势垒缓冲层，其中缓冲层采用渐变 Al 组分结构，其上表面 AlGaN 材料 Al 组分为 25%。背势垒缓冲层结构能够有效抑制高温下沟道中 2DEG 的溢出问题，提升器件高温下的导通特性[24-25]。通常来讲，高 Al 组分势垒层会导致较大的欧姆接触电阻。为了减小器件欧姆接触电阻，首先采用慢速刻蚀工艺制备凹槽欧姆接触结构，然后再沉积 Ti/Al/Ni/Au 多层欧姆金属。在器件阳极凹槽制备过程中，首先采用慢速低损伤刻蚀工艺制备 32nm 深度的阳极凹槽结构，然后采用 N_2 退火及 TMAH 湿法腐蚀工艺，以进一步修复刻蚀损伤，并采用低功函数的 W/Au 阳极金属结构和阳极后退火损伤修复技术来完成器件的制备。器件阳极半径 R=100μm，器件阴阳极间距 L_{AC} 分别为 5μm、10μm、15μm、20μm、30μm，阳极凹槽边缘类场板长度 L_{EX}=2μm。

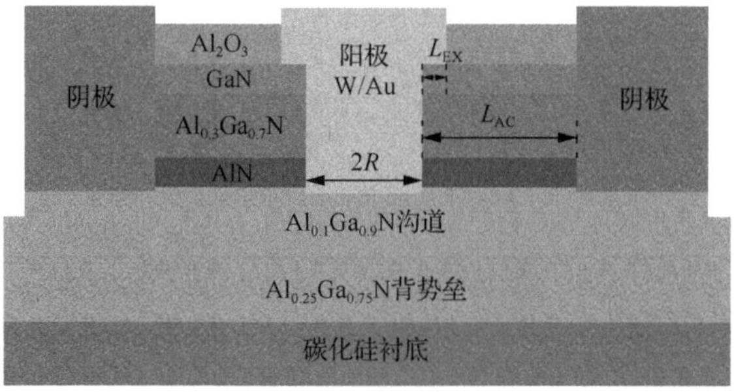

图 5.5（彩图）

图 5.5　背势垒结构 AlGaN 沟道 SBD 结构示意图

图 5.6（a）展示了不同阴阳极间距 AlGaN 沟道 SBD 的正向 I-V 特性。得益于低功函数金属 W 阳极所实现的低界面势垒高度，器件阳极在正向导通电流密度为 1mA/mm 时所对应的开启电压仅为 0.60V，其比导通电阻分别为 1.22mΩ·cm²、2.72mΩ·cm²、5.22mΩ·cm²、8.47mΩ·cm²、17.98mΩ·cm²，平均亚阈值斜率为 70mV/dec。图 5.6（b）

展示了同一批次所制备的 20 只阴阳极间距 L_{AC}=15μm 的器件正向导通特性。得益于阳极金属与 $Al_{0.1}Ga_{0.9}N$ 沟道侧壁直接接触形成的高均匀性肖特基界面，器件表现出极高的一致性。图 5.6（c）展示了不同阴阳极间距 AlGaN 沟道 SBD 的反向击穿特性，其中对于阴阳极间距 L_{AC}=30μm 的器件，阳极反向漏电为 1μA/mm 时所对应的击穿电压高达 2.55kV。

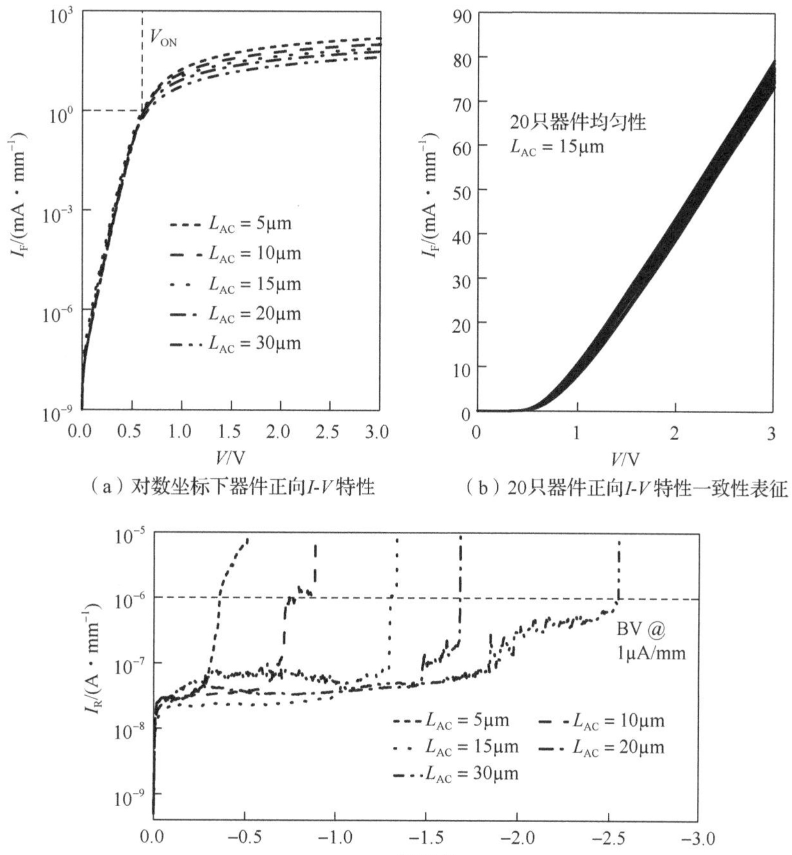

（a）对数坐标下器件正向 I-V 特性　（b）20只器件正向 I-V 特性一致性表征

（c）器件反向 I-V 特性

图 5.6　背势垒结构 AlGaN 沟道 SBD 正/反向 I-V 特性及一致性表征

图 5.7 展示了温度相关的背势垒结构 AlGaN 沟道 SBD 的特性。当器件温度从 300K 逐渐升高至 475K 时，器件开启电压从 0.60V 逐渐降低至 0.49V，器件反向漏电从 28nA/mm 逐渐升高至 3μA/mm，较小的反向漏电主要得益于 AlGaN 沟道的势垒调制作用及阳极后退火界面态修复技术。此外，随着测试温度的逐渐升高，器件的理想因子从 1.31 降低至 1.12，而势垒高度从 0.77eV 升高至 0.98eV。器件势垒高度随温度的变化主要是由阳极金-半界面势垒不均匀性所导致的。

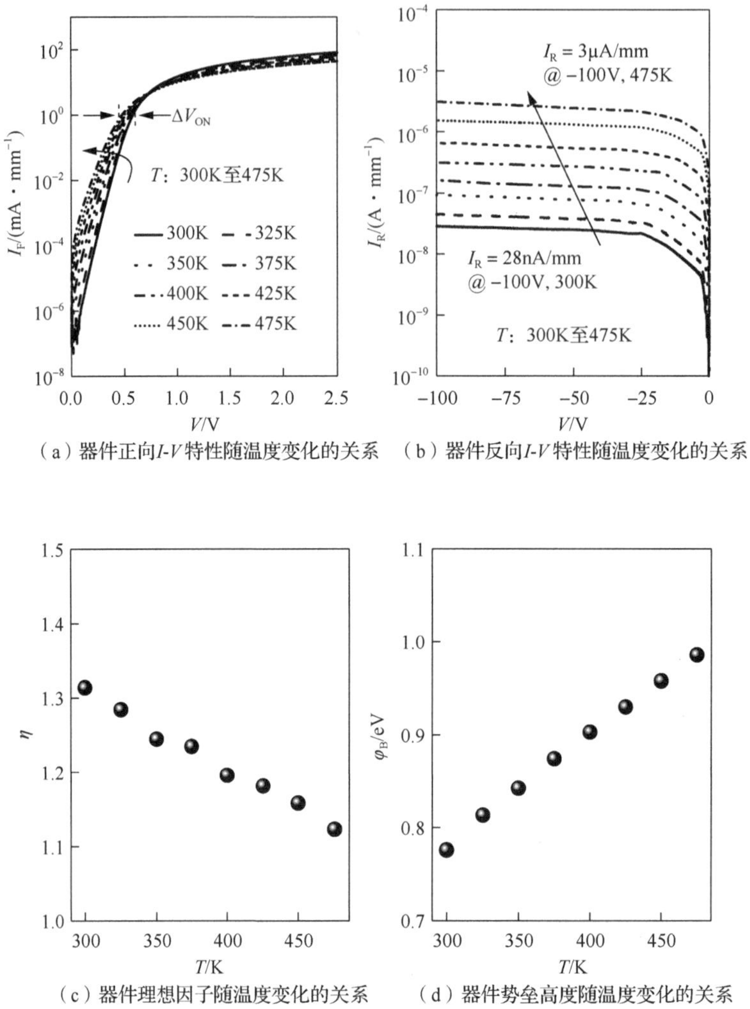

图 5.7　温度相关的背势垒结构 AlGaN 沟道 SBD 特性

图 5.8 展示了背势垒结构 AlGaN 沟道 SBD 在不同反向偏置电压下的漏电特性及其所对应的漏电输运机制。当器件处于较低反向偏置电压时，半对数坐标下的器件反向漏电与偏置电压之间存在明显的线性关系。该区域载流子输运机制主要以 TE 机制为主；随着反向偏置电压的增加，器件反向漏电与偏置电压之间存在明显的线性关系，该区域主要以 TFE 机制为主。当反向偏置电压足够高时，器件反向漏电不再随电压的变化而变化，仅受温度影响，该区域主要以 TAT 机制为主。经过模型拟合可知，器件的热激活能 E_A 为 141.3MeV。

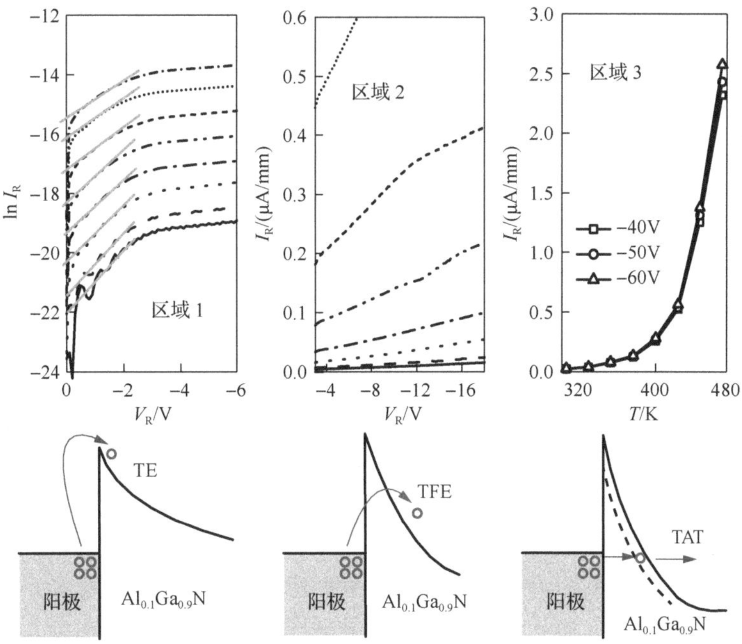

（a）低反向偏置电压　（b）中反向偏置电压　（c）高反向偏置电压

图 5.8　不同反向偏置电压下器件漏电特性及所对应的载流子输运机制

5.2　耐电流崩塌厚本征帽层 GaN 肖特基二极管

对于常规 AlGaN/GaN 功率器件而言，由于样品导电沟道距离材料表面仅为 20～30nm，因此极易受到表面态的影响，导致电流崩塌效应，降低器件的输出功率[26]。针对该问题，国际上通常采用 PEALD、LPCVD、PECVD 等设备对样品表面进行钝化层异质淀积[27-29]，从而减小表面态的影响。然而，异质界面处高浓度的界面态陷阱在高反向偏压下仍会引起器件动态特性的退化。通过采用厚本征帽层 GaN/AlGaN/GaN 结构能够有效地解决器件电流崩塌难题。GaN/AlGaN 界面处由极化效应产生的 2DHG 有助于缓解器件表面电势波动对沟道 2DEG 的影响[30-33]。

5.2.1　厚本征帽层 GaN/AlGaN/GaN 肖特基二极管

基于厚本征帽层的凹槽阳极结构 AlGaN/GaN SBD 制备工艺主要分为以下几个步骤：（a）表面清洗；（b）台面隔离；（c）欧姆电极制备；（d）阳极凹槽刻蚀；（e）阳极界面处理；（f）阳极金属沉积；（g）阳极后退火；（h）钝化层沉积；（i）钝化层开孔。器件结构如图 5.9（a）所示。材料各层结构从上至下依次为 80nm GaN 帽层、25nm $Al_{0.25}Ga_{0.75}N$ 势垒层、1nm AlN 插入层、200nm GaN 沟道层以及缓冲层。需要注意的是，由于样品表面距离 2DEG 导电沟道约为 106nm，常规平面结构的欧姆接触难以实现较低的接触电阻，故需先对欧姆区域进行刻蚀，移除欧姆金属区域的 GaN 帽层、AlGaN 势垒层和 AlN 插入层结构，使欧姆金属与 2DEG 导电沟道直接接触。图 5.9（b）为基于一维泊松方程计算所得的厚本征帽层 GaN/AlGaN/GaN 材料结构能带示意图。随着 GaN 帽层厚度的增加，GaN/AlGaN 界面处的价带顶相对于费米能级向上移动，并逐渐超过费米能级高度形成 2DHG，界面处存在固定负电荷，沟道中 2DEG 密度先降低后趋于稳定[34]。

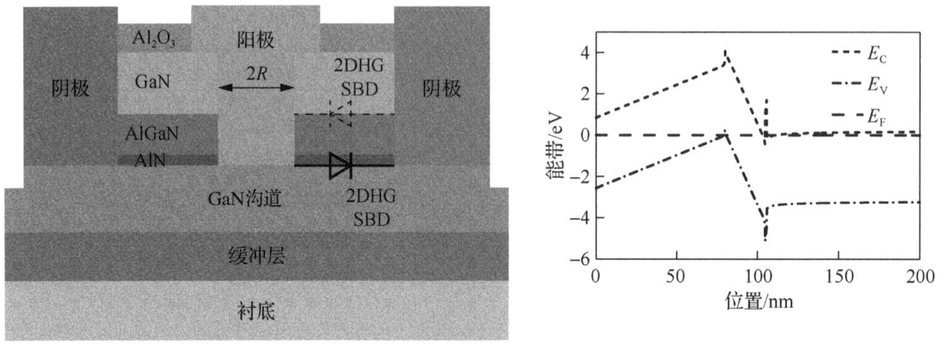

（a）厚本征帽层凹槽阳极结构GaN SBD示意图　　（b）厚本征帽层材料能带结构

图 5.9　厚本征帽层凹槽阳极 GaN SBD 结构示意图及材料能带结构

图 5.10 展示了厚本征帽层凹槽阳极结构 GaN/AlGaN/GaN SBD 的正向 *I-V* 特性曲线。定义器件正向电流密度为 100mA/mm 时所对应的导通电阻为 R_{ON1}，器件微分导通电阻为 R_{ON2}，则当器件阴阳极间距 L_{AC} 分别为 10μm、15μm、20μm、25μm 时，R_{ON1} 分别为 13.7Ω·mm、16.6Ω·mm、19.6Ω·mm、22.9Ω·mm，R_{ON2} 分别为 8.7Ω·mm、11.7Ω·mm、114.5Ω·mm、17.5Ω·mm。由于该器件采用了低功函数金属 W 阳极技术，器件的开启电压仅为 0.38V，远低于常见的 Ni 阳极 GaN SBD 开启电压。

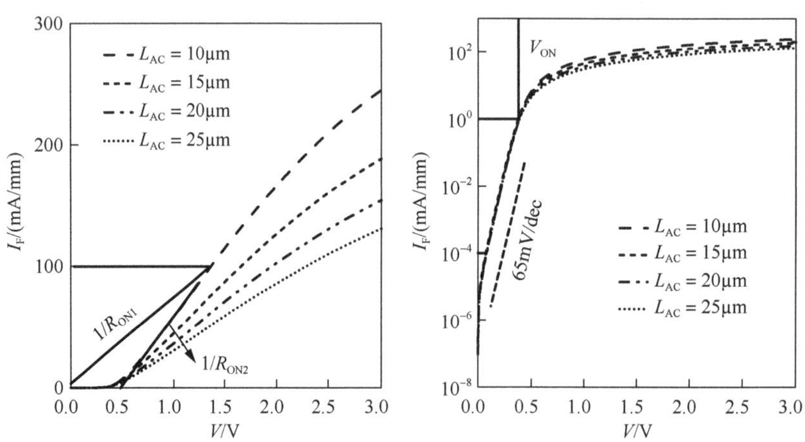

（a）线性坐标下器件正向*I-V*特性　　（b）对数坐标下器件正向*I-V*特性

图 5.10　厚本征帽层凹槽阳极 AlGaN/GaN SBD 正向 *I-V* 特性

图 5.11（a）展示了温度相关的厚本征帽层凹槽阳极结构 GaN/AlGaN/GaN SBD 的正/反向 *I-V* 特性。当器件温度由 300K 升高至 425K 时，沟道中载流子获得更多的能量，器件开启电压由 0.38V 降低至 0.33V，反向漏电由 0.8μA/mm 升高至 200μA/mm，亚阈

值斜率由 65mV/dec 升高至 100mV/dec。基于热电子发射模型提取的不同温度下器件理想因子和势垒高度如图 5.11（b）所示。随着温度的升高，热电子发射电流在正向电流中的占比逐渐升高，器件理想因子逐渐降低。此外，在势垒高度不均匀性的作用下，阳极势垒高度由 300K 时的 0.53eV 升高至 425K 时的 0.63eV。

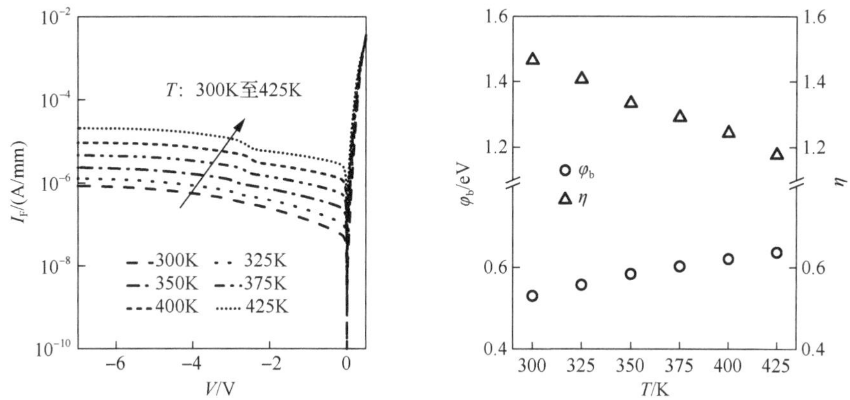

（a）器件I-V特性随温度变化的关系　（b）器件理想因子和势垒高度随温度变化的关系

图 5.11　温度相关的厚本征帽层凹槽阳极结构 AlGaN/GaN SBD 特性

图 5.12(a)展示了厚本征帽层凹槽阳极结构 GaN/AlGaN/GaN SBD 的脉冲 I-V 特性。脉冲周期和脉冲宽度分别为 100ms 和 10ms，阳极脉冲静态偏置电压分别为 0V、−25V、−50V、−100V、−150V、−200V、−250V。图 5.12（b）为器件动态微分导通电阻与静态微分导通电阻的比值。由于采用了 80nm GaN 厚帽层结构，有效增大了表面陷阱态与 2DEG 导电沟道间的距离，以及 GaN/AlGaN 界面所引入的固定负电荷及 2DHG 有效屏蔽了表面态对器件的影响，因此器件在−250V 阳极脉冲静态偏置电压下的动态微分导通电阻退化量仅为 21.3%。

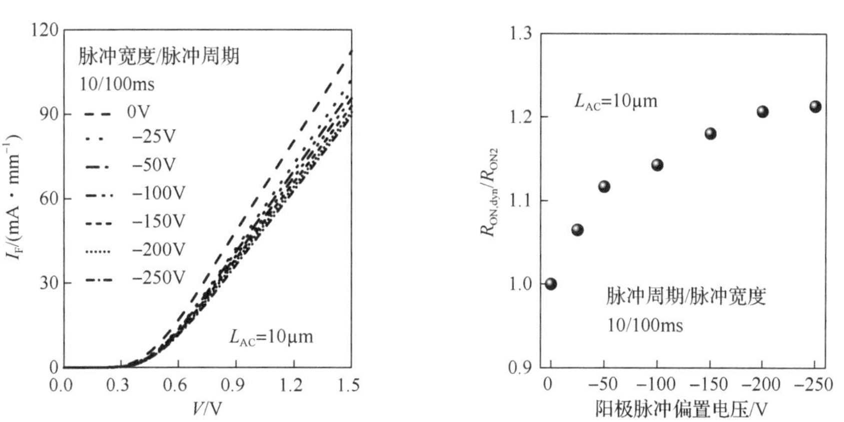

（a）器件I-V特性随脉冲电压的变化关系　（b）器件动态微分导通电阻与静态微分导通电阻的比值

图 5.12　器件正向特性随脉冲电压的变化关系

图 5.13 展示了阴阳极间距 L_{AC}=25μm 的厚本征帽层凹槽阳极结构 GaN/AlGaN/GaN SBD 的正向特性随应力电压的变化关系。在测试过程中，阳极电极接地，阴极电极

施加的应力电压分别为 0V、100V、200V、300V、400V、500V、600V、700V、800V、900V，应力时长为 10s。应力施加完成后，迅速对器件阴极施加 0V 至−2V 的扫描电压，测试步长为−5mV。当器件阴极应力电压为 600V 时，微分导通电阻的退化量仅为 8.6%；当器件阴极应力电压超过 400V 时，开启电压的变化量仅为 25mV 并趋于饱和。GaN 厚帽层结构有效抑制了器件的电流崩塌问题。

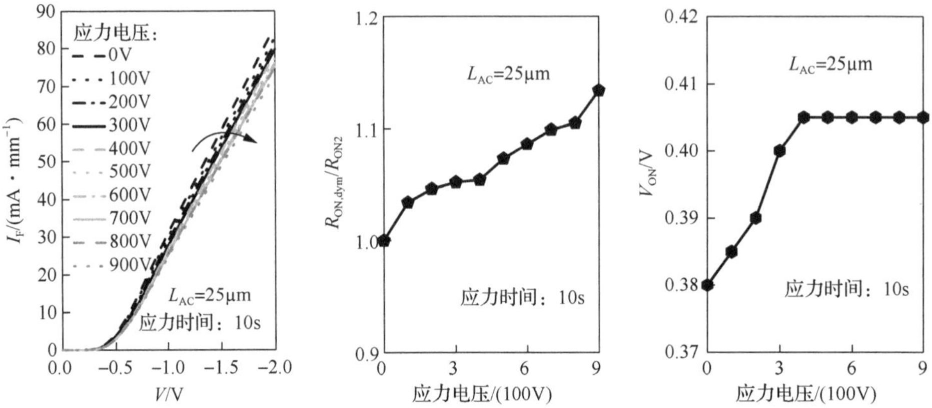

（a）器件I–V特性　（b）器件导通电阻　（c）器件开启电压

图 5.13　器件正向特性随应力电压的变化关系

图 5.14 展示了阴阳极间距 L_{AC}=25μm 的厚本征帽层凹槽阳极结构 GaN/AlGaN/GaN SBD 的正向特性随应力时间的变化关系。在测试过程中，阳极接地，阴极施加的应力电压为 600V，应力时间分别为 0s、0.01s、0.1s、1s、10s、100s。由于器件制备过程中采用了低损伤阳极凹槽刻蚀技术及阳极后退火损伤修复技术，器件在经过长达 100s 的 600V 反向高压应力后，仍然具有良好的正向导通特性。

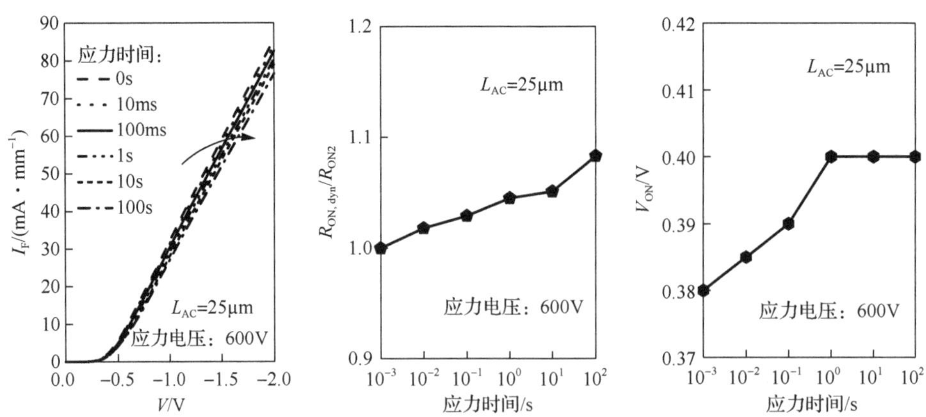

（a）器件I–V特性　（b）器件导通电阻　（c）器件开启电压

图 5.14　器件正向特性随应力时间的变化关系

5.2.2　不同帽层厚度凹槽阳极 GaN/AlGaN/GaN 肖特基二极管

厚本征帽层凹槽阳极结构 GaN/AlGaN/GaN SBD 能够有效解决器件电流崩塌问题，

分析厚帽层结构器件实现电流崩塌免疫的机理对进一步提升器件性能具有重要的指导意义。基于 Si 衬底的厚本征帽层材料各层结构从上至下依次为 2nm 或 100nm GaN 帽层、25nm $Al_{0.25}Ga_{0.75}N$ 势垒层、1nm AlN 插入层、300nm GaN 沟道层以及 6.5μm 缓冲层。此外，在器件阳极制备过程中，采用高功函数金属 Ni 阳极技术，可以实现较低的器件反向漏电。图 5.15 为器件阴阳极间距 L_{AC}=15μm 的厚帽层结构及薄帽层结构凹槽阳极 GaN/AlGaN/GaN SBD 的正/反向 *I-V* 特性及 *C-V* 特性，2nm GaN 帽层和 100nm GaN 帽层结构 AlGaN/GaN SBD 正向电流密度为 100mA/mm 时所对应的阳极偏置电压分别为 2.0V 和 2.8V，器件比导通电阻分别为 3.60mΩ·mm 和 5.04mΩ·mm、器件反向漏电流为 1mA/mm 时所对应的击穿电压分别为 1.54kV 和 1.74kV。此外，器件在 0V 偏压下的电容分别为 5.0pF 和 1.1pF。根据平板电容理论，零偏电容主要取决于阳极凹槽区域外侧金属电极与 2DEG 之间的距离，器件帽层厚度与零偏电容成反比关系，因此厚 GaN 帽层结构器件的零偏电容较小。当反向偏置电压分别为−3.5V 和−7.5V 时，阳极凹槽区域外侧金属电极下方的 2DEG 被耗尽。

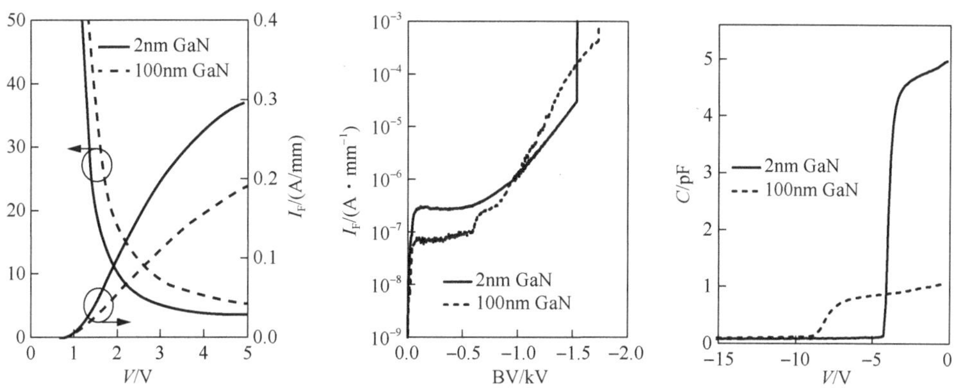

（a）器件正向 *I–V* 特性　（b）器件反向 *I-V* 特性　（c）器件 *C-V* 特性

图 5.15　不同帽层厚度凹槽阳极 AlGaN/GaN SBD 特性

图 5.16 展示了 2nm GaN 帽层和 100nm GaN 帽层结构 AlGaN/GaN SBD 的正向 *I-V* 特性随正向应力时间的变化关系。在测试中，阳极施加的应力电压为 6V，应力时间分别为 0s、0.1s、0.3s、1s、3s、10s、30s、100s、300s、1000s。100nm GaN 帽层结构 AlGaN/GaN SBD 在势垒限制区域的导通特性受正向应力电压的影响较大，器件经 6V/1000s 应力后开启电压的变化量为 3%，而 2nm GaN 帽层结构 AlGaN/GaN SBD 经 6V/1000s 应力后开启电压的变化量仅为 1%。图 5.17 展示了基于热电子发射模型所提取的器件势垒高度及理想因子随正向应力时间的变化关系。2nm GaN 帽层结构 AlGaN/GaN SBD 的器件势垒高度和理想因子受正向应力的影响较小；100nm GaN 帽层结构 AlGaN/GaN SBD 的器件势垒高度变化量分别为 1.5%、2.4%、2.7%、3.0%、3.4%、4.2%、5.1%、6.3%、7.3%，理想因子变化量分别为−3.8%、−5.0%、−5.7%、−5.8%、−6.2%、−7.4%、−8.4%、−10.3%、−11.5%。趋于理想化的理想因子表明，在正向电压应力作用下，热电子发射电流在正向电流中的占比逐渐升高。

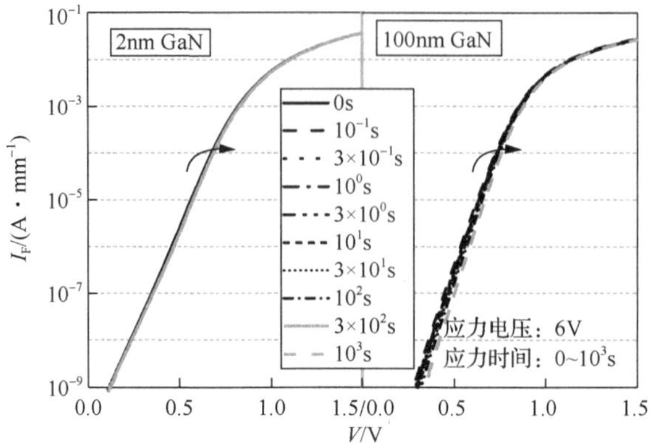

图 5.16（彩图）

图 5.16　不同帽层厚度 AlGaN/GaN SBD 的正向 *I-V* 特性随正向应力时间的变化关系

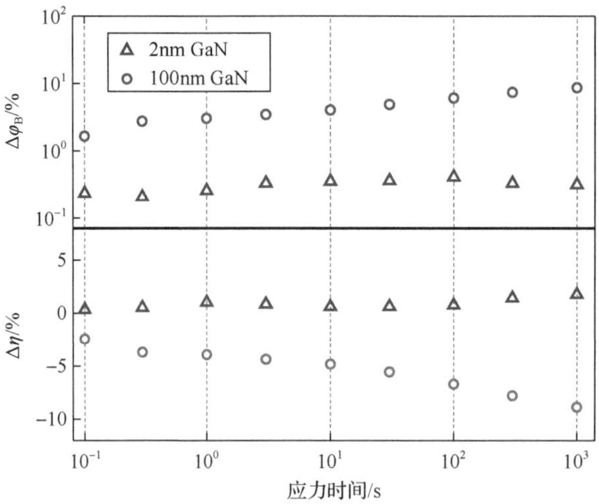

图 5.17　不同帽层厚度器件势垒高度、理想因子随正向应力时间的变化关系

图 5.18 展示了 2nm GaN 帽层和 100nm GaN 帽层结构 AlGaN/GaN SBD 的正向 *I-V* 特性随反向应力时间的变化关系。阳极电极施加的应力电压为−600V，应力时间分别为 0s、0.1s、0.3s、1s、3s、10s、30s、100s、300s。100nm GaN 帽层结构 AlGaN/GaN SBD 在势垒限制区域的导通特性受反向应力电压的影响较小，器件经−600V/300s 应力后开启电压的变化量仅为 4.5%，而 2nm GaN 帽层结构 AlGaN/GaN SBD 经−600V/300s 应力后开启电压的变化量为 16.5%。

图 5.19 展示了基于热电子发射模型所提取的器件势垒高度、理想因子及导通电阻随反向应力时间的变化关系。100nm GaN 帽层结构 AlGaN/GaN SBD 的器件理想因子未发生明显变化，而 2nm GaN 帽层结构 AlGaN/GaN SBD 的器件理想因子变化量高达 20%。在高反向偏压作用下，2nm GaN 帽层结构 AlGaN/GaN SBD 阳极边缘存在明显的“虚栅”效应，导致器件导通电阻迅速增大，从而影响器件的正常工作。然而，100nm GaN 帽层结构 AlGaN/GaN SBD 能够有效屏蔽表面态对沟道 2DEG 的影响，器件导通电阻退化相对较小。

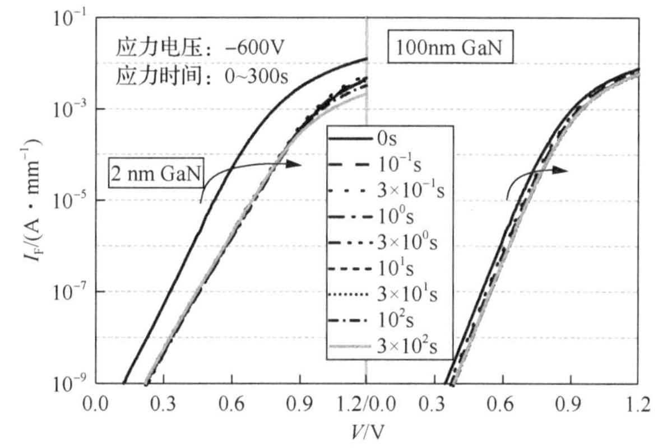

图 5.18　不同帽层厚度 AlGaN/GaN SBD 的正向 *I-V* 特性随反向应力时间的变化关系

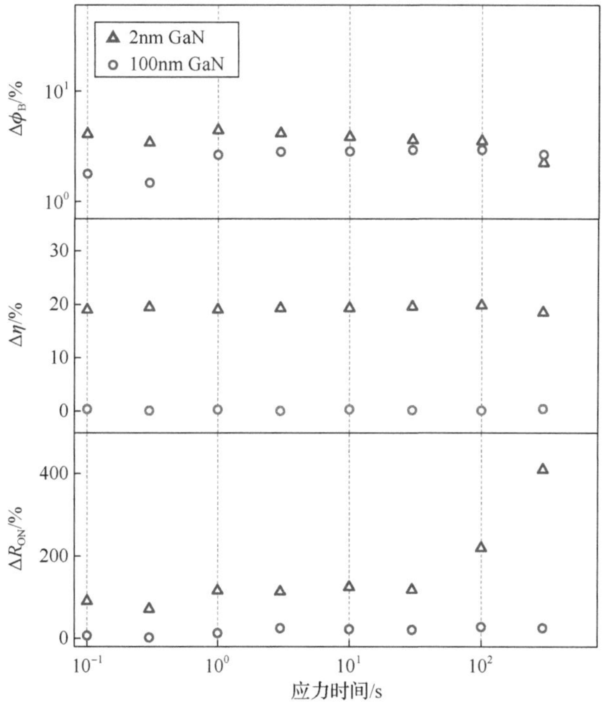

图 5.19　不同帽层厚度器件势垒高度、理想因子、导通电阻随反向应力时间的变化关系

5.2.3　厚本征帽层 GaN/AlGaN/GaN 肖特基二极管抗质子辐照特性

以航空航天为代表的公共建设是 GaN 电子器件应用的重大领域之一。太空中较强的辐射环境要求器件具有一定的抗辐射能力，以防止被粒子辐照或射线辐照损坏。在太空辐射环境中，质子辐照占据最大概率，会导致样品的电离损伤或位移损伤，从而引入受主陷阱，直接造成器件的严重退化。因此，分析质子辐照效应对厚本征帽层凹槽阳极结构 GaN/AlGaN/GaN SBD 的影响是推动 GaN 器件走向航空航天应用的重要过程。

图 5.20 展示了厚本征帽层结构 GaN/AlGaN/GaN 外延片经 10MeV 能量质子辐照前

后的微区拉曼表征结果，质子注入量为 $1\times10^{14}cm^{-2}$。质子辐照后，GaN 材料的峰位未发生明显改变，E_2^{high} 和 A_1(LO)模的峰位分别为 $571cm^{-1}$ 和 $735cm^{-1}$，故 GaN 材料的应力状况不受质子辐照效应的影响，但质子辐照后样品的 E_2^{high} 模峰的半高宽较辐照前有所增加，这表明 GaN 材料的晶体质量在质子辐照后有所退化。

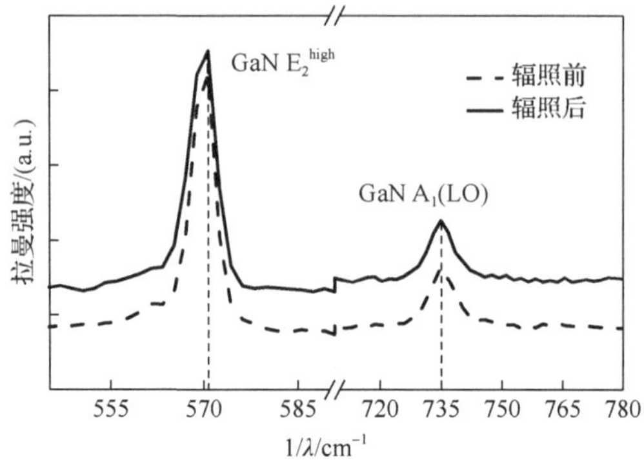

图 5.20　质子辐照前后有源区 GaN 拉曼光谱图

图 5.21 展示了质子辐照前后，厚本征帽层结构 GaN/AlGaN/GaN SBD 的正/反向 *I-V* 特性。辐照前后，器件在阳极正向电流密度为 1mA/mm 时所对应的开启电压均为 0.38V，但在正向电流密度为 100mA/mm 时所对应的导通电阻分别为 13.7Ω·mm 和 15.0Ω·mm。此外，器件经质子辐照后，击穿电压出现明显退化。当带有能量的质子进入 GaN 材料时，会将一部分动能传递到晶格原子上，产生缺陷。这些受主缺陷会增加散射率，使得 2DEG 迁移率降低，串联电阻增大。

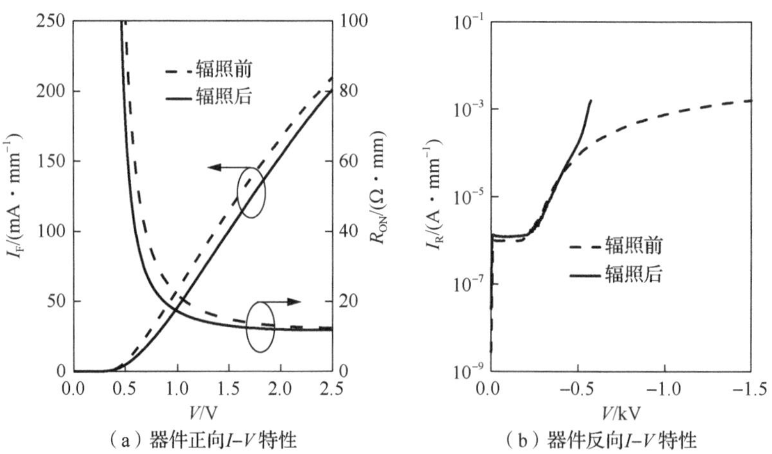

图 5.21　质子辐照前后厚本征帽层 AlGaN/GaN SBD 正/反向 *I-V* 特性

图 5.22 展示了辐照前后温度相关的厚本征帽层结构 GaN/AlGaN/GaN SBD 的正/反向 *I-V* 特性。当器件温度从 300K 上升至 425K 时，未经过辐照处理的器件开启电压由 0.38V 降低至 0.33V，而经过辐照处理的器件开启电压由 0.38V 降低至 0.31V。器件的反向漏电流分别增大了 22.65 倍和 11.87 倍。辐照后器件高温反向漏电流较小的增幅主要得益于质子辐照过程中对器件阳极肖特基界面的损伤修复作用。

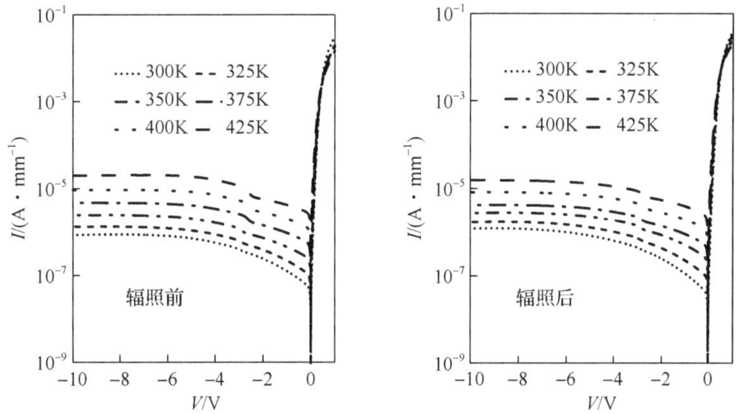

（a）辐照前器件正/反向I–V特性

（b）辐照后器件正/反向I–V特性

图 5.22　辐照前后温度相关的厚本征帽层 AlGaN/GaN SBD 正/反向 I-V 特性

图 5.23 展示了辐照前后器件势垒高度和理想因子随温度的变化关系。当器件温度从 300K 上升至 425K 时，未经过辐照处理的器件势垒高度由 0.53eV 升高至 0.63eV。而经过辐照处理的器件势垒高度由 0.56eV 升高至 0.73eV。器件经质子辐照处理后，相同温度下的理想因子明显降低，进一步验证了质子辐照效应对器件阳极肖特基界面的损伤修复作用。

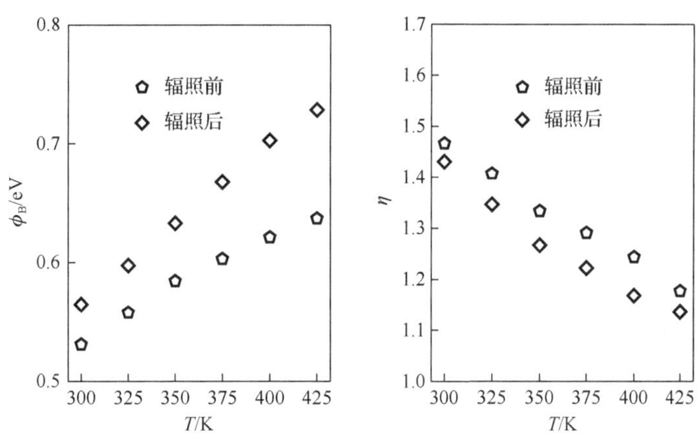

（a）势垒高度

（b）理想因子

图 5.23　辐照前后厚本征帽层 AlGaN/GaN SBD 势垒高度、理想因子随温度的变化关系

图 5.24 展示了辐照前后器件脉冲 I-V 特性及动态微分导通电阻与脉冲静态偏置电压的关系。脉冲宽度和脉冲周期分别为 5ms 和 100ms，阳极脉冲静态偏置电压分别为 0V、−10V、−20V、−40V、−60V、−80V、−100V。得益于厚帽层结构器件对有源区表面态的良好屏蔽效果，在−100V 静态偏置电压下，厚本征帽层结构 GaN/AlGaN/GaN SBD 辐照前后微分导通电阻退化仅为 35%和 62%。

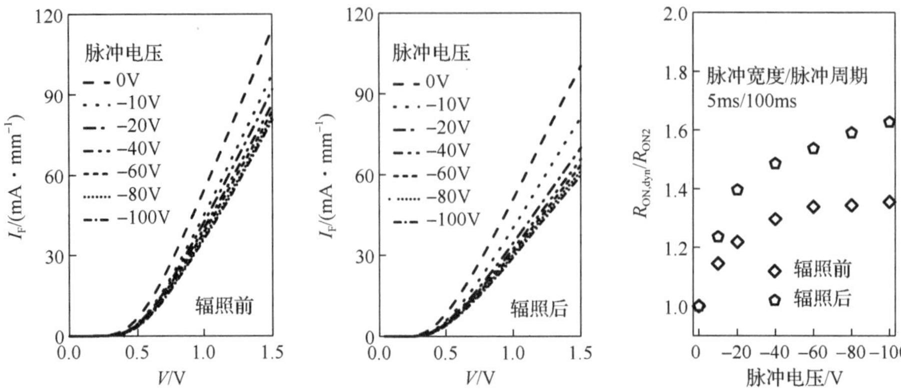

（a）辐照前器件脉冲 I-V 特性　（b）辐照后器件脉冲 I-V 特性　（c）器件动态导通电阻与脉冲电压的关系

图 5.24　辐照前后器件正向特性随脉冲电压的变化关系

图 5.25 展示了在 50mA 正向电流应力下，器件正向导通特性随应力时间的变化关系。应力时间分别为 0s、3s、10s、30s、100s、300s、1000s，辐照前器件正向电流的退化可以忽略不计，辐照后器件即使经过 1000s 长时间电流应力后，导通电流的退化仍然较小。这表明虽然质子辐照使受主陷阱密度进一步增大，但厚本征帽层结构 GaN/AlGaN/GaN SBD 的正向应力表现依旧较为出色。

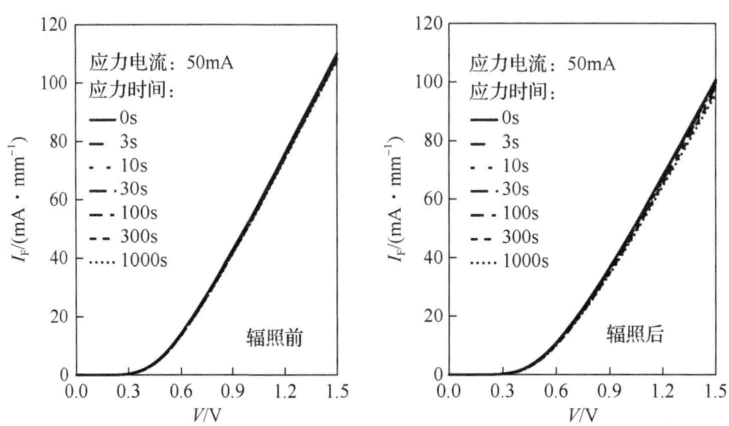

（a）辐照前器件正向 I-V 特性　（b）辐照后器件正向 I-V 特性

图 5.25　辐照前后器件正向特性与电流应力时间的关系

5.3　超高频凹槽阳极 GaN 肖特基二极管

5.3.1　GaN 微波二极管核心指标相关性分析

根据器件截止频率表达式 $f_T = 1/(2\pi R_s C_{j0})$，较小的结电容和较小的串联电阻是实现高频凹槽阳极结构 GaN 肖特基二极管的必要条件。下面分别从器件结电容和串联电阻的影响因素方面具体分析。由于肖特基二极管为多数载流子导电器件，不会产生扩散电容，故其结电容主要为势垒电容 C_T。在零偏及反向偏压下，势垒电容可以等效为一个平行板电容，其宽度对应于两平行板间的距离。势垒电容[35]可以表示为

$$C_{\mathrm{T}} = \frac{A\varepsilon_{\mathrm{r}}\varepsilon_0}{X_{\mathrm{D}}} \tag{5-1}$$

式中，A 为器件肖特基结面积；X_{D} 为肖特基结势垒宽度，可表示为

$$X_{\mathrm{D}} = \sqrt{\frac{A\varepsilon_{\mathrm{r}}\varepsilon_0\varphi_{\mathrm{bi}}}{qN_{\mathrm{D}}}} \tag{5-2}$$

式中，φ_{bi} 为半导体材料表面势；N_{D} 为载流子浓度。通过采用高功函数的金属阳极提高金属与半导体间的功函数差，可以有效提升半导体表面势 φ_{bi}，进而减小器件的势垒电容。

凹槽阳极结构 GaN 肖特基二极管的导通电阻主要包括金属电极的寄生电阻、欧姆接触电阻、沟道电阻及肖特基结电阻。其中，金属电极的寄生电阻可以通过进一步加厚金属进行优化；沟道电阻与器件阴阳极间距和外延片方阻的乘积成正比，故减小器件阴阳极间距可以有效减小沟道电阻。外延片方阻可表示为

$$R_{\square} = \frac{1}{nq\mu_{\mathrm{n}}} \tag{5-3}$$

提升 GaN 材料的二维电子气浓度 n 和载流子迁移率 μ_{n} 是减小外延片方阻的有效方式。器件肖特基结电阻 R_{j} 随偏置电流的变化而变化，可近似表示为

$$R_{\mathrm{j}} = \frac{\eta kT}{qI_{\mathrm{b}}} \tag{5-4}$$

式中，η 为器件理想因子；室温下 kT/q 约为 26mV；I_{b} 为测试点的偏置电流。当偏置电流较大时，肖特基结电阻可以忽略。

对于已确定的 GaN 外延片，沟道 2DEG 密度和载流子迁移率为定值，器件饱和电流与阳极宽度正相关，导通电阻与阳极宽度负相关，即阳极宽度越大，饱和电流越大，串联电阻越小。但由于器件结电容与阳极宽度成正比，故器件较小的结电容与较小的串联电阻之间存在权衡关系。

5.3.2 场板结构凹槽阳极 GaN 肖特基二极管

对于 GaN 材料，宽禁带特性决定其与肖特基金属接触的势垒较高，开启电压较高，且异质外延导致其位错密度较大，横向沟道易受表面状态影响，这些特点均深刻影响着

器件性能及可靠性。针对这些问题，本节提出一种采用低压化学气相沉积（LPCVD）设备生长 SiN 表面钝化层的凹槽阳极结构 GaN 微波二极管，其器件截面图如图 5.26 所示。

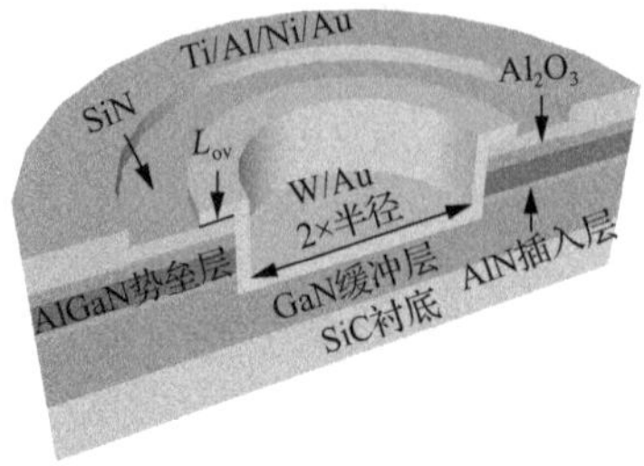

图 5.26　凹槽阳极结构 GaN 微波二极管的 3D 视角截面图

该结构在阳极金属区域刻蚀凹槽至二维电子气下方。由于刻蚀区域已不存在二维电子气，该方法显著减小了与阳极金属的交叠面积，从而大幅减小了器件的寄生电容。同时，该结构使阳极金属与凹槽侧壁接触形成肖特基结，Ga 面生长的 GaN 侧壁为非极性面，与肖特基金属间具有更小的功函数差，有效减小了器件开启电压。此外，肖特基结与位错方向平行，电流方向与位错方向垂直，有利于减小器件漏电。该结构的电容主要取决于肖特基结以及阳极搭在凹槽边缘部分的面积，而与阳极金属的面积无关，因此低电容器件的制备对工艺特征尺寸的要求不高，大大降低了制备难度。

由于阳极金属必须完全覆盖刻蚀凹槽，而凹槽与阳极金属间的光刻套刻必须留有一定的工艺容差，因此该结构设计中阳极金属半径大于凹槽半径，超出部分会形成搭在凹槽边缘的类似场板的结构。

为解决 GaN 器件禁带宽度大导致的二极管开启电压高的问题，本节创新采用 W/Au 金属叠层作为肖特基金属。低功函数的 W 金属与凹槽侧壁非极性面以及二维电子气直接接触进一步降低了肖特基势垒高度，从而大幅减小器件的开启电压。

为抑制电流崩塌，GaN 器件需要进行可靠的钝化。本节采用 LPCVD 生长致密 SiN 薄膜作为表面钝化，并采用 PECVD 生长的 SiN 进行二次钝化。LPCVD 高温生长的 SiN 具有极高的材料质量和更低的界面态密度，可有效消除界面引入的电流崩塌。另外，LPCVD SiN 和 PECVD SiN 介质填充在重叠区域的下方，增加了重叠区域与二维电子气之间的距离，从而大幅减小器件的寄生电容。

图 5.27（a）展示了本节研制的凹槽阳极氮化镓肖特基二极管在对数坐标下的正向 *I-V* 特性。器件的开启电压低至 0.38V，亚阈值摆幅仅为 62mV/dec，非常接近 60mV/dec 的理论极限值，也印证了该器件具备接近理想的肖特基结。

图 5.27（b）展示了线性坐标下的器件正向特性。3.5μm、4μm、4.5μm 阴阳极间距的器件在 3V 电压偏置下分别获得了 589.4mA/mm、553mA/mm 和 501mA/mm 的电流密度，其微分导通电阻最低值分别为 3.4Ω·mm、3.74Ω·mm 和 4.18Ω·mm。图 5.27（c）展示了器件的击穿特性，器件漏电仅为 2～4μA/mm。以 10μA/mm 作为击穿电压的标准，三种间距器件的击穿电压分别达到 164V、192V 和 220V。

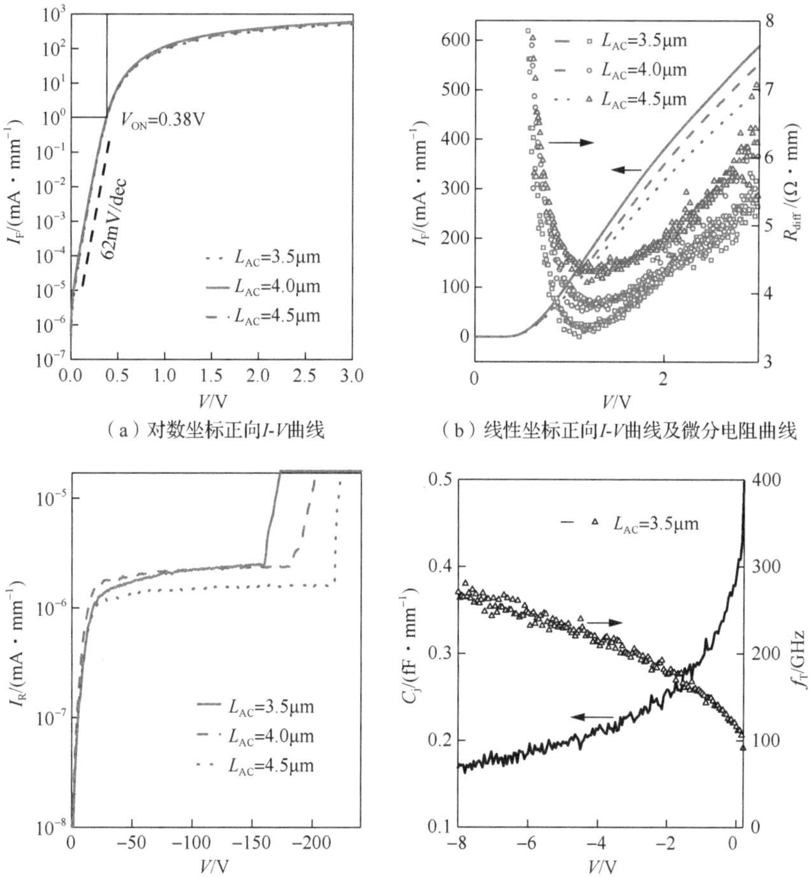

（a）对数坐标正向 I-V 曲线　（b）线性坐标正向 I-V 曲线及微分电阻曲线

（c）反向 I-V 特性　（d）C-V 与截止频率特性

图 5.27　凹槽阳极 GaN 肖特基二极管特性

图 5.27（d）为 3.5μm 阴阳极间距器件的 *C-V* 和截止频率曲线。归一化零偏结电容为 0.43pF/mm、半径为 120μm、阴阳极间距为 3.5μm 的器件，周长约为 0.75mm，其开态电阻实测值为 4.5Ω，零偏结电容实测值为 0.32pF，截止频率高达 111GHz。

本节 GaN 二极管与 Si、GaAs 二极管及文献报道中 GaN 二极管参数比较如表 5.1 所示。

表 5.1　本节 GaN 二极管与 Si、GaAs 二极管及文献报道中 GaN 二极管参数比较

参数	HSMS2860	HSMS2820	MA4E1317	Lateral GaN SBD	Vertical GaN SBD	本节 GaN SBD
	Avago Si SBD[36]		Macom GaAs SBD[37]	HRL[38]	University of Tokushima[39]	
零偏结电容 C_{j0}/pF @f=1MHz	0.18	0.7	0.02	0.0248	0.32	0.32
串联电阻 R_s/Ω	6	6	4	7.127	8.2	4.5
开启电压 V_{on}/V @1mA	0.3	0.34	0.7	0.7	0.8	0.38
击穿电压 BV/V	7	15	7	18	80	164

5.3.3　自对准凹槽阳极 GaN 肖特基二极管

为了大幅度提升 GaN 肖特基二极管的高频特性，通过采用自对准凹槽阳极结构有效消除阳极边缘场板结构的寄生电容；进一步采用功函数高达 5.65eV 的金属铂（Pt）作为阳极肖特基接触金属，通过提升表面势垒宽度，达到减小器件结电容的目的；另外，得益于 GaN 材料较高的临界击穿场强和良好的 2DEG 特性，通过减小器件阴阳极间距并使用低方阻外延片，可以达到减小沟道电阻的目的。器件制备工艺流程主要包括钝化层沉积、台面刻蚀、欧姆接触、阳极凹槽刻蚀、自对准阳极金属蒸发、全局钝化、钝化开孔、金属加厚等步骤，如图 5.28 所示。值得注意的是，阳极凹槽刻蚀与阳极金属 Pt/Au 的沉积采用单步光刻，阳极金属沉积完成后再进行剥离。

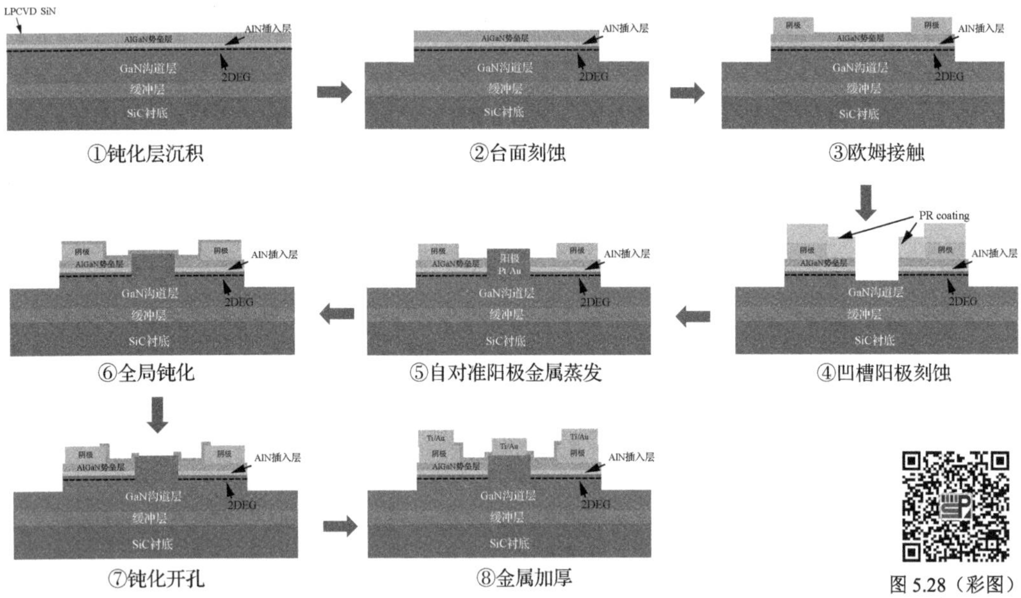

图 5.28（彩图）

图 5.28　自对准凹槽阳极 GaN 微波二极管制备工艺流程

图 5.29（a）为半对数坐标下阴阳极间距 L_{AC}=1μm 和 L_{AC}=2μm 的自对准凹槽阳极结构 GaN 肖特基二极管的正向 *I-V* 特性曲线。插指型器件阳极宽度为 1mm。由于阳极金属 Pt 具有较高的金属功函数，器件开启电压高达 1.16V，远高于采用 Ni 阳极金属及 W 阳极金属的器件开启电压。此外，高功函数阳极金属进一步抑制了器件反向漏电，当阳极偏置电压在 0 附近时，电流接近 pA 级别，器件正向开关比高达 10^{12}。对于阴阳极间距 L_{AC}=1μm 的器件，当阳极偏置电压为 4.6V 时，器件导通电流高达 1A；而对于阴阳极间距 L_{AC}=2μm 的器件，当阳极偏置电压为 5V 时，器件导通电流降低为 0.9A。图 5.29（b）展示了器件微分导通电阻与阳极偏置电压的关系，两种器件均在 2.3V 附近实现了最低微分导通电阻，其中，阴阳极间距 L_{AC}=1μm 的器件最小电阻为 1.96Ω，L_{AC}=2μm 的器件最小电阻为 2.37Ω。图 5.29（c）为自对准凹槽阳极结构 GaN 肖特基二极管的反向击穿特性，得益于高功函数阳极金属 Pt 的采用，在低反向偏置电压下，器件反向漏电流仅为 5×10^{-8}A，当反向偏置电压较高时，反向漏电流随偏置电压的增大而

逐渐增加。定义器件反向漏电流为 1mA 时所对应的阳极偏置电压为器件击穿电压，则阴阳极间距 L_{AC}=1μm 的器件反向击穿电压为−72V，L_{AC}=2μm 的器件反向击穿电压高达−109V。图 5.29（d）为器件电容及频率特性，得益于自对准凹槽阳极结构及高功函数阳极金属的使用，阴阳极间距 L_{AC}=1μm 的器件零偏结电容为 0.267pF，L_{AC}=2μm 的器件零偏结电容仅为 0.245pF，两种器件的截止频率分别高达 304GHz 和 274GHz。

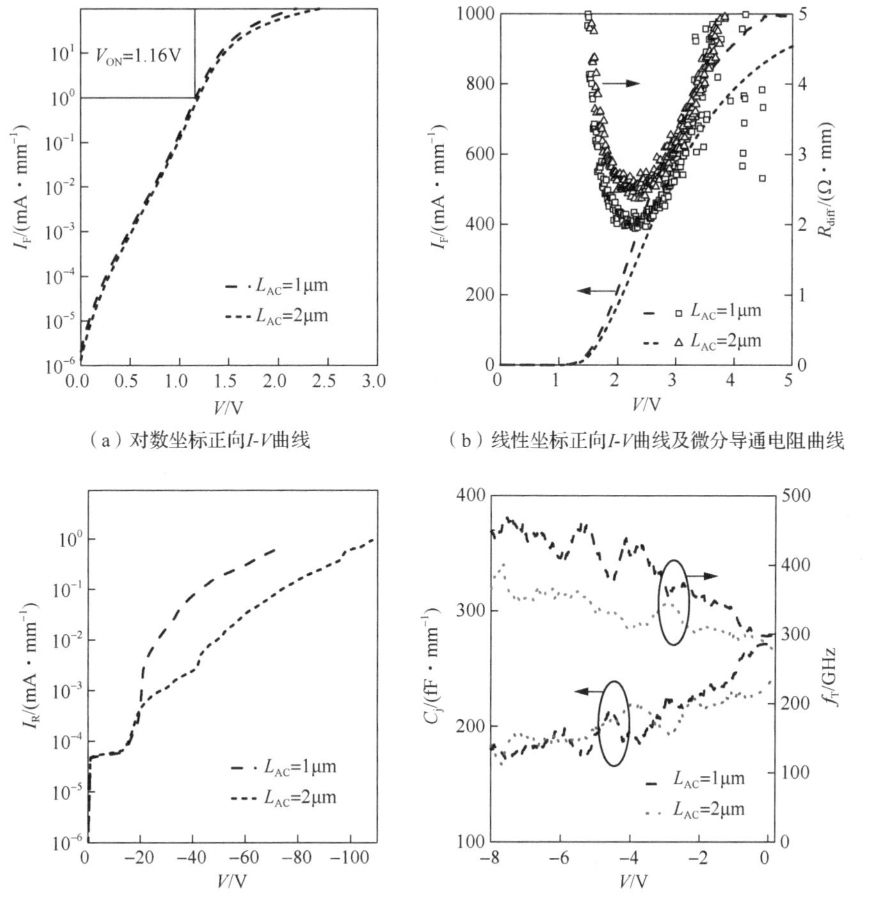

（a）对数坐标正向 I-V 曲线　（b）线性坐标正向 I-V 曲线及微分导通电阻曲线

（c）反向 I-V 特性　（d）C-V 与截止频率特性

图 5.29　GaN 自对准微波二极管特性

5.3.4　InAlN/GaN 高品质因数 GaN 肖特基二极管

自对准凹槽阳极结构能够大幅度提升 GaN 肖特基二极管的截止频率。在此基础上，采用极化更强、面电子密度更高的 InAlN/GaN 异质结材料体系，有望进一步提升器件的电流密度，实现具有更高截止频率和更高品质因数的 GaN 肖特基二极管。对于 AlGaN/GaN 材料而言，虽然提高 Al 组分可以有效提升 2DEG 面密度[40]，但随着 Al 组分的不断增加，AlGaN 材料与 GaN 材料之间的晶格失配更加严重，导致 AlGaN 层受到的张应力增加，临界弛豫厚度迅速降低。当 AlGaN 势垒层厚度超过临界厚度时，会发生塑性应变弛豫，产生失配位错、裂纹等缺陷，导致势垒层质量和异质结界面的迅速恶化，从而降低载流子迁移率[41]。此外，当 GaN 二极管工作时，阳极附近存在较高的电场，已经处于应变状态的 AlGaN 势垒层可能会发生逆压电效应，导致器件失效[42]。

InAlN/GaN 材料体系能够有效避免高 Al 组分 AlGaN 势垒层引入的可靠性问题，同时获得高浓度的 2DEG 面密度，图 5.30 展示了Ⅲ族氮化物材料及其二元合金的晶格常数、禁带宽度及异质结极化电荷面密度[43]。对于 In 组分为 17%的 InAlN 材料，其 c 面内 a 轴晶格常数与 GaN 一致，能够有效避免晶格失配问题，即 InAlN 势垒层不存在来自 GaN 的晶格应力，可以大幅提升材料质量，有效消除逆压电效应的影响。此外，晶格匹配的 $In_{0.17}Al_{0.83}N$/GaN 异质结材料虽然无压电极化效应，但 $In_{0.17}Al_{0.83}N$ 和 GaN 材料间的自发极化差值和导带不连续性极大，其二维电子气密度可达 $2.8\times10^{13}cm^{-2}$，远高于常规 AlGaN/GaN 异质结材料体系。

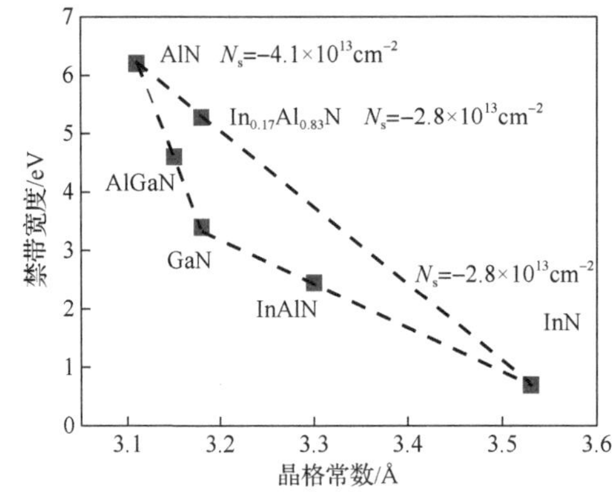

图 5.30　Ⅲ族氮化物材料及其二元合金的晶格常数、禁带宽度及异质结极化电荷面密度

值得注意的是，由于 AlN 材料在 1250℃高温以下性质较为稳定，而 InN 材料在 550℃高温以上会分解成氮气和液态 In，因此 InAlN 材料在高温下可能存在 In 析出问题，导致材料质量下降。通常在 InAlN 材料的顶部生长一层 GaN 帽层，并在器件制备过程中尽量避免高温环境。自对准凹槽阳极结构 InAlN/GaN 肖特基二极管的制备工艺流程主要包括台面刻蚀、欧姆接触、阳极凹槽刻蚀、自对准阳极蒸发、电极加厚等。图 5.31 为 InAlN/GaN 毫米波肖特基二极管截面结构示意图，其中，器件阳极半径 R=40μm，阴阳极间距 L_{AC} 为 2μm、3μm、4μm、5μm。

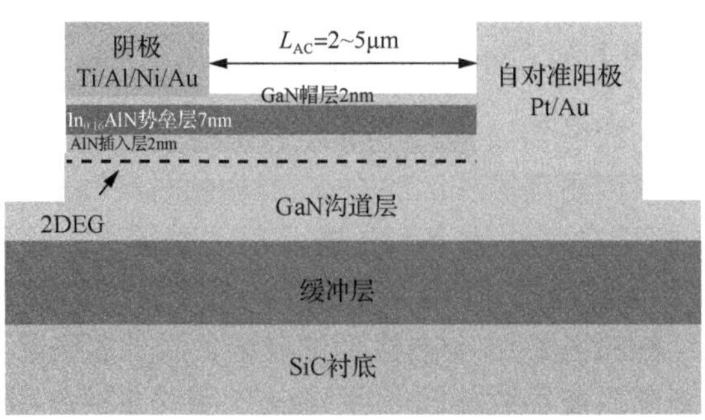

图 5.31　InAlN/GaN 毫米波二极管截面图

图 5.32 为该外延片的 TLM 测试结果。提取的材料方阻仅为 192Ω/□，欧姆接触电阻仅为 0.36Ω·mm。相比于传统的 AlGaN/GaN 材料结构，样品方阻大幅度降低，且接触电阻也明显减小，这都得益于高浓度的 2DEG 及薄厚度的 InAlN 势垒层，这些是欧姆接触特性提升的重要因素。

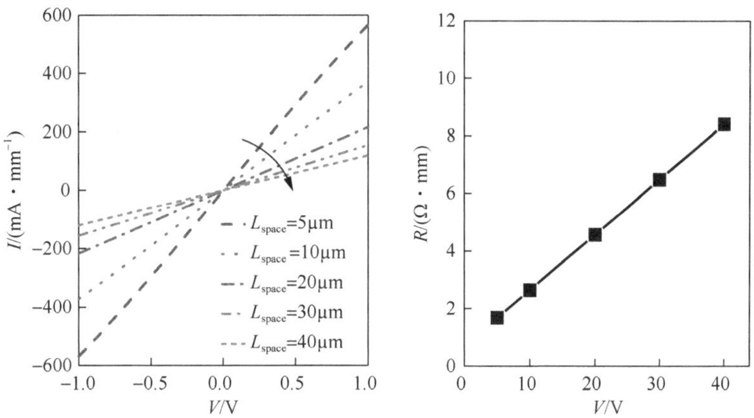

（a）TLM测试归一化电流　（b）归一化电阻拟合曲线

图 5.32（彩图）

图 5.32　InAlN/GaN TLM 测试结果

图 5.33（a）为线性坐标下器件正向 I-V 特性及微分导通电阻特性，对于阴阳极间距 L_{AC} 为 2μm、3μm、4μm、5μm 的自对准凹槽阳极结构 InAlN/GaN 肖特基二极管，最小微分导通电阻分别为 1.24Ω·mm、1.47Ω·mm、1.80Ω·mm、2.13Ω·mm，正向电流密度为 1A/mm 所对应的阳极偏置电压分别为 3.02V、3.34V、3.56V、3.99V。图 5.33（b）为器件电容及频率特性，器件最低零偏结电容仅为 0.21pF/mm，阴阳极间距 L_{AC} 为 2μm、3μm、4μm、5μm 的 InAlN/GaN 肖特基二极管的截止频率分别为 600GHz、362GHz、292GHz、255GHz。

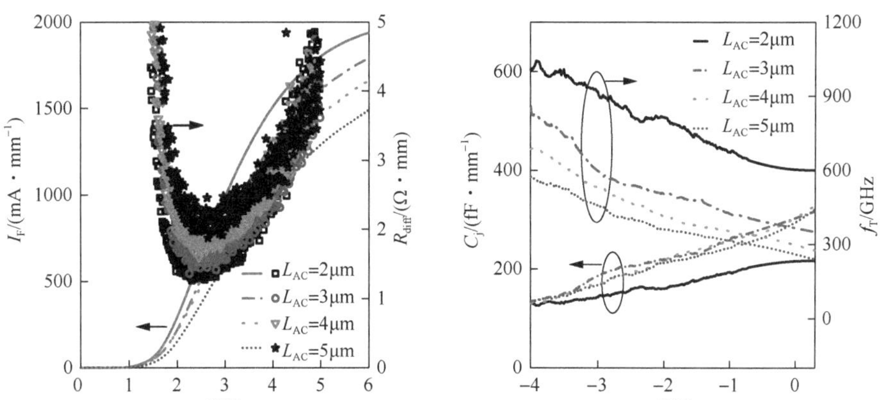

（a）正向I-V特性及微分导通电阻特性　（b）C-V特性曲线及截止频率曲线

图 5.33（彩图）

图 5.33　InAlN/GaN 自对准二极管不同间距器件特性表征

图 5.34 展示了自对准凹槽阳极结构 InAlN/GaN 肖特基二极管的反向击穿特性。当

器件反向偏置电压为–10V 时，器件反向漏电流达到 μA/mm 量级，并且反向漏电流随偏置电压的增大而逐渐增加。定义阳极反向漏电流为 10^{-4}A/mm 时所对应的阳极偏置电压为器件击穿电压，则阴阳极间距 L_{AC} 为 2μm、3μm、4μm、5μm 的 InAlN/GaN 肖特基二极管的反向击穿电压分别为–124V、–194V、–221V、–331V，器件击穿电压随阴阳极间距近似呈现线性变化，器件阴阳极间距每增加 1μm，击穿电压提升约 65V。

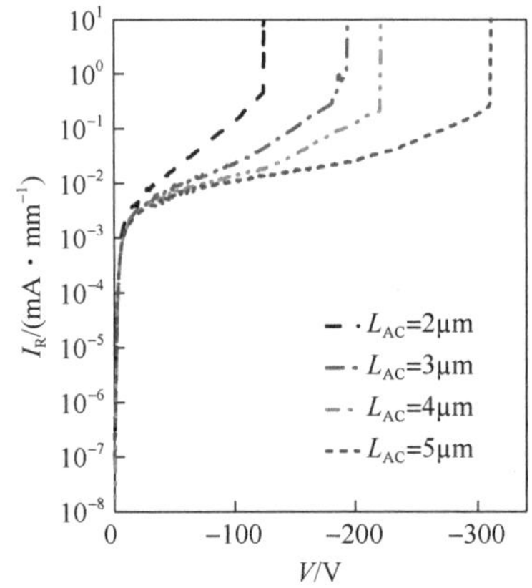

图 5.34（彩图）

图 5.34　InAlN/GaN 自对准二极管不同间距器件反向 *I-V* 特性曲线

综上所述，基于 InAlN/GaN 异质结材料制备的阴阳极间距 L_{AC}=2μm 的自对准凹槽阳极结构肖特基二极管实现了微分导通电阻为 1.24Ω·mm、零偏结电容为 0.21pF/mm、截止频率高达 600GHz、击穿电压高达–124V、Johnson 品质因数高达 74.4THz·V 的高性能，在高频大功率应用方面具有广阔的前景。

5.4　GaN 肖特基二极管产品化及建模技术

5.4.1　氮化镓微波二极管产品化

高性能 GaN 肖特基二极管产品采用西安电子科技大学自主外延的 SiC 基 AlGaN/GaN 异质外延片。器件采用多层钝化的凹槽阳极横向结构，其核心工艺包括 LPCVD SiN 表面钝化、低 *k* 介质 SiO_2 阳极钝化、低损伤阳极凹槽刻蚀、低功函数金属 W 阳极、多层复合结构全局钝化等。基于该技术方案，已实现了 4 英寸/6 英寸工艺基线的高性能 GaN 微波二极管的加工，图 5.35（a）为完成器件制备并减薄后的 4 英寸 SiC 基 GaN 微波二极管晶圆，单个晶圆上包含 9000～10000 只器件，管芯核心参数包括开启电压小于 0.5V、串联电阻小于 10Ω、零偏结电容小于 0.6pF、击穿电压大于 100V 等。晶圆减薄过程中，首先使用石蜡对 4 英寸晶圆表面进行保护，并贴在减薄托盘上，依次采用砂轮减薄与化学机械研磨的方式对背部 SiC 衬底进行减薄处理，直至整个晶圆厚度减薄至 100μm。晶圆减薄完成后，使用划片机将晶圆沿划片道划开，划片道宽度约为 80μm。图 5.35（b）为划片后的裸芯显微照片，单只 GaN 管裸芯尺寸为 480μm×700μm。

（a）4英寸SiC基GaN微波二极管晶圆

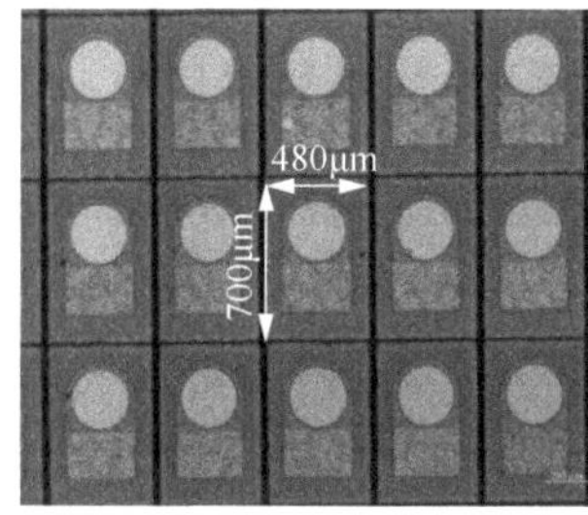

（b）器件裸芯显微照片

图 5.35　晶圆级 GaN 芯片图像

该 GaN 肖特基二极管采用金属陶瓷管壳 QF0102-2 进行封装，芯片底部设有金属热沉，盖板采用金属材质，且封帽采用金锡熔封工艺，具备优异的导热能力和气密性，其管壳外部及内部照片分别如图 5.36（a）和图 5.36（b）所示。封装时，采用导电银浆烧结的方式将器件背面固定于管壳底部的热沉上，并采用直径为 25μm 的金丝通过键合的方式将二极管阴极及阳极引出，最后盖帽完成封装。图 5.36（c）为该二极管产品的外形图及尺寸信息。

（a）封装管壳照片

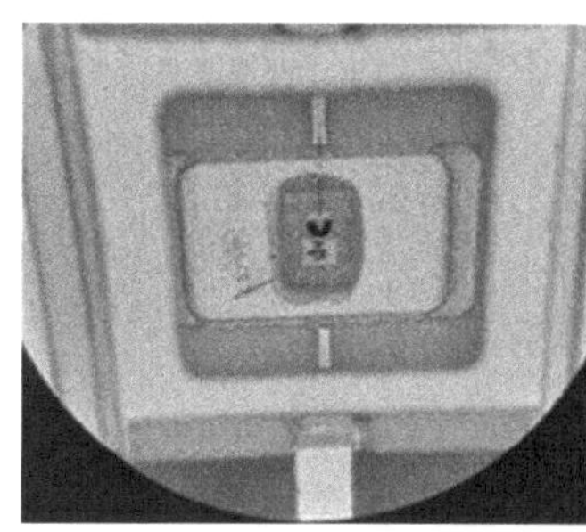

（b）封装内部照片

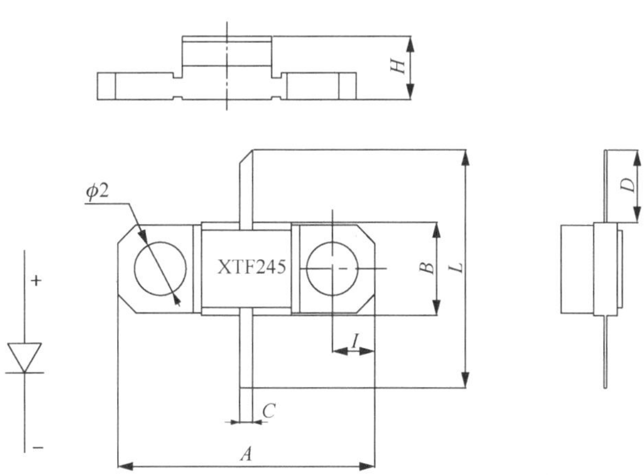

单位为mm

符号	数值		
	最小值	标称值	最大值
A	9	10	11
B	3.35	–	3.65
C	0.45	0.5	0.55
D	2.35	–	4.5
H	1.95	–	2.35
L	8.35	–	–
I	1.575	–	1.725
备注：安装孔的直径$\varphi 2$和距离I只作为参考值，不进行考核。			

（c）详细尺寸

图 5.36　SiC 基 GaN 微波二极管照片及尺寸

5.4.2　二极管建模与本征参数提取

本团队生产的凹槽阳极 GaN 肖特基二极管具有导通电阻低、结电容小、击穿电压高等显著优势。建模时采用的器件阳极结构为圆形，阳极半径为 80μm，阴阳极间距为 2.5μm。采用是德科技公司的 1505A 半导体功率器件分析仪对凹槽阳极 GaN 肖特基二极管的 *I-V* 和 *C-V* 特性进行测试。图 5.37（a）为器件正向 *I-V* 特性及微分特性，导通电阻为 2.85Ω，正向电流为 1mA 时所对应的器件开启电压为 0.44V，当阳极偏置电压为 2V 时，导通电流高达 383mA。图 5.37（b）为器件 *C-V* 特性和 f_T-*V* 特性，器件零偏结电容为 0.28pF，以导通电阻为 2.85Ω 进行计算，截止频率高达 202.28GHz。图 5.38 为器件反向击穿特性，定义阳极反向漏电为 1mA 时所对应的阳极偏置电压为器件击穿电压，则器件击穿电压高达–116V。

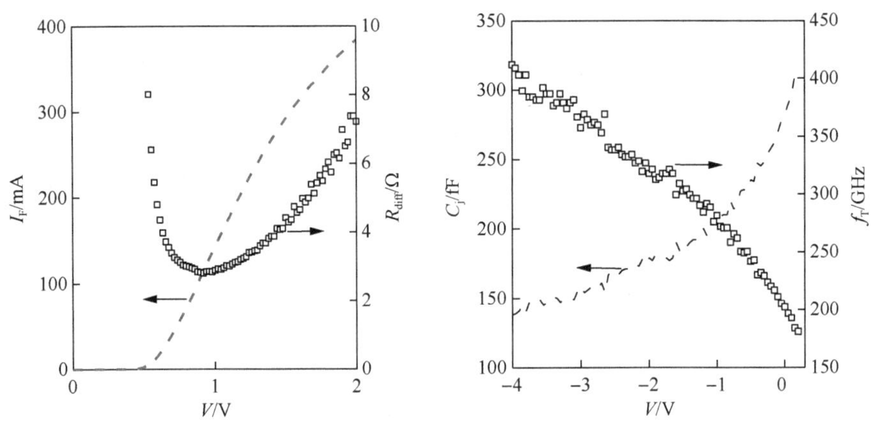

（a）正向 *I-V* 及微分电阻特性　　（b）*C-V*、f_T-*V* 特性曲线

图 5.37　GaN 肖特基二极管特性测试

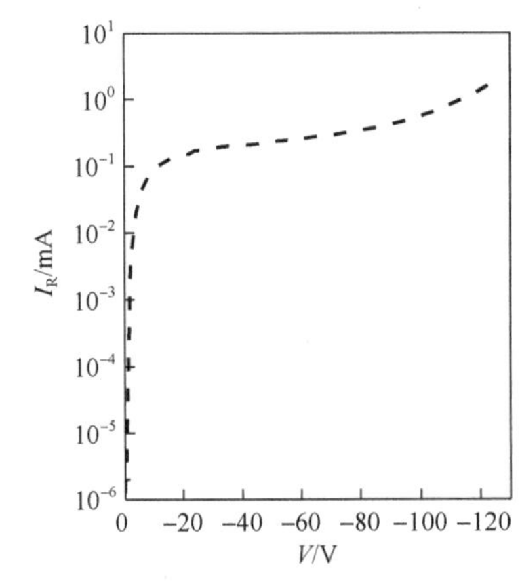

图 5.38　GaN 肖特基二极管的反向特性

图 5.39 为凹槽阳极 GaN 肖特基二极管的本征模型。器件本征参数包括阴极金属与

GaN 半导体材料间的欧姆接触电阻 $R_{contact}$、阴阳极间的沟道电阻 $R_{channel}$、阳极边缘与 2DEG 间的寄生电容 C_P、阳极肖特基结电容 C_j 及阳极结电阻 R_j。其中，C_j 和 R_j 随阳极偏置电压的变化而变化。在图 5.39 器件本征模型基础上，通过引入器件电极寄生参数，能够得到如图 5.40（a）所示的电路模型，包括阴阳极电极寄生参数、欧姆接触电阻 $R_{contact}$、沟道电阻 $R_{channel}$、阳极寄生电容 C_P、阳极结电容 C_j 和阳极结电阻 R_j。通过把欧姆接触电阻 $R_{contact}$ 和沟道电阻 $R_{channel}$ 进行结合，可以得到如图 5.40（b）所示的电路模型，其中，虚线区域为理想二极管模型，可通过 SPICE 参数来表征。综上所述，凹槽阳极 GaN 肖特基二极管的近似模型如图 5.40（c）所示，由阴阳极电极寄生参数、理想二极管和寄生电容 C_P 组成。

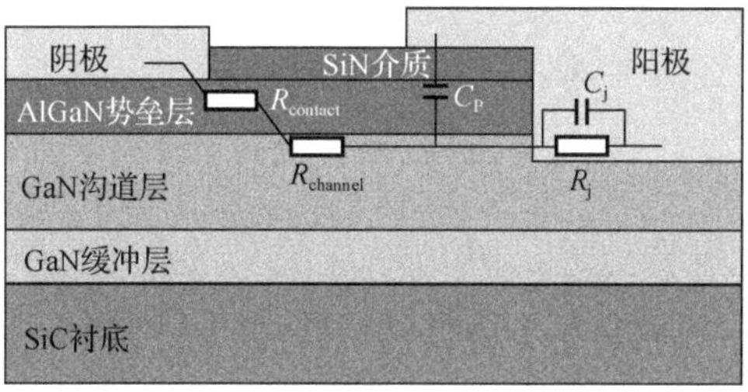

图 5.39　二极管结构图及本征模型

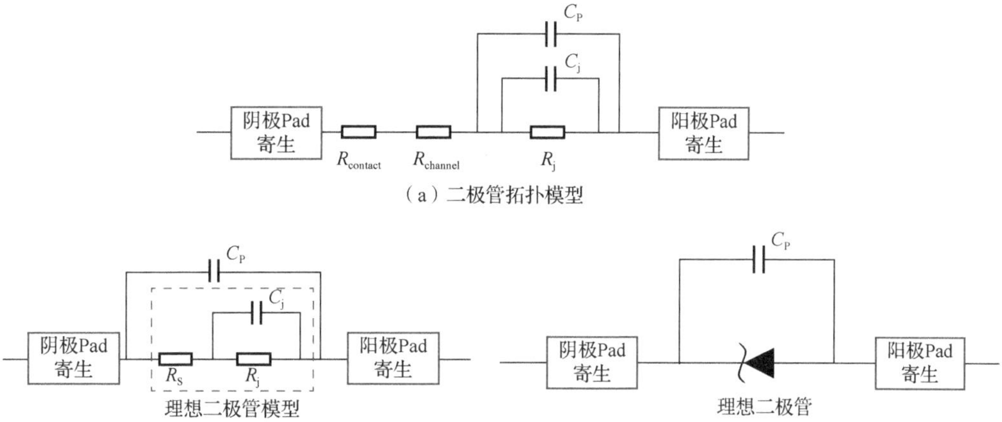

图 5.40　二极管拓扑电路模型

为了提升电路仿真结果与实际测试结果的吻合度，GaN 肖特基二极管的模型精度至关重要，可基于器件的 *I-V* 特性曲线和 *C-V* 特性曲线对主要的 SPICE 参数进行提取，并采用 TRL（thru-reflect-line，通-反射-线）校准方法对理想二极管外的其他模型参数进行提取，实现适用于射频仿真的模型参数。基于肖特基二极管的正向传输特性理论，其正向 *I-V* 关系可表示为

$$I = I_S\left[\exp\left(\frac{qV - IR_S}{\eta kT}\right) - 1\right] \tag{5-5}$$

式中，反向饱和电流 I_S 可表示为

$$I_S = AA^*T^2 \exp\left(\frac{-q\phi_B}{kT}\right) \tag{5-6}$$

式中，V 代表器件阳极电压；A 代表器件阳极面积；A^*为查理德常数；ϕ_B 为有效势垒高度；T 为绝对温度；R_S 为串联电阻；η 为理想因子。A^*可表示为

$$A^* = 2\pi qm^*k^2h^3 \tag{5-7}$$

式中，m^*为电子有效质量；k 为玻尔兹曼常数；h 为普朗克常数。对于 GaN 材料而言 m^*=0.22m_0，故理论上查理德常数为 26.4Acm^{-2}K^{-2}。当器件阳极电压 V>3kT/q 时，R_S 对器件特性的影响相对较小，故可将肖特基二极管的 I-V 传输方程简化为

$$I = AA^*T^2 \exp\left(\frac{-q\phi_B}{kT}\right)\exp\left(\frac{qV}{\eta kT}\right) \tag{5-8}$$

公式两边取对数可得

$$\ln I = \frac{qV}{\eta kT} + \ln AA^*T^2 - \frac{q\phi_B}{kT} \tag{5-9}$$

如图 5.41 所示，在器件肖特基结正向开启前，对数坐标下的电流与电压呈现线性增长的关系，通过对该区域的 I-V 特性进行线性拟合可得，该拟合直线的斜率和截距分别为 28.83 和–20.5，器件 ϕ_B 和 η 可表示为

$$\phi_B = \frac{kT}{q}\ln\frac{AA^*T^2}{I_S} \tag{5-10}$$

$$\eta = \frac{q}{kT}\frac{\partial V}{\partial \ln I} \tag{5-11}$$

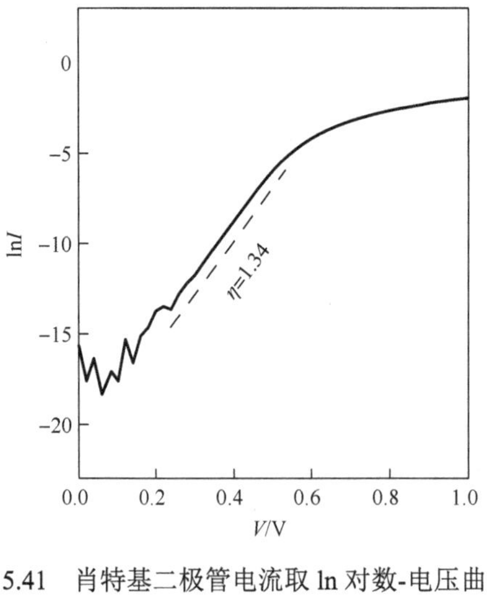

图 5.41　肖特基二极管电流取 ln 对数-电压曲线

根据上述公式可分别求得器件 I_S、ϕ_B 和 η 的参数，结合 GaN 材料的基本特性，最终求得该凹槽阳极 GaN 肖特基二极管的主要 SPICE 参数，如表 5.2 所示。

表 5.2　二极管主要 SPICE 模型参数

参数	零偏结电容	导通电阻	反向饱和电流	势垒高度	理想因子	击穿电压	击穿电流	禁带宽度	饱和电流温度指数
符号	C_{j0}/pF	R_{on}/Ω	I_S/A	ϕ_B/V	η	BV/V	I_{BV}/mA	Eg/eV	X_{ti}
数值	0.28	2.85	1.25×10^{-9}	0.67	1.34	116	1	3.4	2

如图 5.42（a）所示，通过将求得的器件主要 SPICE 模型参数输入是德科技公司的射频仿真软件 ADS（advanced design system，先进设计系统）的二极管模型中，构建电路以模拟器件的直流特性。器件实际测试结果与仿真结果的对比如图 5.42（b）所示，两条曲线高度重合，进一步验证了本征参数模型提取的可行性。

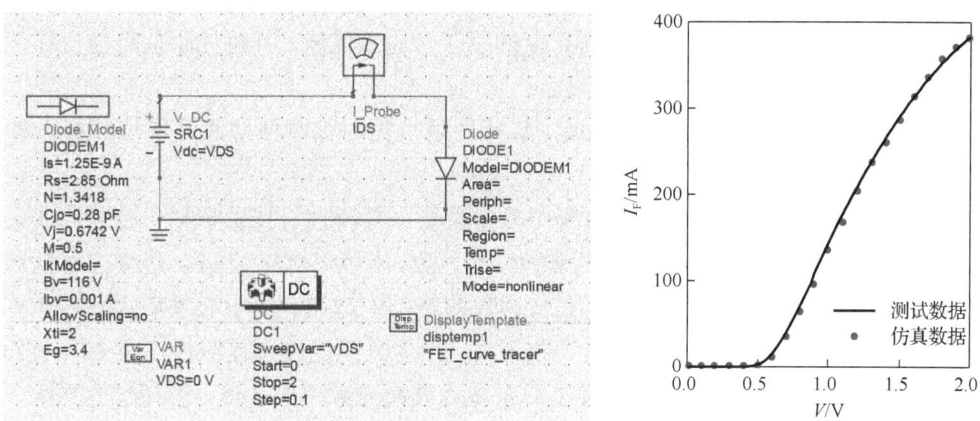

（a）ADS模型仿真电路　　（b）仿真与实测结果对比

图 5.42　GaN SBD 器件仿真与测试结果对比

5.4.3　二极管的外围寄生参数提取

除了理想二极管模型结构外，实际二极管模型中还包含一些外围寄生参数，包括阳极与 2DEG 间的寄生参数、阴极和阳极电极寄生参数，以及阴阳极电极间的寄生参数[44]。采用 π 模型对阴极和阳极电极寄生参数进行表示，则阳极电极寄生参数由两个电容值为 C_{pad1} 的并联电容外加一个电感值为 L_{pad1} 的串联电感构成；阴极电极寄生参数由两个电容值为 C_{pad2} 的并联电容外加一个电感值为 L_{pad2} 的串联电感构成；阳极与 2DEG 以及阴阳极电极间的寄生参数用并联在理想二极管模型两端的电容 C_p 表示。此外，由于二极管在使用过程中需要通过引线键合的方式实现电路连接，故可将阴阳极两端的键合引线电感引入二极管模型中，该键合引线的电感值为 L_1。根据上述分析，包含所有寄生参数的凹槽阳极 GaN 肖特基二极管模型结构如图 5.43 所示。

最常用的确定二极管外围寄生参数的校准方法为 SOLT（short-open-load-thru，短路-开路-负载-通路）和 TRL 方法，但由于 SOLT 方法对校准件的精度要求较高，而制作校准件的板材和连接头都存在一定的误差，从而导致校准与实际结果偏差较大，故可选用 TRL 校准方法。TRL 校准方法主要依赖于传输校准件，而非过多地依赖于反射校准件。该校准方法包含三种校准件，分别为直通件、反射件和传输件，它们需要满足一定的条件[45-49]。

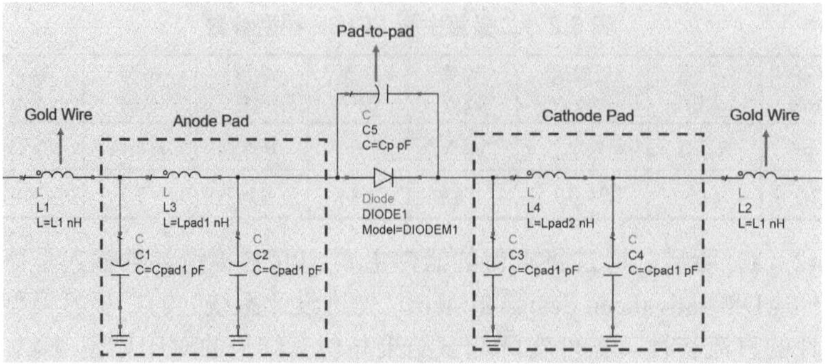

图 5.43　引入寄生参数后的二极管模型

直通件：由一个与被测器件相同长度的路径传输线组成，其特性阻抗需与待测件及系统的阻抗保持一致，即为 50Ω。

反射件：采用短路或者开路形式，其特性阻抗需与被测器件和系统值一样，即为 50Ω，长度为被测器件的一半。

传输件：传输件在 TRL 校准过程中非常重要，其特性直接影响整个校准的效果和精度。首先，传输件的阻抗值需与系统的标准一致，即为 50Ω；此外，传输件与直通件的相位不得完全相等，一般情况下可在直通件的基础上增加一段中心频点四分之一波长的传输线，也就是说它们的物理尺寸不能一样，两者之间的相位差应保持在 20°～160°范围内。值得注意的是，每段传输件工作带宽为其起点频率的 8 倍，若超过此界限，就可能需要额外的传输件来补充。

直通件长度的选取应适中，过短会增加连接头长度所引入的误差，过长又会增加本身的电感效应，此处可设定直通件的长度为 25mm。由于该示例所需的校准频率区间为 0.5～18GHz，因此无法仅用一个传输件满足校准需求。可以根据频率区间划分为 0.5～3.5GHz 和 3～18GHz，并设计两个传输件，两频段的重合能够减小频段边缘的校准误差。设传输件的物理长度为 L，电长度为 L_e，微带传输线的等效介电常数为 ε_e，则它们之间满足：

$$L=\frac{L_e}{\sqrt{\varepsilon_e}} \tag{5-12}$$

当微带线宽度 w 与介质基板厚度 h 之比大于 1 时，等效介电常数为 ε_e 与真空介电常数 ε_r 的关系如式（5-13）所示，光速 c 在传输线中的速度 c_1 如式（5-14）所示。

$$\varepsilon_e=\frac{\varepsilon_r+1}{2}+\frac{\varepsilon_r-1}{2}\left(1+\frac{12h}{w}\right)^{-\frac{1}{2}} \tag{5-13}$$

$$c_1=\frac{c}{\sqrt{\varepsilon_e}} \tag{5-14}$$

波长 λ 可表示为

$$\lambda = \frac{\dfrac{c}{\sqrt{\varepsilon_e}}}{f_0} \tag{5-15}$$

式中，f_0 为工作频带的中心频点，单位为 GHz；ε_e 为传输线的等效介电常数。通过采用基板厚度为 0.508mm、损耗角 Tan D 为 0.0009 的罗杰斯公司（Rogers）生产的 4350B 材料进行夹具设计，并利用 ADS 软件可得 50Ω 传输线的宽度 w 为 1.131mm，计算可得在中心频点 10.5GHz 和 2GHz 处的四分之一波长微带线长度分别为 4.3mm 和 22.73mm，即传输线长度分别为 29.3mm 和 47.73mm，此处分别命名为 Line1 和 Line2，其覆盖频段分别为 3～18GHz 和 0.5～3.5GHz。接下来，检查两根传输线与直通校准件之间的相位偏移是否符合 20°～160° 的要求。相移的计算方法如下：

$$\text{Phase} = \frac{360^\circ f L_e}{c} \tag{5-16}$$

式中，f 为计算频点，单位为 GHz；L_e 为传输线电长度，单位为 cm。计算可得 Line1 和 Line2 在各自频段范围内相对于直通件的相移分别为 26.4°～154.9° 和 22.5°～157.7°，均满足设计要求。两端传输线的仿真结果分别如图 5.44（a）和图 5.44（b）所示，该仿真结果与理论预测基本接近。最后，根据上述分析结果进行 TRL 校准夹具的设计与投板，校准件的示意图和实物图如图 5.45 所示。

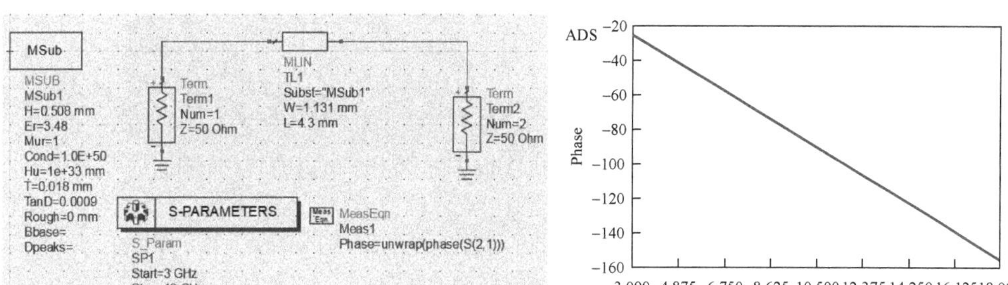

（a）Line1

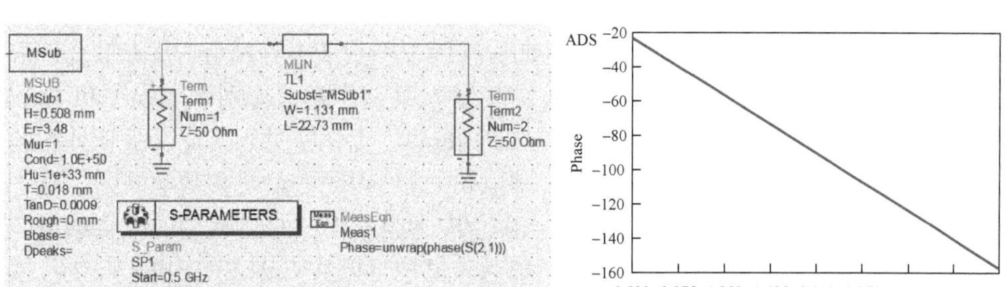

（b）Line2

图 5.44　两种相对直通校准件的位移范围仿真

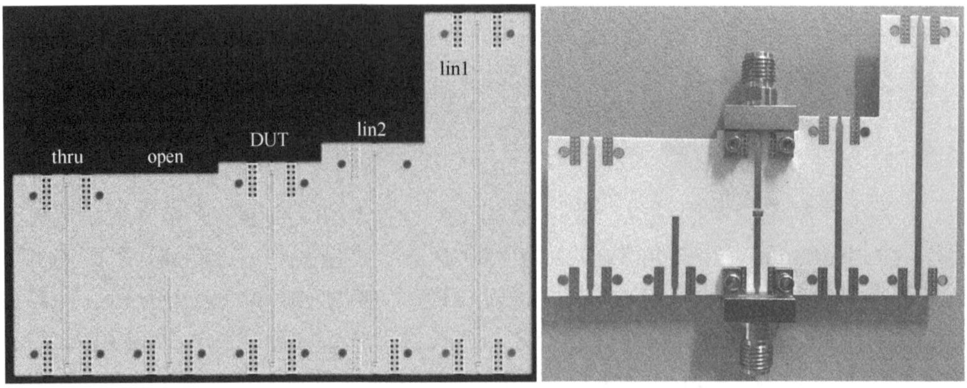

图 5.45　TRL 校准件版图及照片

采用频率范围为 0～20GHz 的便捷式矢量网络分析仪进行校准测试。用两个直流偏置将校准件两端与矢量网络分析仪两个端口分别进行连接，以实现直流偏置与微波信号的隔离。整体连接示意图如图 5.46 所示，所采用的直流偏置是 Marki 的偏置器 BT-0025。

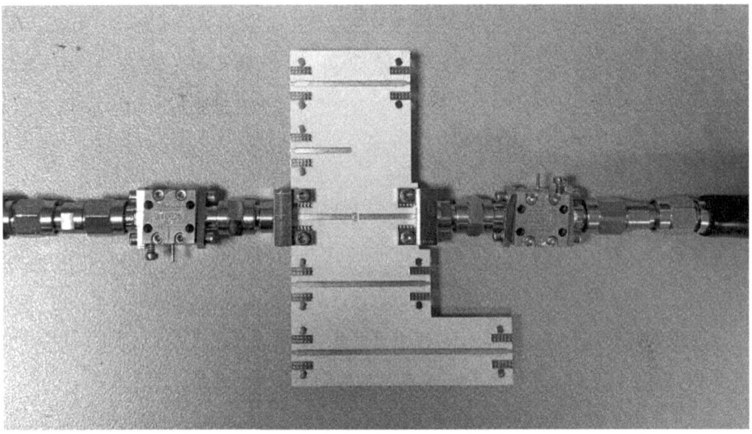

图 5.46　整体连接示意图

分别在偏置电压为–10V、–5V、0V 和 1V 下，对二极管的 S11 和 S21 参数进行了测试。将实测的 S 参数数据保存为 S2P 文件并导入 ADS 仿真软件中。通过优化已经构建好的二极管模型的寄生参数，实现了仿真与测试 S 参数的良好拟合。仿真拟合设置如图 5.47 所示，测试 S 参数的 S2P 文件代入 SNP1 中，其两个端口分别为 Term1 和 Term2。二极管模型的阳极和阴极端口分别为 Term3 和 Term4。优化变量为上述二极管外围的各个寄生参数，优化目标为 S_{11}-S_{33}=0 和 S_{21}-S_{43}=0，最终得到的最优参数解即为二极管的最终模型。图 5.48 为偏置电压为–10V、–5V、0V 和 1V 时二极管模型的拟合结果，在不同偏压下的二极管模型拟合效果良好，表明该模型可以对 GaN SBD 进行等效。模型最终的各个参数值在图 5.46 仿真设置中已给出。基于上述模型参数提取，实现的二极管模型能够较准确地模拟 GaN SBD 的电路仿真设计，得到了可靠的凹槽阳极 GaN 肖特基二极管等效模型。

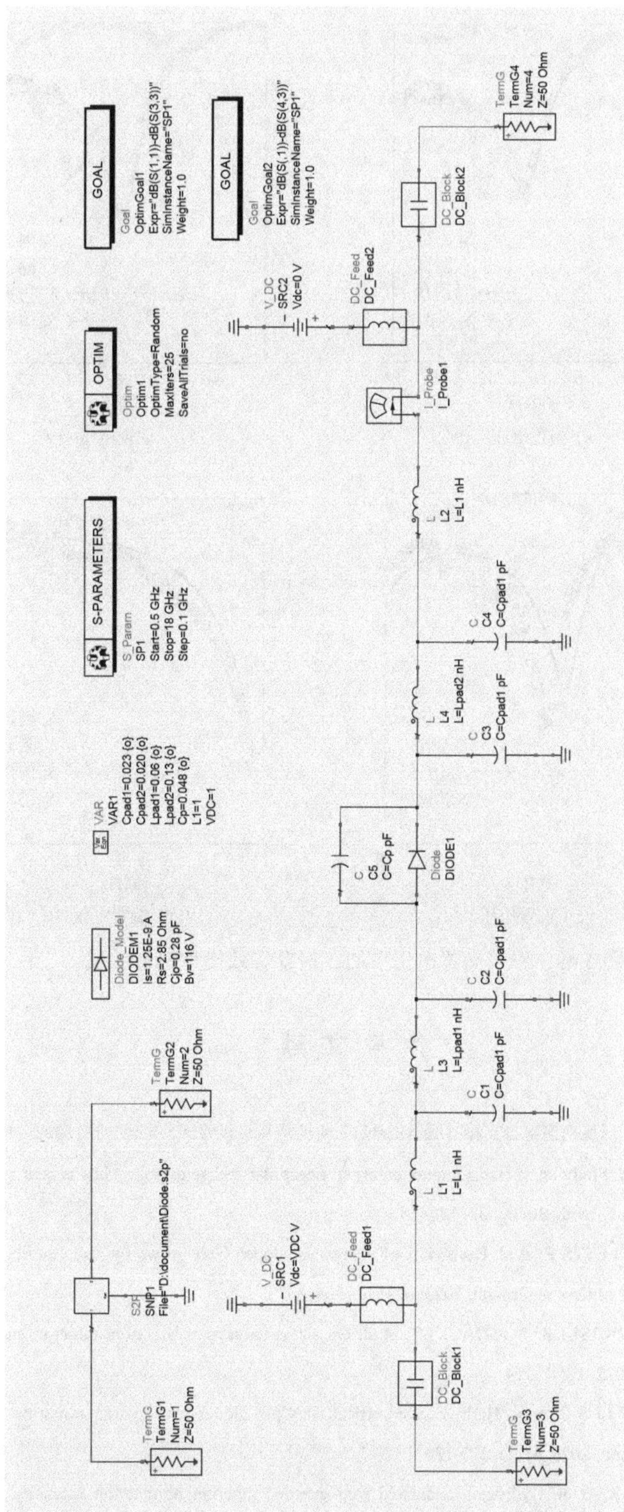

图 5.47　二极管模型拟合仿真设置

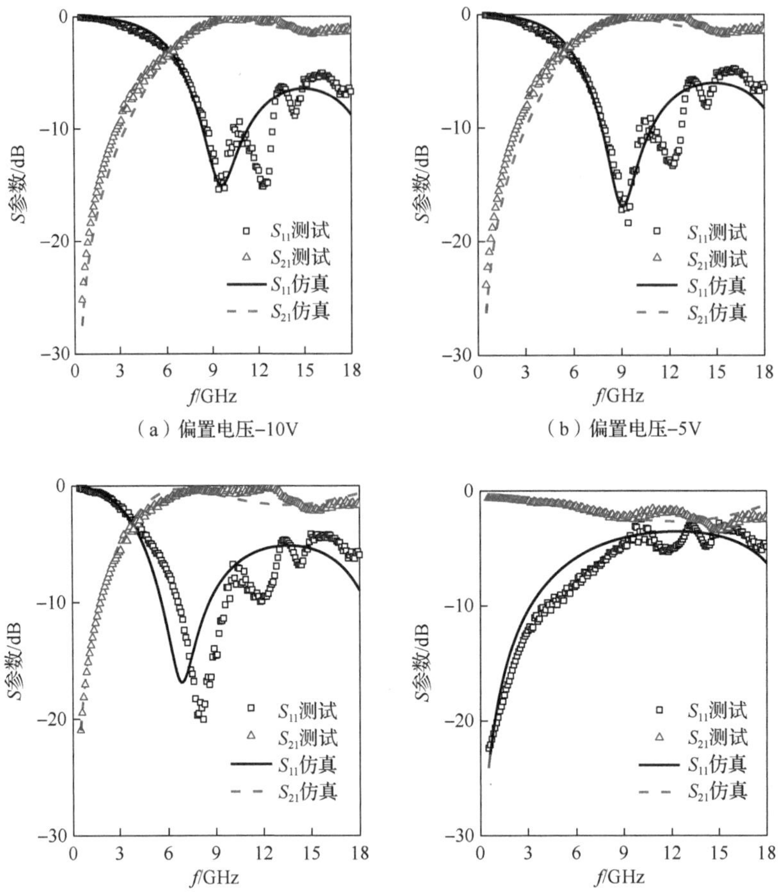

（a）偏置电压−10V　（b）偏置电压−5V　（c）偏置电压0V　（d）偏置电压1V

图 5.48　不同偏置电压下的二极管等效模型拟合结果

参 考 文 献

[1] 武鹏, 张涛, 张进成, 等. 低反向漏电自支撑衬底 AlGaN/GaN 肖特基二极管[J]. 物理学报, 2022, 71(15): 158503.

[2] LI T, REN G, YAO J, et al. Study on stress in ammonothermal non-polar and semi-polar GaN crystal grown on HVPE GaN seeds[J]. Journal of Crystal Growth, 2020, 532: 125423.

[3] HASHIMOTO T, KEY D, LETTS E, et al. Resistivity of manganese doped GaN grown by near equilibrium ammonothermal (NEAT) method[J]. Journal of Crystal Growth, 2023, 621: 127364.

[4] GRABIANSKA K, KUCHARSKI R, SOCHACKI T, et al. On stress-induced polarization effect in ammonothermal grown GaN crystals[J]. Crystal, 2022, 12(4): 554.

[5] FU H, FU K, ALUGUBELLI S R, et al. High voltage vertical GaN p-n diodes with hydrogen-plasma based guard rings[J]. IEEE Electron Device Letters, 2020, 41(1): 127-130.

[6] LIN W, WANG M, YIN R, et al. Hydrogen-modulated step guarded junction termination extension in GaN vertical p-n diodes[J]. IEEE Electron Device Letters, 2021, 42(8): 1124-1127.

[7] KIZILYALLI I C, EDWARDS A P, AKTAS O, et al. Vertical power p-n diodes based on bulk GaN[J]. IEEE Transactions on Electron Devices, 2015, 62(2): 414-422.

[8] CHU J, WANG Q, JIANG L, et al. Room temperature 2DEG mobility above 2350 $cm^2/V·s$ in AlGaN/GaN HEMT grown on GaN substrate[J]. Journal of Electronic Materials, 2021, 50(5): 2630-2636.

[9] LIU X, GU H, LI K, et al. AlGaN/GaN high electron mobility transistors with a low sub-threshold swing on free-standing GaN wafer[J]. AIP Advances, 2017, 7: 095305.

[10] ALSHAHED M, HEUKEN L, ALOMARI M, et al. Low-dispersion, high-voltage, low leakage GaN HEMTs on native GaN substrate[J]. IEEE Transactions on Electron Devices, 2018, 65(7): 2939-2947.

[11] ZHOU Q, JIN Y, SHI Y, et al. High reverse blocking and low onset voltage AlGaN/GaN-on-Si lateral power diode with MIS-gated hybrid anode[J]. IEEE Electron Device Letters, 2015, 36(7): 660-662.

[12] GAO J, JIN Y, XIE B, et al. Low on-resistance GaN Schottky barrier diode with high V_{ON} uniformity using LPCVD Si_3N_4 compatible self-terminated, low damage anode recess technology[J]. IEEE Electron Device Letters, 2018, 39(6): 859-862.

[13] TSOU C, WEI K, LIAN Y, et al. 2.07kV AlGaN/GaN Schottky barrier diodes on silicon with high Baliga's figure-of-merit[J]. IEEE Electron Device Letters, 2016, 37(1): 70-73.

[14] ZHU M, SONG B, QI M, et al. 1.9kV AlGaN/GaN lateral Schottky barrier diodes on silicon[J]. IEEE Electron Device Letters, 2015, 36(4): 375-377.

[15] FANG X, WANG J, XU F, et al. Elimination of spiral hillocks in AlGaN grown on high-temperature annealed AlN templates by adopting an AlN/AlGaN stress modulation multilayer[J]. Applied Physics Letters, 2024, 124: 062103.

[16] FANG X, WANG J, XU F, et al. Significant conductivity enhancement in Al-rich n-AlGaN by modulation doping[J]. Applied Physics Letters, 2024, 124: 152106.

[17] NANJO T, TAKEUCHI M, SUITA M, et al. First operation of AlGaN channel high electron mobility transistors[J]. Applied Physics Express, 2008, 1: 011101.

[18] NANJO T, TAKEUCHI M, SUITA M, et al. Remarkable breakdown voltage enhancement in AlGaN channel high electron mobility transistors[J]. Applied Physics Letters, 2008, 92: 263502.

[19] NANJO T, IMAI A, SUZUKI Y, et al. AlGaN channel HEMT with extremely high breakdown voltage[J]. IEEE Transactions on Electron Devices, 2013, 60(3): 1046-1053.

[20] ZHANG T, ZHANG J, ZHANG W, et al. Investigation of an AlGaN-channel Schottky barrier diode on a silicon substrate with a molybdenum anode[J]. Semiconductor Science and Technology, 2021, 36: 044003.

[21] ZHANG Y, ZHANG J, LIU Z, et al. Demonstration of a 2kV $Al_{0.85}Ga_{0.15}N$ Schottky barrier diode with improved on-current and ideality factor[J]. IEEE Electron Device Letters, 2020, 41(3): 457-460.

[22] ZHANG T, ZHANG Y, LI R, et al. Current transport mechanism of AlGaN-channel Schottky barrier diode with extremely low leakage current and high blocking voltage of 2. 55 kV[J]. Applied Physics Letters, 2022, 120: 092102.

[23] ZHANG W, ZHANG J, XIAO M, et al. $Al_{0.3}Ga_{0.7}N$/GaN (10nm)/$Al_{0.1}Ga_{0.9}N$ HEMTs with low leakage current and high three-terminal breakdown voltage[J]. IEEE Electron Device Letters, 2018, 39(9): 1370-1372.

[24] ZHANG W, XUE J, ZHANG L, et al. Trap state analysis in AlGaN/GaN/AlGaN double heterostructure high electron mobility transistors at high temperature[J]. Applied Physics Letters, 2017, 110: 252102.

[25] HUANG C, CHANG S, CHAUNG R, et al. GaN grown on Si(111) with step graded AlGaN intermediate layers[J]. Applied Surface Science, 2010, 256(21): 6367-6370.

[26] JOGAI B. Influence of surface states on the two-dimensional electron gas in AlGaN/GaN heterostructure field-effect transistors[J]. Journal of Applied Physics, 2003, 93(3): 1631-1635.

[27] WANG H, PU T, LI X, et al. High-performance normally-off operation p-GaN gate HEMT on free-standing GaN substrate[J]. IEEE Transactions on Electron Devices, 2022, 69(9): 4859-4863.

[28] ZHOU G, ZENG F, GAO R, et al. p-GaN gate HEMTs with 10.6V maximum gate drive voltages by Mg doping engineering[J]. IEEE Transactions on Electron Devices, 2022, 69(5): 2282-2286.

[29] LIU X, CHIU H, LIU C, et al. Normally-off p-GaN gated AlGaN/GaN HEMTs using plasma oxidation technique in access region[J]. Journal of the Electron Devices Society, 2020, 8: 229-234.

[30] SHEN L, COFFIE R, BUTTSRI D, et al. Unpassivated GaN/AlGaN/GaN power high electron mobility transistors with dispersion controlled by epitaxial layer design[J]. Journal of Electronic Materials, 2004, 33(5): 422-425.

[31] SHEN L, COFFIE R, BUTTS R D, et al. High-power polarization-engineered GaN/AlGaN/GaN HEMTs without surface passivation[J]. IEEE Electron Device Letters, 2004, 25(1): 7-9.

[32] HAO R, FU K, YU G, et al. Normally-off p-GaN/AlGaN/GaN high electron mobility transistors using hydrogen plasma treatment[J]. Applied Physics Letters, 2016, 109: 152106.

[33] HAO R, LI W, FU K, et al. Breakdown enhancement and current collapse suppression by high-resistivity GaN cap layer in normally-off AlGaN/GaN HEMTs[J]. IEEE Electron Device Letters, 2017, 38(11): 1567-1570.

[34] ASGARI A, KALAFI M, FARAONE L. The effects of GaN capping layer thickness on two-dimensional electron mobility in GaN/AlGaN/GaN heterostructures[J]. Physica E, 2005, 25: 431-437.

[35] 施敏, 伍国珏, 耿莉, 等. 半导体器件物理[M]. 3 版. 西安: 西安交通大学出版社, 2008.

[36] AVAGO TECHNOLOGIES. HSMS-282x Surface Mount RF Schottky Barrier Diodes[Z]. 2006.

[37] MACOM TECHNOLOGY SOLUTIONS, INC. GaAs Flip Chip Schottky Barrier Diodes[Z].

[38] SHINOHARA K, REGAN D C, TANG Y, et al. Scaling of GaN HEMTs and Schottky diodes for submillimeter-wave MMIC applications[J]. IEEE Transactions on Electron Devices, 2013, 60(10): 2982-2996.

[39] AO J P, TAKAHASHI K, SHINOHARA N, et al. S-parameter analysis of GaN Schottky diodes for microwave power rectification[C]//2010 IEEE Compound Semiconductor Integrated Circuit Symposium (CSICS). IEEE, 2010: 1-4.

[40] 孔月婵, 郑有炓, 储荣明, 等. $Al_xGa_{(1-x)}N$/GaN 异质结构中 Al 组分对二维电子气性质的影响[J]. 物理学报, 2003, 52(7): 1756-1760.

[41] 薛军帅. 新型氮化物 InAlN 半导体异质结构与 HEMT 器件研究[D]. 西安: 西安电子科技大学, 2013.

[42] DEL ALAMO J A, JOH J. GaN HEMT reliability[J]. Microelectronics reliability, 2009, 49(9-11): 1200-1206.

[43] KOHN E, MEDJDOUB F. InAlN-A new barrier material for GaN-based HEMTs[C]//2007 International Workshop on Physics of Semiconductor Devices. IEEE, 2007: 311-316.

[44] BOURLIER Y, BOUTTEMY M, PATARD O, et al. Investigation of InAlN layers surface reactivity after thermal annealings: A complete XPS study for HEMT[J]. ECS Journal of Solid State Science and Technology, 2018, 7(6): 329-338.

[45] 施敏. 半导体器件物理[M]. 黄振岗, 译. 2 版. 北京: 电子工业出版社, 1987.

[46] 段毅. 功率肖特基二极管的可靠性研究[D]. 北京: 北京工业大学, 2009.

[47] 赵向阳, 王俊龙, 邢东, 等. 太赫兹平面肖特基二极管参数模型[J]. 红外与激光工程, 2016, 45(12): 159-164.

[48] KEYSIGHT TECHNOLOGIES, In-fixture Microstrip Device Measurements Using TRL Calibration[Z]. 1991.

[49] KEYSIGHT TECHNOLOGIES, Network Analysis Applying the 8510 TRL Calibration for Non-Coaxial Measurements[Z]. 2019.

第6章 凹槽阳极结构肖特基漏高电子迁移率晶体管

为确保功率开关器件能够在正向和反向漏电压偏置下实现双向阻断功能，通常将分立的功率开关器件和功率二极管串联。但这种方式会产生较大的寄生问题，导致系统体积增大，工作频率降低。在 AlGaN/GaN HEMT 功率器件的漏极集成一个肖特基二极管，构成一种 GaN 基双向阻断 HEMT 功率开关器件，可以在实现双向阻断功能的同时，有效地减少寄生元件数量，从而提高功率转换效率。而 GaN 基双向阻断 HEMT 功率开关器件中漏极 SBD 的开启电压会直接影响器件的导通损耗，因此，通过减小漏极 SBD 的正向开启电压，以显著降低器件正向导通损耗至关重要。本章将研究凹槽阳极结构肖特基漏高电子迁移率晶体管，以提升器件反向击穿电压，降低反向漏电流，改善器件的正向导通电阻等。

6.1 凹槽肖特基漏双向阻断高电子迁移率晶体管

双向阻断 HEMT 器件漏极 SBD 的开启电压主要由肖特基势垒高度（即金属与半导体之间的功函数差）决定，而功函数较高的金属 Ni 通常作为 GaN 工艺中主流的肖特基金属，导致平面阳极结构 GaN SBD 的开启电压很难继续降低。因此，2013 年韩国弘益大学提出了一种具有肖特基-欧姆混合阳极结构的 GaN SBD[1]，该器件阳极区域由一个 AlGaN 势垒层部分刻蚀的肖特基凹槽和欧姆接触共同组成，其结构的核心是凹槽内的 AlGaN 势垒层足够薄，使得 2DEG 在静态时能够被肖特基势垒所耗尽。基于这种特殊的结构设计，GaN SBD 的开启电压降低到了 0.37V。因此，将低功函数金属 W 和肖特基-欧姆混合漏技术相结合，可以进一步降低双向阻断金属-绝缘体-半导体高电子迁移率晶体管（metal-insulator-semiconductor high electron mobility transistor，MISHEMT）和凹槽势垒金属-绝缘体-半导体高电子迁移率晶体管（recessed-barrier metal-insulator-semiconductor high electron mobility transistor，RB-MISHEMT）的漏极开启电压。

6.1.1 材料结构和器件制备

制备 RB-MISHEMT 的外延片材料由西安电子科技大学微电子学院通过 MOCVD 设备自主生长，外延衬底为 4 英寸半绝缘 SiC 衬底。外延层结构自上而下分别包括：2nm GaN 帽层、28nm $Al_{0.21}Ga_{0.79}N$ 势垒层、1nm AlN 插入层、1.6μm GaN 缓冲层。非接触霍尔测试结果表明，外延片方块电阻为 377Ω/□，二维电子气浓度为 $7.9\times10^{12}cm^{-3}$，电子迁移率为 $2100cm^2/V\cdot s$。图 6.1（a）给出了 RB-MISHEMT 横截面结构示意图。

在器件制备工艺开始前，采用 LPCVD 设备在外延片表面生长一层 20nm 的 SiN 钝化层。然后通过反应离子刻蚀去除源极和漏极区域上的钝化层，随后采用自对准工艺，电子束蒸发设备沉积欧姆金属 Ti/Al/Ni/Au，并在 N_2 环境中以 850℃高温快速热退火 30s 形成欧姆接触，然后通过 RIE 刻蚀实现台面隔离。在刻蚀掉漏极凹槽区域的 Si_3N_4 后，采用低损伤、低刻蚀速率 GaN RIE 程序，部分刻蚀 AlGaN 势垒层以形成漏极凹槽。图 6.1（b）给出了漏极凹槽深度大约为 47nm，剩余 AlGaN 势垒层厚度约为 3nm，凹槽底部的表面粗糙度仅为 0.36nm，表明 RIE 刻蚀具有较低的刻蚀损伤。然后用稀释的 HCl 溶液（HCl∶H_2O = 1∶20）清洗刻蚀后的 AlGaN 表面，并在 450℃下 N_2 环境中退火 5min 以恢复刻蚀损伤。最后，溅射低功函数金属 W，形成器件的栅极和肖特基漏极，并在 450℃下 N_2 环境中退火 5min 以改善肖特基接触界面。

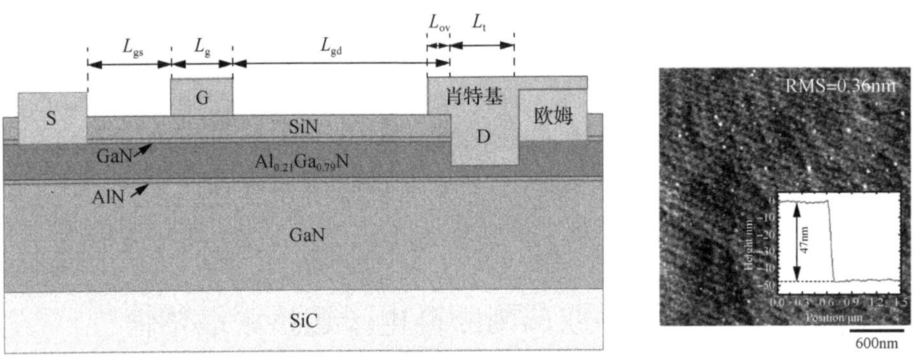

（a）RB-MISHEMT横截面示意图　（b）漏极凹槽深度及凹槽表面

图 6.1（彩图）

图 6.1　RB-MISHEMT 横截面结构示意图

为了与传统欧姆漏极 MISHEMT 进行对比分析，在同一外延片上也制备具有相同器件尺寸的传统 MISHEMT，其中栅源距离（L_{gs}）、栅长（L_g）、栅漏距离（L_{gd}）分别为 3μm、2μm、16μm。这里 RB-MISHEMT 的 L_{gd} 是指栅极与漏极凹槽之间的距离，漏极肖特基凹槽的宽度（L_t）和肖特基金属延伸出 Si_3N_4 的长度（L_{ov}）分别为 5μm 和 1μm，两种器件的栅极宽度均为 100μm。与传统的欧姆漏极 MISHEMT 相比，RB-MISHEMT 在欧姆漏极靠近栅一侧嵌入了一个凹槽肖特基漏极，不仅降低了漏极开启电压，还能阻断反向电流，实现反向阻断特性。

6.1.2　器件电学特性测试

图 6.2 给出了 MISHEMT 和 RB-MISHEMT 的转移和输出特性曲线。由图可知，两种器件的转移特性曲线几乎完全重合，阈值电压为–6.5V，峰值跨导为 100mS/mm，开关比为 10^7。从输出特性曲线中可以提取出，RB-MISHEMT 的微分导通电阻和最大漏电流分别为 10.4Ω·mm 和 650mA/mm，这与传统 MISHEMT 的微分导通电阻 9.8Ω·mm 和 650mA/mm 十分接近。这表明凹槽肖特基漏的嵌入对 RB-MISHEMT 正向 *I-V* 特性影响较小。此外，RB-MISHEMT 的开启电压为 0.25V@ I_D=1mA/mm，正向电压为 1.4V@ I_D= 100mA/mm，导通电阻为 14.6Ω·mm@ I_D = 100mA/mm，这里 100mA/mm 高电流驱动下

对应的正向电压主要用来评估器件实际应用中的性能。极低开启电压双向阻断 RB-MISHEMT 的实现可归因于两个因素：一是部分刻蚀 AlGaN 势垒层；二是低功函数金属 W 进一步降低了肖特基势垒高度。

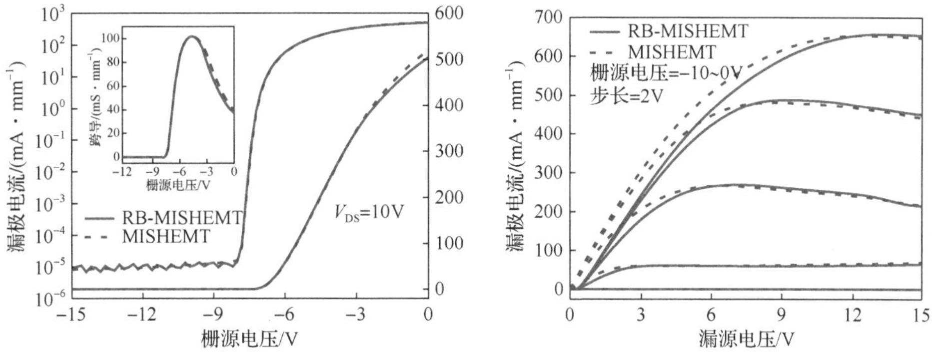

（a）转移特性曲线　（b）输出特性曲线

图 6.2　RB-MISHEMT 和 MISHEMT 转移特性和输出特性

在 $V_{GS}=0V$ 时，对数坐标下 RB-MISHEMT 的 I_D-V_{DS} 特性曲线如图 6.3（a）所示，表明了 RB-MISHEMT 中肖特基-欧姆混合漏二极管的整流特性，从中提取的肖特基势垒高度ϕ和理想因子η分别为 0.44eV 和 1.67。在 $V_{DS}=-100V$ 时，反向漏电流为 2×10^{-6}A/mm。图 6.3（b）给出了 RB-MISHEMT 的正向和反向击穿特性，以及传统 MISHEMT 的正向击穿特性。在 I_D=10μA/mm 时，传统 MISHEMT 的正向击穿电压为 1272V，而 RB-MISHEMT 的正向击穿电压和反向击穿电压分别为 1315V 和–1332V。这表明肖特基-欧姆混合漏极对 RB-MISHEMT 的正向击穿电压基本没有影响，同时还能够获得较高的反向击穿电压，实现反向阻断特性。

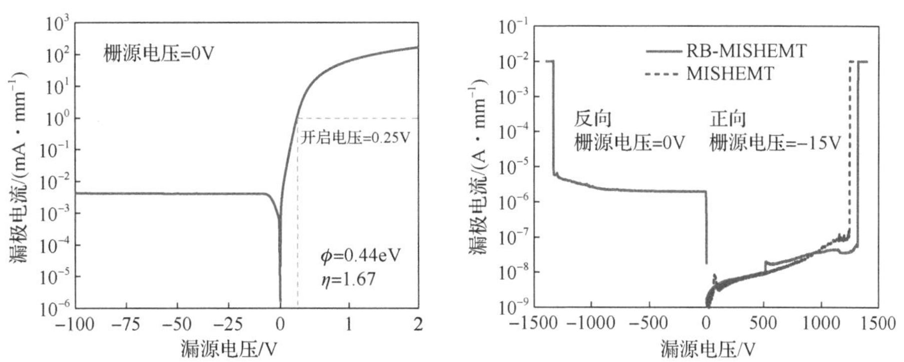

（a）对数坐标下I_D-V_{DS}特性曲线　（b）正向和反向击穿特性

图 6.3　RB-MISHEMT 的 I_D-V_{DS} 特性曲线及正向和反向击穿特性

在电路实际工作过程中，GaN 基功率器件的温度可能超过 100℃，因此研究 GaN 基功率器件在高温工作下特性的变化是十分重要的[2]。图 6.4 为 RB-MISHEMT 的正向和反向 I_D-V_{DS} 特性随温度变化的关系。当温度从室温 25℃增加到 125℃时，

RB-MISHEMT 的开启电压从 0.25V 下降到 0.19V，而微分导通电阻从 10.4Ω·mm 增加到 19.4Ω·mm。此外，在 125℃且 V_{DS}=−100V 时，RB-MISHEMT 的反向漏电流增加到 7×10^{-5}A/mm。反向漏电流的增大主要是高温下肖特基势垒高度的降低和热电子发射的增强所导致的。

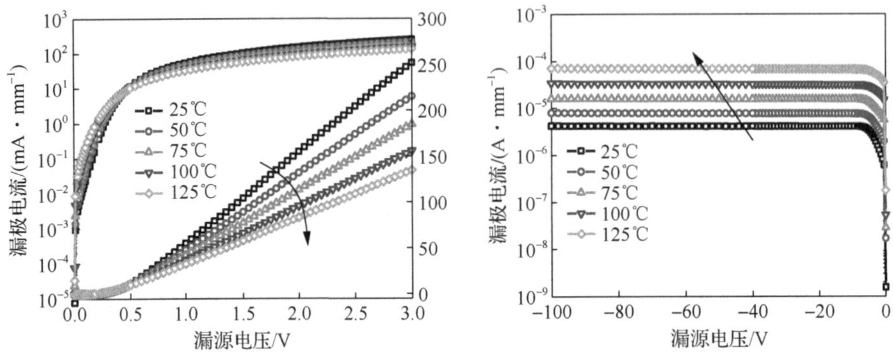

（a）变温正向I_D–V_{DS}特性曲线　（b）变温反向I_D–V_{DS}特性曲线

图 6.4　RB-MISHEMT 的变温 I_D-V_{DS} 特性曲线

在同一外延片上，随机挑选 80 个 RB-MISHEMT 的正向 I_D-V_{DS} 特性曲线，如图 6.5（a）所示，80 个 RB-MISHEMT 的正向 I_D-V_{DS} 曲线高度重合，表明器件特性具有极高的一致性。图 6.5(b)为 I_D=1mA/mm 时提取的开启电压的直方统计图，80 个 RB-MISHEMT 的开启电压符合高斯分布，开启电压的平均值为 0.252V，标准偏差为 0.01V，进一步证实了 RB-MISHEMT 漏极开启电压极高的均匀性。

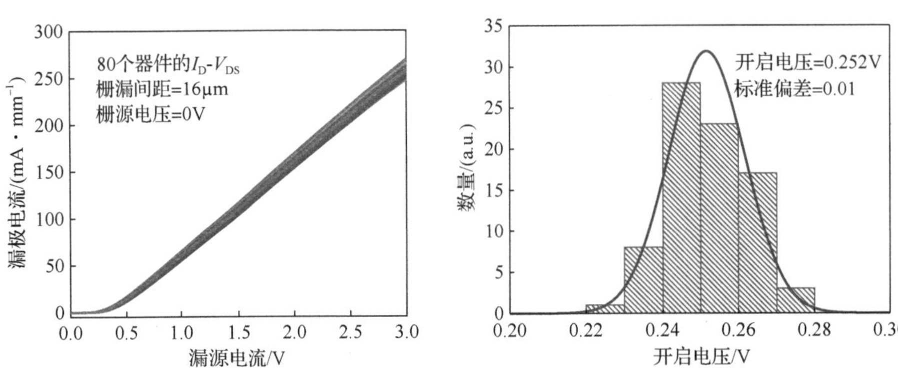

（a）80个RB-MISHEMT的正向I_D-V_{DS}特性曲线　（b）开启电压统计分布

图 6.5　80 个 RB-MISHEMT 的正向 I_D-V_{DS} 特性曲线与开启电压统计分布

表 6.1 为 RB-MISHEMT 与国内外目前已报道的 GaN 基双向阻断器件特性的比较，源漏接触区域各考虑 1.5μm 的传输线长度，RB-MISHEMT 的特征导通电阻为 3.5mΩ·cm^{-2}。通过将肖特基-欧姆混合漏和低功函数金属 W 相结合，RB-MISHEMT 获得了最低的开启电压 0.25V，最小的正向电压 1.4V，最高的反向功率品质因子 509mW/cm^2，以及最高的正向功率品质因子 494mW/cm^2。此外，击穿电压和导通电阻之间的折中关系如图 6.6

所示，相比于国内外目前已报道的 GaN 基双向阻断器件，RB-MISHEMT 实现了击穿电压和导通电阻之间良好的折中，其结果更加接近 GaN 理论极限。

表 6.1　RB-MISHEMT 与国内外目前已报道的 GaN 基双向阻断器件对比

文献	开启电压/V @ 1mA/mm	正向电压/V @ 100mA/mm	特征导通电阻/ ($m\Omega \cdot cm^2$)	反向漏电流/ ($A \cdot mm^{-1}$) @ V_{DS}= −100V	反向击穿电压/V	反向功率品质因子/ ($mW \cdot cm^{-2}$)	正向击穿电压/V	正向功率品质因子/ ($mW \cdot cm^{-2}$)
[3]	~1.0	2.4	—	10^{-2}	-110	—	—	—
[4]	1.7	2.8	0.49	—	-49	4.9	149	45
[5]	0.55	2.1	1.97	~2×10^{-5}	-321	52	351	63
[6]	1.5	3.6	3.1	—	-650	136	650	136
[7]	0.4	1.5	1.9	6×10^{-6}	-685	247	615	199
[8]	0.5	1.9	—	2×10^{-8}	-656	—	790	—
[9]	0.58	2.1	2.7	1.9×10^{-8}	-900	301	800	238
[10]	1.0	4.3	39.1	4×10^{-10}	<-3000	>230	>3000	>230
本工作	0.25	1.4	3.5	2×10^{-6}	−1332	509	1315	494

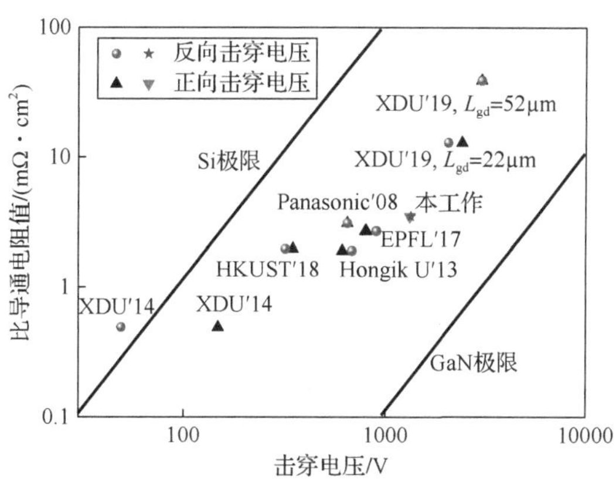

图 6.6　RB-MISHEMT 与国内外同期双向阻断 GaN 基功率器件正反向击穿电压和导通电阻的对比

肖特基二极管的开启电压和反向漏电流是相互制约的，即较低的开启电压可能会导致较大的反向漏电流。为了观察 RB-MISHEMT 极低的开启电压与反向漏电流之间的关系，图 6.7 给出了 RB-MISHEMT 中肖特基-欧姆混合漏二极管与国内外目前已报道的低开启电压 GaN SBD 开启电压和−100V 反向漏电流之间的对比。由图可知，RB-MISHEMT 中肖特基-欧姆混合漏二极管的开启电压和反向漏电流之间表现出相对较好的平衡，充分说明 RB-MISHEMT 作为双向阻断功率晶体管的巨大潜力。

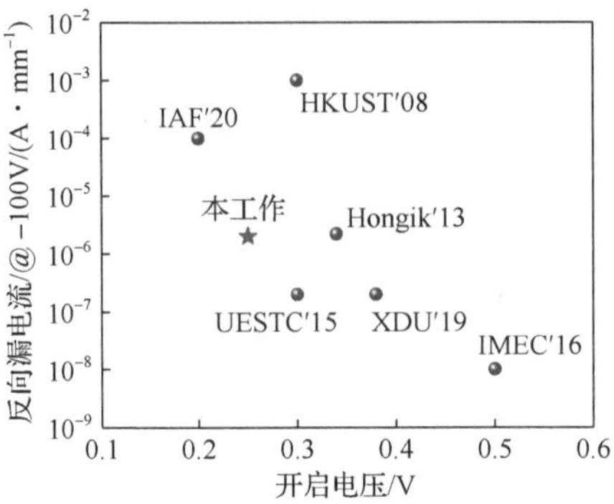

图 6.7　RB-MISHEMT 中肖特基-欧姆混合漏二极管与国内外目前已报道的低开启电压 GaN SBD 开启电压和−100V 反向漏电流的对比

6.1.3　TCAD 仿真及热稳定性测试

利用数值仿真软件 Silvaco ATLAS，对 RB-MISHEMT 进行建模仿真[11]，进一步研究 RB-MISHEMT 的工作机理。仿真中，极化模型用于考虑氮化物半导体中的强自发极化和压电极化效应[12]；低场迁移率模型和氮化物指定的高场迁移率模型用于模拟不同类型的散射机制[13-14]；考虑到载流子复合的影响，仿真中采用 SRH 和 Auger 复合模型。图 6.8 为 RB-MISHEMT 仿真和实验的输出特性曲线，仿真结果与实验结果具有较高的一致性，证实了仿真模型的准确性。

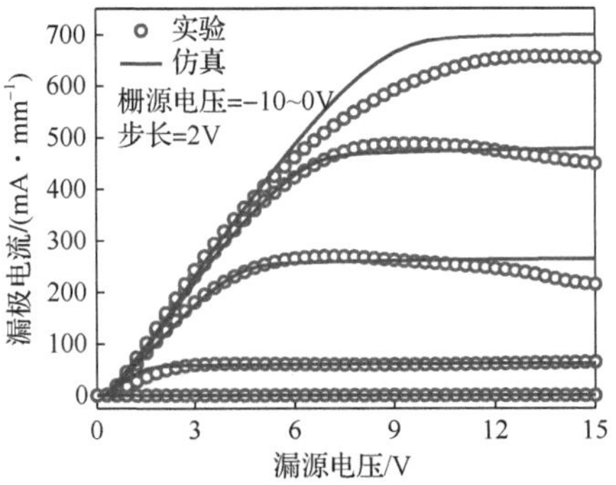

图 6.8　RB-MISHEMT 实验和仿真的输出特性曲线

图 6.9 给出了不同 V_{DS} 下 RB-MISHEMT 肖特基-欧姆混合漏区域电子浓度分布和总电流密度分布的仿真结果。如图 6.9（a）所示，在 V_{DS}=0V 时，肖特基-欧姆混合漏的凹槽肖特基区域下的 2DEG 被完全耗尽，这种耗尽结果与凹槽栅结构常关型 HEMT 中的栅极耗尽类似。当漏极施加一个负偏压 V_{DS}=−100V 时，漏极肖特基结附近的耗尽区将在反向偏置肖特基结的作用下进一步扩展，如图 6.9（b）所示。而延伸出 SiN 的凹槽肖特基金属可以作为场板消除凹槽肖特基结附近的强电场。相反，当漏极偏置从 0V 增加到一个较小的正电压时（V_{DS}=0.2V），凹槽肖特基下的 2DEG 沟道将不会再耗尽，并且有较小的漏电流开始从欧姆漏极流向源极，如图 6.9（c）所示。随着漏极电压的逐渐增加，凹槽肖特基正向导通，此时的漏极电流由凹槽肖特基电流和欧姆漏极电流共同组成，

从而获得极低的漏极开启电压。当漏极施加相对较大的正电压 V_{DS}=3V 时，器件导通电流将与传统欧姆漏极 MISHEMT 相当，如图 6.9（d）所示。

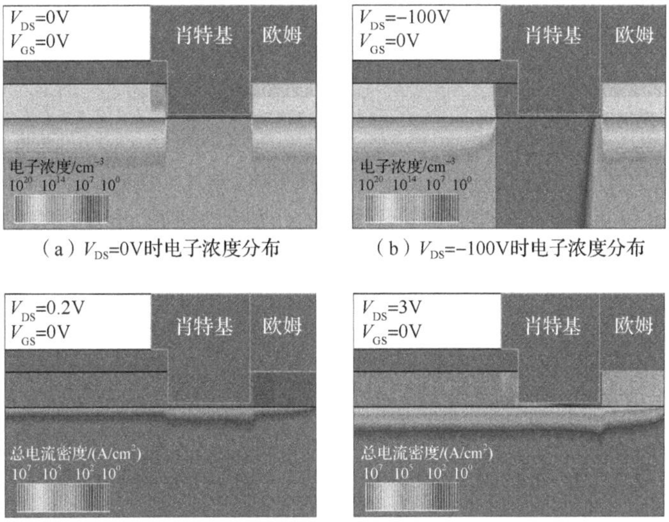

（a）V_{DS}=0V时电子浓度分布　　（b）V_{DS}=−100V时电子浓度分布

（c）V_{DS}=0.2V时总电流密度分布　　（d）V_{DS}=3V时总电流密度分布

图 6.9　RB-MISHEMT 肖特基-欧姆混合漏区域电子浓度与总电流密度分布仿真图

凹槽肖特基的深度（即剩余 AlGaN 势垒层的厚度）对 RB-MISHEMT 漏极开启电压和反向漏电流的大小非常关键。图 6.10 给出了仿真的 RB-MISHEMT 漏极肖特基凹槽内剩余 AlGaN 厚度对肖特基-欧姆混合漏二极管特性的影响。由图可知，当剩余 AlGaN 势垒层厚度为 6nm 时，由于漏极凹槽肖特基下的 2DEG 在静态时不能被完全耗尽，导致肖特基-欧姆混合二极管的反向漏电流急剧增大，此时 RB-MISHEMT 器件将与欧姆漏极 MISHEMT 相似，不具有反向阻断能力。当剩余 AlGaN 势垒层的厚度为 0nm 时（即凹槽深度等于 AlGaN 势垒层厚度），凹槽肖特基右边的欧姆漏极在正向导通时不起任何作用，漏极肖特基二极管的开启电压将由肖特基金属和半导体材料之间的功函数差决定。

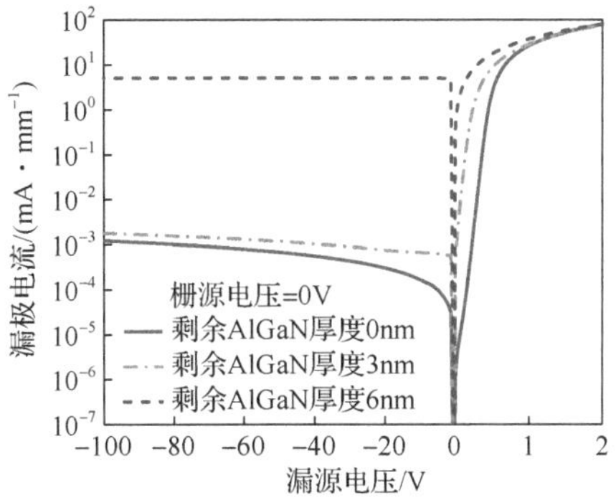

图 6.10　仿真的 RB-MISHEMT 漏极肖特基凹槽内剩余 AlGaN 厚度对肖特基-欧姆混合漏二极管特性的影响

为考虑 RB-MISHEMT 中肖特基-欧姆混合漏二极管的热稳定性和长时间可靠性，在 200℃高温干燥箱中进行热存储可靠性实验，研究不同热存储时间后，肖特基-欧姆混合漏的稳定性。图 6.11 给出了经过 200℃不同热存储时间后，RB-MISHEMT 的正向和反向 I_D-V_{DS} 特性曲线。图中插表为经过 24h 热存储后，肖特基-欧姆混合漏二极管的肖特基势垒高度和理想因子的变化情况。从图中可以明显观察到，长时间热存储前后，RB-MISHEMT 的正向和反向特性变化较小。在 200℃下经过 24h 热存储后，肖特基-欧姆混合漏二极管的肖特基势垒高度略有增加，理想因子略有降低，这主要归因于长时间热存储后，金属与半导体肖特基界面的界面态减少，从而得到了更加理想的肖特基二极管。此外，反向漏电流随着热存储时间的增加而逐渐减小，这是由于肖特基界面材料结构的重新排列，抑制了过多的反向漏电流[15-16]。这些结果表明 RB-MISHEMT 中肖特基-欧姆混合漏二极管具有良好的热稳定性。

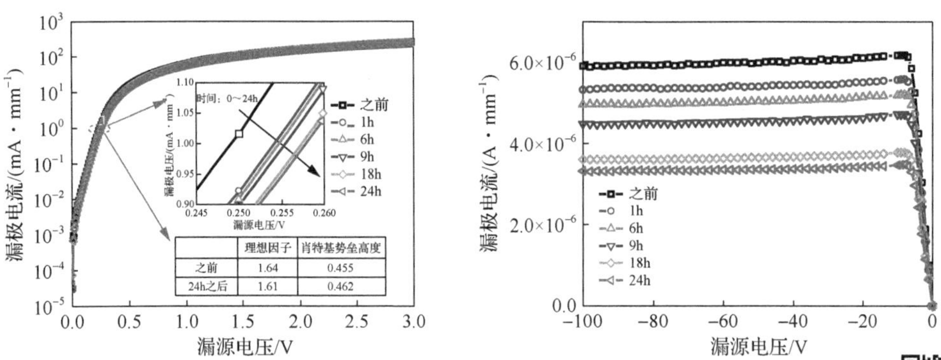

（a）正向I_D-V_{DS}特性曲线　　（b）反向I_D-V_{DS}特性曲线

图 6.11　RB-MISHEMT 正向和反向 I_D-V_{DS} 特性曲线随热储存时间的变化规律

图 6.11（彩图）

6.2　肖特基-欧姆混合漏双向阻断高电子迁移率晶体管

漏极 p-GaN 层的引入能降低双向阻断 p-GaN HEMT 的反向漏电流，但是这种结构具有较大的漏极开启电压。换言之，这种方法并没有明显地改善漏极肖特基二极管开启电压和反向漏电流之间的折中关系。但漏极引入 p-GaN 层的想法为进一步优化设计高性能双向阻断 p-GaN HEMT 器件提供了新的思路，即利用 pn 结削弱肖特基结边缘的高电场，在不损失漏极开启电压的情况下，获得低的反向漏电流和高的反向击穿电压。因此，本节提出一种高性能的具有凹槽肖特基和 p-GaN 隔离块漏（肖特基-p-GaN 混合漏）的双向阻断 p-GaN HEMT 器件，并对器件进行了详尽的电学测试和仿真分析。

6.2.1　器件结构分析与器件制备

图 6.12（a）和图 6.12（b）分别为肖特基-p-GaN 混合漏 p-GaN HEMT（HSP p-GaN HEMT）的显微镜照片和沿图 6.12（a）中的红色虚线区域放大的俯视示意图。该器件

由欧姆源极、p-GaN 栅极、肖特基-p-GaN 混合漏极组成。其中，凹槽肖特基和 p-GaN 隔离块沿栅宽方向交替分布，形成肖特基-p-GaN 混合漏极，可以有效地抑制反向漏电流，提高反向击穿电压，且该结构理念与结型肖特基势垒（JBS）二极管的思想类似[17]。图 6.12(c)和(d)分别给出了沿红色虚线 A1A2 和沿红色虚线 B1B2 的 HSP p-GaN HEMT 的横切面示意图。如图 6.12（d）所示，肖特基金属与 2DEG 直接接触，可以有效地降低漏极开启电压。在图 6.12(c)中，p-GaN 帽层后面的欧姆漏极主要用于降低这些 p-GaN 隔离块的导通电压(V_{block})。HSP p-GaN HEMT 的工作机制为：当 $V_{GS} > V_{th}$，$V_{\text{block}} > V_{DS} > V_{on}$ 时，器件处于正向导通状态，电子电流流入凹槽肖特基区域，而 p-GaN 隔离块下的 2DEG 沟道仍被夹断。然而，当 $V_{DS} > V_{\text{block}}$ 时，p-GaN 隔离块下的 2DEG 沟道恢复，电子电流由凹槽肖特基和 p-GaN 隔离块以及欧姆漏电极共同收集。当在肖特基-p-GaN 混合漏极上施加负漏电压时($V_{DS} < 0V$)，器件将处于反向阻断状态，反向偏置的凹槽肖特基结，以及 p-GaN 隔离块与 AlGaN 势垒层形成的 pn 结会承担高的反向漏电压。

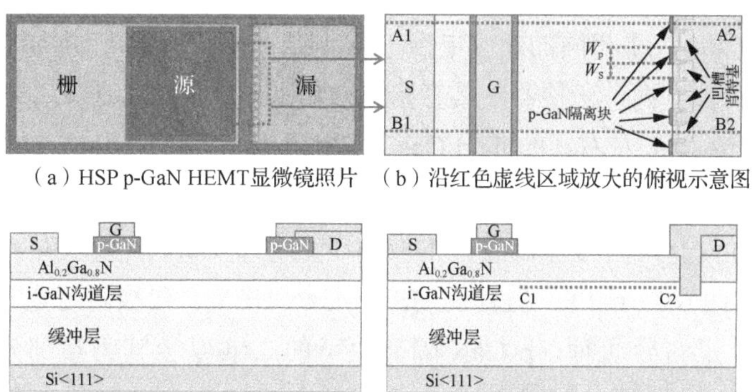

（a）HSP p-GaN HEMT显微镜照片　（b）沿红色虚线区域放大的俯视示意图

（c）沿红色虚线A1A2的横切面示意图　（d）沿红色虚线B1B2的横切面示意图

图 6.12（彩图）

图 6.12　HSP p-GaN HEMT 显微镜照片及结构示意图

制备的 HSP p-GaN HEMT 采用商用 6 英寸 Si 基 GaN 外延片，外延层结构自下而上分别包括 4.2μm GaN 缓冲层、420nm 非故意掺杂 GaN 沟道层、1nm AlN 插入层、15nm $Al_{0.2}Ga_{0.8}N$ 势垒层和 Mg 掺杂浓度为 $3\times10^{19}cm^{-3}$ 的 100nm p 型 GaN 帽层。器件制备的主要工艺包括：（a）新片清洗；（b）p-GaN 栅条及漏极 p-GaN 隔离块刻蚀；（c）源漏欧姆金属淀积和退火；（d）台面隔离刻蚀；（e）漏极的肖特基凹槽刻蚀及刻蚀损伤的退火修复；（f）栅极金属和漏极金属淀积，其中漏极金属覆盖漏极凹槽、p-GaN 隔离块和漏极欧姆电极。漏极 p-GaN 隔离块刻蚀后的 AFM 表面形貌和 AFM 三维照片如图 6.13 所示，其具有良好的刻蚀形貌。HSP p-GaN HEMT 的源栅间距为 3μm，栅金属与 p-GaN 接触窗口为 2μm，p-GaN 栅极长度为 4μm，p-GaN 栅极与漏极肖特基凹槽之间的距离为 15μm。在肖特基-p-GaN 混合漏区域，p-GaN 隔离块的宽度（W_p）和长度均为 4μm、两个 p-GaN 块之间的肖特基凹槽宽度（W_S）也为 4μm。此外，在同一个外延片上也制备了欧姆漏极 p-GaN HEMT（OC p-GaN HEMT）和凹槽肖特基漏极 p-GaN HEMT（RS p-GaN HEMT），以与 HSP p-GaN HEMT 进行特性对比。

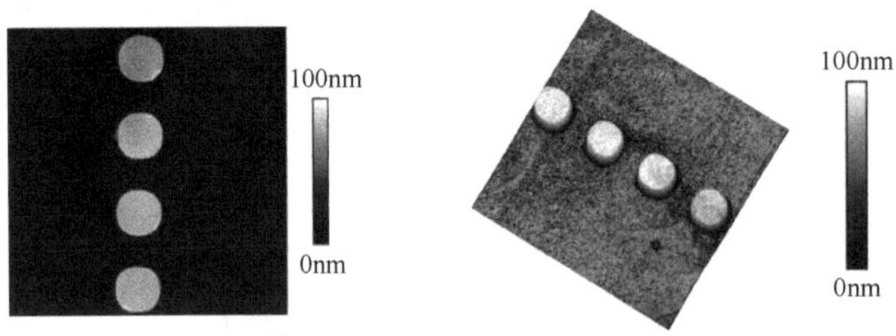

（a）AFM表面形貌　　（b）AFM三维照片

图 6.13（彩图）

图 6.13　漏极 p-GaN 隔离块 AFM 形貌图

6.2.2　器件电学特性测试与分析

图 6.14（a）和（b）分别给出了 Ohmic p-GaN HEMT、RS p-GaN HEMT 和 HSP p-GaN HEMT 三种器件的转移特性和输出特性。定义漏极电流为 1mA/mm 时的 V_{GS} 为阈值电压，三种器件表现出几乎相同的阈值电压 1.8V。在 V_{GS}=7V 时，三种器件的开关比均大于 10^9。在输出特性方面，三种器件具有相似的输出特性曲线，在 V_{GS} = 7V 时的输出饱和电流均在 200mA/mm 左右。Ohmic p-GaN HEMT、RS p-GaN HEMT、HSP p-GaN HEMT 的微分导通电阻分别为 26.3Ω·mm、26.9Ω·mm、28.5Ω·mm，其中 HSP p-GaN HEMT 的微分导通电阻稍大于其他两种器件，主要由于这些 p-GaN 隔离块对沟道 2DEG 的耗尽效应所导致。图 6.15 给出了仿真的 HSP p-GaN HEMT 漏极附近电子浓度分布，由图可知，在器件正向导通时，p-GaN 隔离块下的二维电子气仍被部分耗尽，其浓度比肖特基凹槽区域低大约 2 个数量级，从而导致 HSP p-GaN HEMT 导通电阻的略微增加。

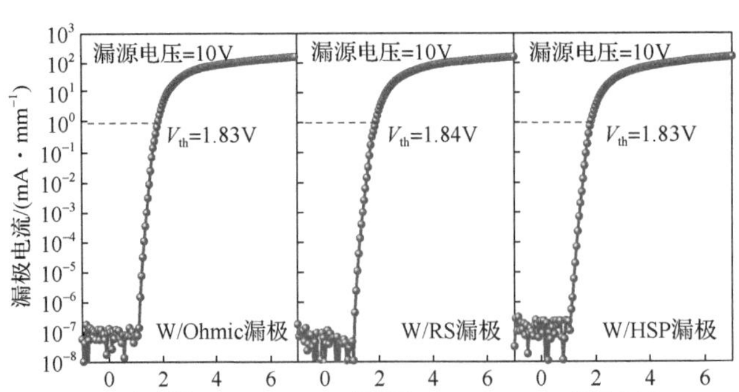

（a）转移特性

图 6.14　Ohmic p-GaN HEMT、RS p-GaN HEMT 和 HSP p-GaN HEMT 的转移特性和输出特性

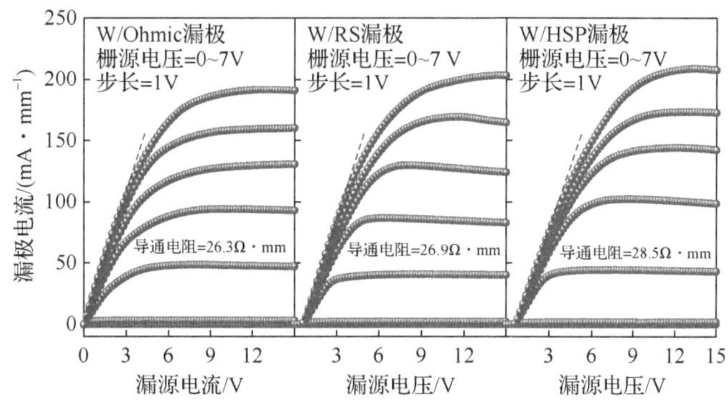

（b）输出特性

图 6.14（续）

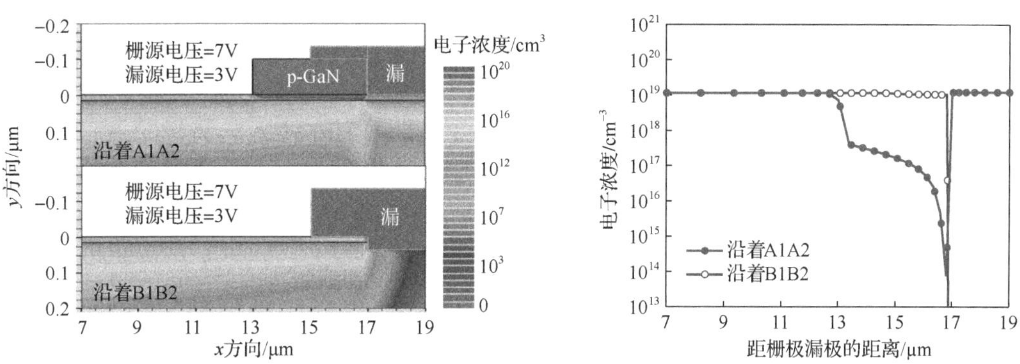

（a）漏极附近电子浓度分布　（b）沟道处电子浓度对比

图 6.15　HSP p-GaN HEMT 漏极附近和沟道处电子浓度分布仿真图

图 6.16 给出了 RS p-GaN HEMT 和 HSP p-GaN HEMT 在 $V_{GS} = 5V$ 时漏肖特基二极管的正向导通和反向阻断特性，在 I_D=1mA/mm 时，RS p-GaN HEMT 和 HSP p-GaN HEMT 的开启电压分别为 0.59V 和 0.63V，两种器件结构的开启电压仅相差 0.04V，表明漏极 p-GaN 隔离块的引入对开启电压的影响可以忽略。图 6.16（b）给出了两种器件的反向阻断特性，在 V_{DS}= −100V 时，HSP p-GaN HEMT 的反向漏电流为 5×10^{-9}A/mm，与 RS p-GaN HEMT 的 5×10^{-7}A/mm 相比，反向漏电流显著地降低了 2 个数量级。HSP p-GaN HEMT 反向漏电流的降低主要归因于两个因素：一是肖特基-p-GaN 混合漏中一半的漏极区域被 p-GaN 隔离块占据形成 pn 结，而 pn 结的反向漏电流小于凹槽肖特基结；二是在反向阻断状态时，相邻两个 p-GaN 隔离块之间的通道会被 pn 结横向耗尽。

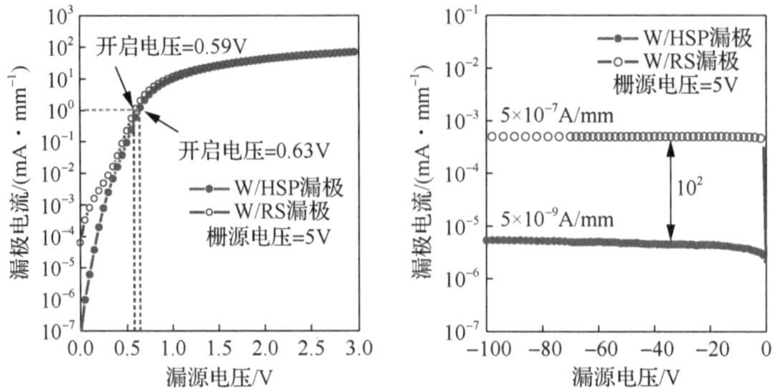

（a）正向导通特性　（b）反向阻断特性

图 6.16　RS p-GaN HEMT 和 HSP p-GaN HEMT 漏肖特基二极管的正向导通和反向阻断特性

图 6.17（a）给出了 RS p-GaN HEMT 和 HSP p-GaN HEMT 的正向和反向击穿特性，击穿测试时衬底接地，击穿标准定义为 I_D=1μA/mm 时对应的漏电压。从图中可以看出，两种器件的正向击穿电压几乎相同，约为 730V。而在负漏极电压偏置下，HSP p-GaN HEMT 的反向漏电流始终低于 RS p-GaN HEMT，且 HSP p-GaN HEMT 的反向击穿电压为−800V，高于 RS p-GaN HEMT 的−680V，HSP p-GaN HEMT 反向特性的品质因数为 94mW/cm^2。图 6.17（b）给出了 HSP p-GaN HEMT 与国内外目前已报道的硅基 p-GaN HEMT 击穿电压和导通电阻的对比[18-28]。由图可知，HSP p-GaN HEMT 的击穿电压与已报道的 p-GaN HEMT 相当，但其导通电阻略大，这归因于 p-GaN 层的过量刻蚀，导致沟道二维电子气浓度下降，从而使得器件的导通电阻相对较高。未来，可以采用自终止数字刻蚀 p-GaN 技术来进一步优化[29]。

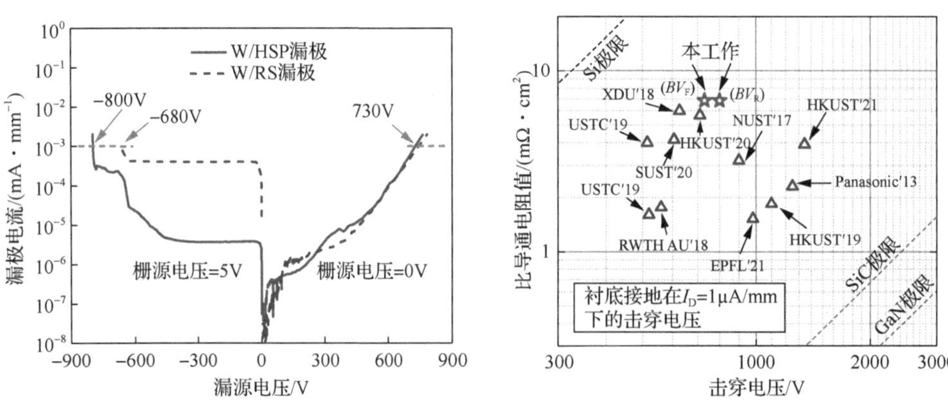

（a）正向和反向击穿特性　（b）国内外报道结果对比图

图 6.17　RS p-GaN HEMT 和 HSP p-GaN HEMT 击穿特性及与国际同期水平器件性能对比

HSP p-GaN HEMT 反向击穿电压的增加是由于 p-GaN 隔离块的引入有效地降低了肖特基-p-GaN 混合漏附近的高电场，如图 6.18（a）和（b）所示，在 V_{DS} = −600V 时，RS p-GaN HEMT 漏极附近的电势线分布比 HSP p-GaN HEMT 漏极附近的电势线分布更加密集，这意味着肖特基-p-GaN 混合漏抑制了高电场的形成。在 HSP p-GaN HEMT 中，由多个 p-GaN 隔离块与 AlGaN 势垒层形成的 pn 结（p-GaN/AlGaN）在负漏极电压下处于反向偏置状态。因此，这些 pn 结的横向耗尽将会夹断两个 p-GaN 隔离块之间的沟道，导致两个 p-GaN 隔离块之间的沟道区域能够承担更高的负漏极电压，从而减轻凹槽肖特基附近的高电场，如图 6.18（c）所示。因此，HSP p-GaN HEMT 可以获得较低的反向漏电流和较高的反向击穿电压。

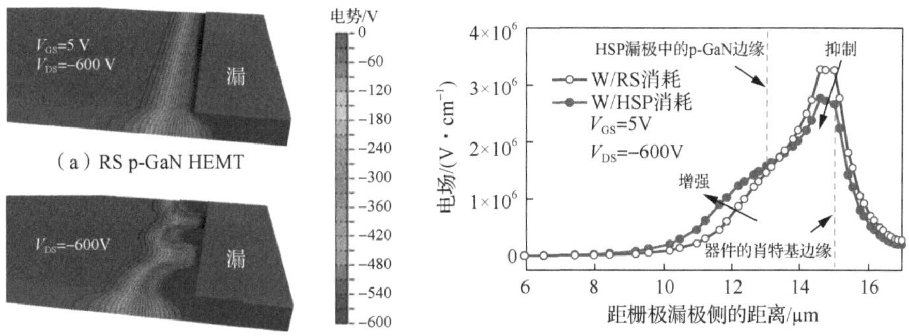

（a）RS p-GaN HEMT

（b）HSP p-GaN HEMT漏极区域电势分布

（c）沟道电场强度

图 6.18　RS p-GaN HEMT 和 HSP p-GaN HEMT 漏极区域电势分布与沟道电场强度

表 6.2 给出了 HSP p-GaN HEMT 与国内外目前已报道的 GaN-on-Si 双向阻断晶体管的比较。如表所示，HSP p-GaN HEMT 具有较高的阈值电压，较低的反向漏电流和较高的反向击穿电压，且在 V_{DS}=−100/−500V 时的反向漏电流远低于其他已报道的 GaN-on-Si 双向阻断 HEMT。

表 6.2　HSP p-GaN HEMT 与国内外目前已报道的 GaN-on-Si 双向阻断器件对比

文献	阈值电压/V	开启电压/V	反向漏电流/（$A \cdot mm^{-1}$）@ $V_{DS}=-100V$	反向漏电流/（$A \cdot mm^{-1}$）@ $V_{DS}=-500V$	反向击穿电压/V
[5]	1.1	0.55	2×10^{-5}	—	−321 @ 1mA/mm
[7]	< −3	0.4	6×10^{-6}	—	−685 @ hard breakdown
[9]	−6	0.58	1.9×10^{-8}	2×10^{-8}	−900 @ 1mA/mm
[8]	1.9	0.5	2×10^{-8}	1×10^{-7}	−656 @ 1mA/mm
本工作	1.8	0.63	5×10^{-9}	7×10^{-9}	−800 @ 1mA/mm

6.2.3　器件电学特性测试与分析结构尺寸和温度对器件性能的影响

为揭示器件结构尺寸 W_p 和 W_S 对 HSP p-GaN HEMT 反向阻断性能的影响，对不同 W_p 和 W_S 尺寸的 HSP p-GaN HEMT 进行了三维仿真分析。图 6.19 给出了沿图 6.12 中 B1B2 切线处，RS p-GaN HEMT 漏极附近和 HSP p-GaN HEMT（W_p 不变，改变 W_S）漏极附近的电子浓度，图 6.20 给出了不同 W_p 和 W_S 尺寸对电场分布的影响。如图 6.19 所示，在 W_p 不变的情况下，随着 W_S 的减小，相邻两个 p-GaN 隔离块之间的沟道区内的横向耗尽变得更加容易，从而导致器件沟道内耗尽区逐渐展宽，表明在较小的 W_S 下可以实现更好的反向阻断性能，上述结论可以通过图 6.20（a）中更加均匀的电场分布证实。由图可知，凹槽肖特基边缘附近的电场峰值随着 W_S 的减小而显著减小，而 p-GaN 隔离块附近的电场峰值随着 W_S 的减小而逐渐增大。相反，W_p 尺寸对电场的调制作用相对较弱，如图 6.20（b）所示，在 W_S 不变的情况下，随着 W_p 的增加，凹槽肖特基边缘电场峰值略有降低。作为一种简单的设计方法，图 6.20（c）给出了在 $W_S=W_p$ 情况下的电场分布。由图可知，通过等比例缩小 W_S 和 W_p，同样可以获得均匀的电场分布，从而提高反向阻断性能。

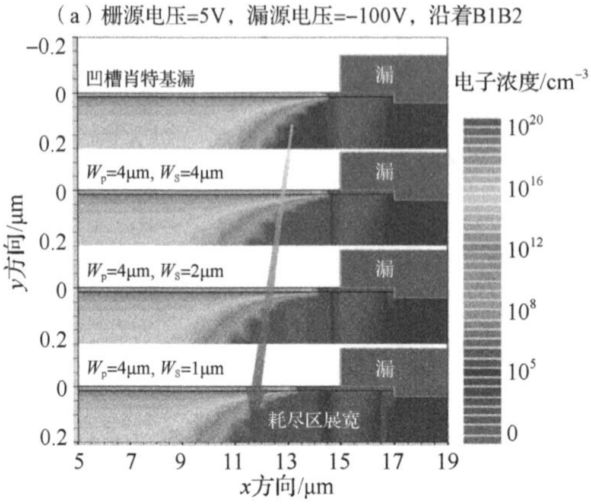

图 6.19（彩图）

图 6.19　RS p-GaN HEMT 和 HSP p-GaN HEMT 漏极附近电子浓度分布（W_p=4μm，W_S 不同）

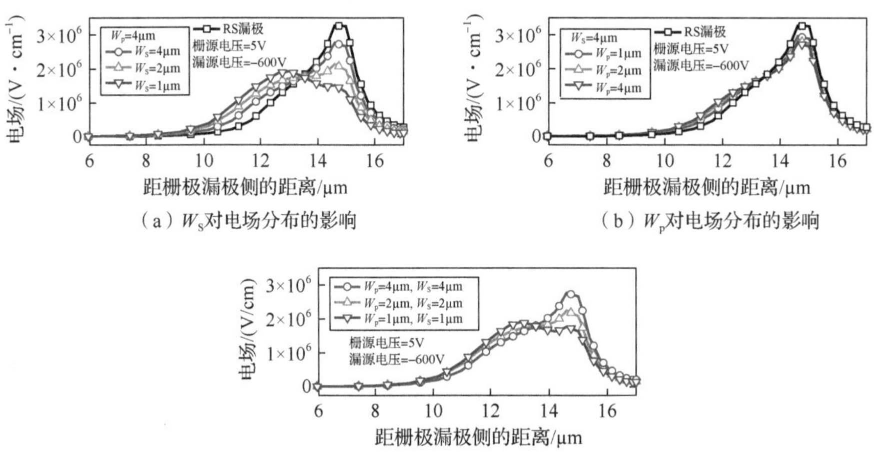

（a）W_S对电场分布的影响　　（b）W_p对电场分布的影响

（c）等比例缩小W_S和W_p电场分布变化

图 6.20　W_S 和 W_p 对电场分布的影响规律

图 6.21（a）给出了不同 W_S 和 W_p 尺寸下，在 V_{GS}=7V 时仿真和实验的 HSP p-GaN HEMT 的输出特性曲线，这里仿真与实验结果存在一定的偏差，是因为简化三维仿真忽略了自热效应。图 6.21（b）为从图 6.21（a）提取的导通电阻与 W_p 之间的关系，由图可知，HSP p-GaN HEMT 的导通电阻随着 W_S 和 W_p 的等比例缩小而略微减小，但仍然高于 RS p-GaN HEMT（W_p=0）的导通电阻。此外，在 W_p 不变的情况下，W_S 越小，导通电阻越大；而 W_S 越宽，导通电阻越小。根据以上分析结果，在实际设计中可以选择合适的 W_p 和 W_S，使得 HSP p-GaN HEMT 在正向导通电阻和反向击穿电压之间实现良好的平衡。

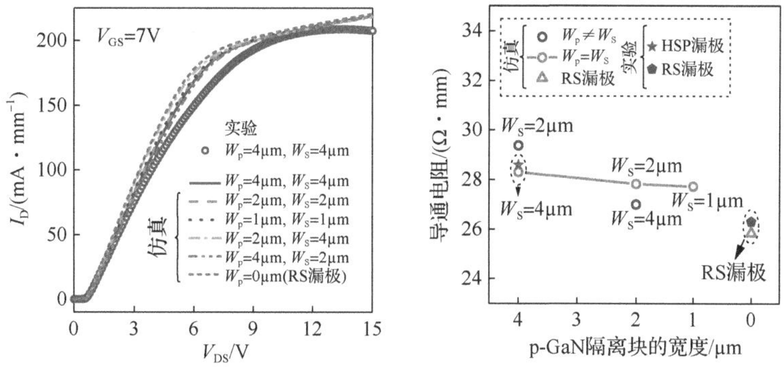

（a）输出特性曲线　（b）W_S和W_p对正向特性的影响

图 6.21（彩图）

图 6.21　HSP p-GaN HEMT 的输出特性曲线与 W_S 和 W_p 对正向特性的影响

图 6.22 给出了 RS p-GaN HEMT 和 HSP p-GaN HEMT 的高温特性。由图可知，随着温度从室温 25℃升高到 150℃，RS p-GaN HEMT 的开启电压由 0.59V 降低至 0.54V，HSP p-GaN HEMT 由 0.63V 减小至 0.58V，两种器件的开启电压在 150℃时具有相同的变化量。图 6.22（b）给出了两种器件在 25℃和 150℃时的反向 I_D-V_{DS} 特性，在 150℃时，RS p-GaN HEMT 和 HSP p-GaN HEMT 的反向漏电流分别为 3.5×10^{-6}A/mm 和 1×10^{-7}A/mm。尽管两种器件的反向漏电流均增加了大约一个量级，但 HSP p-GaN HEMT 的反向漏电流仍低于 1μA/mm。在 150℃高温下，与国内外目前已报道的双向阻断 GaN 晶体管相比[30-31]，HSP p-GaN HEMT 仍具有较低的反向漏电流，表明 HSP p-GaN HEMT 在高温应用场合下具有巨大的潜力。

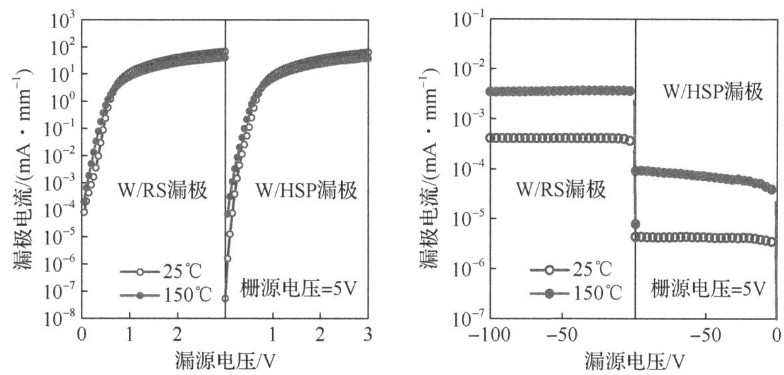

（a）正向I_D-V_{DS}特性　（b）反向I_D-V_{DS}特性

图 6.22（彩图）

图 6.22　不同温度下 RS p-GaN HEMT 和 HSP p-GaN HEMT 正向和反向 I_D-V_{DS} 特性

6.3　二极管桥结构 GaN 单片集成双向开关研究

AC-AC 矩阵变换器无须直流储能，具有成本低、体积小、可靠性高等优点[32-33]，在下一代高效功率转换应用研究中受到了广泛的关注。具有双向导通和双向阻断能力的双向开关是 AC-AC 矩阵变换器中的关键元件。由 IGBT 和功率二极管构成的传统双向开关会增加寄生电阻和电感，导致开关集成度低、体积大、效率低，限制了 AC-AC 矩阵变换器性能的进一步发挥。基于 AlGaN/GaN 异质结横向结构特点，采用 GaN 基双向阻断功率开关器件构成单片集成双向开关是解决上述问题的关键，也是进一步提升 AC-AC 矩阵变换器性能和效率的有效途径。基于上述背景，本节研究基于双向阻断 HEMT 单片集成双向开关，重点针对两种拓扑实现方案改善 GaN 单片集成双向开关的性能进行分析，并验证双向开关的 AC 交流电压斩波功能。

6.3.1　材料结构及器件制备

制备二极管桥结构 GaN 单片集成双向开关采用商用 4 英寸 Si 基 GaN 外延片，外延层结构自下而上分别包括 3.4μm GaN 缓冲层、420nm 非故意掺杂 GaN 沟道层、1nm AlN 插入层、15nm $Al_{0.2}Ga_{0.8}N$ 势垒层和 Mg 掺杂浓度为 $1\times10^{19}cm^{-3}$ 的 75nm p 型 GaN 帽层。制备的二极管桥结构 GaN 单片集成双向开关显微镜照片及其等效电路分别如图 6.23（a）和（b）所示，图 6.23（c）和（d）分别给出了沿图 6.23（a）中 A1A2 红色切线的凹槽阳极 GaN SBD 和沿图 6.23（a）中 B1B2 红色切线的 p-GaN HEMT 的横截面示意图。

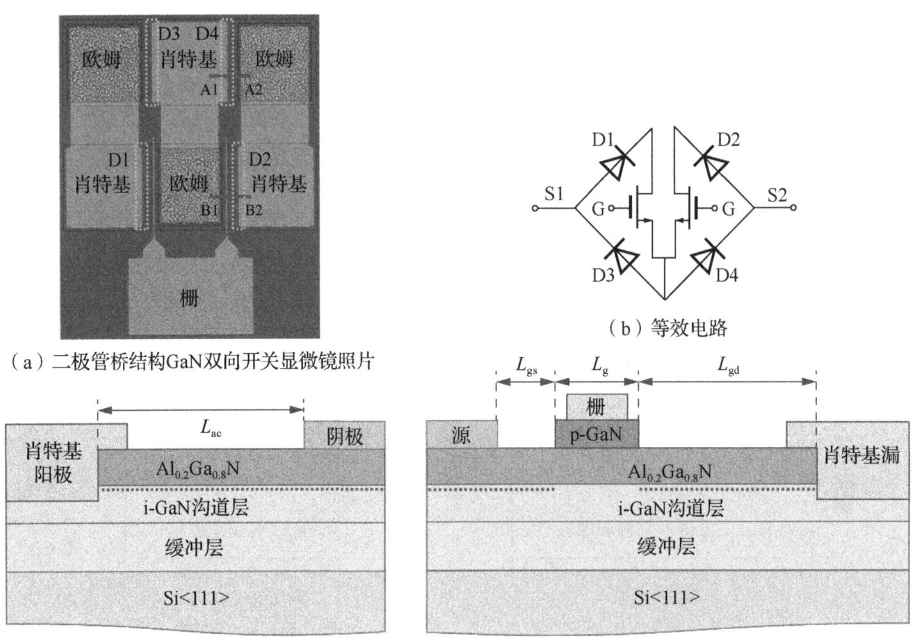

（a）二极管桥结构GaN双向开关显微镜照片　（b）等效电路

（c）凹槽阳极GaN SBD横截面示意图　（d）p-GaN HEMT横截面示意图

图 6.23　二极管桥结构 GaN 双向开关显微镜照片、等效电路、器件结构示意图

器件的制备工艺主要包含：（a）新片清洗；（b）p-GaN 栅条刻蚀；（c）p-GaN HEMT 源极和凹槽阳极 GaN SBD 阴极欧姆的金属淀积和退火；（d）台面隔离刻蚀；（e）凹槽阳极 GaN SBD 的凹槽刻蚀和退火修复刻蚀损伤；（f）p-GaN HEMT 栅极金属和凹槽阳极 GaN SBD 的阳极金属淀积，并形成凹槽阳极 GaN SBD 和 p-GaN HEMT 器件之间的

互连线。制备的二极管桥结构 GaN 单片集成双向开关中 p-GaN HEMT 的栅源间距（L_{gs}）为 3μm，p-GaN 栅长（L_g）为 4μm，栅漏间距（L_{gd}）为 15μm，凹槽阳极 GaN SBD 的阴阳极间距（L_{ac}）为 15μm，凹槽阳极肖特基金属延伸出 AlGaN 势垒层表面长度为 2μm。

6.3.2　二极管桥结构 GaN 单片集成双向开关的工作原理

二极管桥结构 GaN 单片集成双向开关的工作原理如图 6.24 所示，双向开关的导通和关断状态完全由 p-GaN HEMT 控制。如图 6.24（a）所示，当 p-GaN HEMT 关断，且 $V_{S1\text{-}S2} > 0V$ 时，p-GaN HEMT 栅极下方 2DEG 沟道将会被耗尽，阻断电流导通路径，此时双向开关处于正向阻断模式；如图 6.24（b）所示，当 p-GaN HEMT 关断，且 $V_{S1\text{-}S2} < 0V$ 时，双向开关将工作在反向阻断模式；如图 6.24（c）所示，当 p-GaN HEMT 导通，且 $V_{S1\text{-}S2} > 0V$ 时，p-GaN HEMT 栅极下方 2DEG 沟道恢复，此时两个凹槽阳极 GaN SBD 正向偏置，允许电流正向导通，双向开关工作在正向导通模式；图 6.24（d）所示，当 p-GaN HEMT 导通，且 $V_{S1\text{-}S2} < 0V$ 时，双向开关工作在反向导通模式。

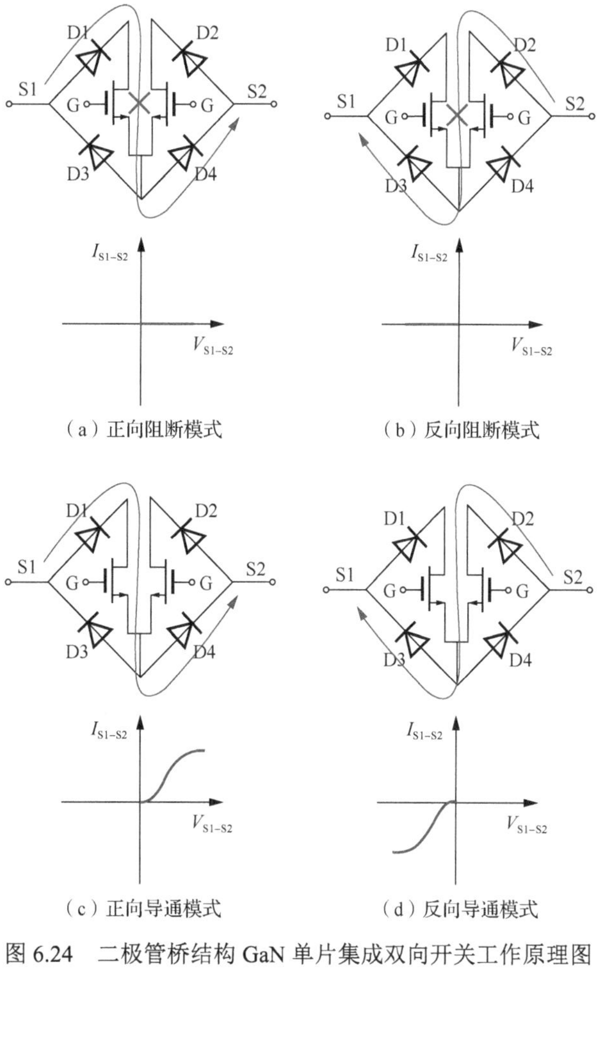

（a）正向阻断模式　（b）反向阻断模式

（c）正向导通模式　（d）反向导通模式

图 6.24　二极管桥结构 GaN 单片集成双向开关工作原理图

6.3.3　双向开关电学特性测试及分析

在二极管桥结构 GaN 单片集成双向开关中，p-GaN HEMT 的转移特性如图 6.25（a）所示。在双向导通模式下，漏极电流为 1mA/mm 时，p-GaN HEMT 的栅极阈值电压约为 1.84V，器件开关比约为 10^6，与已报道的 p-GaN HEMT 相比开关比较小，这归因于并联凹槽阳极 GaN SBD 具有较高的反向漏电流。图 6.25（b）为二极管桥结构 GaN 单片集成双向开关中凹槽阳极 GaN SBD 的 *I-V* 特性，得益于凹槽肖特基结构，阳极肖特基金属侧壁与二维电子气直接接触，有效地降低了 GaN SBD 的开启电压，从而改善了二极管桥结构 GaN 单片集成双向开关的性能。在 1mA/mm 的正向电流下，凹槽阳极 GaN SBD 开启电压为 0.56V，在–100V 时反向漏电流为 1.6×10^{-7}A/mm。

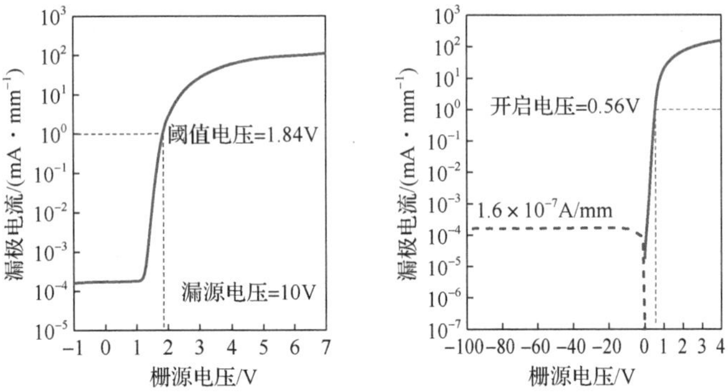

（a）p-GaN HEMT转移特性曲线　　（b）凹槽阳极GaN SBD的*I-V*特性

图 6.25　二极管桥结构 GaN 单片集成双向开关中 p-GaN HEMT 和凹槽阳极 GaN SBD 的基本特性

图 6.26 为二极管桥结构 GaN 单片集成双向开关的双向导通特性，从图中第 I 象限和第Ⅲ象限可以观察到近似对称的电流曲线。当 V_{GS}=7V 时，双向开关正向导通和反向导通时的开态饱和电流密度都约为 140mA/mm，且正向和反向导通特性曲线都存在一个电压偏移量，归因于两个串联的凹槽阳极 GaN SBD 的开启电压。同样采用 1mA/mm 的电流标准，双向开关的正向和反向导通时的开态电压约为 1.13V，其数值约等于凹槽阳极 GaN SBD 开启电压 0.56V 的两倍。与采用平面阳极 GaN SBD 的二极管桥结构 GaN 单片集成双向开关相比[34]，该二极管桥结构 GaN 单片集成双向开关的开态电压得到显著下降。此外，开态电压在正向导通损耗中占很大比例，1.13V 的开态电压仍相对较高，在后续研究中可以采用低功函数阳极金属进一步降低开态电压，从而减小导通损耗。图 6.27 为二极管桥结构 GaN 单片集成双向开关的双向阻断特性，击穿标准为电流达到 1mA/mm 时所对应的电压，二极管桥结构 GaN 单片集成双向开关的正向和反向阻断电压分别为 1105V 和–1115V，较高的击穿电压有利于双向开关在高压大功率场合应用。以上研究结果表明，与已报道的基于 MOSHEMT 的二极管桥结构 GaN 单片集成双向开关相比[34]，这里制备的基于 p-GaN HEMT 的二极管桥结构 GaN 单片集成双向开关的开态电压和双向阻断电压都得到了显著的改善。

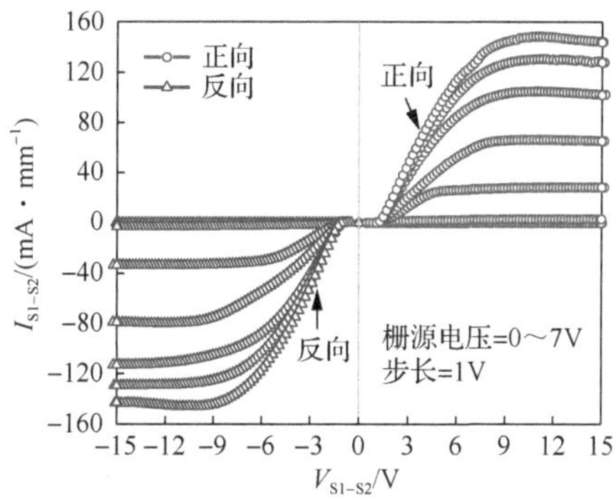

图 6.26（彩图）

图 6.26　二极管桥结构 GaN 双向开关的双向导通特性

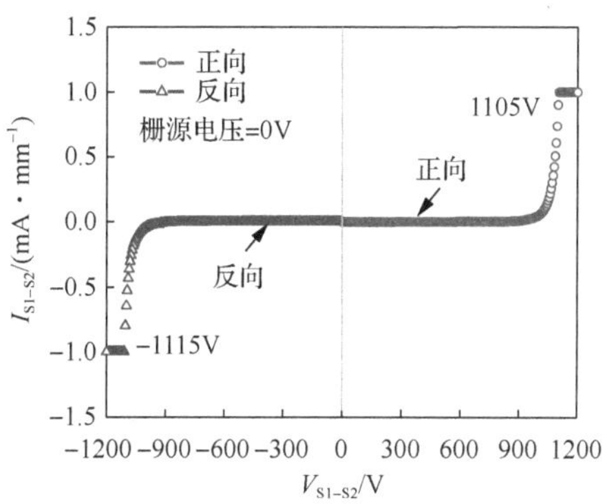

图 6.27（彩图）

图 6.27　二极管桥结构 GaN 双向开关的双向阻断特性

6.3.4　双向开关功能验证

为充分利用二极管桥结构 GaN 单片集成双向开关的双向导通和双向阻断特性，将双向开关作为 AC 功率斩波器进行测试，这是矩阵变换器的基本功能之一。二极管桥结构 GaN 单片集成双向开关作为 AC 开关测试所用到的设备主要有 PCR 1000LE 交流电源、泰克 AFG3051C 信号发生器、泰克 MSO54 示波器、泰克 THDP0200 高压差分探头。图 6.28 给出了二极管桥结构 GaN 单片集成双向开关作为 AC 开关测试的电路原理图，其中交流电源由 AC 功率源提供，电压幅值和频率分别为±150V 和 60Hz，p-GaN HEMT 栅极的方波信号由信号发生器提供，方波脉冲的频率为 5kHz、电压幅值从 0V 变化到 5V。而串联的 40kΩ负载电阻用以分压，带有高压差分探头的示波器用于监测 S1 和 S2 两点之间的电压变化。图 6.29 给出了二极管桥结构 GaN 单片集成双向开关作为 AC 开关工作时的斩波特性，从图中可以明显地观察到，交流电源输出的正弦波电压被均匀地分割成具有不同幅值的方波，而方波的频率与栅极信号频率一致为 5kHz，这个结果证明了二极管桥结构 GaN 单片集成双向开关成功地实现了斩波功能。

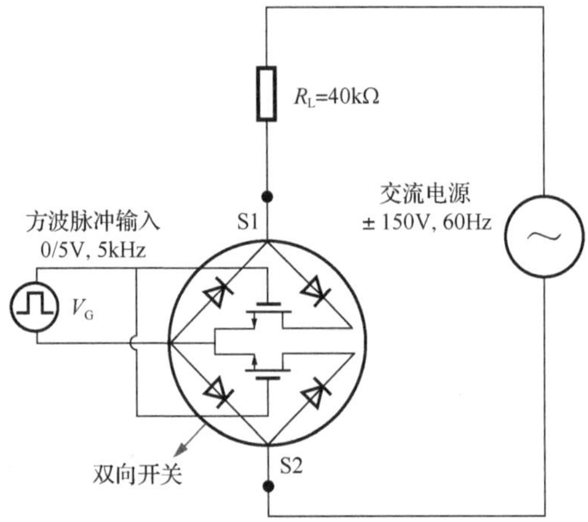

图 6.28　二极管桥结构 GaN 双向开关工作为 AC 开关测试的电路原理图

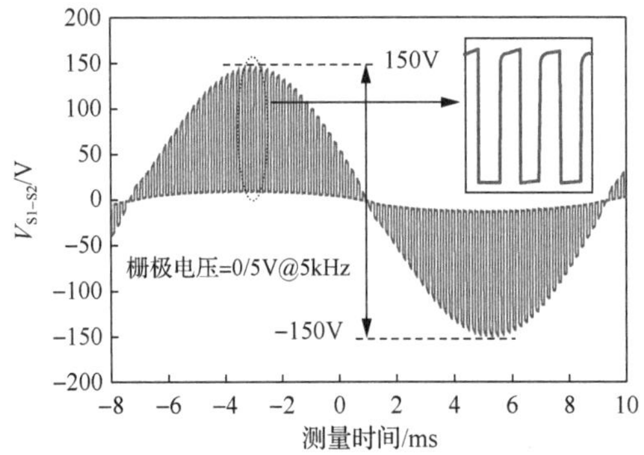

图 6.29　二极管桥结构 GaN 双向开关作为 AC 开关的斩波特性

虽然制备的二极管桥结构 GaN 单片集成双向开关仍需要进一步优化器件结构和制备工艺，但这种 GaN 单片集成的理念在高效单片变换器和逆变集成电路中具有广阔的应用前景，不仅消除了额外元件，可以最小化寄生的电阻和电感，同时还能够实现更快的开关速度和更小的系统体积。

6.4　反并联双向阻断 p-GaN HEMT 单片集成双向开关研究

二极管桥结构 GaN 单片集成双向开关具有简单栅控电路、降低系统体积、减少寄生参数的优点。然而，这种设计结构存在一些弊端。首先，高开态电压带来了高功率损耗；其次，器件在正向导通时，电流需要流经两个二极管和一个晶体管，增大了双向开关的导通电阻；最后，由于二极管桥结构 GaN 单片集成双向开关的栅控电路只有一个，因此不具有单向导通特性，即不能控制电流流经双向开关的方向。为优化二极管桥结构 GaN 单片集成双向开关存在的问题，基于前面研究的双向阻断 p-GaN HEMT 结构，提出一种新型反并联双向阻断 p-GaN HEMT 单片集成双向开关。这种结构不仅可以获得低开态电压和高正/反向击穿电压，而且电流方向可以通过栅控进行改变，完美地实现了双向开关的功能。

6.4.1　材料结构及器件制备

制备反并联双向阻断 p-GaN HEMT 单片集成双向开关商用 6 英寸 GaN-on-Si 外延片，外延层结构自下而上分别包括 4.2μm GaN 缓冲层、420nm 非故意掺杂 GaN 沟道层、1nm AlN 插入层、15nm $Al_{0.2}Ga_{0.8}N$ 势垒层和 Mg 掺杂浓度为 $3\times10^{19}cm^{-3}$ 的 100nm p 型 GaN 帽层。制备的反并联双向阻断 p-GaN HEMT 单片集成双向开关的显微镜照片和等效电路分别如图 6.30（a）和（b）所示，图 6.30（c）给出了沿图 6.30（a）中红色切线处的双向阻断 p-GaN HEMT 的横截面示意图。

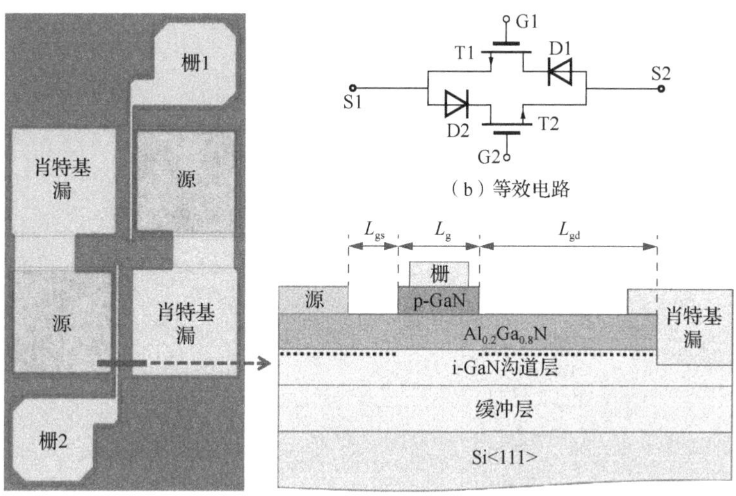

（a）双向开关显微镜照片　（b）等效电路　（c）双向阻断p-GaN HEMT横截面示意图

图 6.30（彩图）

图 6.30　反并联双向阻断 p-GaN HEMT 单片集成双向开关显微镜照片、等效电路、器件结构

反并联双向阻断 p-GaN HEMT 单片集成双向开关的主要制备工艺包括：（a）新片清洗；（b）p-GaN 栅条刻蚀；（c）双向阻断 p-GaN HEMT 源极欧姆金属淀积和退火；（d）台面隔离刻蚀；（e）漏极肖特基凹槽刻蚀和退火修复刻蚀损伤；（f）双向阻断 p-GaN HEMT 栅极金属和漏极金属淀积，并对两个双向阻断 p-GaN HEMT 器件进行金属互连实现反并联结构。制备的反并联双向阻断 p-GaN HEMT 单片集成双向开关的栅宽为 100μm，栅源间距（L_{gs}）为 3μm，p-GaN 栅长（L_g）为 4μm，栅漏间距（L_{gd}）为 15μm。

6.4.2　反并联双向阻断 p-GaN HEMTs 单片集成双向开关工作原理

图 6.31 给出了反并联双向阻断 p-GaN HEMTs 单片集成双向开关的工作原理，主要包括四种工作模式：双向导通、正向阻断和反向导通、正向导通和反向阻断、双向阻断。当晶体管 T1 和 T2 都导通时，双向开关工作在双向导通模式下，能够在正向

和反向两个方向传导电流，即在 $V_{S1\text{-}S2}>0V$ 或 $V_{S1\text{-}S2}<0V$ 时，电流都能通过双向开关［图 6.31（a）］。当晶体管 T1 导通，晶体管 T2 关断时，双向开关工作在正向阻断和反向导通模式，能够传导反向电流和阻断正向电压，即 $V_{S1\text{-}S2}>0V$ 的电流会被阻断，而 $V_{S1\text{-}S2}<0V$ 的电流才能反向流通［图 6.31（b）］。相反，当晶体管 T2 导通，晶体管 T1 关断时，双向开关工作在正向导通和反向阻断模式下，能够传导正向电流和阻断反向电压，即 $V_{S1\text{-}S2}>0V$ 的电流可以正向流通，而 $V_{S1\text{-}S2}<0V$ 的电流会被阻断［图 6.31（c）］。当晶体管 T1 和 T2 都关断时，双向开关工作在双向阻断模式，能够阻断正向和反向两个方向的电压，即不论是 $V_{S1\text{-}S2}>0V$ 还是 $V_{S1\text{-}S2}<0V$ 时，电流都不能通过双向开关［图 6.31（d）］。

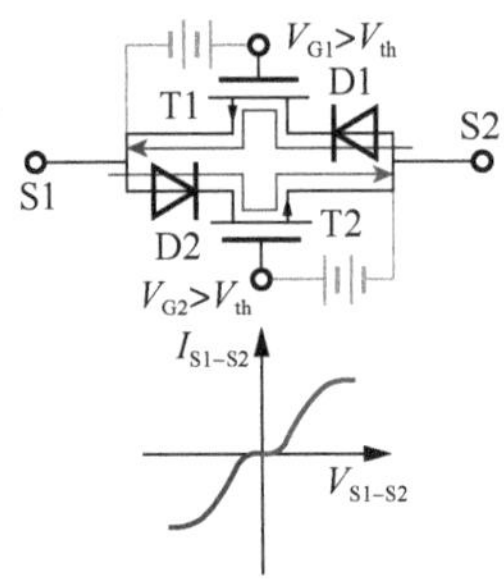

（a）双向导通模式

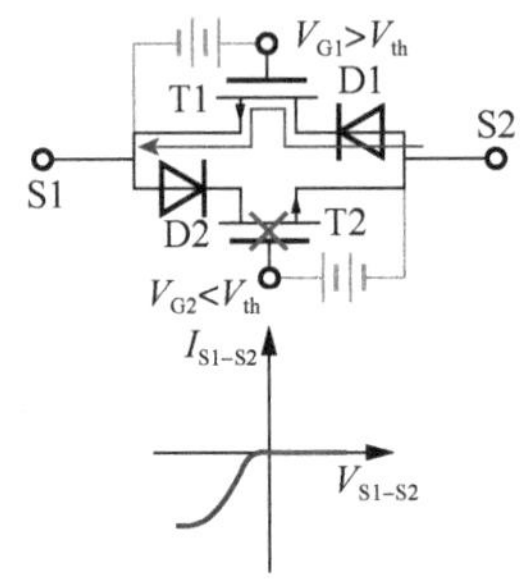

（b）正向阻断和反向导通模式

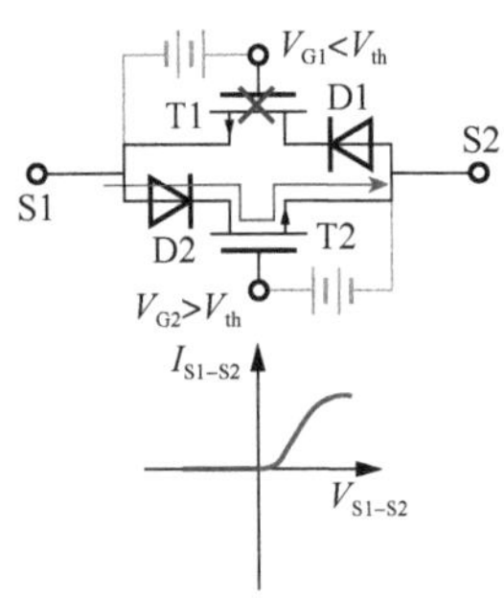

（c）正向导通和反向阻断模式

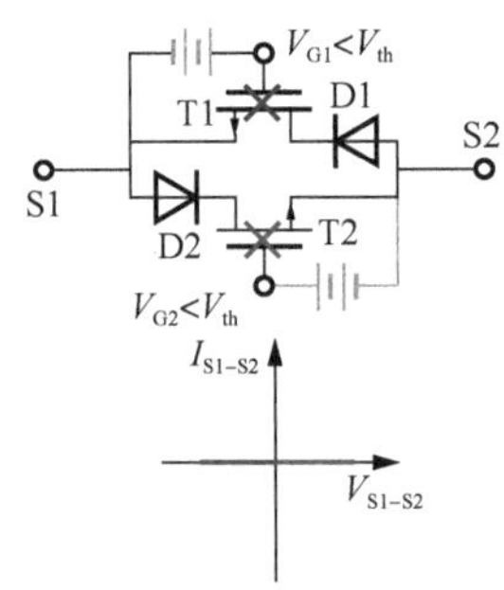

（d）双向阻断模式

图 6.31　反并联双向阻断 p-GaN HEMT 单片集成双向开关四种工作模式

6.4.3　双向开关电学特性测试与分析

图 6.32 为反并联双向阻断 p-GaN HEMTs 单片集成双向开关的双向导通特性，插图为双向开关中两个双向阻断 p-GaN HEMTs 的转移特性。从图中可以看出，两个双向阻断 p-GaN HEMTs 具有相同的开关比 10^9，相同的阈值电压 1.85V（@ I_D = 1mA/mm）。此外，在双向导通特性曲线中可以观察到，第 I 和第III象限中的电流曲线近似对称，在 $V_{G1}=V_{G2}=7V$ 时，双向开关的最大正向和反向电流密度都约为 225mA/mm，在 I_{S1-S2}=1mA/mm 时，正向和反向导通模式下的开态电压都约为 0.63V，在 I_{S1-S2}=100mA/mm 时，两个双向阻断 p-GaN HEMTs 的导通电阻都约为 30Ω·mm。图 6.33 给出了反并联双向阻断 p-GaN HEMTs 单片集成双向开关的单向导通特性，这种工作状态可以通过关断两个双向阻断 p-GaN HEMT 其中之一实现。反并联双向阻断 p-GaN HEMT 单片集成双向开关的双向

阻断特性如图 6.34 所示，击穿测试时衬底接地。在器件封装时，衬底接地连接有助于简化封装工艺，方便背面连接到机箱，并且还能使 HEMT 器件在高漏极电压下保持低的动态导通电阻[35-36]。由图可知，在 I_{S1-S2}=1μA/mm 时，双向开关的正向和反向阻断电压分别为 664V 和–651V。

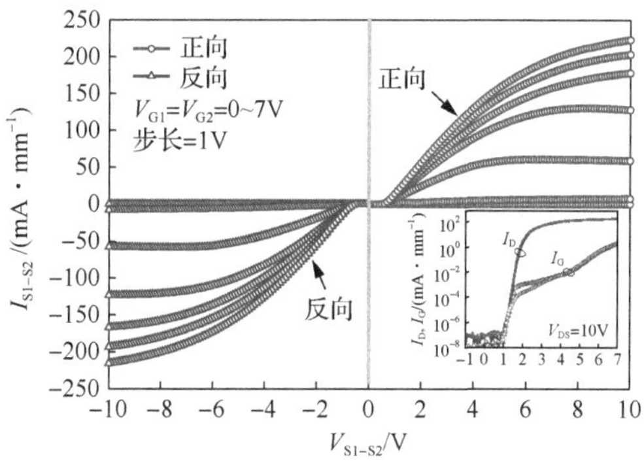

图 6.32　反并联双向阻断 p-GaN HEMT 单片集成双向开关的双向导通特性曲线

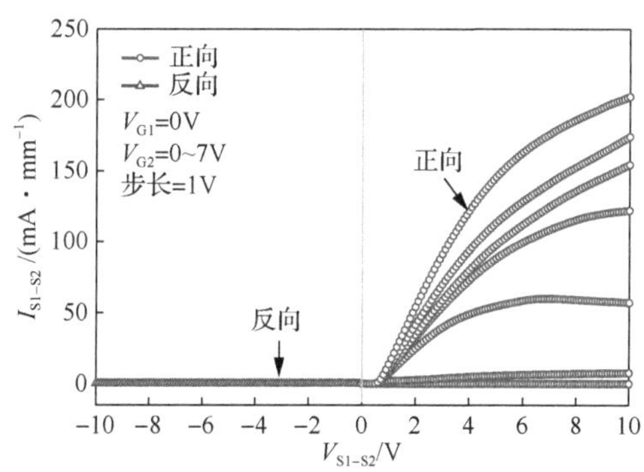

图 6.33　反并联双向阻断 p-GaN HEMT 单片集成双向开关的单向导通特性曲线

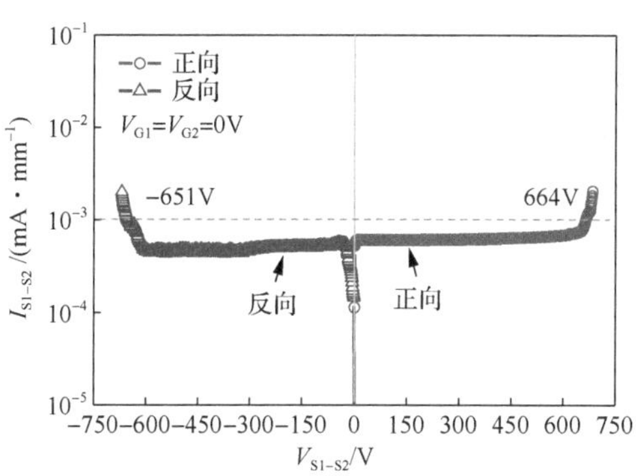

图 6.34　反并联双向阻断 p-GaN HEMT 单片集成双向开关的双向阻断特性曲线

6.4.4　双向开关功能验证

反并联双向阻断 p-GaN HEMT 单片集成双向开关作为 AC 开关测试用到的设备包括两个直流源表、PCR 1000LE 交流电源、两个信号发生器（泰克 AFG3051C 和泰克 AFG31000)、泰克 MSO54 示波器和泰克 THDP0200 高压差分探头。图 6.35 为反并联双向阻断 p-GaN HEMT 单片集成双向开关作为 AC 开关测试的电路原理图。与二极管桥结构 GaN 单片集成双向开关不同，反并联双向阻断 p-GaN HEMT 单片集成双向开关有两个栅极，因此需要两个栅极驱动分别控制两个双向阻断 p-GaN HEMTs 的开关状态，交流电源的电压幅值和频率分别为±100V 和 60Hz。

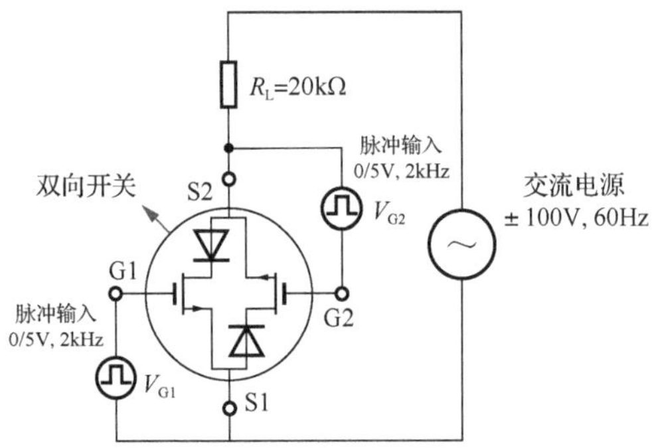

图 6.35　反并联双向阻断 p-GaN HEMT 单片集成双向开关工作作为 AC 开关测试的电路原理图

图 6.36 为反并联双向阻断 p-GaN HEMT 单片集成双向开关分别在双向阻断模式、双向导通模式、正向阻断和反向导通模式、正向导通和反向阻断模式下测试的电压波形，两个双向阻断 p-GaN HEMTs 的栅极电压偏置分别由两个直流源表提供。在双向阻断模式下，两个双向阻断 p-GaN HEMTs 栅极施加 0V 的电压，两个晶体管处于关断状态，此时 S1 和 S1 两个节点之间相当于断路，因此，检测到的电压波形与交流电源输入波形一致，幅值为±100V 的正弦波形，如图 6.36（a）所示。在双向导通模式下，两个双向阻断 p-GaN HEMTs 的栅极施加 5V 的电压，两个晶体管处于导通状态，此时 S1 和 S2 两个节点之间相当于短路，双向开关仅具有导通压降，而 20kΩ负载电阻承担大部分交流电源的输入电压，如图 6.36（b）所示。在正向阻断和反向导通模式下，双向阻断 p-GaN HEMT 的 G1 施加 5V 电压，G2 施加 0V 电压，此时双向开关的工作模式类似于二极管，只允许通过 V_{S1-S2}<0V 的电流，而阻断 V_{S1-S2}>0V 的电压，因此检测到的电压正弦波形只有正半轴，如图 6.36（c）所示。在正向导通和反向阻断模式下，双向阻断 p-GaN HEMT 的 G1 施加 0V 电压，G2 施加 5V 电压，双向开关的工作模式同样是类似于二极管，只是方向与正向阻断和反向导通模式相反，此时只允许通过 V_{S1-S2}>0V 的电流，而阻断 V_{S1-S2}<0V 的电压，因此检测到的电压正弦波形只有负半轴，如图 6.36（d）所示。

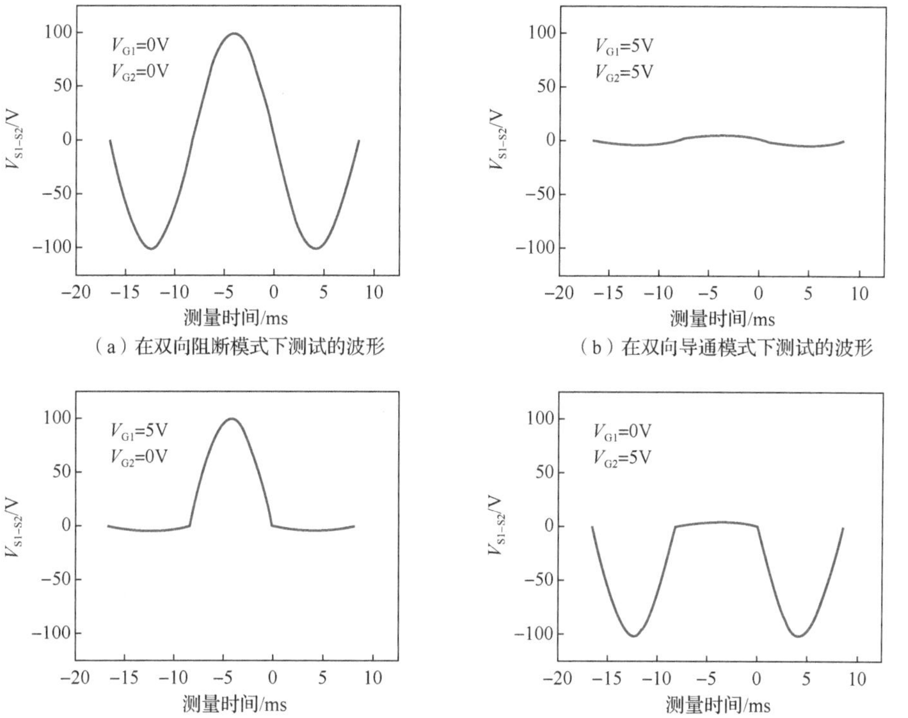

（a）在双向阻断模式下测试的波形　（b）在双向导通模式下测试的波形

（c）在正向阻断和反向导通模式下测试的波形　（d）在正向导通和反向阻断模式下测试的波形

图 6.36　反并联双向阻断 p-GaN HEMT 单片集成双向开关不同模式下的测试波形

为充分利用反并联双向阻断 p-GaN HEMT 单片集成双向开关的双向阻断和双向导通特性，采用同前面测试二极管桥结构 GaN 单片集成双向开关一样的方法，将反并联双向阻断 p-GaN HEMT 作为 AC 功率斩波器进行测试，两个双向阻断 p-GaN HEMTs 的栅极施加频率为 2kHz、电压从 0V 到 5V 的方波脉冲，带有高压差分探头的示波器用于监测 S1 和 S2 节点之间的电压变化。图 6.37 给出了测试的电压波形，从图中可以明显地观察到反并联双向阻断 p-GaN HEMT 单片集成双向开关成功地实现了斩波功能。

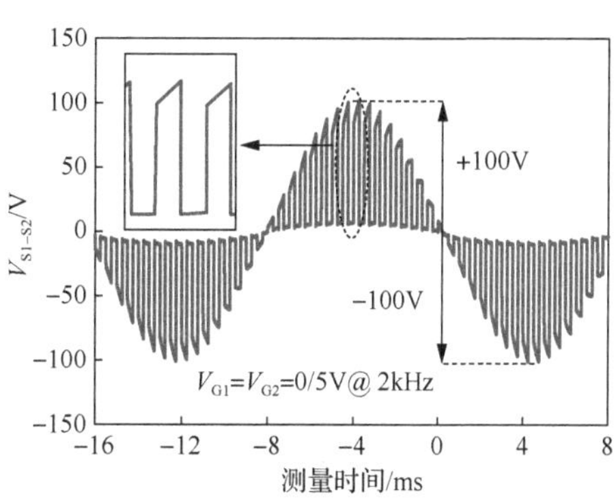

图 6.37　反并联双向阻断 p-GaN HEMT 单片集成双向开关作为 AC 开关的斩波特性

6.5 增强型 AlGaN/GaN/AlGaN DH 槽栅 HEMT 器件研究

AlGaN/GaN/AlGaN 双异质结 HEMT 器件由于背势垒的存在，器件导电沟道中的 2DEG 被限制在了两个高的势垒之间，即使在器件的栅极和漏极施加较高电压时，HEMT 器件沟道中的电子也不容易溢出到缓冲层中，能够有效解决常规 AlGaN/GaN 单异质结 HEMT 器件 2DEG 限域性差的问题，降低器件的缓冲层泄漏电流，提高器件的击穿电压。上述优势使得 AlGaN/GaN/AlGaN DH HEMT 器件成为功率半导体器件中具有较大发展潜力的一类器件，得到了广泛的研究[37-43]。

为了在获得高击穿电压的同时实现增强型器件，对 AlGaN/GaN/AlGaN DH HEMT 器件进行了槽栅刻蚀。相对于常规的 AlGaN/GaN HEMT 器件，由于在 AlGaN/GaN/AlGaN DH HEMT 的外延层材料中增加了 AlGaN 背势垒层而更难生长，在双异质结材料生长过程中就会引入更多的陷阱。大量陷阱的存在会使器件产生显著的电流崩塌效应，从而导致器件的功率特性变差。此外，器件中的陷阱还可以通过陷阱辅助隧穿机制来增加栅泄漏电流[44-47]。因此，对 AlGaN/GaN/AlGaN DH HEMT 器件中的陷阱态展开研究具有十分重要的意义。

本节通过采用槽栅刻蚀的方法获得了增强型 AlGaN/GaN/AlGaN DH HEMT 器件，并采用变频电导法对常规 AlGaN/GaN/AlGaN DH HEMT 器件和增强型 AlGaN/GaN/AlGaN DH 槽栅 HEMT 器件的陷阱态进行了研究。

6.5.1 增强型 DH 槽栅 HEMT 器件的基本特性

利用 AlGaN/GaN 异质结的带阶和极化效应，在常规 AlGaN/GaN 单异质结构中插入一层 AlGaN 层就可以形成典型的 AlGaN/GaN/AlGaN/GaN 双异质结构，该结构及其对应的能带分布如图 6.38 所示。底部 AlGaN/GaN 异质结的极化效应产生了第二个势阱（次量子阱），次量子阱中也存在少量的 2DEG。此时，AlGaN/GaN/AlGaN/GaN 多异质结构中同时存在两个导电沟道，而次量子阱中的电子由于量子阱下方的势垒较低而容易溢出到 GaN 缓冲层中，从而形成低迁移率的三维电子，所以第二导电沟道的存在会给 AlGaN/GaN/AlGaN/GaN 双异质结构带来不利的影响。

图 6.39 为采用常规和槽栅 AlGaN/GaN/AlGaN DH HEMT 器件的结构示意图。采用蓝宝石衬底，通过金属有机物化学气相沉积设备进行外延层的生长。外延层主要包括 140nm AlN 成核层、1.5μm AlGaN/GaN 缓冲层、15nm GaN 沟道层和 22nm $Al_{0.30}Ga_{0.70}N$ 势垒层。缓冲层包括 0.75μm GaN 材料和 0.75μm AlGaN 材料，这里 AlGaN 材料的 Al 组分是线性变化的，靠近 GaN 沟道层的 Al 组分为 7%。Al 组分线性变化是为了减少极化引入的电荷，避免次沟道的产生。在制造器件时，首先通过 Cl_2 基 RIE 刻蚀形成台面

隔离；随后，蒸发 Ti/Al/Ni/Au 金属层，并在 830℃条件下退火 30s 以形成欧姆接触。最后，蒸发 Ni/Au/Ni 金属层，以形成肖特基栅。器件的栅长 L_G=1μm，栅源间距 L_{GS}=1μm，栅漏间距 L_{GD}=3μm。除了常规 DH HEMT 器件，采用 Cl_2 基 RIE 刻蚀对 DH HEMT 栅下的 AlGaN 势垒层进行刻蚀，以形成增强型 DH HEMT 器件。采用圆环状的肖特基二极管来进行变频电导测试。肖特基二极管中间的栅电极是圆形的，半径为 65μm，周围的欧姆接触与肖特基栅之间的间距为 30μm。

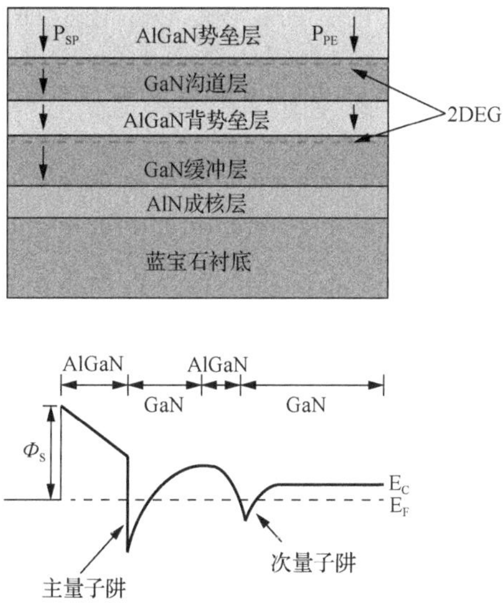

图 6.38　AlGaN/GaN/AlGaN/GaN 双异质结构与对应的能带分布示意图

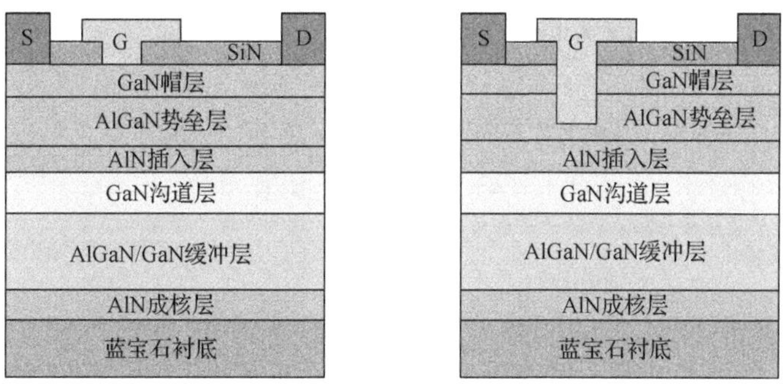

（a）常规AlGaN/GaN/AlGaN DH HEMT　　（b）槽栅AlGaN/GaN/AlGaN DH HEMT

图 6.39　常规和槽栅 AlGaN/GaN/AlGaN DH HEMT 器件结构示意图

图 6.40 为常规结构和槽栅结构 AlGaN/GaN/AlGaN DH HEMT 的转移特性和跨导特性，常规背势垒 HEMT 的最大输出电流为 638mA/mm，刻蚀后形成的槽栅背势垒 HEMT 的最大输出电流为 289mA/mm。在转移曲线最大跨导处对应的漏电流处作切线，切线与栅压横轴的截距为阈值电压 V_{th}。通过槽栅刻蚀，器件的阈值电压 V_{th} 从–3.0V 正漂到了 0.6V，从而获得了增强型 HEMT 器件。常规背势垒 HEMT 的最大跨导为 149mS/mm，

与之相比，槽栅增强型背势垒 HEMT 的最大跨导为 155mS/mm。背势垒 HEMT 的最大跨导增长不大，主要原因在于较深的刻蚀深度导致引入的陷阱较多，降低了 2DEG 的迁移率，从而减弱了 AlGaN/GaN/AlGaN DH HEMT 器件的栅控能力。

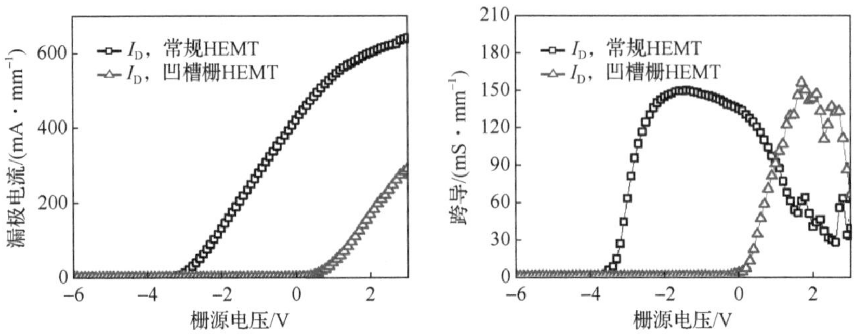

（a）转移曲线　（b）跨导曲线

图 6.40　常规和槽栅 AlGaN/GaN DH HEMT 的转移曲线和跨导曲线

为表征增强型背势垒 HEMT 的刻蚀深度，对器件进行了 *C-V* 特性测试，测试频率为 100kHz。图 6.41 为常规与槽栅 DH HEMT 的 *C-V* 特性和 2DEG 浓度分布。图 6.41（a）中，常规 DH HEMT 的电容为 5.17×10^{-11}F，槽栅 DH HEMT 的电容为 1.09×10^{-10}F。由于刻蚀后，栅下方 AlGaN 势垒层厚度减小，所以器件的栅电容增加了近一倍。图 6.41（b）为基于 *C-V* 特性提取的 2DEG 的浓度分布图，可以看出，2DEG 的浓度峰值处从 20.4nm 变为了 9.4nm，即刻蚀后栅下方 AlGaN 势垒层的厚度从 20.4nm 减小到了 9.4nm。

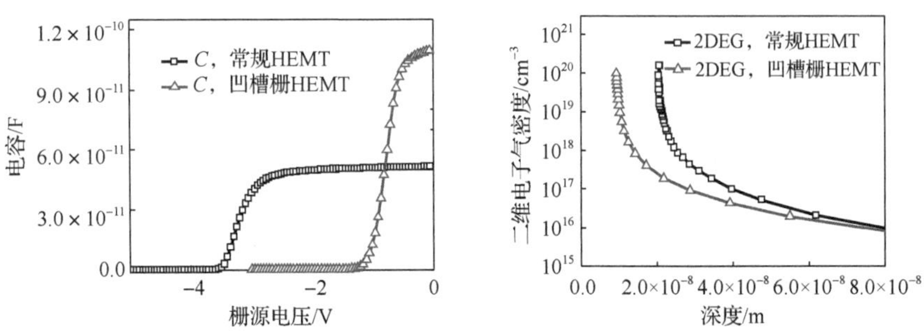

（a）*C-V* 特性　（b）基于 *C-V* 特性提取的2DEG浓度分布

图 6.41　常规与槽栅 DH HEMT 的 C-V 特性和 2DEG 浓度分布

图 6.42 为常规 AlGaN/GaN/AlGaN DH HEMT 与槽栅 AlGaN/GaN/AlGaN DH HEMT 的栅电流特性。常规背势垒 HEMT 在 V_{GS}=−15V 时，栅漏电流为 1.59×10^{-7}A/mm。刻蚀后，栅漏电流增加了两个数量级，在 V_{GS}=−15V 时，栅漏电流数值为 2.24×10^{-5}A/mm。栅漏电流增加的原因有两个：第一，由于栅下方 AlGaN 势垒层厚度变薄，因此直接隧穿电流增加；第二，刻蚀引入了陷阱，从而使得陷阱辅助隧穿概率增加。

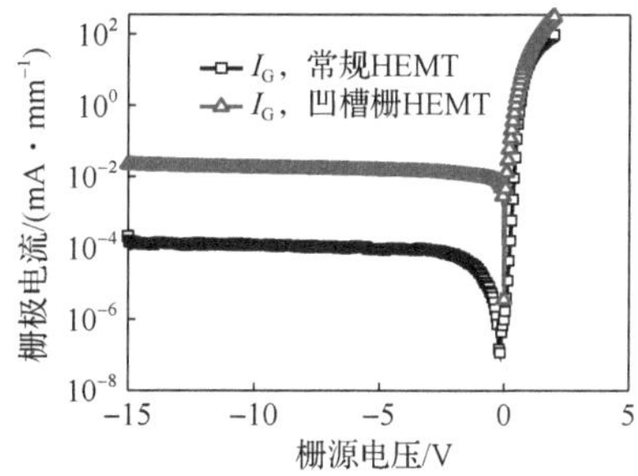

图 6.42（彩图）

图 6.42　常规 DH HEMT 与槽栅 DH HEMT 的栅电流特性

图 6.43 为常规 AlGaN/GaN/AlGaN DH HEMT 与槽栅 AlGaN/GaN/AlGaN DH HEMT 的击穿特性。定义漏电流 I_D=1mA/mm 时对应的漏压为击穿电压 V_{BR}，则常规 DH HEMT 的击穿电压为 187V，槽栅 DH HEMT 的击穿电压为 137V。槽栅器件的击穿电压降低 50V 的原因在于刻蚀工艺导致栅漏电流增加了两个数量级，从而使器件关态下的漏电流提前达到 1mA/mm。若槽栅 HEMT 器件要应用于功率电子领域，需要着重解决陷阱、栅漏电、电流崩塌等问题。针对这些问题，可以采用慢速、低损伤刻蚀工艺来实现槽栅器件，或者采用 MIS 栅介质来抑制栅漏电流。

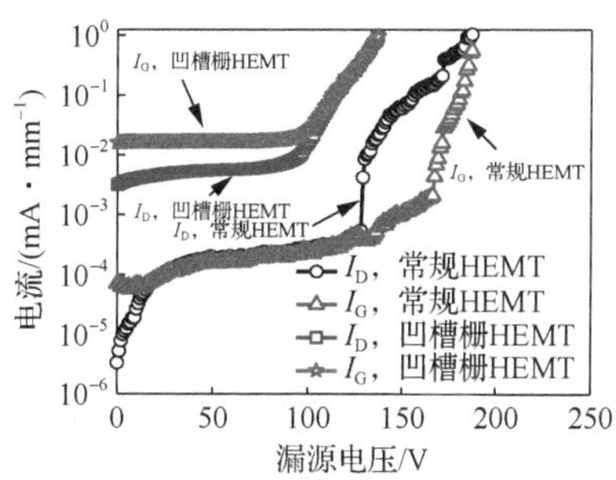

图 6.43（彩图）

图 6.43　常规 DH HEMT 与槽栅 DH HEMT 的击穿特性曲线

6.5.2　槽栅刻蚀对增强型 DH HEMT 陷阱态的影响

AlGaN/GaN/AlGaN DH HEMT 器件的跨导 G_m、栅漏电 I_G 和击穿特性 V_{BR} 都受到刻蚀中引入的陷阱的影响，因此，对 AlGaN/GaN/AlGaN DH HEMT 器件中的陷阱进行研究是非常有必要的。这里采用变频电导的方法来研究双异质结 HEMT 器件中的陷阱态，测量频率 f 的变化范围是 10kHz～1MHz，栅压偏置在 HEMT 阈值电压附近。对于具有一个峰值的电导 G_p/ω，可以采用式（6-1）来绘制拟合曲线。对于具有两个峰值的电导，可以采用式（6-2）来绘制拟合曲线。

$$G_p/\omega=(qD_T/2\omega\tau_T)\ln\left[1+(\omega\tau_T)^2\right] \tag{6-1}$$

$$G_p/\omega=(qD_{T1}/2\omega\tau_{T1})\ln\left[1+(\omega\tau_{T1})^2\right]+(qD_{T2}/2\omega\tau_{T2})\ln\left[1+(\omega\tau_{T2})^2\right] \tag{6-2}$$

式中，D_T 是陷阱态密度；τ_T 是陷阱态时间常数；$\omega = 2\pi f$ 。电导 G_p/ω 在 $\omega=2/\tau_T$ 取得最大值，在该数值处，$D_T=2.5G_p / q\omega$。

相对于常规 AlGaN/GaN HEMT，AlGaN/GaN DH HEMT 的材料生长更加困难，因而会导致器件中的陷阱态分布不均匀。为了更准确地表征陷阱态，可进一步测试分布在圆片上的 10 组 SBD，每组 SBD 包括一个常规 SBD 和一个相邻的槽栅 SBD。选择两组 SBD 来表征陷阱态，一组具有较小陷阱态浓度，另一组具有较大陷阱态浓度，分别命名为组 1 和组 2。

如图 6.44 所示，常规 DH HEMT 中有一些拟合曲线具有两个电导峰值，说明常规 DH HEMT 中存在两种陷阱。对于槽栅 DH HEMT 而言，仅能探测到一种陷阱。从组 1 和组 2 中电导峰值的位置和数值上可以发现槽栅刻蚀引入了很多的陷阱态。刻蚀引入的陷阱能级 E_T 处于常规 DH HEMT 中两种陷阱能级之间，为了更精准地表征陷阱态的信息，表 6.3 总结了两组器件的相关陷阱信息。陷阱的时间常数可以从拟合曲线中获得，而陷阱能级 E_T 则可以从陷阱时间常数的等式 $\tau_T = \left(\sigma_T N_C v_T\right)^{-1} \exp\left(E_T / kT\right)$ 中提取。该等式中，陷阱俘获截面 σ_T=3.4×10^{-15}cm^{-2}，导带状态密度 N_c=2.2×10^{18}cm^{-3}，载流子平均速度 v_T=2.6×10^{7}cm/s。

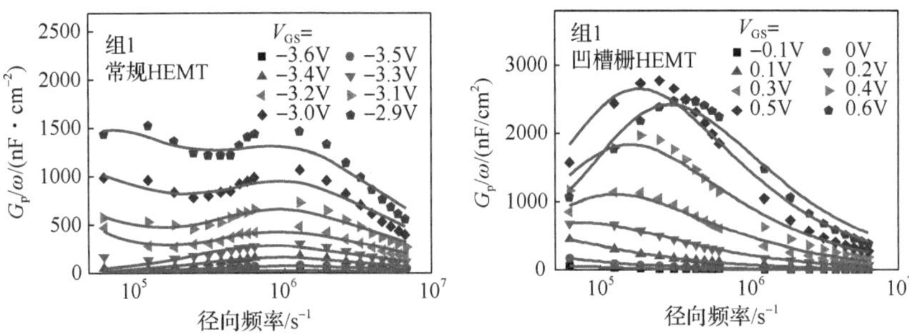

（a）组1电导随角频率的变化关系

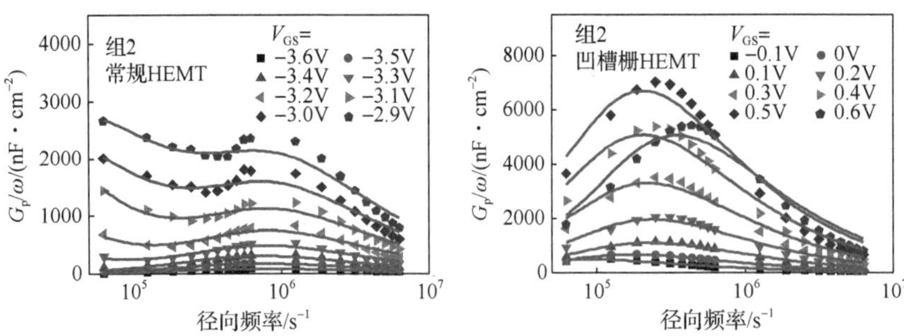

（b）组2电导随角频率的变化关系

图 6.44　组 1 与组 2 中电导随角频率的变化关系

表 6.3　组 1 与组 2 中 HEMT 的相关陷阱信息

组别	器件类型	τ_T /μs	E_T /eV	D_T /（$cm^{-2}\cdot eV^{-1}$）
组 1	常规	1.45～2.50 33.1～215	0.326～0.339 0.408～0.456	1.98×10^{11}～1.52×10^{13} 1.66×10^{13}～2.13×10^{13}
	槽栅	6.73～597	0.366～0.483	3.89×10^{12}～4.12×10^{13}
组 2	常规	1.79～2.69 49.3～330	0.332～0.342 0.418～0.467	6.19×10^{11}～2.45×10^{13} 3.34×10^{13}～4.03×10^{13}
	槽栅	5.7～21.3	0.362～0.396	7.63×10^{12}～1.04×10^{14}

图 6.45 为陷阱密度 D_T 与陷阱能级 E_T 的变化关系。常规 DH HEMT 中 E_T 位于 0.326～0.342eV 和 0.408～0.467eV，相应的 D_T 为 1.98×10^{11}～$2.45\times10^{13}cm^{-2}eV^{-1}$ 与 1.66×10^{13}～$4.03\times10^{13}cm^{-2}eV^{-1}$。对于槽栅 DH HEMT 而言，$E_T$=0.362～0.483eV，$D_T$=$3.89\times10^{12}$～$1.04\times10^{14}cm^{-2}eV^{-1}$，刻蚀工艺在器件中引入了大量陷阱态。图 6.45 所示槽栅 DH HEMT 中的陷阱态主要分布在 0.36～0.40eV，这个能级范围位于常规 DH HEMT 两种陷阱能级之间。槽栅刻蚀之后，常规 DH HEMT 中两种陷阱态的信息被刻蚀引入的大量陷阱所覆盖，因此 DH HEMT 中本来的两种陷阱很难通过变频电导的方法提取出来。此外，也可以采用槽栅 MIS 的方法来降低栅漏电，保持器件的高击穿电压。

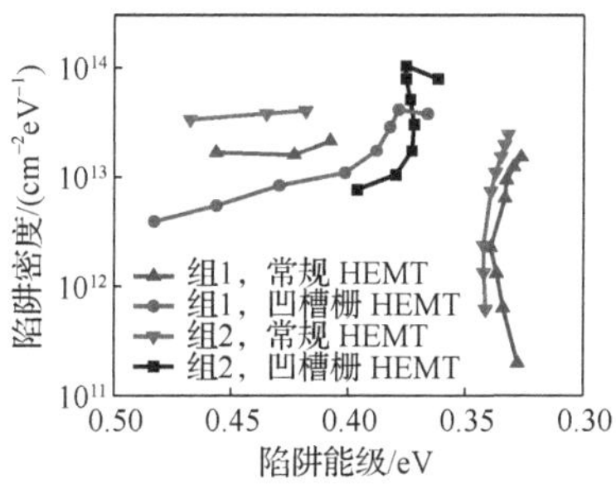

图 6.45　DH HEMT 器件陷阱密度 D_T 随陷阱能级 E_T 的变化关系

参 考 文 献

[1] LEE J G, PARK B R, CHO C H, et al. Low turn-on voltage AlGaN/GaN-on-si rectifier with gated ohmic anode[J]. IEEE Electron Device Letters, 2013, 34(2): 214-216.

[2] CHEN K J, HBENLEN O, LIDOW A, et al. GaN-on-Si power technology: Devices and applications[J]. IEEE Transactions on Electron Devices, 2017, 64(3): 779-795.

[3] BAHAT-TREIDEL E, LOSSY R, WURFL J, et al. AlGaN/GaN HEMT with integrated recessed Schottky-drain protection diode[J]. IEEE Electron Device Letters, 2009, 30(9): 901-903.

[4] ZHAO S L, Mi M H, HOU B, et al. Mechanism of improving forward and reverse blocking voltages in AlGaN/GaN HEMTs by using Schottky drain[J]. Chinese Physics B, 2014, 23(10): 472-476.

[5] ZHOU C, CHEN W, PINER E L, et al. Schottky-ohmic drain AlGaN/GaN normally off HEMT with reverse drain blocking capability[J]. IEEE Electron Device Letters, 2010, 31(7): 668-670.

[6] MORITA T, YANAGIHARA M, ISHIDA H, et al. 650V 3.1mΩ·cm^2 GaN-based monolithic bidirectional switch using normally-off gate injection transistor[C]//IEEE International Electron Devices Meeting. Washington: IEEE, 2007: 865-868.

[7] LEE J G, HAN S W, PARK B R, et al. Unidirectional AlGaN/GaN-on-Si HFETs with reverse blocking drain[J]. Applied Physics Express, 2014, 7(1): 014101.

[8] LEI J, WEI J, TANG G, et al. Reverse-blocking normally-off GaN double-channel MOS-HEMT with low reverse leakage current and low on-state resistance[J]. IEEE Electron Device Letters, 2018, 39(7): 1003-1006.

[9] MA J, ZHU M, MATIOLI E. 900 V Reverse-blocking GaN-on-Si MOSHEMTs with a hybrid tri-anode Schottky drain[J]. IEEE Electron Device Letters, 2017, 38(12): 1704-1707.

[10] WU Y, ZHANG J, ZHAO S, et al. More than 3000V reverse blocking Schottky-drain AlGaN-channel HEMTs with >230 MW/cm^2 power figure-of-merit[J]. IEEE Electron Device Letters, 2019, 40(11): 1724-1727.

[11] 唐龙谷. 半导体工艺和器件仿真软件 Silvaco TCAD 实用教程[M]. 北京: 清华大学出版社, 2014.

[12] AMBACHER O, FOUTZ B. Two-dimensional electron gases induced by spontaneous and piezoelectric polarization charges in N- and Ga-face AlGaN/GaN heterostructures[J]. Journal of Applied Physics, 1999, 85(6): 3222-3233.

[13] ALBRECHT J D, R P, RUDEN P P, et al. Electron transport characteristics of GaN for high temperature device modeling[J]. Journal of Applied Physics, 1998, 83(9): 4777-4781.

[14] FARAHMAND M, GARETTO C, BELLOTTI E, et al. Monte Carlo simulation of electron transport in the III-nitride wurtzite phase materials system: binaries and ternaries[J]. IEEE Transactions on Electron Devices, 2001, 48(3): 535-542.

[15] ZHAO M, WANG X, LIU X, et al. Thermal storage of AlGaN/GaN high-electron-mobility transistors[J]. IEEE Transactions on Device and Materials Reliability, 2010, 10(3): 360-365.

[16] SINGHAL S, ROBERTS J C, RAJAGOPAL P, et al. GaN-on-Si failure mechanisms and reliability improvements[C]//IEEE International Reliability Physics Symposium Proceedings. San Jose: IEEE, 2006: 95-98.

[17] ZHANG Y, LIU Z, TADJER M J, et al. Vertical GaN junction barrier Schottky rectifiers by selective ion implantation[J]. IEEE Electron Device Letters, 2017, 38(8): 1097-1100.

[18] LUKENS G, HAHN H, KALISCH H, et al. Self-aligned process for selectively etched p-GaN-gated AlGaN/GaN-on-Si HFETs[J]. IEEE Transactions on Electron Devices, 2018, 65(9): 3732-3738.

[19] ZHANG L, WEI J, ZHENG Z, et al. p-GaN gate power transistor with distributed built-in Schottky barrier diode for low-loss reverse conduction[J]. IEEE Electron Device Letters, 2020, 41(3): 341-344.

[20] ZHONG Y, SU S, CHEN X, et al. Normally-off HEMTs with regrown p-GaN gate and low-pressure chemical vapor deposition SiN[J]. IEEE Electron Device Letters, 2019, 40(9): 1495-1498.

[21] ZHANG L, ZHOU H, ZHANG W H, et al. AlGaN-channel gate injection transistor on silicon substrate with adjustable 4.7V threshold voltage and 1.3kV breakdown voltage[J]. IEEE Electron Device Letters, 2018, 39(7): 1026-1029.

[22] SUN C, HAO R, XU N, et al. Normally-off p-GaN/AlGaN/GaN high-electron-mobility transistors using oxygen plasma treatment[J]. Applied Physics Express, 2019, 12(5): 229-234.

[23] WANG C, HUA M, CHEN J, et al. E-Mode p-n Junction/AlGaN/GaN (PNJ) HEMTs[J]. IEEE Electron Device Letters, 2020, 41(4): 545-548.

[24] HAO R, LI W, FU K, et al. Breakdown enhancement and current collapse suppression by high-resistivity GaN cap layer in normally-off AlGaN/GaN HEMTs[J]. IEEE Electron Device Letters, 2017, 38(11): 1567-1570.

[25] JIANG H, LYU Q, ZHU R, et al. 1300V Normally-off p-GaN gate HEMTs on Si with high on-state drain current[J]. IEEE Transactions on Electron Devices, 2021, 68(2): 653-657.

[26] ISHIDA M, UEDA T, TANAKA T, et al. GaN on Si technologies for power switching devices[J]. IEEE Transactions on Electron Devices, 2013, 60(10): 3053-3059.

[27] JIANG H, ZHU R, LYU Q, et al. High-voltage p-GaN HEMTs with off-state blocking capability after gate breakdown[J]. IEEE Electron Device Letters, 2019, 40(4): 530-533.

[28] ZHU M, ERINE C, MA J, et al. p-GaN tri-gate MOS structure for normally-off GaN power transistors[J]. IEEE Electron Device Letters, 2020, 42(1): 82-85.

[29] CHIU H C, CHANG Y S, LI B H, et al. High uniformity normally-off p-GaN gate HEMT using self-terminated digital etching technique[J]. IEEE Transactions on Electron Devices, 2018, 65(11): 4820-4825.

[30] MA J, ZHU M, MATIOLI E. 900V Reverse-blocking GaN-on-Si MOSHEMTs with a hybrid tri-anode Schottky drain[J]. IEEE Electron Device Letters, 2017, 38(12): 1704-1707.

[31] LEI J, WEI J, TANG G, et al. Reverse-blocking normally-off GaN double-channel MOS-HEMT with low reverse leakage current and low on-state resistance[J]. IEEE Electron Device Letters, 2018, 39(7): 1003-1006.

[32] WHEELER P W, RODRIGUEZ J, CLARE J C, et al. Matrix converters: A technology review[J]. IEEE Transactions on Industrial Electronics, 2002, 49(2): 276-288.

[33] SZCZESNIAK P, KANIEWSKI J, JARNUT M. AC-AC power electronic converters without DC energy storage: A review[J]. Energy Conversion and Management, 2015, 92: 483-497.

[34] PARK B R, HAN S W, CHA H Y. Diode bridge embedded AlGaN/GaN bidirectional switch[J]. IEEE Electron Device Letters, 2015, 36(4): 324-326.

[35] CHU R, ZEHNDER D, HUGHES B, et al. High performance GaN-on-Si power switch: Role of substrate bias in device characteristics[C]//Proceedings of the 69th Device Research Conference. Santa Barbara: IEEE, 2011: 223-224.

[36] JIANG Q, TANG Z, ZHOU C, et al. Substrate-coupled cross-talk effects on an AlGaN/GaN-on-Si smart power IC platform[J]. IEEE Transactions on Electron Devices, 2014, 61(11): 3808-3813.

[37] FAN Z, LU C, BOTCHKAREV A, et al. AlGaN/GaN double heterostructure channel modulation doped field effect transistors (MODFETs)[J]. Electronics Letters, 1997, 33(9): 814-815.

[38] MAEDA N, SAITOH T, TSUBAKI K, et al. Enhanced effect of polarization on electron transport properties in AlGaN/GaN double-heterostructure field-effect transistors[J]. Applied Physics Letters, 2000, 76(21): 3118-3120.

[39] HEIKMAN S, KELLER S, GREEN D S, et al. High conductivity modulation doped AlGaN/GaN multiple channel heterostructures[J]. Journal of Applied Physics, 2003, 94(8): 5321-5325.

[40] CHEN C Q, ZHANG J P, ADIVARAHAN V, et al. AlGaN/GaN/AlGaN double heterostructure for high-power III-N field-effect transistors[J]. Applied Physics Letters, 2003, 82(25): 4593-4595.

[41] CHU R, ZHOU Y, LIU J, et al. AlGaN/GaN double-channel HEMTs[J]. IEEE Transactions on Electron Devices, 2005, 52(4): 438-446.

[42] KAMATH A, PATIL T, ADARI R, et al. Double-channel AlGaN/GaN high electron mobility transistor with back barriers[J]. IEEE Electron Device Letters, 2012, 33(12): 1690-1692.

[43] WEI J, LIU S, LI B, et al. Enhancement-mode GaN double-channel MOS-HEMT with Low on-resistance and robust gate recess[C]//IEEE International Electron Device Meeting, Washington: IEEE, 2015: 225-228.

[44] MILLER E J, DANG X Z, YU E T. Gate leakage current mechanisms in AlGaN/GaN heterostructure field effect transistors[J]. Journal of Applied Physics, 2000, 88(10): 5951-5958.

[45] KARMALKAR S, SATHAIYA D M, SHUR M S. Mechanism of the reverse gate leakage in AlGaN/GaN high electron mobility transistors[J]. Applied Physics Letters, 2003, 82(22): 3976-3978.

[46] MILLER E J, YU E T, WALTEREIT P, et al. Analysis of reverse-bias leakage current mechanisms in GaN grown by molecular-beam epitaxy[J]. Applied Physics Letters, 2004, 84(4): 535-537.

[47] KIM H, LEE J, LIU D, et al. Gate current leakage and breakdown mechanism in unpassivated AlGaN/GaN high electron mobility transistors by post-gate annealing[J]. Applied Physics Letters, 2005, 86(14): 143505.

第 7 章　氮化镓 p 沟道凹槽栅场效应晶体管

GaN 基互补金属氧化物半导体（complementary metal oxide semiconductor，CMOS），凭借其更高的集成度和更低的静态功耗，展示出在 GaN 功率集成电路领域的巨大潜力。CMOS 架构中 n 沟道器件与 p 沟道器件的面积与其开态电流成反比。要实现更小的芯片尺寸，n/p 沟道器件的开态电流应尽可能接近。目前，基于增强型 n 沟道 GaN 器件工艺已日趋成熟，开态电流可以达到 $100mA/mm^2$ 及以上，然而 p 沟道 GaN 器件的电流特性与之有明显差距，基本在 $1mA/mm^2$ 量级。在半导体器件技术中，源漏欧姆特性的优劣是影响器件电流输出能力的关键因素之一。因此，如何实现高性能的 p 型 GaN 欧姆接触成为 GaN CMOS 集成技术发展的重中之重。

7.1　极化增强 p-GaN/AlN/AlGaN 材料的 2DHG 特性

目前，GaN 材料的 p 型掺杂主要通过 Mg 杂质实现，但 Mg 杂质在 GaN 材料中的激活能高达 170meV，难以实现较高的空穴浓度。受限于 p-GaN 材料较低的离化率，传统的 p-GaN/AlGaN 异质结结构往往具有较低密度的 2DHG，从根本上限制了 GaN 基 PFET 器件的性能。为了进一步提高 p-GaN 材料的离化率，Kozodoy[1-2]、Simon[3]和 Zhang[4-5]等基于 GaN 材料独特的能带极化调制技术大幅度降低了 Mg 杂质的离化能，实现了较高的杂质离化率。此外，基于能带极化调制技术的多异质结构 p-GaN 材料中的空穴载流子能够免受载流子冻结效应的影响，在低温应用中具有得天独厚的优势。传统的 p-GaN/AlGaN/GaN 异质结材料在 p-GaN/AlGaN 界面极化作用下会产生 2DHG，较高的 Al 组分有助于进一步提高界面极化强度，实现更高的 2DHG 密度，但高 Al 组分通常会导致材料整体质量的严重退化，产生更多的位错。通过在 p-GaN/AlGaN 界面引入薄 AlN 插入层能够有效避免材料质量的退化，同时还能起到增强极化的效果。

7.1.1　界面 AlN 插入层极化增强机制

采用第一性原理对异质结界面附近 Mg 杂质的离化能进行计算，有助于揭示界面 AlN 插入层极化增强机制。该计算基于密度泛函理论（density functional theory，DFT），通过维也纳第一性原理仿真模拟包进行计算[6]。在计算过程中，针对结构弛豫优化和电子结构自洽计算采用的平面波截断能量分别为 530eV 和 450eV，并使用投影缀加平面波方法[7]。在结构优化和电子结构自洽计算中，分别采用 Perdew-Burke-Ernzerhof（PBE）和 HSE06（α=28%）的交换-关联泛函[8-9]。通过将纤锌矿结构转换为正交晶格，构造出包括 120 个 Al 原子、300 个 Ga 原子和 420 个 N 原子的用于掺杂研究的大型晶胞，其尺寸为 $15.96\times16.59\times36.27Å^3$。在结构优化阶段，所有原子的 Hellmann-Feynman 受力均需低于 0.02eV/Å。掺杂模型自洽计算中，总能的收敛标准为 10^{-5}eV，并使用了单一的 Γ 点采样。受主的激活能[10]可以通过以下公式获得：

$$E_{\mathrm{A}} = E_{\mathrm{tot}}^{q_{-1}} - E_{\mathrm{tot}}^{q_0} - E_{\mathrm{vbm}} - \Delta V \tag{7-1}$$

式中，E_{A} 为相对于价带顶的激活能级；$E_{\mathrm{tot}}^{q_{-1}}$ 和 $E_{\mathrm{tot}}^{q_0}$ 分别为掺杂有 Mg 的系统在离化和未离化情况下的总能量；E_{vbm} 为未掺杂体材料的价带顶能量；ΔV 为杂质离化的体系与未掺杂体系之间的势能之差。

图 7.1 展示了 p-GaN/AlN 界面第一性原理计算。如图 7.1（d）所示，考虑并设计了三种典型的掺杂构型，不同掺杂构型的区别在于与 AlN/GaN 界面的距离不同。如图 7.1（a）所示，在界面处插入极化增强 AlN 层后，离界面越近的 Mg 掺杂原子具有更低的激活能。$\mathrm{Mg_{Ga}}$_6 离异质结界面最远，因此其特性可对应 GaN 体材料特征。该位置的激活能最高，为 0.31eV。该数值比实验报道中的 0.26eV 略高[11]，可以归因于采用的原子结构具有周期性特征，形成了超晶格状态的 $\mathrm{Al_{0.29}Ga_{0.71}N}$ 合金。同时，激活能随着掺杂位置的变化仍然展现了很好的趋势，当掺杂原子逐渐靠近界面时，Mg 的激活能从 0.31eV，降低至 0.26eV，进而最终降至 0.24eV。激活能从 0.31eV 降至 0.26eV 可以归因于价带顶的变化，如图 7.1（b）所示，由于插入的 AlN 诱导出了额外的极化电场，使得价带顶从 GaN 体材料区域到 AlN/GaN 界面区域上升了 0.25eV。如图 7.1（c）所示，$\mathrm{Mg_{Ga}}$_1 的四个 Mg-N 键的偏离程度比 $\mathrm{Mg_{Ga}}$_3 的要小，表明 $\mathrm{Mg_{Ga}}$_1 具有更高的对称性，根据 Jahn-Teller 效应，低对称性将会导致能级的劈裂，从而使受主能级增加。综上所述，插入的 AlN 层引起的价带顶上升和 $\mathrm{Mg_{Ga}}$ 掺杂构型对称性的提升两个因素是空穴密度增加的主要原因。

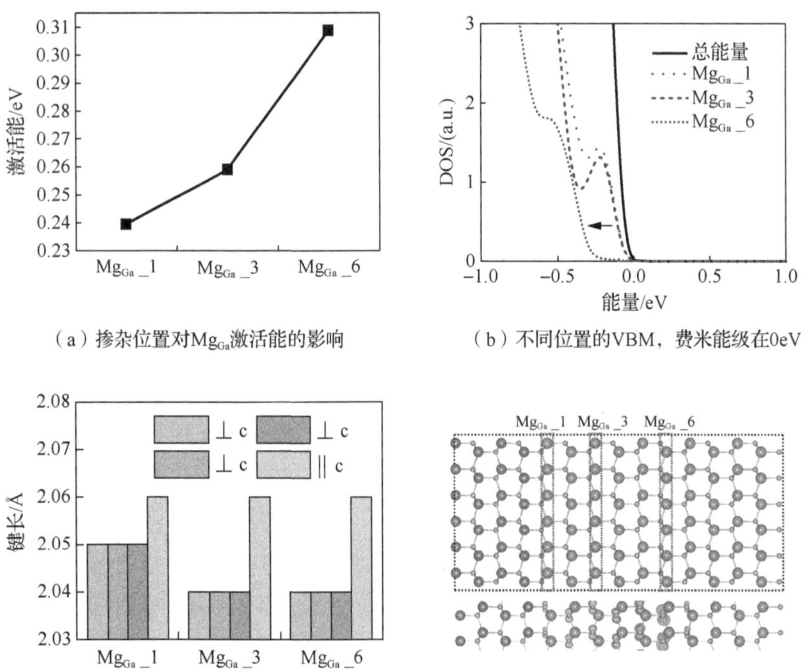

（a）掺杂位置对$\mathrm{Mg_{Ga}}$激活能的影响　（b）不同位置的VBM，费米能级在0eV

（c）Mg–N键的键长　（d）原子模型的侧视图及$\mathrm{Mg_{Ga}}$空穴的等值面

图 7.1　p-GaN/AlN 界面第一性原理计算

图 7.2（a）展示了室温下有/无 AlN 插入层样品的能带分布情况。对于带有 AlN 插入层的样品，界面处的极化强度大幅度提升，形成窄而深的三角势阱，材料中的大量空穴载流子会被限制在该量子阱中，从而有效提升了空穴载流子的二维特性。图 7.2（a）插图展示了有/无 AlN 插入层样品价带之差与位置的关系。带有 AlN 插入层样品的价带在能带调制作用下较高，Mg 杂质能级在异质结界面处更接近于费米能级，因此，AlN 插入层结构能够有效降低异质结界面处 Mg 杂质的激活能，提高 Mg 杂质的离化率及样品 2DHG 密度。图 7.2（b）展示了带 AlN 插入层样品的价带随温度的变化关系。异质结界面处的价带随温度的降低而逐渐升高，即低温环境能够有效降低异质结界面附近 Mg 杂质的激活能，提高 Mg 杂质的离化率。因此，虽然较低的温度会抑制 Mg 杂质的热电离效应，但在 AlN 插入层能带调制的基础上，样品仍然具有较高的空穴载流子密度。图 7.2（b）插图展示了带 AlN 插入层样品的不同位置处 Mg 杂质和价带随温度的变化关系，即 Mg 杂质距离 AlN 插入层界面的距离越远，温度对价带的调制能力越弱。

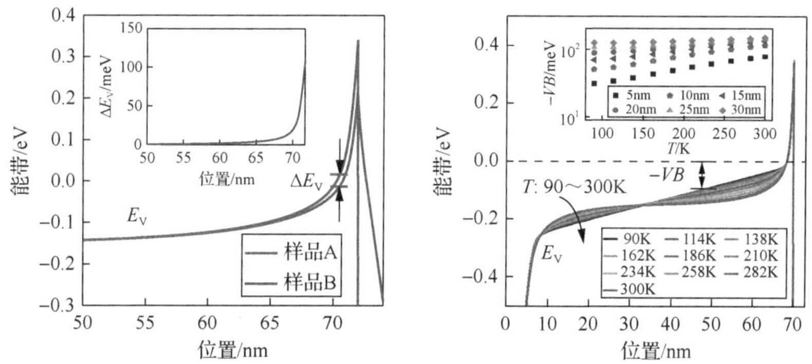

（a）AlN插入层对界面能带的影响　（b）界面能带随温度的变化关系　图 7.2（彩图）

图 7.2　p-GaN/AlN 界面能带特性

7.1.2　AlN 插入层极化增强 p-GaN/AlN/AlGaN 的 2DHG 特性

图 7.3 为基于 Si 衬底的五种不同多异质结构材料的示意图。样品 A 的各层结构从下至上分别为低温 AlN 成核层及 AlN/GaN 超晶格应力释放层、4.5μm 缓冲层、300nm GaN 电子导电沟道层、1nm AlN 插入层、15nm $Al_{0.15}Ga_{0.85}N$ 势垒层和 70nm p-GaN 层，其中 p-GaN 材料的 Mg 掺杂浓度约为 $3\times10^{19}cm^{-3}$。相比于样品 A，样品 B 在 p-GaN/AlGaN 界面处引入了 1.5nm AlN 插入层结构，用于增强界面处的极化强度；相比于样品 B，样品 C/D/E 分别在 p-GaN/AlN 界面处引入了 5/10/15nm 的非故意掺杂 GaN 层，用于隔绝表面 p-GaN 层的电离杂质散射对界面处 2DHG 的影响，增大沟道处 2DHG 的迁移率。

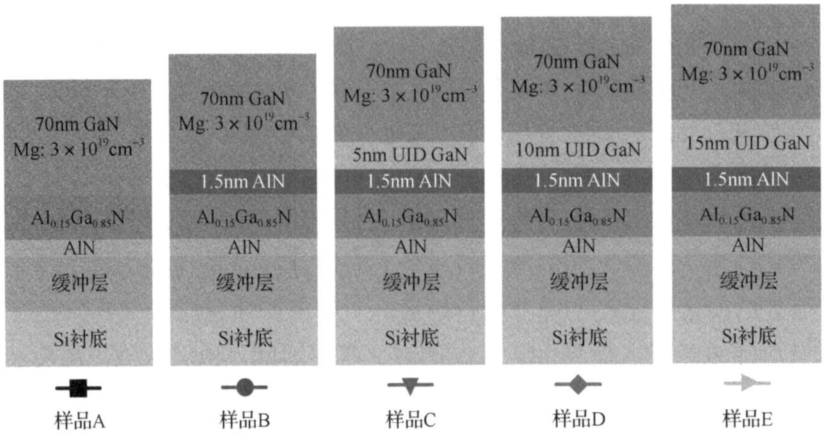

图 7.3　基于 Si 衬底的多异质结构材料的示意图

图 7.4 为采用透射电子显微镜自带的能量色散 X 射线光谱仪对样品 B 异质结界面的元素含量的测试结果。在 AlN 插入层结构处，Al 元素信号明显增强，Ga 元素信号明显减弱，并且两 AlN 插入层中间的 AlGaN 材料 Al 组分保持在 15%水平，表明了该外延材料的生长符合设计预期，并且各层之间具有明显的分界面。图 7.5 为样品 A、B、C、D、E 的表面形貌，测试区域为 $5\times4\mu m^2$，样品的均方根粗糙度分别为 0.399nm、0.482nm、0.381nm、0.385nm、0.324nm，即与样品 A 相比，样品 B 的表面粗糙度略有增加，但随着界面非故意掺杂 GaN 层的引入，样品表面粗糙度进一步降低。

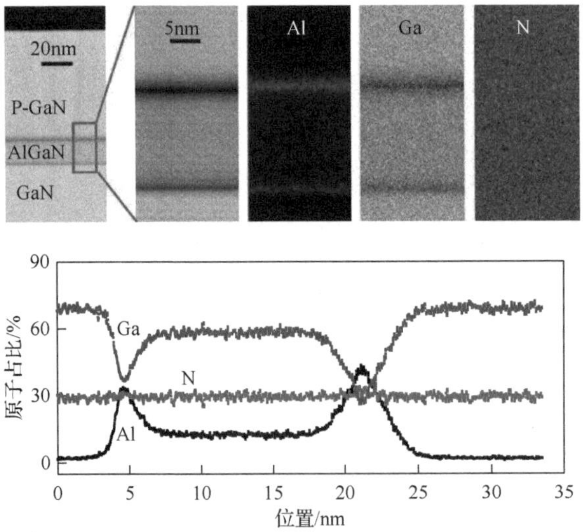

图 7.4（彩图）

图 7.4　样品 B 界面元素含量分析

RMS=0.399nm　RMS=0.482nm　RMS=0.381nm　RMS=0.385nm　RMS=0.324nm

（a）样品A　（b）样品B　（c）样品C　（d）样品D　（e）样品E

图 7.5　样品 A、B、C、D、E 的表面形貌

图 7.6 为样品 A、B、C、D、E 的 XRD 测试结果。（002）面摇摆曲线半高宽能够有效表征 GaN 材料中的螺位错量级，（102）面摇摆曲线半高宽能够有效表征 GaN 材料中的刃位错量级[12-13]。样品 A、B、C、D、E 的（002）面摇摆曲线半高宽分别为 621arcsec、562arcsec、595arcsec、603arcsec、536arcsec，（102）面摇摆曲线半高宽分别为 800arcsec、729arcsec、748arcsec、777arcsec、687arcsec。相比于样品 A，由于极薄的 AlN 插入层有效释放了界面处的应力，导致带有 AlN 插入层样品的质量有所提高。

图 7.5（彩图）

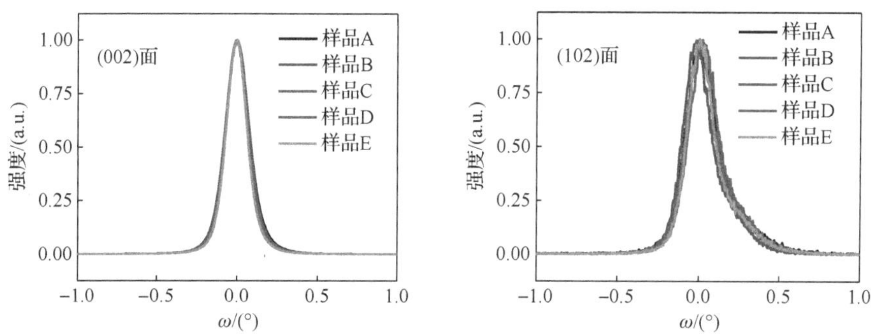

（a）（002）面　（b）（102）面

图 7.6　样品 A、B、C、D、E 的 XRD 测试结果

图 7.7 展示了样品 A、B、C、D、E 的空穴密度、空穴迁移率及材料方阻随温度的变化关系。室温下，样品 B 的空穴密度高达 $3.94\times10^{13}cm^{-2}$，约为样品 A 的三倍。对于样品 C、D、E 而言。当界面引入非故意掺杂 GaN 插入层后，由于远离异质结界面的 Mg 杂质离化能受 AlN 插入层的调控作用减弱，故样品空穴密度逐渐降低。与样品 A 相比，样品 B 异质界面的空穴密度大幅度增加，导致空穴载流子声子散射加剧[14-16]，迁移率迅速降低。但是，当界面引入非故意掺杂 GaN 插入层后，由于异质结界面处的空穴载流子受 Mg 杂质电离散射作用减弱，故样品迁移率随非故意掺杂 GaN 插入层厚度的增加而增大，但由于材料本身特性的限制，载流子迁移率不会无限制增加，故需寻找一个折中厚度，使沟道载流子特性达到较好的水平。对于 5nm 非故意掺杂 GaN 插入层样品 C 而言，载流子的极化增强及散射屏蔽效果实现了良好的折中，方块电阻仅为 22.6kΩ/□，当非故意掺杂 GaN 插入层厚度继续增加时，载流子迁移率提升的效果难以抵消载流子面密度降低的效果，故样品 D、E 的方阻显著增加。

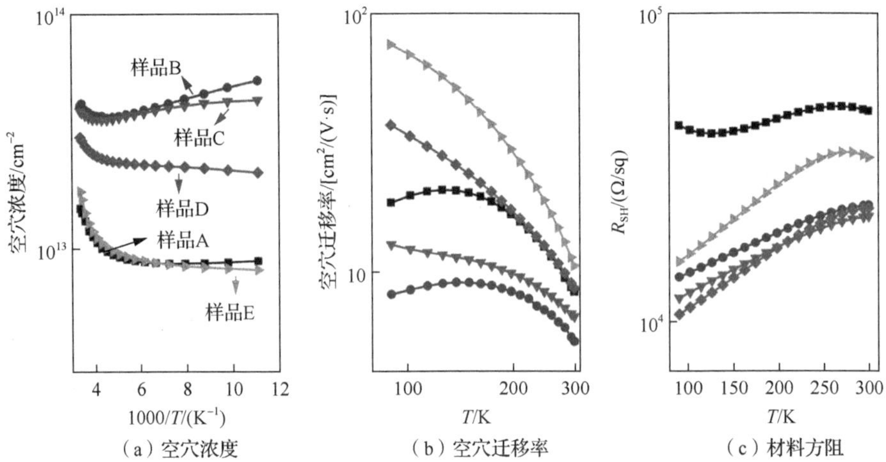

图 7.7　样品 A、B、C、D、E 的电学特性随温度的变化关系

如图 7.7（a）所示，随着温度的降低，样品 A 的空穴载流子密度先逐渐降低后趋于饱和，即 p-GaN/AlGaN 界面处的极化空穴载流子有效避免了低温下载流子的冻结效应，展现出二维空穴气特性；然而随着温度的降低，样品 B、C 的空穴载流子密度先逐渐降低后逐渐升高，该现象主要是由于极低温下异质结界面能带的调控作用，即低温下靠近异质结界面处的 Mg 杂质激活能较低，故出现空穴载流子密度升高的现象，当温度由 300K 降低至 78K 时，样品 B 的空穴载流子密度由 $4.08\times10^{13}cm^{-2}$ 增长至 $5.23\times10^{13}cm^{-2}$，Mg 杂质离化率由 14.22%增加至 18.22%，实现了 Mg 离化率的大幅度提升。对于样品 D/E 而言，由于厚非故意掺杂 GaN 插入层的存在，导致低温能带调控作用对 Mg 杂质激活能的影响较小，故出现空穴载流子密度逐渐降低的现象。如图 7.7（b）所示，随着温度的降低，样品 A、B、C、D、E 的空穴载流子受电离杂质散射逐渐降低，载流子迁移率升高，对于 15nm 非故意掺杂 GaN 插入层样品 E 而言，样品 78K 时的载流子迁移率高达 $53.5cm^2$/（V·s）。如图 7.7（c）所示，与传统的半导体材料不同，基于异质结结构的 p-GaN 材料的载流子密度受温度影响较少，而载流子迁移率随温度的降低而迅速增大，故样品 A、B、C、D、E 材料方阻随温度的降低而降低，非常适合于低温环境应用。

7.2　多异质结构 p-GaN 低阻欧姆接触

由于 p-GaN 材料低掺杂效率及高表面态密度的存在，实现良好的低阻 p-GaN 欧姆接触较为困难，尤其是在异质结 p-GaN/AlGaN 界面能带调控的作用下，p-GaN 材料离化产生的空穴载流子会聚积在异质结界面处，导致 p-GaN 材料表面空穴浓度进一步降低，显著增加了 p-GaN 材料欧姆接触的难度。本节主要通过分析材料位错密度及表面处理工艺对样品表面势的影响，系统讨论实现异质结构 p-GaN 低阻欧姆接触的方法。

7.2.1　位错密度对多异质结构 p-GaN 欧姆接触的影响

与常规平片蓝宝石衬底（conventional sapphire substrate，CSS）相比，采用图形化

蓝宝石衬底（patterned sapphire substrate，PSS）生长 GaN 外延层，可显著降低 GaN 材料初期生长阶段的成核岛数量，降低成核岛合并位错，促进位错弯曲湮灭，从而大幅度提高外延层的结晶质量，实现对位错密度的调控[17-18]。为了进一步分析材料位错密度对 p-GaN 欧姆接触的影响，通过采用 PSS 和 CSS 衬底分别外延了成核层、3μm 缓冲层、300nm 非故意掺杂 GaN 电子沟道层、1nm AlN 插入层、15nm $Al_{0.15}Ga_{0.85}N$ 势垒层、4nm 非故意掺杂 GaN 空穴沟道层和 80nm Mg 掺杂浓度为 $3\times10^{19}cm^{-3}$ 的 p-GaN 层。其中，4nm 非故意掺杂 GaN 空穴沟道层用以屏蔽 p-GaN 材料中的电离杂质散射，提高 2DHG 迁移率；p-GaN 层为样品提供空穴。对 p-GaN 材料而言，样品的欧姆接触电极通常可采用 Ni/Au（30/100nm）叠层金属结构在氧气氛围下以 550℃退火 5min 形成。为了更为精准地评估样品欧姆接触阻值的大小，在欧姆接触电极制备完成后，需采用刻蚀的方法移除 TLM 结构边缘的 p-GaN 材料，实现 TLM 结构的隔离。

图 7.8（a）为 p-GaN 样品线性 TLM 模型结构，电极宽度为 200μm，电极间尺寸分别为 3μm、6μm、9μm、12μm、15μm、18μm，图 7.8（b）为基于 PSS 衬底和 CSS 衬底 GaN 样品的 *I-V* 特性曲线，PSS 衬底 GaN 样品具有更高的导通电流。图 7.8（c）为基于 TLM 模型所提取的样品欧姆接触电阻及材料方阻特性，当电极偏置电压为 10V 时，PSS 衬底样品的欧姆接触电阻和材料方阻分别为 12.6Ω·mm 和 79.3kΩ/□，而 CSS 衬底样品的欧姆接触电阻和材料方阻分别高达 41.2Ω·mm 和 93.7kΩ/□，PSS 衬底样品输出电流的增加是由于低欧姆接触电阻及低材料方阻共同导致的。图 7.8（d）为基于 PSS 衬底和 CSS 衬底 GaN 样品的比接触电阻率，在各提取电压下，PSS 衬底 GaN 样品均具有较低的比接触电阻率。通过采用热电子发射理论对 PSS 衬底和 CSS 衬底 GaN 样品的欧姆接触势垒进行提取可知，PSS 衬底 GaN 样品的肖特基势垒高度约为 0.54±0.005eV，而 CSS 衬底 GaN 样品的肖特基势垒高度约为 0.57±0.005eV，即基于 PSS 衬底外延制备的 p-GaN 样品能够实现较低的欧姆接触势垒，从而实现优良的欧姆接触电阻。表 7.1 为现阶段高水平 p-GaN 金属电极和比接触电阻率。通过比较可知，基于 PSS 衬底的 p-GaN 样品能够实现较低的比接触电阻率，为高性能 GaN 基 PFET 的研制奠定了基础。

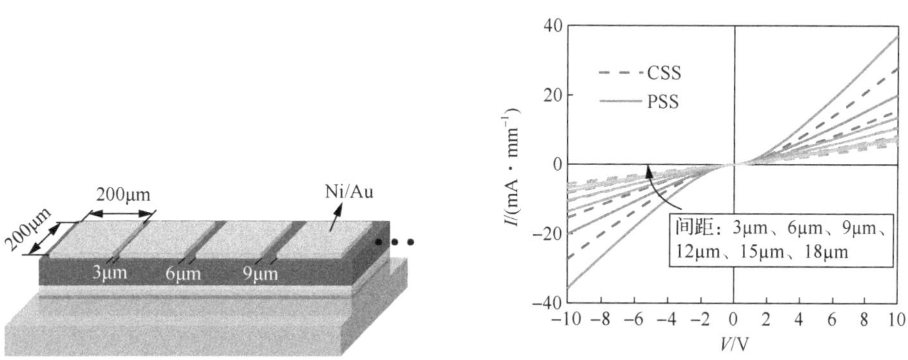

（a）TLM结构示意图　（b）TLM导通电流

图 7.8　PSS 与 CSS 衬底多异质结构 p-GaN 欧姆接触特性

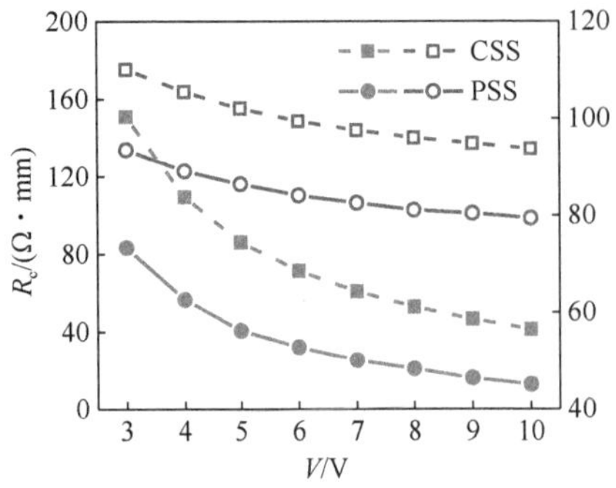

（c）R_c与偏置电压的关系

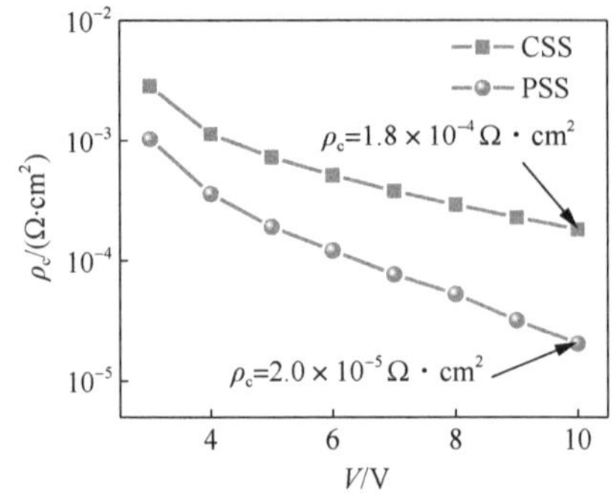

（d）ρ_c与偏置电压的关系

图 7.8（续）

表 7.1　现阶段高水平 p-GaN 金属电极和比接触电阻率

文献	金属电极	比接触电阻率/（$\Omega\cdot cm^2$）
本工作	Ni/Au	2.0×10^{-5}
[19]	Ni/Au	1.0×10^{-4}
[20]	Ni/Au	1.0×10^{-4}
[21]	Pt/Ni/Au	5.1×10^{-4}
[22]	Pt	2.0×10^{-5}
[23]	Ag	1.2×10^{-4}
[24]	Ni/Au	1.7×10^{-2}
[25]	Ni/Pt	2.0×10^{-2}
[26]	Pd/Au	4.3×10^{-4}
[27]	Pd/Au	7.1×10^{-3}
[28]	Cr/Au	2.6×10^{-3}
[28]	Ni/Au	7.0×10^{-3}
[29]	Ni/Au	1.4×10^{-4}

图 7.9 为基于 PSS 衬底和 CSS 衬底 GaN 样品的摇摆曲线，二者（002）面摇摆曲线半高宽分别为 103 和 73arcsec，（102）面摇摆曲线半高宽分别为 166 和 382arcsec。样品位错密度与摇摆曲线半高宽的关系可表示为

$$D=\frac{\mathrm{FWHM}^2}{4.36b^2} \tag{7-2}$$

式中，D 为计算的位错密度；FWHM 为摇摆曲线的半宽度；b 为 GaN 材料螺位错或刃位错的伯格斯矢量[30]。

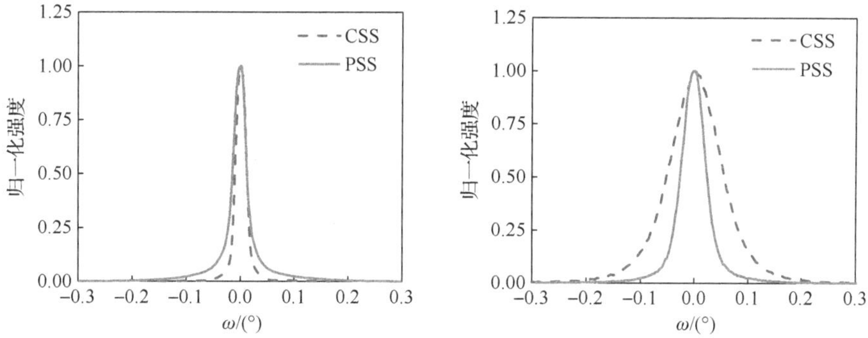

（a）（002）面摇摆曲线　　（b）（102）面摇摆曲线

图 7.9　基于 PSS 与 CSS 衬底 GaN 样品摇摆曲线

通过式（7-2）计算可知，基于 PSS 衬底和 CSS 衬底 GaN 样品的螺位错密度分别为 $2.1\times10^{7}cm^{-2}$ 和 $1.1\times10^{7}cm^{-2}$，刃位错密度分别为 $1.5\times10^{8}cm^{-2}$ 和 $7.7\times10^{8}cm^{-2}$，即样品螺位错密度增大了将近一倍，而刃位错密度大幅度降低。虽然有文献报道指出螺位错密度的增大能够为电子提供泄漏通道，导致欧姆接触特性的提升[31-32]，但从样品位错密度的变化结果来看，刃位错密度的变化对 p-GaN 欧姆接触起主要作用。

图 7.10 显示了基于 PSS 衬底和 CSS 衬底的 GaN 样品在衍射矢量 $\boldsymbol{g}$=（11-20）时的 TEM 图像。在此条件下，刃位错及带刃位错伯格斯矢量分量的混合位错均可见，而纯螺位错矢量与衍射矢量垂直，导致其不可见[33]，因此，可以通过该方法量化材料内部存在的刃位错线密度。从测试结果可知，CSS 衬底上外延的 GaN 材料存在大量的刃位错，且这些刃位错大多向上延伸到表面，对 p-GaN 欧姆接触特性造成一定的影响；而 PSS 衬底上外延的 GaN 材料刃位错数量大幅度降低，该结果与图 7.9 的测试结果相吻合。图 7.11 显示了基于 PSS 衬底和 CSS 衬底 GaN 样品的表面 CL 图像。由于位错可作为非辐射复合中心，故在 CL 测试中具有较低的发光强度，故可粗略统计表面位错点的数量[34]。从测试结果可知，CSS 衬底 GaN 样品表面具有大量的位错点分布，而 PSS 衬底 GaN 样品表面位错点数较少，由于两样品螺位错密度相差较小，故其表面较大的位错密度之差主要是由刃位错传播到表面引起的，聚集在表面的刃位错能够有效抬升样品表面费米能级，使其远离价带，造成接触势垒上升[35]。

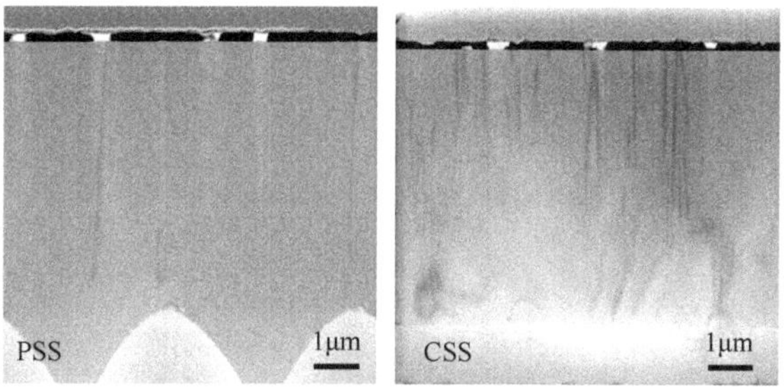

（a）PSS衬底样品　　（b）CSS衬底样品

图 7.10　PSS 衬底与 CSS 衬底的 GaN 样品的 TEM 图像

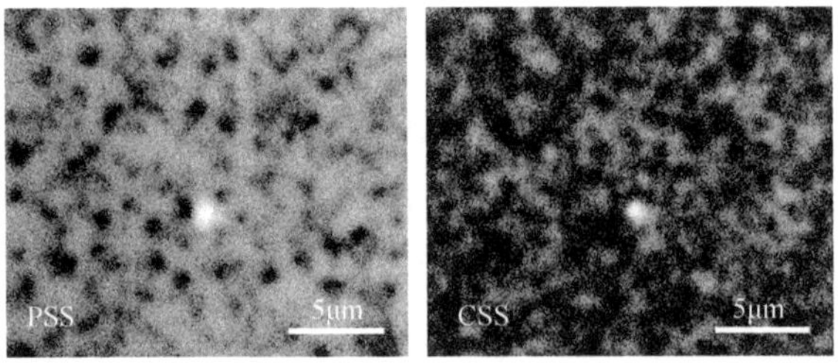

（a）PSS衬底样品　　（b）CSS衬底样品

图 7.11　PSS 衬底与 CSS 衬底的 GaN 样品的表面 CL 图像

表 7.2 总结了基于 PSS 衬底和 CSS 衬底 GaN 样品材料及欧姆接触特性。相较于 CSS 衬底 GaN 样品，由于 PSS 衬底能够有效降低材料刃位错密度，抑制刃位错附近 Mg 杂质的集簇现象，故样品 2DHG 面密度得到了有效提升[36-38]。虽然基于 PSS 衬底 GaN 样品的位错密度更低，但位错相关的散射主要影响低温下载流子的饱和迁移率，在常温时不起主导性作用[39-41]，而由高 2DHG 面密度所引起的强光学和声学声子散射作用对载流子迁移率起主要作用，因此 PSS 衬底 GaN 材料的迁移率更低。

表 7.2　基于 PSS 衬底和 CSS 衬底 GaN 样品材料及欧姆接触特性

衬底	螺位错密度/（cm^{-2}）	刃位错密度/（cm^{-2}）	2DHG 密度/（cm^{-2}）	迁移率/［cm^2/（V·s）］	SBH/eV	比接触电阻/（$\Omega\cdot cm^2$）
PSS	2.1×10^7	1.5×10^8	6.98×10^{13}	2.7	0.54	2.0×10^{-5}
CSS	1.1×10^7	7.7×10^8	5.26×10^{13}	3.1	0.57	1.1×10^{-4}

图 7.12 显示了基于 PSS 衬底和 CSS 衬底 GaN 样品的表面形貌及表面势。两样品表面均具有明显的原子台阶流，且表面粗糙度基本相当，这表明样品表面形貌的差异并不是影响 p-GaN 欧姆接触电阻的主要原因。值得注意的是，CSS 衬底 GaN 样品的表面势约为–188mV，而 PSS 衬底 GaN 样品的表面势仅为–230mV。低刃位错密度引起的低表面势是实现较低 p-GaN 欧姆接触电阻的主要原因。

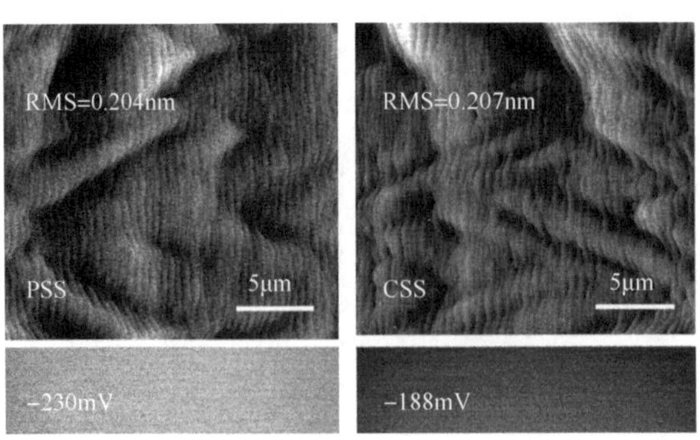

（a）PSS衬底样品　　（b）CSS衬底样品

图 7.12　PSS 衬底与 CSS 衬底的 GaN 样品的表面形貌及表面势

7.2.2　表面预处理对多异质结构 p-GaN 欧姆接触的影响

通常来讲，采用溶液漂洗或退火处理能够有效改变 p-GaN 样品表面的性质，从而对样品欧姆接触电阻产生一定的影响。本节重点分析常见的表面预处理对 p-GaN 样品表面特性的影响，从而探索实现 p-GaN 低阻欧姆接触的方法。图 7.13 为未经处理、BOE 溶液漂洗及热 KOH 溶液清洗的三种 p-GaN 样品欧姆接触特性。由于湿法预处理有效去除了 p-GaN 表面氧化层，故 3μm 间距的 TLM 导通电流由未经处理的 18.7mA/mm 分别增加到 23.6mA/mm 和 19.4mA/mm，p-GaN 欧姆接触界面肖特基势垒高度由未经处理的 0.559eV 分别降低至 0.547eV 和 0.555eV。图 7.13（c）和图 7.13（d）分别为三种样品 R_c 及 ρ_c 与提取电压的关系，未经处理的样品在 5V 电压下所提取的 R_c 及 ρ_c 分别为 90Ω·mm 和 $2.2\times10^{-3}\Omega\cdot cm^2$，而经 BOE 处理后的样品 R_c 及 ρ_c 分别降低为 43Ω·mm 和 $4.8\times10^{-4}\Omega\cdot cm^2$，经 KOH 处理后的样品 R_c 及 ρ_c 分别降低为 81Ω·mm 和 $1.8\times10^{-3}\Omega\cdot cm^2$。通过上述结果可知，相较于热 KOH 溶液而言，BOE 溶液能够更为高效地移除样品表面氧化物，从而显著降低 p-GaN 欧姆接触界面势垒。

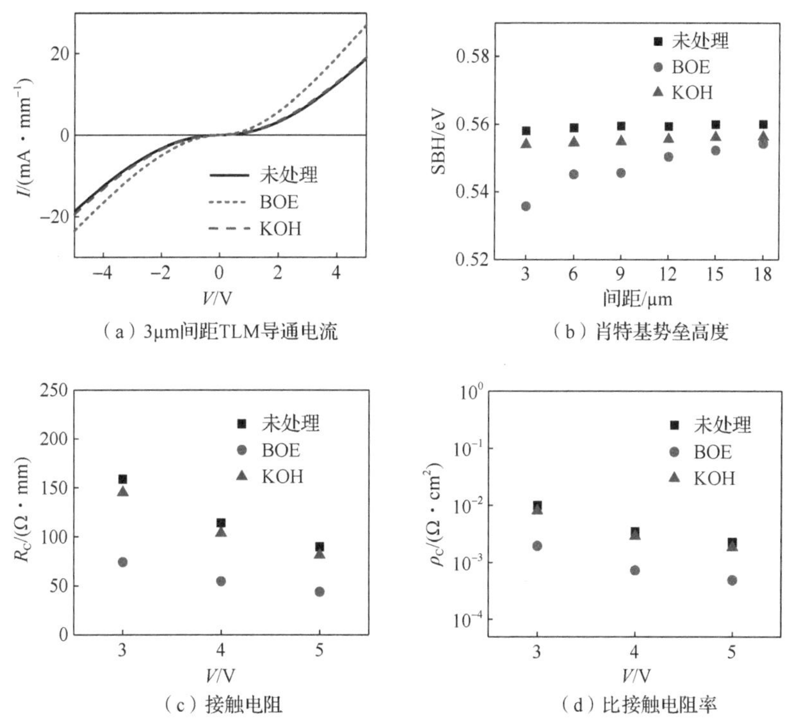

图 7.13　表面湿法预处理对 p-GaN 样品欧姆接触特性的影响

图 7.14 展示了在欧姆金属沉积前对样品表面采用 N_2 或 O_2 后欧姆退火处理（post Ohmic annealing, POA），以消除 p-GaN 欧姆接触的影响。对于未经退火处理的 p-GaN 样品，其欧姆接触在 3μm 间距的 TLM 的测试中，在 10V 偏置电压下的导通电流仅为

60mA/mm。当 p-GaN 样品经 N_2 POA 处理后，导通电流迅速提升至 78mA/mm，提升幅度超过 30%。然而，经 O_2 POA 处理的 p-GaN 样品，其导通电流仅为 58mA/mm。电流退化的原因可能是在 O_2 退火过程中，更多的氧原子取代表面氮原子，导致欧姆接触退火过程中形成了高阻的 NiO 层[20,42-43]。

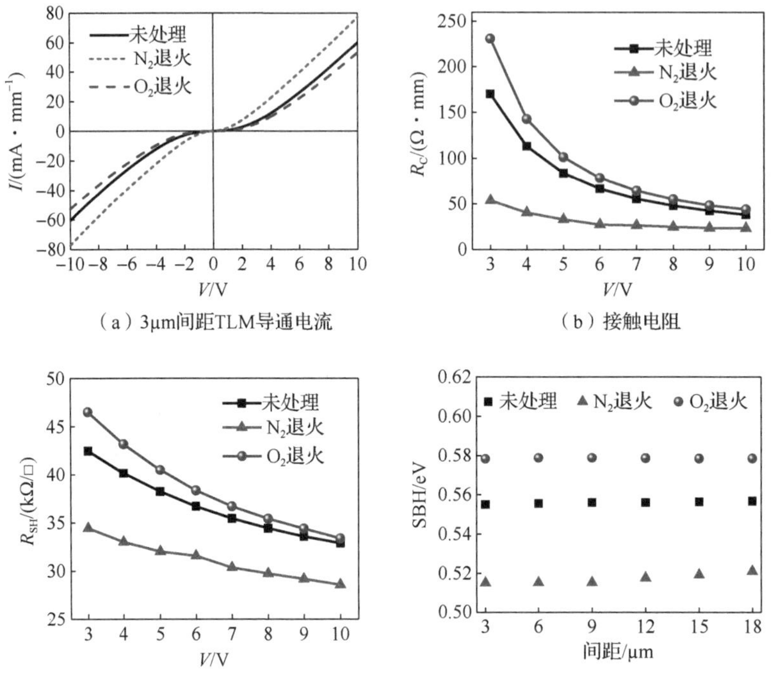

（a）3μm间距TLM导通电流　（b）接触电阻

（c）材料方阻　（d）肖特基势垒高度

图 7.14　退火预处理对 p-GaN 样品欧姆接触特性的影响

通过采用 XPS 设备能够有效表征 p-GaN 样品在不同氛围气体中 POA 处理前后表面状态的变化情况。如图 7.15（a）所示，样品经 POA 处理后，Ga 2p 峰位出现明显偏移，对于未经 POA 处理、N_2 POA 处理及 O_2 POA 处理的样品而言，其 Ga 2p 峰位分别为 1117.2eV、1116.9eV、1116.9eV。通过将 Ga 2p 图谱分解为 Ga-N 图谱和 Ga-O 图谱，计算得出三种样品的 Ga-O 键与 Ga-N 键的比值分别为 1.53、1.21、2.55。未经 POA 处理样品表面的 Ga-O 键主要由外延过程及表面自然氧化所引入。图 7.15（b）为三种样品表面 N 1s 图谱，样品经 N_2 POA 处理后，N1s 峰值强度明显提高，即样品表面含氮量更高[44]；而样品经 O_2 POA 处理后，表面引入更多的氧原子，N1s 峰值强度明显降低。另外，表面较多 Ga-O 的存在是导致 p-GaN 欧姆接触特性退化的重要原因[45,24]。图 7.15（c）和图 7.15（d）分别为三种样品表面的价带顶（valence band maximum，VBM）及价带结构示意图。三种样品 VBM 结合能分别为 1.20eV、0.57eV、1.58eV，即样品经 N_2 POA 处理后，表面价带更靠近于费米能级，因此具有更为理想的欧姆接触特性。

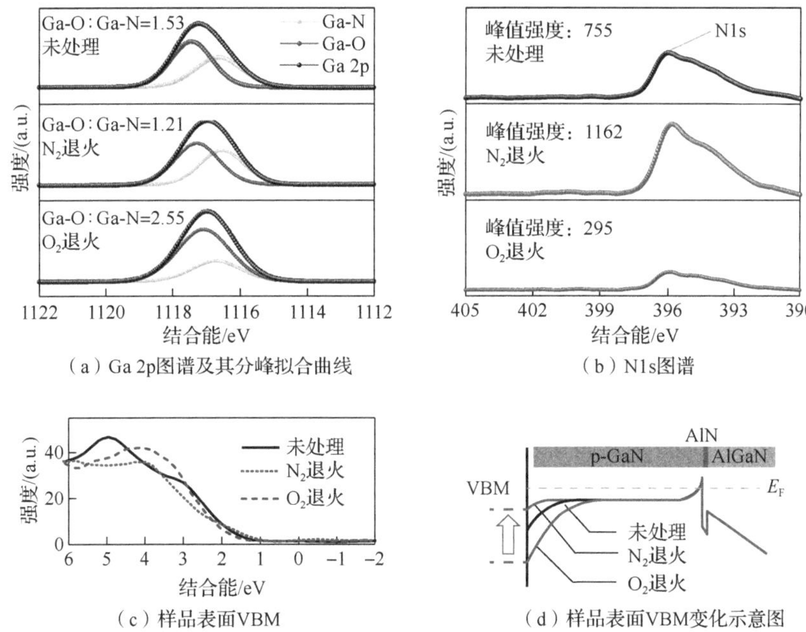

（a）Ga 2p图谱及其分峰拟合曲线

（b）N1s图谱

（c）样品表面VBM

（d）样品表面VBM变化示意图

图 7.15（彩图）

图 7.15　退火预处理对 p-GaN 表面特性的影响

对样品采用 BOE 溶液清洗虽然能够有效地降低 p-GaN 表面的氧浓度，但对于表面下方较深区域的氧杂质去除效果较差。与湿法表面处理不同，N_2 POA 处理能够有效降低样品表面下方较深区域的氧杂质。图 7.16（a）为未经处理、BOE 溶液清洗及 N_2 POA 处理后再进行 BOE 溶液清洗的三种样品表面 Ga 3d 图谱。三种样品的 Ga-O 键与 Ga-N 键的比值分别为 1.29、1.07、0.66，即样品经 N_2 POA 处理及 BOE 溶液清洗后，氧原子含量大幅度降低，图 7.16（b）为两种处理方式的作用示意图。图 7.16（c）为未经处理、BOE 溶液清洗及 POA 处理后再进行 BOE 溶液清洗的多种样品表面 O 1s 图谱，经 2min BOE 溶液清洗及 5min BOE 溶液清洗的样品表面 O 1s 峰值强度相似，表明 BOE 溶液清洗去除表面氧化物的能力已经饱和，长时间处理并不能去除更多的氧杂质。经 N_2 POA 处理后再进行 BOE 溶液清洗的样品表面 O 1s 峰值强度最低，而经 O_2 POA 处理后再进行 BOE 溶液清洗的样品表面 O 1s 峰值强度最高。图 7.16（d）为未经处理、BOE 溶液清洗及 POA 处理后再进行 BOE 溶液清洗的多种样品表面以下 8nm 区域 O 1s 图谱。与表面 O 1s 图谱相比，O 1s 峰值强度明显降低，表明 N_2 POA 处理能够有效降低样品内部氧杂质的含量，而样品经 O_2 POA 处理后，内部氧杂质含量明显增加。氧原子与 p-GaN 材料中的 Mg 杂质结合形成 Mg-O 复合物，导致空穴浓度迅速降低[25]。样品经 N_2 POA 处理后，由于内部氧相关复合物结合能较低，高温能够有效破坏材料中氧复合物的平衡[26]，从而降低材料内部氧杂质含量。此外，由于样品表面对氧杂质的吸附能力较强，氧杂质沿穿透位错从内部向表面扩散过程中容易被表面吸附[27,46-47]，故结合 BOE 溶液清洗能够更好地减弱氧杂质对 p-GaN 样品的影响。然而，对于 O_2 POA 处理而言，富氧氛围会促进表面氧饱和，增大氧扩散进入 p-GaN 材料内部，补偿空穴。

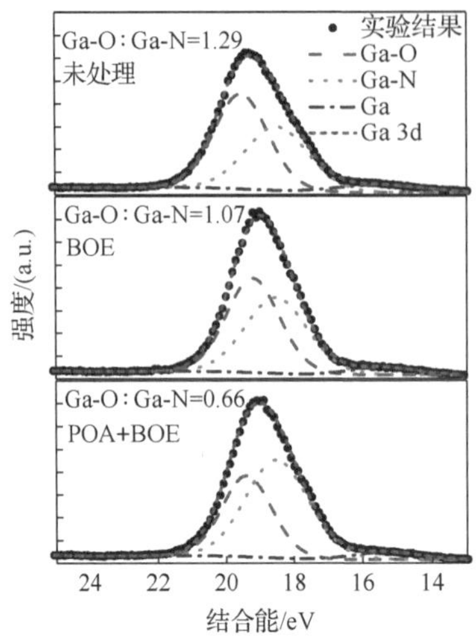

（a）样品表面Ga 3d图谱及其分峰拟合曲线

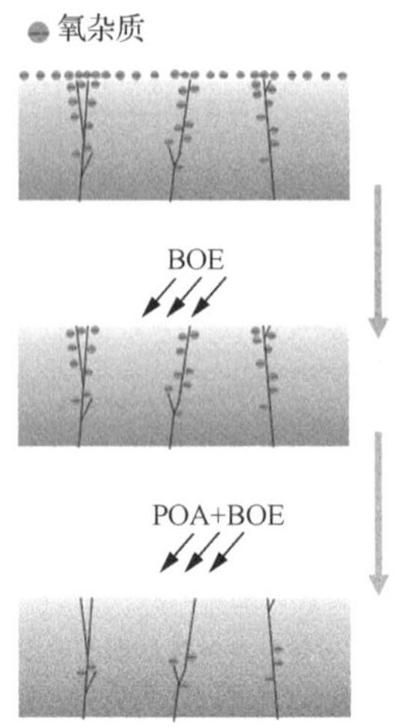

（b）POA与BOE作用示意图

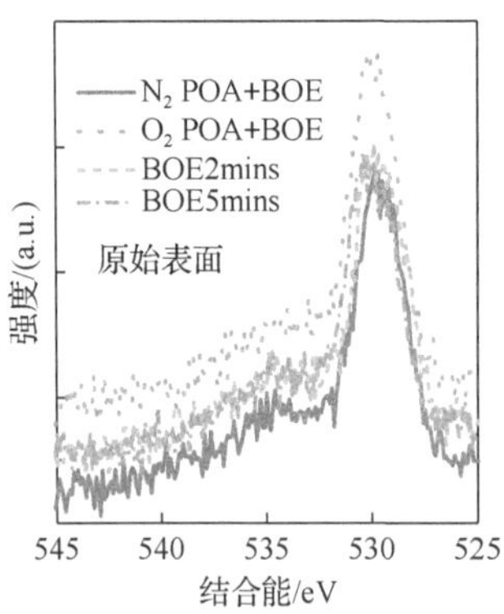

（c）原始样品表面O1s图谱

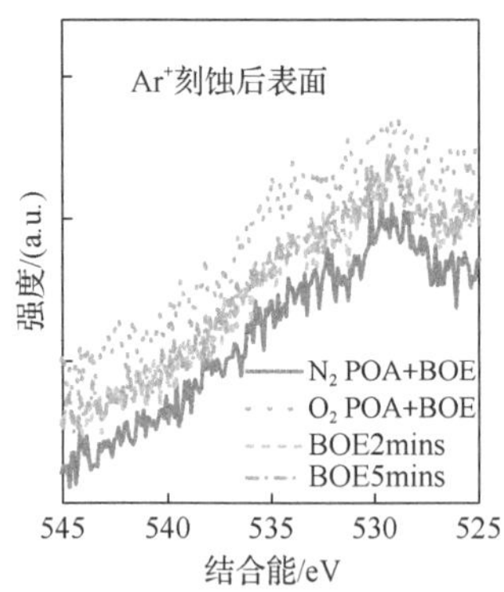

（d）刻蚀后样品表面O1s图谱

图 7.16（彩图）

图 7.16　BOE 清洗及 POA 处理对 p-GaN 表面特性的影响

7.2.3　金属硬掩模 p-GaN 低阻欧姆接触

由于 p-GaN 表面易受光刻胶等杂质的污染，导致样品产生较大的欧姆接触势垒及接触电阻。为了进一步降低 p-GaN 欧姆接触电阻，可以先在样品表面采用磁控溅射沉积一层 Ti 金属或采用 PECVD 沉积一层 SiN 薄膜，以避免样品欧姆接触区域与光刻胶的直接接触。在此基础上，再在样品表面进行匀胶、光刻、显影等步骤，并将样品放置于 BOE 溶液中，腐蚀掉下方的 Ti 金属或 SiN 薄膜，从而有效避免光刻胶对欧姆电极区域的污染。基于硬掩模方式的 p-GaN 欧姆接触制备工艺如图 7.17 所示。

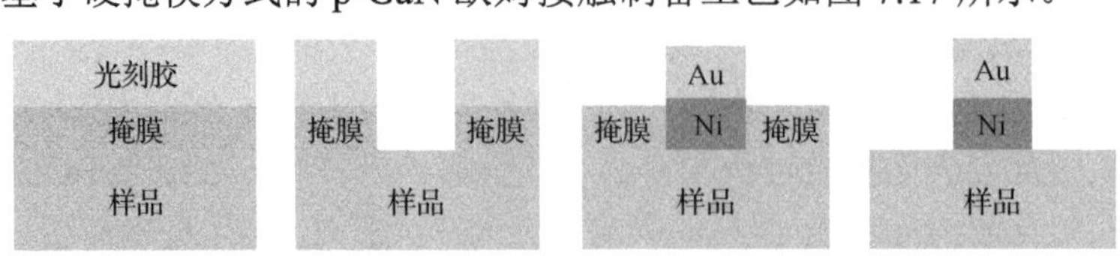

图 7.17　基于硬掩模方式的 p-GaN 欧姆接触制备工艺

图 7.18 为采用 Ti 金属掩膜、SiN 介质掩膜及无掩膜方法所制备的三种 p-GaN 样品的欧姆接触特性。由于 Ti 金属掩膜及 SiN 介质掩膜有效避免了 p-GaN 样品表面与光刻胶的接触，相同间距的 TLM 导通电流及欧姆接触特性明显提升，尤其是基于 Ti 金属掩膜结构的 p-GaN 样品在 7V 偏置电压下所提取的接触电阻仅为 11.6Ω·mm，性能达到国际领先水平。

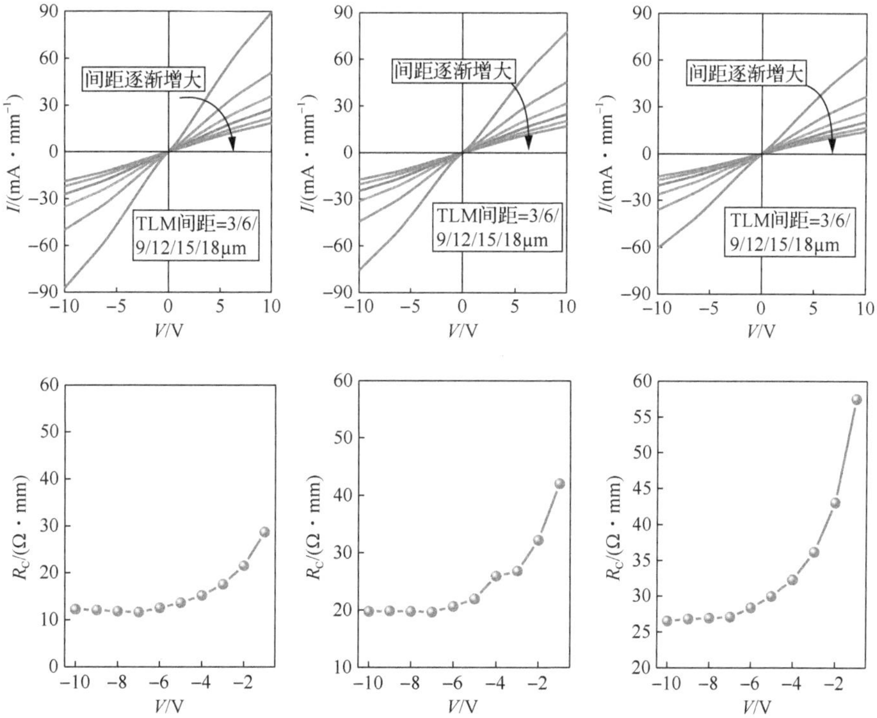

(a) Ti金属掩膜　(b) SiN介质掩膜　(c) 无掩膜

图 7.18　不同硬掩模结构的 p-GaN 欧姆接触特性

7.3　超低界面态密度金属 Ti 肖特基栅场效应晶体管

对于传统的增强型 MIS 栅结构 GaN PFET 而言，由于受到凹槽栅刻蚀损伤、栅介质质量以及高密度界面陷阱态的影响，通常存在阈值电压漂移、电流不稳定等问题[48-49]。如图 7.19（a）所示，为了进一步降低栅下界面态密度，同时提高器件击穿电压，实现器件亚微米级尺寸应用，本节提出一种新型的低功函数金属 Ti 肖特基栅结构的 p-AlGaN/GaN/AlGaN PFET。样品各层结构从下至上分别为低温 AlN 成核层及 AlN/GaN 超晶格应力释放层、4.5μm 缓冲层、300nm GaN 电子导电沟道层、1nm AlN 插入层、15nm $Al_{0.15}Ga_{0.85}N$ 势垒层、5nm 非故意掺杂 GaN 层、70nm p-$Al_{0.05}Ga_{0.95}N$ 层和 3nm p-GaN 层，p-$Al_{0.05}Ga_{0.95}N$ 及 p-GaN 材料中 Mg 掺杂浓度约为 $3\times10^{19}cm^{-3}$。其中，5nm 非故意掺杂 GaN 层有助于降低沟道处载流子的合金无序性散射及电离杂质散射，从而提高空穴迁移率；通过采用具有更高禁带宽度的 p-$Al_{0.05}Ga_{0.95}N$ 替代 p-GaN 材料有助于实现更高的器件击穿电压；最上层 3nm p-GaN 层作为器件欧姆接触层，降低欧姆接触界面势垒，实现较低的欧姆接触电阻。通过采用接触式霍尔测试可知，该样品的 2DHG 密度、迁移率和方阻分别为 $1.07\times10^{13}cm^{-2}$、$7.03cm^2/V\cdot s$ 和 82.99kΩ/□，由于 p-AlGaN 材料中 Mg 杂质的激活能高于常规 p-GaN 材料，故样品方阻有所增加。

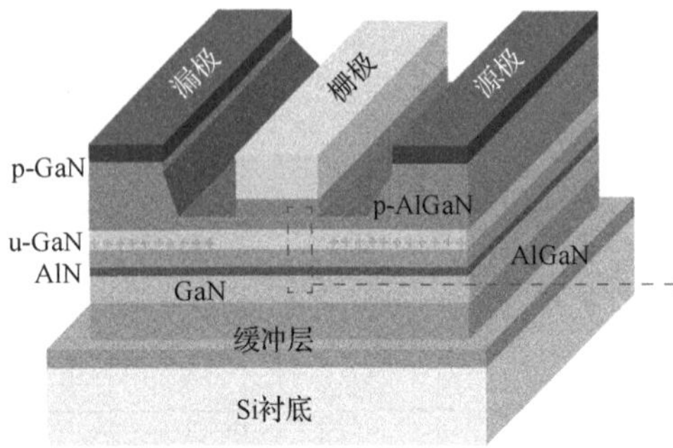

（a）器件结构

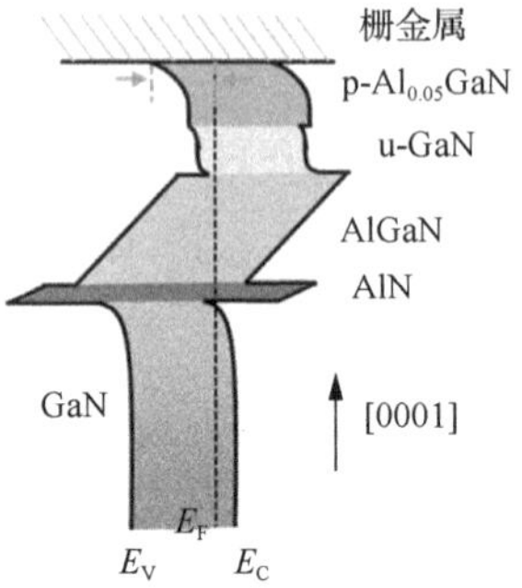

（b）栅下能带结构

图 7.19　Ti 肖特基栅结构 p-AlGaN/GaN/AlGaN MESFET 结构及栅下能带示意图

器件低阻 p-GaN 欧姆接触电极的制备可参考前述内容，在此不再重复叙述。与传统的凹槽栅结构 GaN PFET 不同，通过采用欧姆金属作为硬掩模对凹槽栅结构进行刻蚀，能够实现自对准结构凹槽栅结构，从而降低器件制备过程中的套刻偏差。为了进一步降低凹槽刻蚀损伤及实现对刻蚀深度的精确控制，该刻蚀过程仅采用 BCl_3 为刻蚀气体，且刻蚀速率仅为 1.5nm/min。通过 AFM 测试可知，凹槽总深度约为 65nm，即栅金属下方保留了 8nm p-AlGaN 肖特基栅接触层及 5nm 非故意掺杂 GaN 沟道层。凹槽栅结构制备完成之后，通过采用 N_2 退火及 TMAH 湿法腐蚀的方法修复刻蚀表面损伤，提高器件击穿特性。为了避免栅介质沉积过程中引入较多的界面态，通过采用低功函数金属 Ti/Au 叠层结构作为器件栅电极，利用金-半界面紧密结合的特性，消除表面存在的悬挂键、空穴等缺陷，完成肖特基栅结构的 p-AlGaN/GaN/AlGaN PFET 的制备，器件栅源间距 L_{GS}=1.6μm，栅漏间距 L_{GD}=1.8μm，栅长 L_G=4.6μm，栅宽 W_G=50μm。

7.3.1　p-AlGaN/GaN/AlGaN 复合沟道 MESFET 稳定性表征

图 7.20（a）为 Ti 肖特基栅结构 p-AlGaN/GaN/AlGaN MESFET 的双向扫描转移特性曲线，源漏电压 V_{DS}= –10V，栅源电压 V_{GS} 首先从 5V 扫描至–6V，然后再由–6V 扫描至 5V，扫描步长为±0.1V。得益于精确的凹槽刻蚀深度控制，器件实现了增强型工作模式，由线性外推法提取得到的器件阈值电压和跨导峰值分别为–0.7V 和 0.46mS/mm。此外，双向扫描转移特性曲线具有优异的重叠性，其阈值电压回滞仅为 0.08V。图 7.20（b）为器件输出特性曲线，当栅源电压 V_{GS}=–4V，源漏电压 V_{DS}= –10V 时，器件输出电流为–1.2mA/mm，导通电阻为 5.6kΩ·mm。

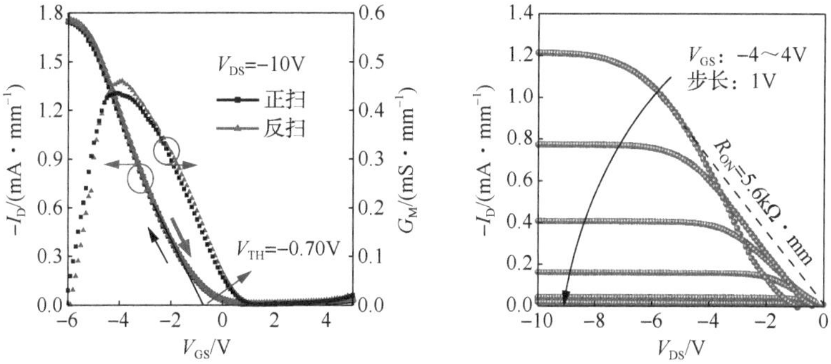

（a）双向扫描转移特性　　（b）输出特性

图 7.20（彩图）

图 7.20　Ti 肖特基栅结构 p-AlGaN/GaN/AlGaN MESFET 转移及输出特性

图 7.21 展示了器件在 10 次连续双向扫描中的转移特性和输出特性。对于常规 MIS 栅结构 GaN PFET 而言，由于栅下介质层及介质层与 p-GaN 表面之间存在高界面态密度，在器件进行多次 *I-V* 特性测试过程中，沟道中的部分载流子会被界面陷阱所俘获，导致器件阈值电压漂移、输出电流降低等问题。然而，对于低功函数金属 Ti 肖特基栅结构 p-AlGaN/GaN/AlGaN MESFET 而言，其转移特性和输出特性未发生明显退化，进一步表明了该器件良好的稳定性。然而，由于 Ti 金属较为活泼，易与 GaN 相互结合形成 TiN 等物质，导致界面处存在较多的 N 空位。此外，较高的 Mg 掺杂浓度也会在肖特基栅界面引起明显的镜像力效应，导致 Ti/p-AlGaN 界面肖特基势垒高度的降低，使得大量载流子能够直接隧穿或跃过界面势垒进入金属中，从而引起较高的栅漏电流[50]。

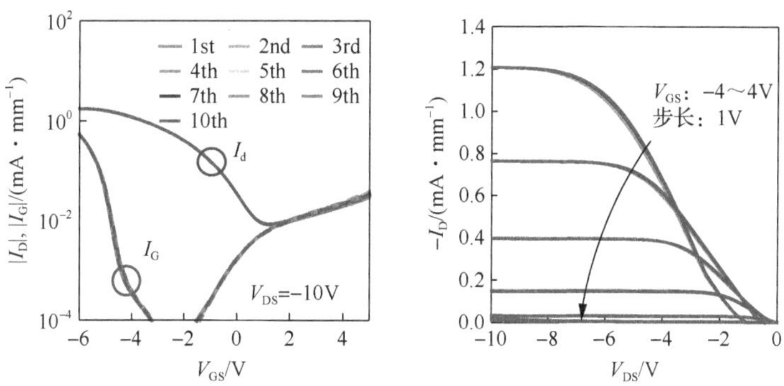

（a）转移特性　　（b）输出特性

图 7.21（彩图）

图 7.21　Ti 肖特基栅结构 p-AlGaN/GaN/AlGaN MESFET 稳定性

图 7.22（a）为栅漏间距 L_{GD} 分别为 2μm、4μm、6μm 器件的击穿特性。随着 L_{GD} 的增加，器件的击穿电压也逐渐提升，分别达到−198V、−241V、−298V，尤其对于 L_{GD}=2μm 的器件，其击穿场强高达 1MV/cm。当器件处于临界击穿状态时，泄漏电流主要受栅极热电子场发射电流的影响[51]，通过优化界面处理方式、采用不同栅金属结构及

栅后退火等工艺能够进一步改善器件特性[52]。图 7.22（b）为器件阈值电压回滞、击穿电压与国际同期高水平器件的对比，低功函数金属 Ti 肖特基栅结构 p-AlGaN/GaN/AlGaN MESFET 有助于实现较低的阈值电压回滞及较高的击穿电压。

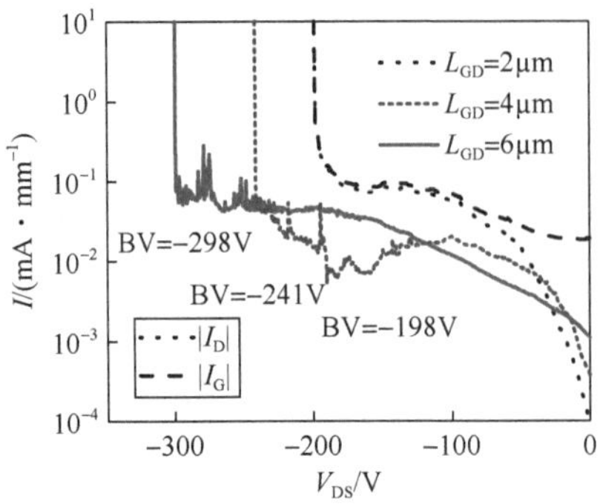

（a）击穿特性

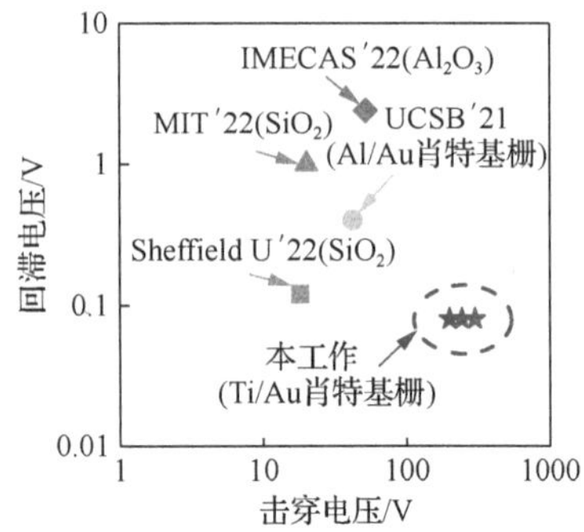

（b）与国际同期高水平器件对比

图 7.22　Ti 栅结构 p-AlGaN/GaN/AlGaN MESFET 击穿特性及与国际高水平器件对比

通过对器件转移特性和输出特性的多次重复测试可知，低功函数金属 Ti 栅结构 p-AlGaN/GaN/AlGaN MESFET 具有较高的器件稳定性及较低的界面态密度。如图 7.23 所示，p-GaN MESFET 的肖特基栅下电容可等效为由肖特基势垒电容 C_j、p-GaN 体电容 C_s、界面陷阱电容 C_{in} 及载流子俘获-释放损耗电阻 R_{in} 所组成的等效电路[53]，其中，C_{in} 及 R_{in} 为界面陷阱态对栅下电容和串联电阻的贡献，与 C_s 并联，而 C_j 则与 C_{in}、R_{in} 和 C_s 电容串联，因此，通过 CV 法及变频电导法能够进一步评估肖特基栅下方的界面态密度分布。

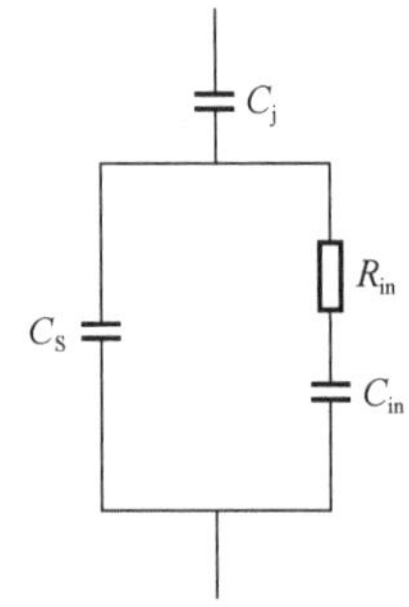

图 7.23　p-GaN MESFET 栅下电容等效电路图

图 7.24（a）为采用相同器件工艺所制备的半径 R=100μm 的圆形 CV 环正反向双扫 C-V 特性，随着阳极电压的逐渐降低，空穴在阳极下方逐渐积累，器件电容值逐渐增大，当阳极下方空穴积累达到饱和后，电容值也随之饱和。当阳极电压达到−1V 时，沟道中的空穴载流子跃过界面势垒，p-GaN 肖特基二极管开启，此时电容逐渐减小，正向反向双扫 C-V 特性的最大回滞电压 ΔV=50mV，远低于 MIS 栅结构 p-GaN 器件的回滞电压[54]。C-V 回滞电压与栅下界面陷阱电荷密度的关系[55]可表示为

$$\Delta V=\frac{qN_{\mathrm{it}}}{C_0} \tag{7-3}$$

式中，N_{it} 为界面被占据的陷阱态密度；q 为电子电量；C_0 为零偏肖特基电容。基于式（7-3）提取可得界面态密度约为 $5\times10^{10}\mathrm{cm}^{-2}$。通过变频电导法可进一步分析界面态密度分布情况。

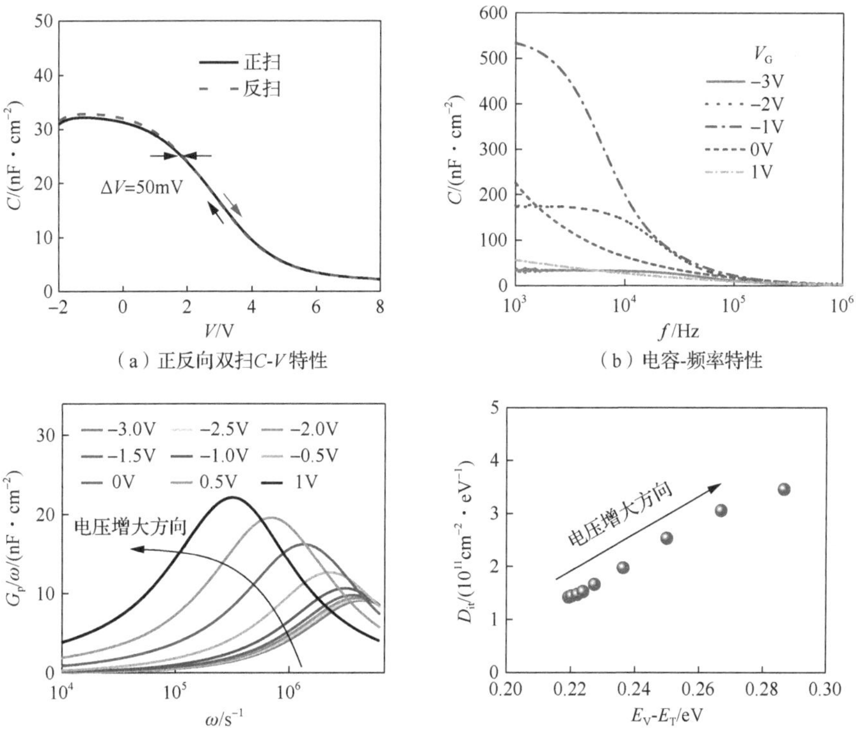

（a）正反向双扫 C-V 特性　（b）电容-频率特性

（c）等效并联电导分布　（d）界面态密度分布

图 7.24（彩图）

图 7.24　室温下 Ti 肖特基栅结构 p-AlGaN/GaN/AlGaN MESFET 界面态表征

图 7.24（b）为圆形 CV 环在不同频率下的电容特性。当测试频率较高时，由于栅下界面态的响应时间较长，无法快速捕获或释放沟道中的载流子，导致器件出现明显的频散现象，电容值开始下降。通过该原理可进一步确定界面态寿命及密度的相关分布情况[56]。栅下界面态并联等效电导 G_{p}/ω 可表示为

$$\frac{G_{\mathrm{p}}}{\omega}=\frac{qD_{\mathrm{it}}}{2\omega\tau_{\mathrm{T}}}\ln\left[1+\left(\omega\tau_{\mathrm{T}}\right)^2\right]$$

式中，ω 为角频率；D_{it} 为界面态密度；τ_{T} 为界面陷阱态时常数。D_{it} 和 τ_{T} 可通过拟合 G_{p}/ω 获得，表示为

$$\frac{G_{\mathrm{p}}}{\omega}=\frac{\omega G_{\mathrm{m}}C_0^2}{G_{\mathrm{m}}^2+\omega^2\left(C_0-C_{\mathrm{m}}\right)^2} \tag{7-4}$$

式中，C_0 为 1MHz 频率所对应的电容；G_m 为测试所得电导；C_m 为测试所得电容。

图 7.24（c）为基于图 7.24（b）计算所得的等效并联电导分布情况。随着器件阳极电压的正向增加，栅下载流子逐渐聚集且跃迁到更深能级陷阱中的概率逐渐增大，故等效电导曲线的峰值逐渐向低频方向移动，曲线峰值逐渐增加，表明越来越多的陷阱态作用于测试电容。由上述公式提取可得阳极下方界面陷阱态密度约为 $1.4–3.4\times10^{11}\text{cm}^{-2}\cdot\text{eV}^{-1}$，陷阱态时常数约为 0.4～6μs。基于 Shockley-Read-Hall 公式能够进一步确定界面陷阱态对应的陷阱能级 E_T[57]，可表示为

$$\tau_T = \frac{\exp\left(\dfrac{E_T}{kT}\right)}{\sigma v_T N_V} \tag{7-5}$$

式中，k 为玻尔兹曼常数；T 为开尔文温度；σ 为陷阱态俘获截面；v_T 为载流子的平均速度；N_V 为价带顶有效态密度。如图 7.24（d）所示，基于 Shockley-Read-Hall 公式计算所得的肖特基金属下方陷阱态能级为 0.2～0.3eV。

7.3.2 p-AlGaN/GaN/AlGaN 复合沟道 MESFET 高温特性

由于 GaN 材料禁带宽度较大，非常适合于高温环境的应用，对 GaN PFET 高温特性的系统分析，有助于促进全 GaN 耐高温集成电路的发展。图 7.25 为 p-AlGaN/GaN/AlGaN 欧姆接触特性随温度的变化关系。当样品测试温度由 25℃增加至 150℃时，由于高温环境有效促进了材料中 Mg 杂质的离化效果，2μm 间距的 TLM 在 10V 偏置电压下的导通电流由 25.8mA/mm 提升至 43.6mA/mm，增幅高达 69%。与此同时，随着测试温度的增加，沟道中的载流子能够获得更多的能量跃过欧姆界面的接触势垒[58]，故样品欧姆接触电阻及比接触电阻率也出现了明显降低。

图 7.26（a）为采用相同器件工艺所制备的半径 R=100μm 的圆形肖特基二极管高温正向导通特性。当阳极偏置电压较低时，沟道中的载流子获得更多的能量跃过肖特基界面势垒，故随着温度的升高肖特基结正向导通电流逐渐增加；当阳极偏置电压较高时，虽然沟道中的载流子迁移率随温度的升高而降低，但高温会进一步促进 p-AlGaN 材料中 Mg 杂质的离化效果，故随着温度的升高肖特基结正向导通电流也逐渐增加。图 7.26（b）为基于热电子发射理论所提取的肖特基势垒高度及理想因子随温度的变化关系，当样品测试温度由 25℃增加至 150℃时，肖特基势垒高度由 0.73eV 增加至 1.02eV，理想因子由 7.2 降低至 4.8[59]。随着温度的升高，沟道中的载流子具有更多的能量从而跃过高势垒高度区域进行导通，导致高温下平均肖特基势垒高度的增加；另外，由于 Ti 金属较为活泼，易与 p-AlGaN 相互结合形成 TiN 等物质，导致界面处存在较多的 N 空位，当肖特基结处于正向偏置时，空穴隧穿电流成分较高，故阳极理想因子较高。

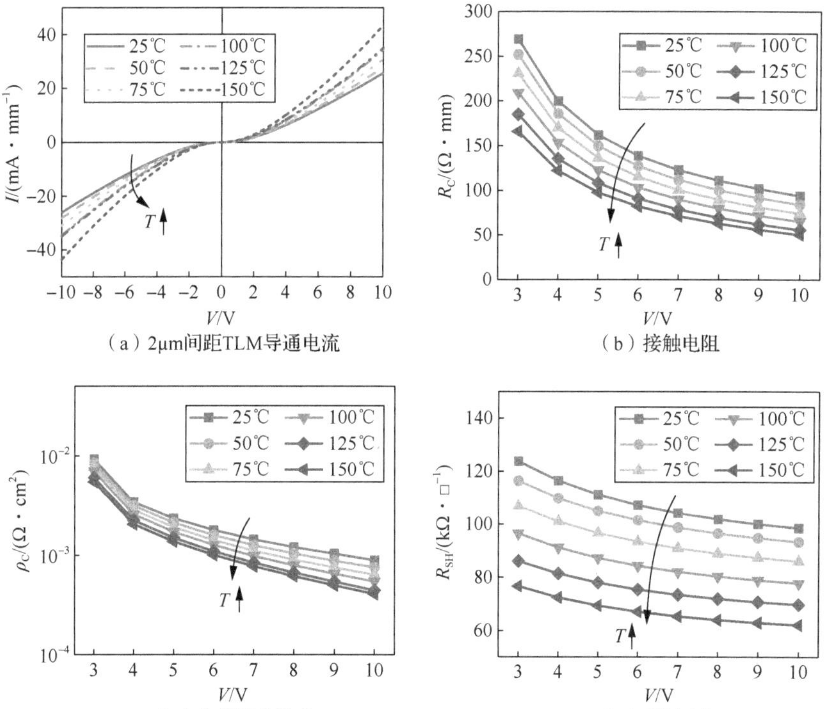

（a）2μm间距TLM导通电流　（b）接触电阻

（c）比接触电阻率　（d）材料方阻

图 7.25　p-AlGaN/GaN/AlGaN 欧姆接触高温特性

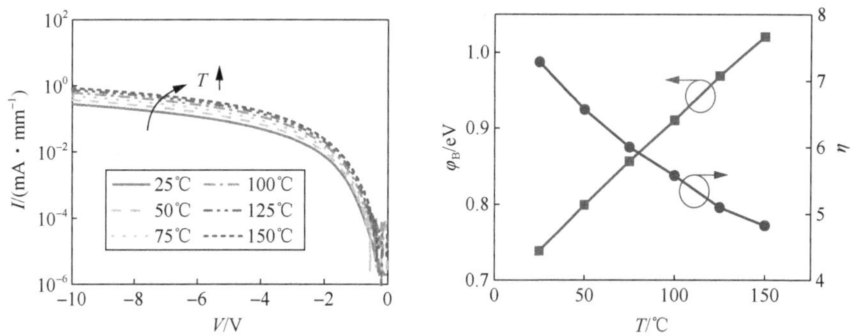

（a）正向导通特性　（b）肖特基势垒和理想因子

图 7.26　Ti 阳极 p-AlGaN/GaN/AlGaN 肖特基二极管的温度相关特性

图 7.27（a）和图 7.27（b）分别为 Ti 肖特基栅结构 p-AlGaN/GaN/AlGaN MESFET 温度相关的转移特性曲线和输出特性曲线。由于高温环境有效促进了材料中 Mg 杂质的离化效果，增大了栅下及有源区 2DHG 密度，故器件阈值电压高温下有明显的正漂趋势。当样品测试温度由 25℃增加至 150℃时，阈值电压由–0.78V 增加至 0.11V，输出电流由 1.35mA/mm 增加至 2.23mA/mm，电流提升幅度高达 65%。由于基于肖特基栅结构的 p-AlGaN/GaN/AlGaN MESFET 栅下缺乏抑制 Frenkel-Poole 发射和陷阱辅助隧穿的介

质层，故栅漏电整体偏大，尤其是高温环境下，栅下载流子具有更多的能量，导致空穴跃过界面势垒的概率增大，引起栅漏电的进一步增加。

图 7.27（c）为器件温度相关的跨导特性及室温下场效应迁移率。当样品测试温度由 25℃增加至 150℃时，跨导由 0.3mS/mm 增加至 0.6mS/mm，从线性区提取的场效应迁移率峰值为 4.1cm²/（V·s），由于栅下 p-AlGaN 干法刻蚀过程中会引入一定的刻蚀损伤，故相比于采用接触式霍尔测试所得的 7.03cm^2/（V·s）有所降低。图 7.27（d）为 150℃高温下，Ti 肖特基栅结构 p-AlGaN/GaN/AlGaN MESFET 的十次连续双向扫描转移特性曲线及栅漏电曲线，得益于 Ti/p-AlGaN 界面较低的界面态密度及良好的高温稳定性，器件漏电流及栅电流未发生明显的退化，重合度极高。

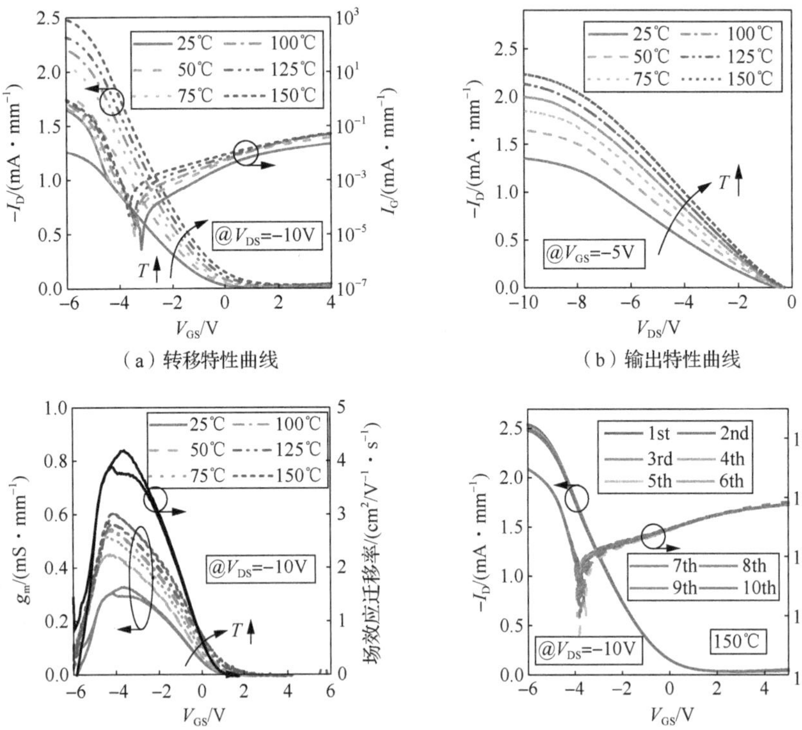

（a）转移特性曲线　（b）输出特性曲线

（c）跨导及场效应迁移率　（d）150℃高温重复扫描

图 7.27（彩图）

图 7.27　Ti 肖特基栅结构 p-AlGaN/GaN/AlGaN MESFET 高温 I-V 特性

图 7.28（a）为半径 R=100μm 的圆形 CV 环不同温度下的变频电容特性。由于肖特基金属下方界面陷阱态的存在，相同温度下器件电容随测试频率的增大而逐渐降低；由于高温进一步促进了 Mg 杂质的离化效果，故器件电容随测试温度的升高而逐渐增大。图 7.28（b）为计算所得的等效并联电导分布情况。随着测试温度的逐渐升高，峰值电导逐渐增大。图 7.28（c）和图 7.28（d）分别为计算所得的陷阱时常数和界面态密度分布情况。随着阳极偏置电压的增加，沟道处具有更深能级的陷阱被激活，导致 SRH 复合的时常数增加。当样品测试温度由 25℃增加至 150℃时，不同偏置电压下的时常数由 0.48～6.2μs 增加到 0.48～4.6μs；基于变频电导法计算所得的–3V 偏置电压下的陷阱能

级及界面态密度分别由 0.22eV/1.4×10^{11}cm^{-2}·eV^{-1} 增加至 0.43eV/8.1×10^{11}cm^{-2}·eV^{-1}。随着阳极偏置电压的逐渐增大，更深能级的陷阱态逐渐对测试电容起作用，导致同一温度下基于变频电导法所提取的陷阱态分布随阳极偏置电压的增大而增大；随着温度的逐渐升高，陷阱态逐渐向深能级方向移动，密度逐渐增大。

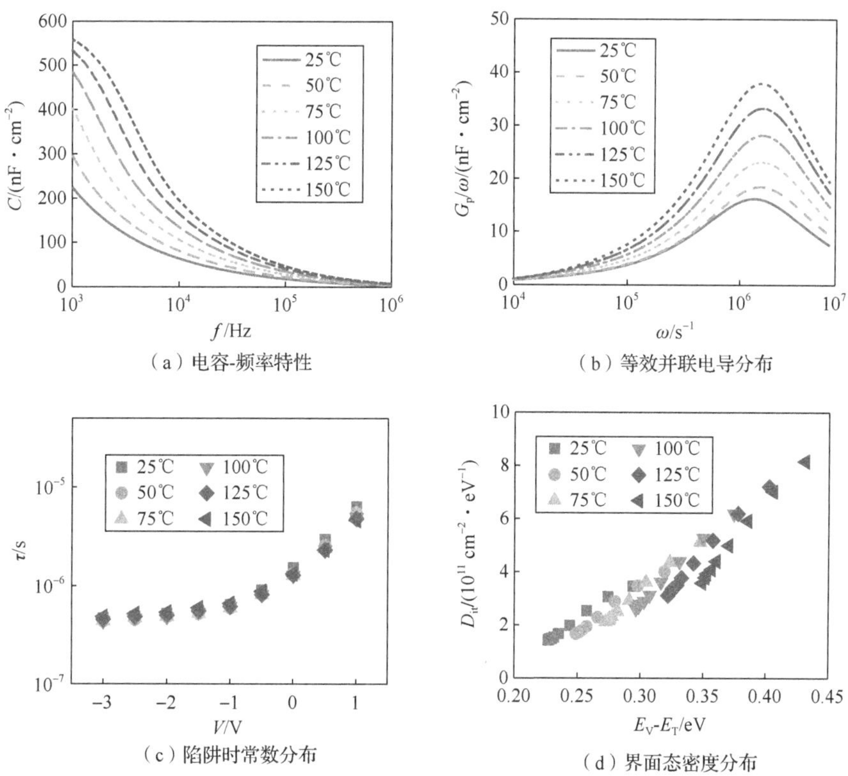

图 7.28　不同温度下 Ti 肖特基栅结构 p-AlGaN/GaN/AlGaN MESFET 界面态表征

7.4　高开关比低功函数金属 W 肖特基栅场效应晶体管

基于金属与半导体材料紧密结合的特点，肖特基栅结构 p-GaN MESFET 避免了栅下介质层的引入，能够有效降低栅下悬挂键、空位等陷阱态密度，大幅度提高 GaN PFET 的稳定性。然而，与 MIS 栅结构相比，肖特基栅结构界面势垒相对较低，容易导致器件栅漏电的迅速增加。本节通过采用具有高稳定性的 W 栅结构替代较为活泼的 Ti 栅结构，大幅度提升了器件栅漏电特性及开关比，进一步推动了高性能 p-GaN MESFET 的发展。

7.4.1　高耐压 p-AlGaN/GaN/AlGaN MESFET

与 7.3 节中 Ti 肖特基栅结构 p-AlGaN/GaN/AlGaN MESFET 不同，由于 W 金属具有较高的熔点，电子束蒸发设备难以满足 W 金属热蒸发的生长温度，故需采用磁控溅射生长技术。另外，由于 W 金属相对较为稳定，与 GaN 材料的接触界面通常会存在较多的悬挂键，导致肖特基结反向漏电的增加，因此，在 W 栅金属沉积完成后，可将样品放置于快速退火炉中，在 N_2 氛围下以 450℃退火 5min，促进 W 金属原子与 GaN 表面原子成键，从而大幅度降低 W/GaN 肖特基结漏电，提高器件开关比。图 7.29 为 W 肖特基栅结构 p-AlGaN/GaN/AlGaN MESFET 结构示意图，器件栅源间距 L_{GS}=4μm，栅漏间距 L_{GD}=4μm，栅长 L_G=2μm，栅宽 W_G=50μm。

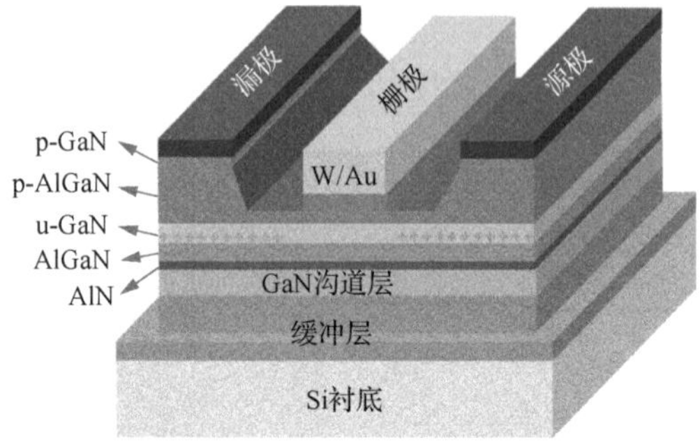

图 7.29　W 肖特基栅结构 p-AlGaN/GaN/AlGaN MESFET 结构示意图

图 7.30（a）为 W 肖特基栅结构 p-AlGaN/GaN/AlGaN MESFET 的转移特性。得益于低损伤栅凹槽刻蚀技术及栅后退火界面态修复技术，器件开关比高达 2×10^7，与目前国际上采用 MIS 栅结构的高开关比 GaN PFET 特性相当。此外，器件亚阈值摆幅仅为 90mV/dec，峰值跨导为 0.56mS/mm。当栅反向偏置电压为 2V 时，器件栅泄漏电流仅为 50pA/mm。定义漏端电流为 10μA/mm 时所对应的栅压为器件的阈值电压，则 W 肖特基栅结构 p-AlGaN/GaN/AlGaN MESFET 阈值电压为−0.3V，实现了增强型特性。图 7.30（b）为不同栅压下器件的输出特性。栅压从−6V 逐渐施加到 0V，步长为 1V，漏端电压从 0V 逐渐施加到−10V。从测试结果可知，对于该源漏间距 L_{SD}=10μm 的增强型 W 肖特基栅结构 p-AlGaN/GaN/AlGaN MESFET 而言，当栅源电压 V_{GS}=−6V，漏源电压 V_{DS}=−10V 时，器件输出电流为 2.9mA/mm，导通电阻为 2.8kΩ·mm。为了进一步提高器件输出电流密度，可通过 AlN 插入层极化增强及亚微米尺寸微缩技术，降低材料方阻及器件有源区电阻，从而实现较大的输出电流密度。

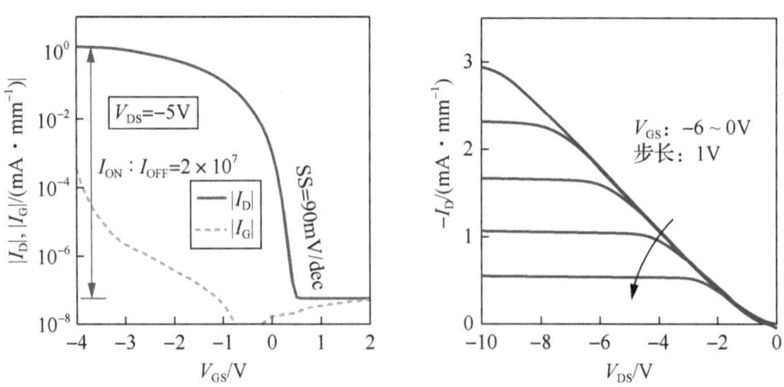

（a）转移特性　　（b）输出特性

图 7.30　W 肖特基栅结构 p-AlGaN/GaN/AlGaN MESFET 基本特性

图 7.31（a）和图 7.31（b）分别为线性坐标和对数坐标下 W 肖特基栅结构 p-AlGaN/GaN/AlGaN MESFET 双扫转移特性。栅源电压 V_{GS} 先从 2V 扫描至−1V，然后再扫描至 2V，完成一次双扫测试，测试步长为−0.01V。为了更有效地评估栅偏置电压对器件稳定性的影响，分别对−1V、−2V、−3V、−4V 的栅偏置电压进行测试。从测试结果可知，各条双扫传输特性曲线重合度较高，器件阈值电压仍然稳定在−0.3V。图 7.32（a）和图 7.32（b）分别为线性坐标和对数坐标下 W 肖特基栅结构 p-AlGaN/GaN/AlGaN MESFET 长时间栅应力后的双扫传输特性曲线，栅应力电压为 5V，当器件经过 100s 长时间应力后，器件转移特性未发生明显变化。

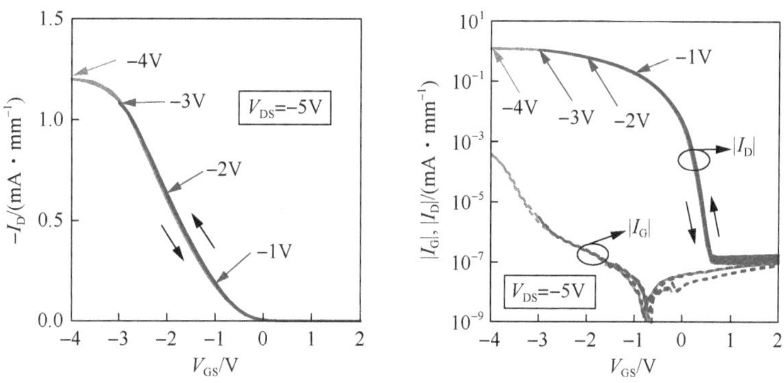

（a）线性坐标　　（b）对数坐标

图 7.31　W 肖特基栅结构 p-AlGaN/GaN/AlGaN MESFET 双扫转移特性

图 7.31（彩图）

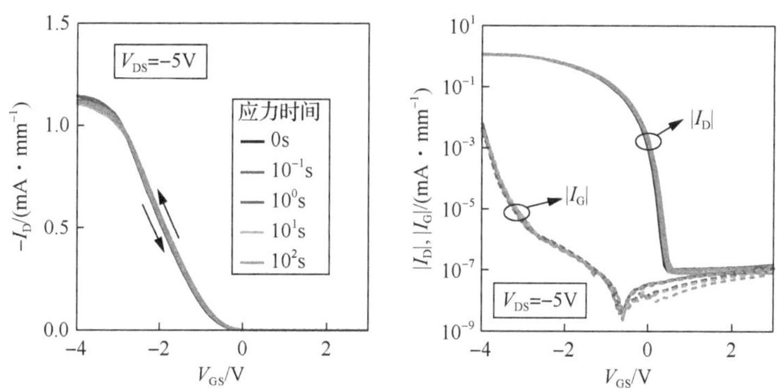

（a）线性坐标　　（b）对数坐标

图 7.32　W 肖特基栅结构 p-AlGaN/GaN/AlGaN MESFET 长时间应力后的转移特性

图 7.32（彩图）

得益于低损伤 GaN 刻蚀技术、p-AlGaN 能带调控结构及多重栅界面损伤修复技术，W 肖特基栅结构 p-AlGaN/GaN/AlGaN MESFET 展现出优异的关态击穿特性，如图 7.33 所示，器件在 4μm 栅漏间距下实现了高达−365V 的击穿电压，平均电场强度高达 0.9MV/cm，为进一步通过缩小源漏间距来提升器件输出电流密度提供了保障。

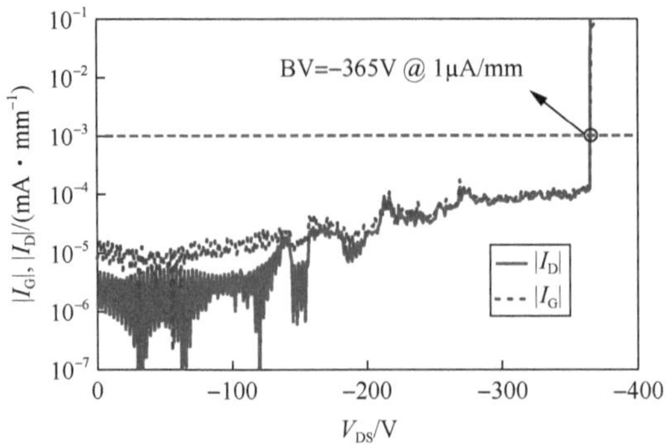

图 7.33　W 肖特基栅结构 p-AlGaN/GaN/AlGaN MESFET 击穿特性

栅界面陷阱态直接影响了器件的各项特性，因此，系统评估界面态密度有助于为进一步提升器件稳定性、降低栅泄漏电流提供指导方向。通过采用变频电导法，能够有效提取器件栅界面态密度。图 7.34（a）为 W 肖特基栅结构 p-AlGaN/GaN/AlGaN MESFET 在不同栅偏置电压下电容与频率关系。随着测试频率的降低，器件栅电容逐渐增大，当栅的偏置频率较高时，那些具有较长响应时间的陷阱态不能跟随频率而变化，故高频下出现频散效应。图 7.34（b）和图 7.34（c）分别为器件并联电导与角频率间的关系、不

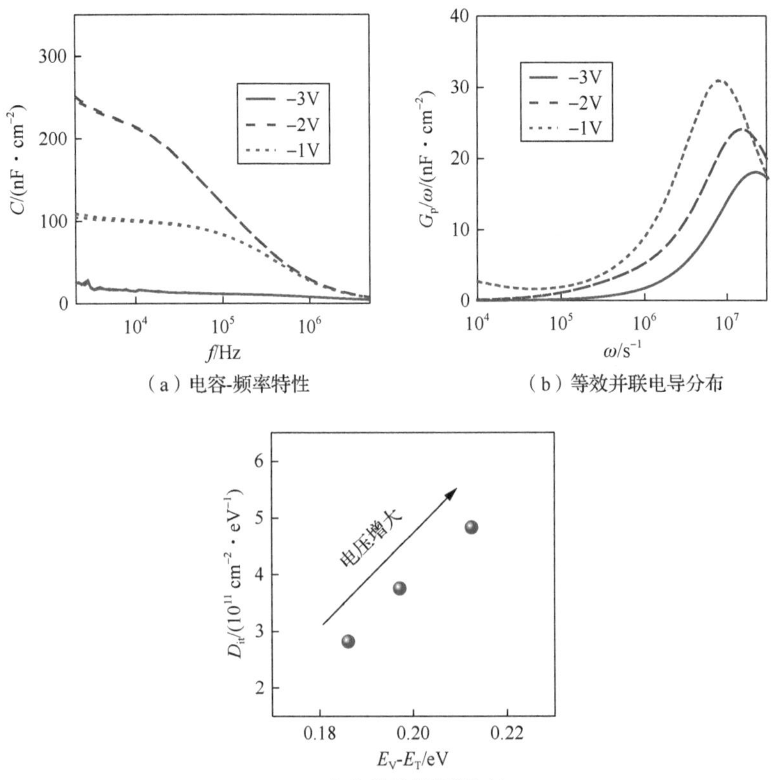

（a）电容-频率特性　　（b）等效并联电导分布

（c）界面态密度分布

图 7.34　W 肖特基栅结构 p-AlGaN/GaN/AlGaN MESFET 界面态表征

同陷阱能级与陷阱态密度的关系，栅界面陷阱态密度 D_{it} 为 2.8～$4.8\times10^{11}cm^{-2}\cdot eV^{-1}$，远低于采用 Al_2O_3 或者 SiN 栅介质的 p 沟道 GaN MISFET。

7.4.2　低亚阈值摆幅 p-GaN/InGaN/AlGaN MESFET

基于低功函数金属 W 肖特基栅结构的 p-GaN MESFET 有助于实现较低的栅漏电，在未来低功耗 GaN CMOS 集成电路的研制中具有重要的应用前景。为了进一步满足器件高温应用的需求，采用能带调控的 InGaN 沟道多异质结构，有助于在高温下实现较低的栅漏电特性。样品各层结构从下至上分别为低温 AlN 成核层及 AlN/GaN 超晶格应力释放层、4.5μm 缓冲层、300nm GaN 电子导电沟道层、1nm AlN 插入层、15nm $Al_{0.15}Ga_{0.85}N$ 势垒层、1.5nm AlN 极化增强插入层，5nm 非故意掺杂 $In_{0.1}Ga_{0.9}N$ 沟道层、70nm Mg 掺杂浓度约为 $3\times10^{19}cm^{-3}$ 的 p-GaN 层。5nm 非故意掺杂 $In_{0.1}Ga_{0.9}N$ 沟道层能够产生类似于量子阱的 U 型能带，增强了对空穴的束缚能力，有效提升栅极控制效果。通过采用接触式霍尔测试可知，该样品的 2DHG 密度和迁移率分别为 $3.1\times10^{13}cm^{-2}$ 和 $3.78cm^2/（V\cdot s）$。得益于 1.5nm AlN 插入层的强极化效果，2DHG 密度有明显提升，但由于受到 InGaN 沟道较强的合金组分散射及位错相关散射的影响，2DHG 迁移率有明显的退化。图 7.35 为 W 肖特基栅结构 p-GaN/InGaN/AlGaN MESFET 结构示意图，器件栅长 L_G=2μm，源漏间距 L_{GS} 分别为 6μm、8μm、10μm，栅源间距与栅漏间距相等。

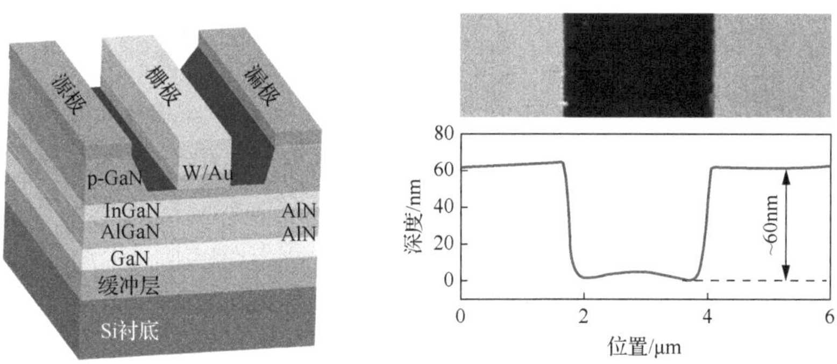

（a）器件结构　　（b）自对准凹槽刻蚀深度

图 7.35　p-GaN/InGaN/AlGaN MESFET 结构示意图

图 7.36（a）和图 7.36（b）分别为线性坐标和对数坐标下 W 肖特基栅结构 p-GaN/InGaN/AlGaN MESFET 转移特性。在测试过程中，设定源漏电压 V_{DS} = −5V，栅源电压 V_{GS} 从 6V 扫描到−5V。得益于对栅凹槽深度的精准控制，不同源漏间距的 W 肖特基栅结构 p-GaN/InGaN/AlGaN MESFET 都具有增强型特性，且具有几乎一致的阈值电压 −0.35V。当 W 肖特基栅结构 p-GaN/InGaN/AlGaN MESFET 的源漏间距由 10μm 减小至 6μm 时，器件漏端电流由 1.45mA/mm 增加至 2.30mA/mm，进一步验证了亚微米尺寸器件实现高输出电流的可行性。对于不同源漏间距的 W 肖特基栅结构 p-GaN/InGaN/AlGaN

MESFET 而言，器件栅极反向漏电流仅为 2×10^{-7}mA/mm，开关比高达 1.2×10^{7}，并展现出良好的一致性。

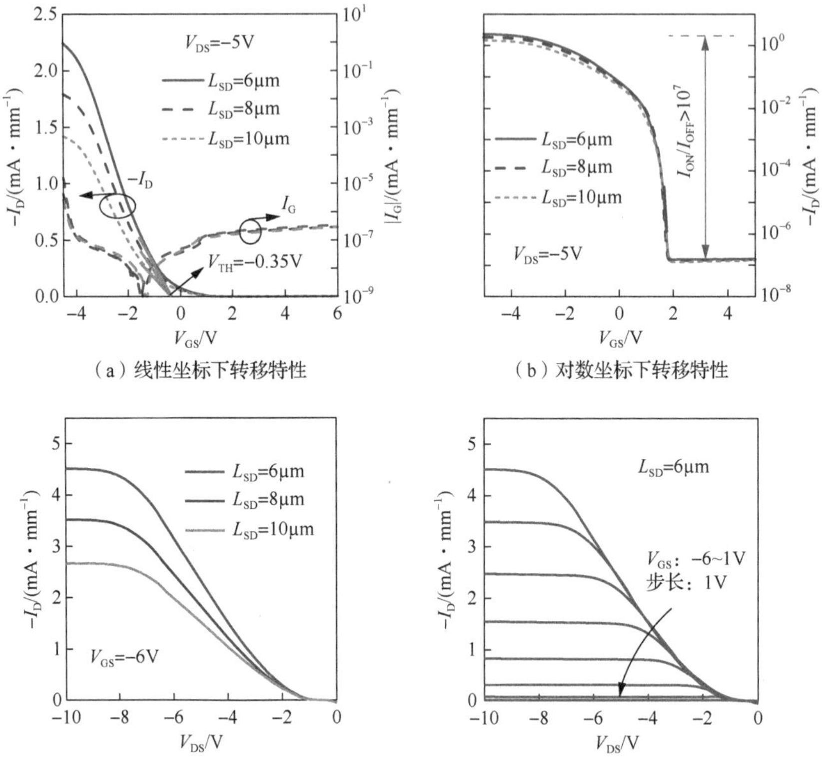

（a）线性坐标下转移特性　　（b）对数坐标下转移特性

（c）不同源漏间距器件输出特性　　（d）不同栅压下器件输出特性

图 7.36　室温下 W 肖特基栅结构 p-GaN/InGaN/AlGaN MESFET 基本特性

图 7.37（a）和图 7.37（b）分别为对数坐标和线性坐标下 W 肖特基栅结构 p-GaN/InGaN/AlGaN MESFET 的双向扫描转移特性。在测试过程中，设定源漏电压 V_{DS}=−5V，栅源电压 V_{GS} 从 5V 扫描到−4.5V，然后进行反向回扫。无论在对数坐标（亚阈值区域）还是线性坐标（开启区域）下，器件双扫曲线均展现出良好的重合性，亚阈值区域和开启区域的回滞电压最大值分别为 0.08V 和 0.16V，极低的回滞电压进一步表明良好的 W 肖特基栅界面质量。图 7.37（c）为器件亚阈值摆幅与漏端电流的关系。得益于 InGaN 沟道类量子阱 U 型能带良好的限域性，器件最低亚阈值摆幅仅为 66mV/dec，非常接近于理论极限。

图 7.38 为同一批次所制备的 20 个具有相同器件结构的 p-GaN/InGaN/AlGaN MESFET 阈值电压及开关比统计分布。得益于栅凹槽制备过程中所采用的高均匀性慢速低损伤刻蚀技术，20 个器件阈值电压均值为−0.55V，器件开关比均在 10^7 左右。器件展现出良好的一致性，为未来大规模可重复产品的制造提供了新的思路。

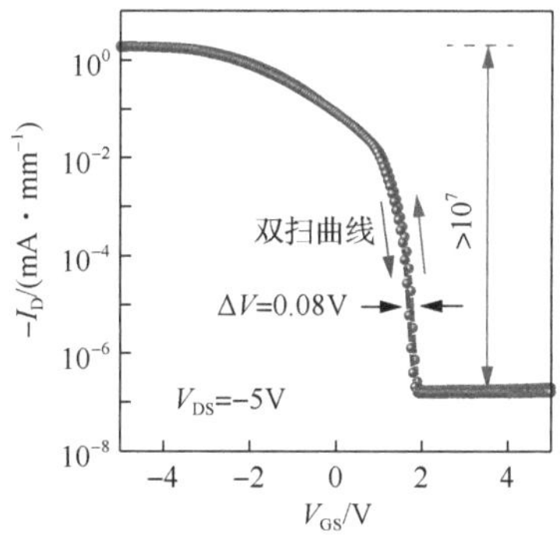

（a）对数坐标转移特性

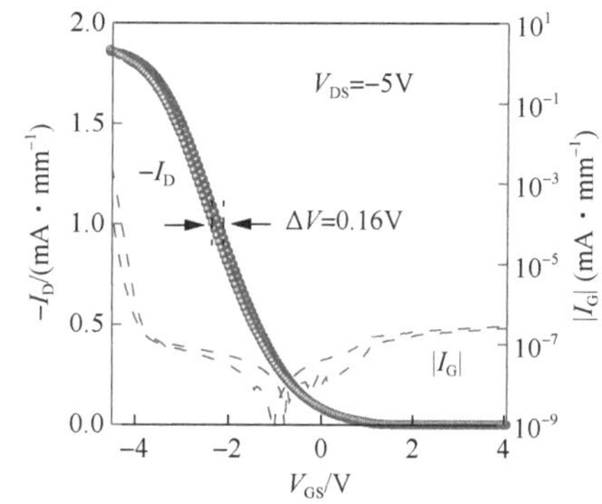

（b）线性坐标转移特性

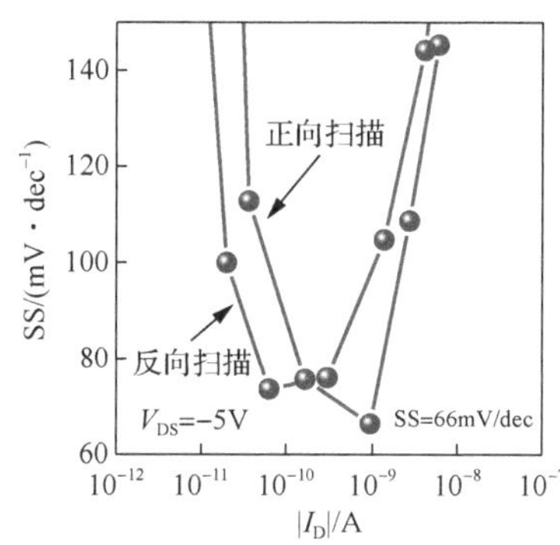

（c）亚阈值摆幅

图 7.37（彩图）

图 7.37　W 肖特基栅结构 p-GaN/InGaN/AlGaN MESFET 双扫转移特性及亚阈值摆幅

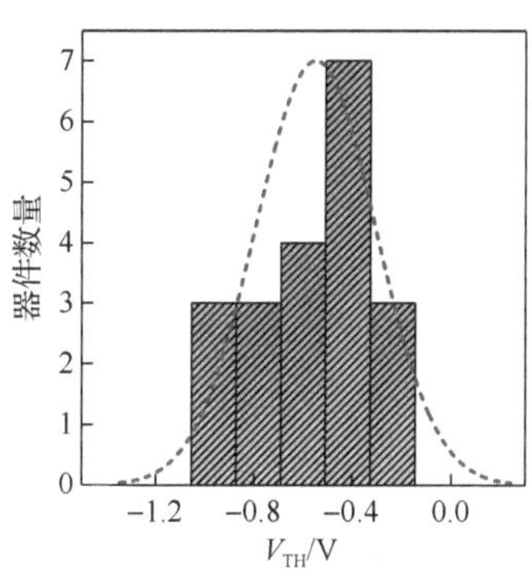

（a）V_{TH}统计分布

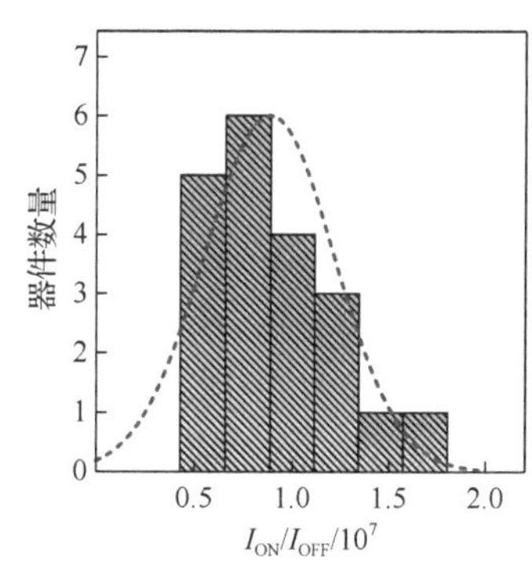

（b）I_{ON}/I_{OFF}统计分布

图 7.38　20 个 W 肖特基栅结构 p-GaN/InGaN/AlGaN MESFET 特性统计分布

图 7.39 显示了 W 肖特基栅结构 p-GaN/InGaN/AlGaN MESFET 与国际同期高水平器件性能对比。基于 InGaN 沟道能带调制的 W 肖特基栅结构器件的电压回滞及开关比特性均达到了国际领先水平，尤其是得益于 InGaN 沟道的能带调制作用，器件亚阈值摆幅低至 66mV/dec，大幅度提升了 GaN PFET 的栅控特性。然而，由于 InGaN

沟道受合金组分散射及位错相关散射的影响较强，器件输出电流仍具有较大的提升空间。

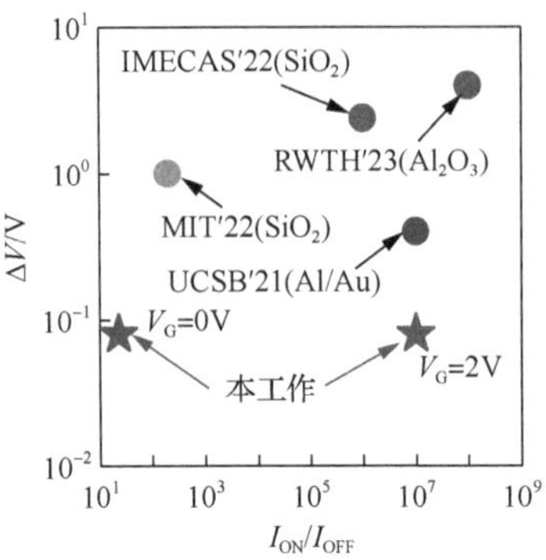

（a）回滞电压和开关比

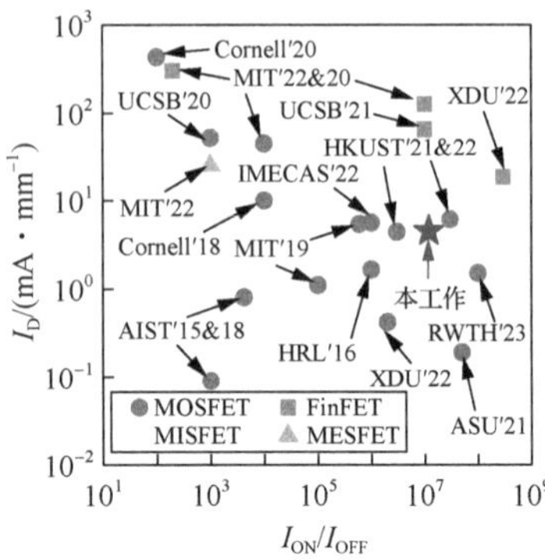

（b）输出电流与开关比

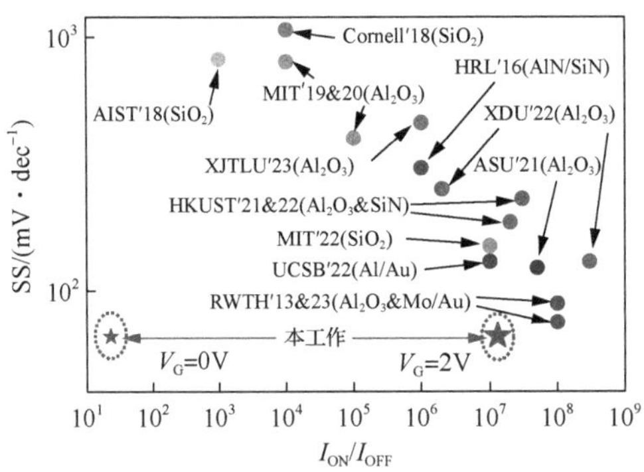

（c）亚阈值摆幅与开关比

图 7.39　W 肖特基栅结构 p-GaN/InGaN/AlGaN MESFET 与国际同期高水平器件性能对比

图 7.40（a）为 W 肖特基栅结构 p-GaN/InGaN/AlGaN MESFET 温度相关的转移特性曲线。为确保器件实际温度与探针台温度相同，当探针台温度达到设定温度后需额外等待 5 分钟再进行测试。随着测试温度的升高，栅下肖特基界面处载流子能量增大，因此高温下肖特基栅漏电增加。当测试温度由 25℃升高至 125℃时，器件开关比由 1.2×10^7 降低至 7.6×10^5。图 7.40（b）为器件温度相关的输出特性曲线，得益于高温下器件欧姆接触界面势垒高度及接触电阻的降低，当源漏电压 V_{DS} 较小时，器件的输出电流出现一定程度的增加，随着源漏电压 V_{DS} 的逐渐增加，受沟道高温迁移率退化的影响，器件输出电流降低。图 7.40（c）和图 7.40（d）分别为器件跨导及亚阈值摆幅随温度的变化关系，当测试温度由 25℃升高至 125℃时，器件峰值跨导有轻微下降，亚阈值摆幅由 66mV/dec 增加至 115mV/dec。

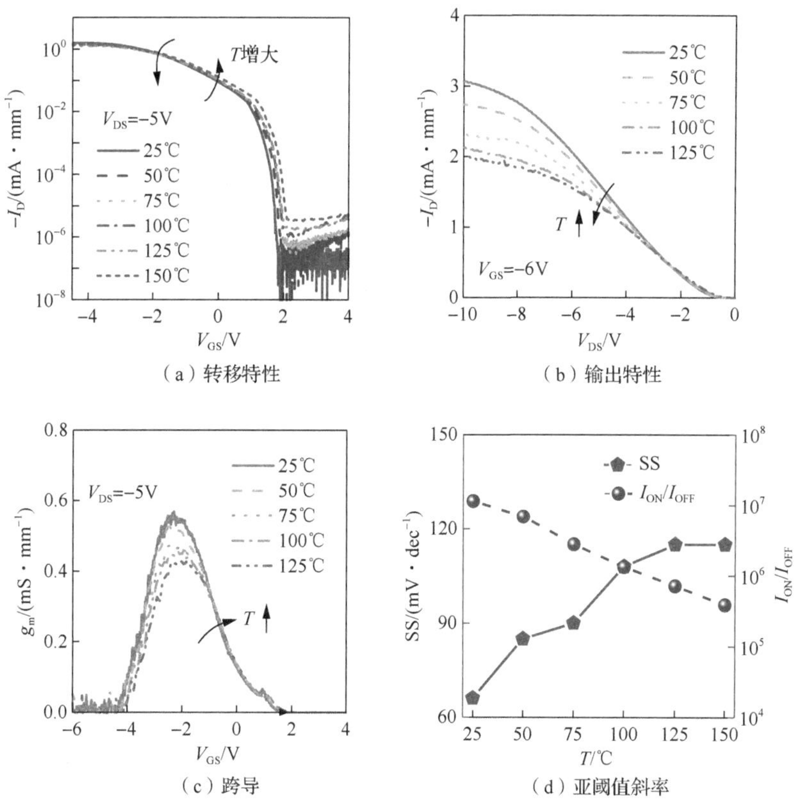

图 7.40　W 肖特基栅结构 p-GaN/InGaN/AlGaN MESFET 高温 I-V 特性

7.5　鳍型栅结构 p-GaN 场效应晶体管

对于凹槽栅结构的增强型 GaN PFET 而言，器件阈值电压及输出电流受栅凹槽刻蚀深度的直接影响。然而，常用的 ICP 干法刻蚀技术存在刻蚀深度均匀性差、刻蚀损伤大等问题，直接导致了器件较差的一致性及输出特性，难以实现大规模的单片集成。基于鳍型栅结构的 p-GaN 鳍式场效应管（fin field-effect transistor，FinFET）通过 Fin 宽度对器件阈值电压及输出电流进行调制，能够有效降低常规凹槽栅结构 GaN PFET 对栅凹槽刻蚀深度的要求。另外，鳍型栅结构能够从三个方向实现对栅下沟道的控制，从而显著提升器件的栅控特性。

7.5.1　AlN 插入层极化增强鳍型栅结构 GaN PFET

基于 Si 衬底的 AlN 插入层极化增强 p-GaN 材料各层结构从下至上分别为低温 AlN 成核层及 AlN/GaN 超晶格应力释放层、4.5μm 缓冲层、300nm GaN 电子导电沟道层、1nm AlN 插入层、15nm $Al_{0.15}Ga_{0.85}N$ 势垒层、1.5nm AlN 插入层和 70nm p-GaN 层，其中 p-GaN 材料中 Mg 掺杂浓度约为 $3\times10^{19}cm^{-3}$。由于常规干法刻蚀的 Fin 侧壁具有高浓度的表面悬挂键和空位缺陷，会严重影响鳍型栅结构 p-GaN FinFET 的开关比和亚阈值斜率，导致器件输出特性的严重退化。因此，在采用干法刻蚀技术实现初步的 Fin 结构之后，需进一步采用 TMAH 湿法腐蚀的方法修复侧壁刻蚀形貌及刻蚀损伤，实现表面光滑的低损伤侧壁。为了实现较低的栅漏电特性，在 Fin 结构制备完成后，采用 PEALD 设备沉积 15nm Al_2O_3 栅介质；另外，在栅金属（Ni/Au）沉积完成后，将样品放置于快速退火炉中，在 N_2 氛围下以 450℃退火 5 分钟，进一步修复栅介质与 GaN 材料之间的界面态。图 7.41 为基于 AlN 插入层极化增强的 p-GaN FinFET 结构，器件栅源间距 L_{GS}=600nm，栅漏间距 L_{GD}=850nm，栅长 L_G=450nm，Fin 宽 W_F=25nm。

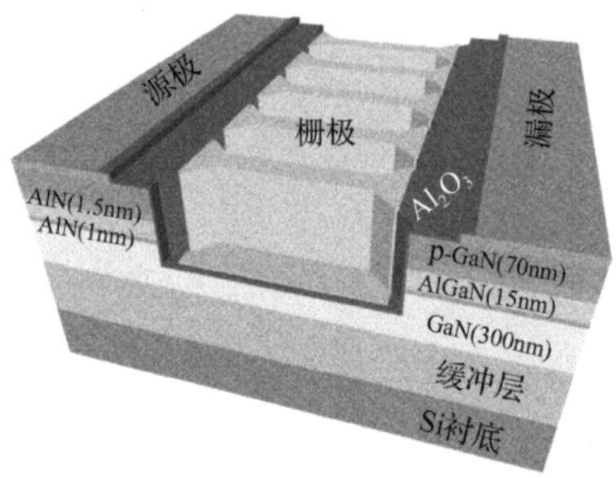

（a）p-GaN FinFET三维结构示意图

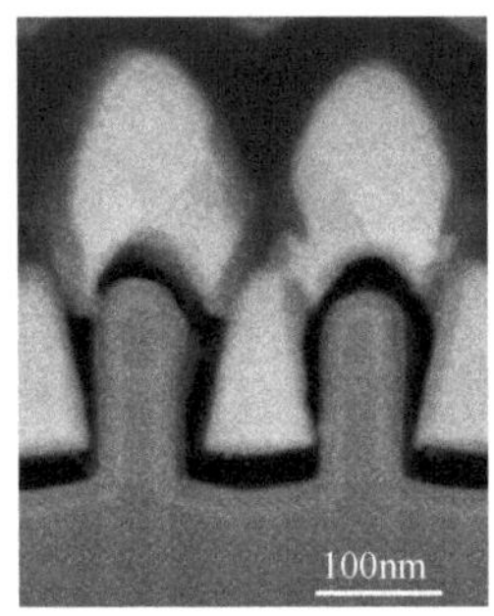

（b）Fin栅结构界面图

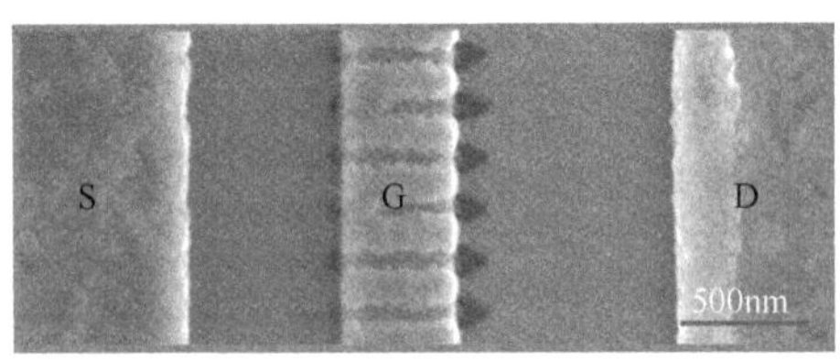

（c）俯视图

图 7.41　基于 AlN 插入层极化增强的 p-GaN FinFET 结构

图 7.42（a）为对数坐标和线性坐标下 25nm Fin 宽 p-GaN FinFET 转移特性。得益于栅下 Al_2O_3 介质层对空穴载流子良好的阻断效果，器件开关比高达 3×10^8，亚阈值斜率仅为 130mV/dec，且当栅源电压 V_{GS}=−10V 时、栅泄漏电流仅为 0.1nA/mm。图 7.42（b）为线性坐标下器件转移特性，基于线性外推法求得器件阈值电压为−2.2V，即 25nm Fin 宽实现了 p-GaN FinFET 的增强型工作模式，器件跨导高达 1.3mS/mm。图 7.42（c）为 25nm Fin 宽 p-GaN FinFET 输出特性，当栅源电压 V_{GS}=−10V、源漏电压 V_{DS}=−10V 时，器件输出电流高达 18.5mA/mm，导通电阻仅为 540Ω·mm。图 7.43 为 25nm Fin 宽 p-GaN FinFET 器件特性与国际同期高水平 GaN PFET 性能的对比。相比于传统的凹槽栅结构 p-GaN MESFET 而言，基于 ICP 干法刻蚀及 TMAH 湿法腐蚀的 Fin 结构制备技术，有助于实现更高的输出电流、更低的亚阈值摆幅及更高的开关比。

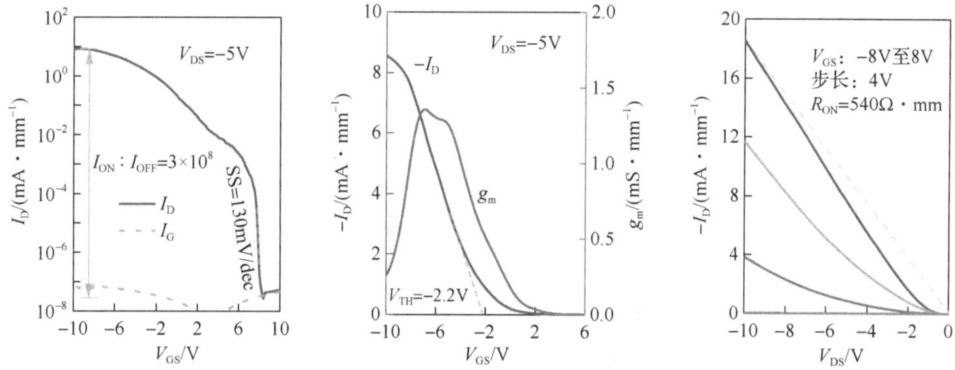

（a）对数坐标转移特性　（b）线性坐标转移特性　（c）输出特性

图 7.42　25nm Fin 宽 p-GaN FinFET 转移特性及输出特性

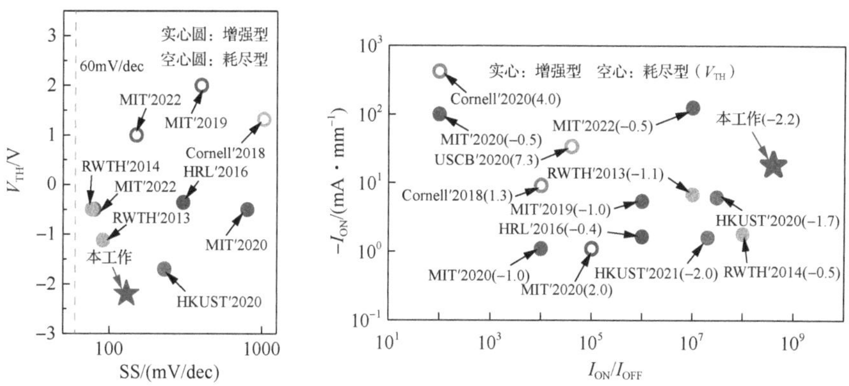

（a）阈值电压与亚阈值斜率　（b）输出电流与开关比

图 7.43　25nm Fin 宽 p-GaN FinFET 器件与国际同期高水平器件性能对比

7.5.2　InAlN 势垒层极化增强鳍型栅结构 GaN PFET

为了进一步提升 p-GaN 材料中 Mg 杂质的离化率，可采用具有强极化效果的 $In_{0.17}Al_{0.83}N$ 势垒层结构替代 $Al_{0.15}Ga_{0.85}N$ 势垒层结构，样品各层结构从下至上分别为低温 AlN 成核层及 AlN/GaN 超晶格应力释放层、4μm 缓冲层、400nm GaN 电子导电沟道层、2nm AlN 插入层、10nm $In_{0.17}Al_{0.83}N$ 势垒层、2nm AlN 插入层、60nm p-GaN 层及 10nm p^{++}-GaN 层，表面 p^{++}-GaN 层有助于进一步降低 p-GaN 欧姆接触界面势垒，实现更为理想的欧姆接触特性。在该 Fin 结构的制备过程中，首先采用电子束光刻设备制备 Fin 宽分别为 20nm、30nm、40nm 的鳍片结构，然后采用 ICP 刻蚀设备移除光刻裸露区域的 GaN 材料，并将样品放置于 90℃的 TMAH 溶液中水浴 3min，进行各向异性腐蚀，从而将常规矩形 Fin 结构转化为 T 形 Fin 结构。器件 Fin 结构制备完成后，采用 ALD 设备沉积 20nm Al_2O_3 栅介质，并在栅区域沉积 Ni/Au 叠层金属结构，完成器件的制备。图 7.44 为 InAlN 势垒层极化增强鳍型栅结构 GaN PFET 结构示意图及器件 SEM 俯视图。器件栅源间距 L_{GS}=510nm，栅漏间距 L_{GD}=750nm，栅长 L_G=540nm。图 7.45 为 20nm Fin

宽结构的 TEM 图像。从测试结果可知，该鳍型栅具有上宽下窄的 T 形结构，且侧壁垂直光滑。

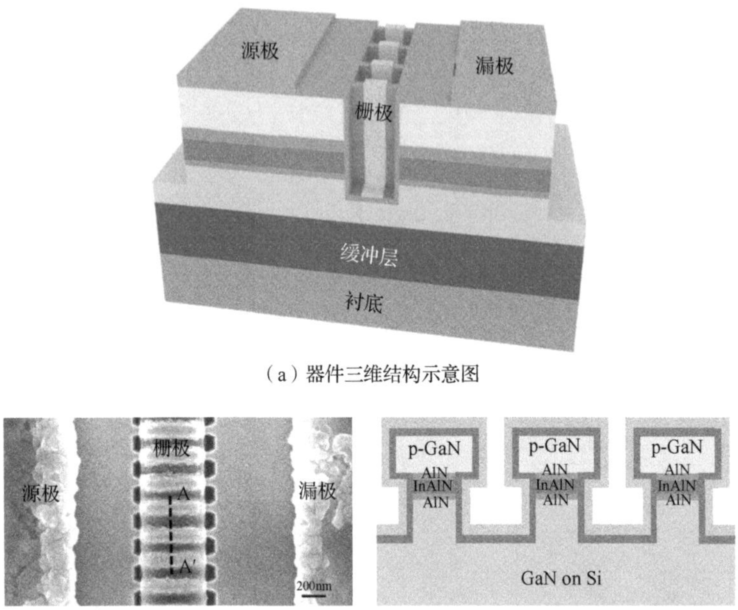

（a）器件三维结构示意图

（b）俯视图　　（c）沿栅中轴线切面结构示意图

图 7.44　InAlN 势垒层极化增强 T 形鳍型栅结构 GaN PFET 示意图

图 7.46（a）为线性坐标下 20nm、30nm、40nm Fin 宽的 T 形鳍型栅结构 GaN PFET 的转移特性及跨导特性。当栅源电压 V_{GS}= –15V、源漏电压 V_{DS}= –10V 时，器件输出电流分别高达 45.7mA/mm、52.2mA/mm、61.5mA/mm，漏端电流 I_D= –1mA/mm 时所对应的器件阈值电压分别为–3.1V、–2.3V、–0.7V，即随着 Fin 宽度的减小，器件输出电流逐渐降低且阈值电压朝负向逐渐偏移，对于 40nm Fin 宽的 T 形鳍型栅结构 GaN PFET 而言，跨导高达 6.0mS/mm，远高于凹槽栅及矩形鳍型栅结构器件特性。图 7.46（b）为对数坐标下 20nm、30nm、40nm Fin 宽的 T 型鳍型栅结构 GaN PFET 的转移特性及栅漏电特性，得益于高质量 Al_2O_3 栅介质的存在，当栅源电压 V_{GS}= –15V 时，栅泄漏电流 I_G<10nA/mm，且器件开关比高达 5×10^6。

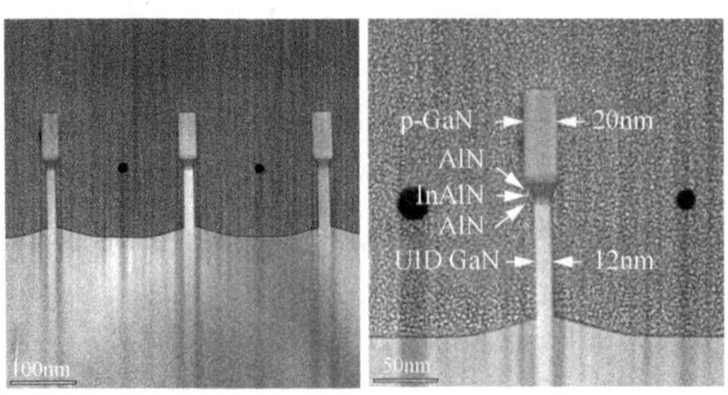

图 7.45　20nm Fin 宽结构 TEM 图像

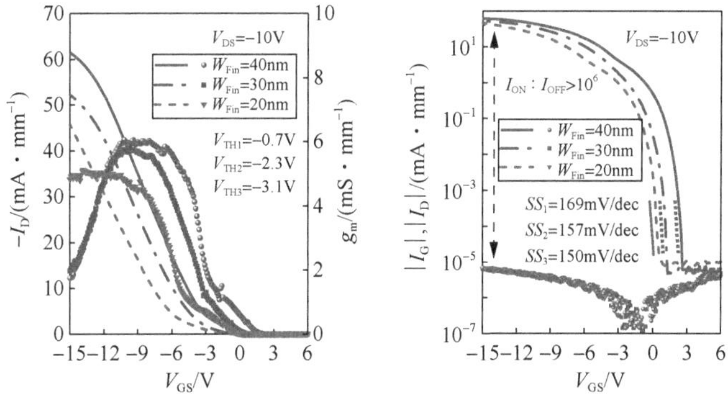

（a）线性坐标　　（b）对数坐标

图 7.46（彩图）

图 7.46　不同 Fin 宽的 T 形鳍型栅结构 GaN PFET 的转移特性

图 7.47（a）为 20nm Fin 宽的 T 形鳍型栅结构 GaN PFET 的输出特性。当源漏电压 V_{DS} 较大时，器件表现出明显的饱和特性，且当栅源电压 $V_{GS}= -10V$、源漏电压 $V_{DS}= -2V$ 时，器件导通电阻仅为 138Ω·mm。图 7.47（b）和图 7.47（c）分别为 T 形鳍型栅结构 GaN PFET 特性与国际同期高水平 GaN PFET 特性的对比、T 形鳍型栅结构 GaN PFET 具有阈值电压可控、输出电流高、导通电阻低及开关比高等明显优势。

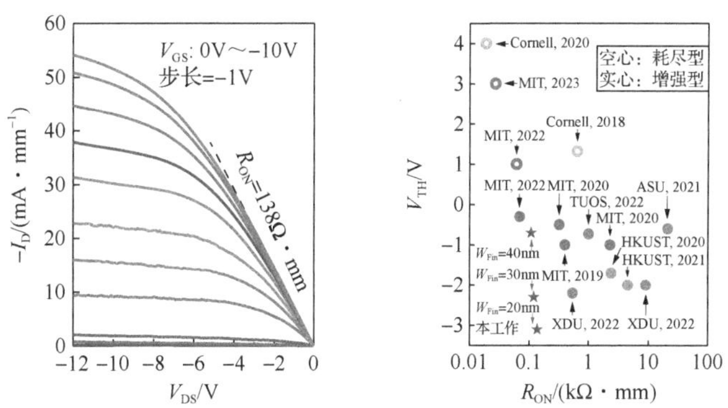

（a）输出特性　　（b）阈值电压与导通电阻

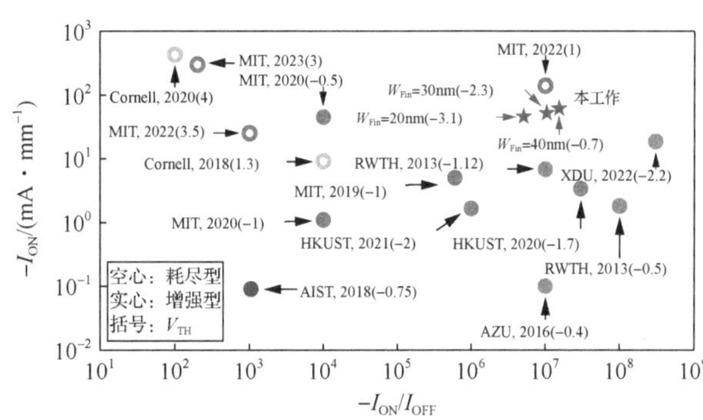

（c）输出电流与开关比

图 7.47（彩图）

图 7.47　T 形鳍型栅结构 GaN PFET 输出特性及与国际同期高水平器件特性对比

参 考 文 献

[1] KOZODOY P, HANSEN M, DENBAARS S, et al. Enhanced Mg doping efficiency in Al0.2Ga0.8N/GaN superlattices[J]. Applied Physics Letters, 1999, 74(24): 3681-3683.

[2] KOZODOY P, SMORCHKOVA Y, HANSEN M, et al. Polarization-enhanced Mg doping of AlGaN/GaN superlattices[J]. Applied Physics Letters, 1999, 75(16): 2444-2446.

[3] SIMON J, PROTASENKO V, LIAN C, et al. Polarization-induced hole doping in wide-band-gap uniaxial semiconductor heterostructures[J]. Science, 2010, 327(5961): 60-64.

[4] ZHANG L, WEI X C, LIU N X, et al. Improvement of efficiency of GaN-based polarization-doped light-emitting diodes grown by metalorganic chemical vapor deposition[J]. Applied Physics Letters, 2011, 98(24): 241111.

[5] ZHANG L, DING K, YAN J C, et al. Three-dimensional hole gas induced by polarization in (0001)-oriented metal-face III-nitride structure[J]. Applied Physics Letters, 2010, 97(6): 062103.

[6] KRESSE G, FURTHUMULLER J. Efficient iterative schemes for ab initio total-energy calculations using a plane-wave basis set[J]. Physical Review B, 1996, 54(16): 11169.

[7] BLOCHL P. Projector augmented-wave method[J]. Physical Review B, 1994, 50(24): 17953.

[8] PERDEW J, BURKE K, ERNZERHOF M. Generalized gradient approximation made simple[J]. Physical Review Letters, 1996, 77(18): 3865.

[9] HEYD J, SCUSERIA G, ERNZERHOF M. Hybrid functionals based on a screened Coulomb potential[J]. The Journal of Chemical Physics, 2003, 118(18): 8207-8215.

[10] WEI S. Overcoming the doping bottleneck in semiconductors[J]. Computational Materials Science, 2004, 30(3-4): 337-348.

[11] BROCHEN S, BRAULT J, CHENOT S, et al. Dependence of the Mg-related acceptor ionization energy with the acceptor concentration in p-type GaN layers grown by molecular beam epitaxy[J]. Applied Physics Letters, 2013, 103(3): 032102.

[12] HEINKE H, KIRCHNER V, EINFELDT S, et al. X-ray diffraction analysis of the defect structure in epitaxial GaN[J]. Applied Physics Letters, 2000, 77(14): 2145-2147

[13] VICKERS M E, KAPPERS M J, DATTA R, et al. In-plane imperfections in GaN studied by x-ray diffraction[J]. Journal of Physics D: Applied Physics, 2005, 38(10A): A99-A104.

[14] BADER S J, CHAUDHURI R, SCHUBERT M F, et al. Wurtzite phonons and the mobility of a GaN/AlN 2D hole gas[J]. Applied Physics Letters, 2019, 114: 253501.

[15] ZHANG Z, ENCOMENDERO J, CHAUDHURI R, et al. Polarization-induced 2D hole gases in pseudomorphic undoped GaN/AlN heterostructures on single-crystal AlN substrates[J]. Applied Physics Letters, 2021, 119: 162104.

[16] NAKAJIMA A, LIU P, OGURA M, et al. Generation and transportation mechanisms for two-dimensional hole gases in GaN/AlGaN/GaN double heterostructures[J]. Journal of Applied Physics, 2014, 115: 153707.

[17] LI G, WANG W, YANG W, et al. GaN-based light-emitting diodes on various substrates: a critical review[J]. Reports on Progress in Physics, 2016, 79: 056501.

[18] NIE Q, JIANG Z, GAN Z, et al. Defect analysis of the LED structure deposited on the sapphire substrate[J]. Journal of Crystal Growth, 2018, 488: 1-7.

[19] OMIYA H, PONCE F A, MARUI H, et al. Atomic arrangement at the Au/p-GaN interface in low-resistance contacts[J]. Applied Physics Letters, 2004, 85(25): 6143-6145.

[20] HO J, JONG C, CHIU C, et al. Low-resistance ohmic contacts to p-type GaN[J]. Applied Physics Letters, 1999, 74(9): 1275-1277

[21] JANG J-S, CHANG I-S, KIM H-K, et al. Low-resistance Pt/Ni/Au ohmic contacts to p-type GaN[J]. Applied Physics Letters, 1999, 74(1): 70-72.

[22] JANG J-S, PARK S-J, SEONG T-Y. Formation of low resistance Pt ohmic contacts to p-type GaN using two-step surface treatment[J]. Journal of Vacuum Science & Technology B: Microelectronics and Nanometer Structures, 1999, 17(6): 2667.

[23] PAN S, LU Y, LIANG Z, et al. Optimization of annealing conditions for Ag/p-GaN ohmic contacts[J]. Appl Phys A Mater Sci Process, 2021, 127(11): 870.

[24] SHEU J, SU Y, CHI G, et al. High-transparency Ni/Au ohmic contact to p-type GaN[J]. Applied Physics Letters, 1999, 74(16): 2340-2342.

[25] CHEN L, HO J, JONG C, et al. Oxidized Ni/Pt and Ni/Au ohmic contacts to p-type GaN[J]. Applied Physics Letters, 2000, 76(25): 3703-3705.

[26] KIM J, LEE J, LEE J, et al. Low resistance Pd/Au ohmic contacts to p-type GaN using surface treatment[J]. Applied Physics Letters, 1998, 73(20): 2953-2955.

[27] LEE J, KIM J, LEE J, et al. Effect of surface treatment by KOH solution on ohmic contact formation of p-type GaN[J]. Solid-State Electronics, 1999, 43(2): 435-438.

[28] KALAITZAKIS F G, PELEKANOS N T, PRYSTAWKO P, et al. Low resistance as-deposited Cr/Au contacts on p-type GaN[J]. Applied Physics Letters, 2007, 91(26): 261103.

[29] BADER S J, CHAUDHURI R, NOMOTO K, et al. Gate-Recessed E-mode p-Channel HFET With High On-Current Based on GaN/AlN 2D Hole Gas[J]. IEEE Electron Device Letters, 2018, 39(12): 1848-1851.

[30] ZHANG Y, XING Z, MA Z, et al. Threading dislocation density comparison between GaN grown on the patterned and conventional sapphire substrate by high resolution X-ray diffraction[J]. Science China Physics, Mechanics and Astronomy, 2010, 53(3): 465-468.

[31] KIM B, MOON D, JOO K, et al. Investigation of leakage current paths in n-GaN by conductive atomic force microscopy[J]. Applied Physics Letters, 2014, 104: 102101.

[32] WANG L, ZHANG S, ZHU J, et al. Effect of surface treatment of GaN based light emitting diode wafers on the leakage current of light emitting diode devices[J]. Chinese Physics B, 2010, 19(1): 017307.

[33] XU S, LI P, ZHANG J, et al. Threading dislocation annihilation in the GaN layer on cone patterned sapphire substrate[J]. Journal of Alloys and Compounds, 2014, 614: 360-363.

[34] MORAM M, GHEDIA C, RAO D, et al. On the origin of threading dislocations in GaN films[J]. Journal of Applied Physics, 2009, 106(7): 073513.

[35] HUANG B, LIAO C, KE W, et al. Poole-Frenkel effect on electrical characterization of Al-doped ZnO films deposited on p-type GaN[J]. Journal of Applied Physics, 2014, 115(11): 113705.

[36] YI W, KUMAR A, UZUHASHI J, et al. Mg diffusion and activation along threading dislocations in GaN[J]. Applied Physics Letters, 2020, 116: 242103.

[37] SANG L, REN B, ENDO R, et al. Boosting the doping efficiency of Mg in p-GaN grown on the free-standing GaN substrates[J]. Applied Physics Letters, 2019, 115: 172103.

[38] LICATA O G, BRODERICK S, ROCCO E, et al. Dopant-defect interactions in Mg-doped GaN via atom probe tomography[J]. Applied Physics Letters, 2021, 119: 032102.

[39] BADER S, CHAUDHURI R, SCHUBERT M, et al. Wurtzite phonons and the mobility of a GaN/AlN 2D hole gas[J]. Applied Physics Letters, 2019, 114: 253501.

[40] ZHANG Z, ENCOMENDERO J, CHAUDHURI R, et al. Polarization-induced 2D hole gases in pseudomorphic undoped GaN/AlN heterostructures on single-crystal AlN substrates[J]. Applied Physics Letters, 2021, 119: 162104.

[41] NAKAJIMA A, LIU P, OGURA M, et al. Generation and transportation mechanisms for two-dimensional hole gases in GaN/AlGaN/GaN double heterostructures[J]. Journal of Applied Physics, 2014, 115: 153707.

[42] FOSTER G, KOEHLER A, EBRISH M, et al. Recovery from plasma etching-induced nitrogen vacancies in p-type gallium nitride using UV/O_3 treatments[J]. Applied Physics Letters, 2020, 117(8): 082103.

[43] PANKOVE J I, TORVIK J T, QIU C H, et al. Molecular doping of gallium nitride[J]. Applied Physics Letters, 1999, 74(3): 416-418.

[44] WRIGHT A F. Substitutional and interstitial oxygen in wurtzite GaN[J]. Journal of Applied Physics, 2005, 98: 103531.

[45] ARSLAN I, BROWNING N. Role of oxygen at screw dislocations in GaN[J]. Physical Review Letters, 2003, 91: 165501.

[46] ZYWIETZ T, NEUGEBAUER J, SCHEFFLER M. The adsorption of oxygen at GaN surfaces[J]. Applied Physics Letters, 1999, 74(12): 1695-1697.

[47] PEARTON S, CHO H, LAROCHE J, et al. Oxygen diffusion into SiO_2-capped GaN during annealing[J]. Applied Physics Letters, 1999, 75(19): 2939-2941.

[48] CHEN J, LIU Z, WANG H, et al. Investigation on the interface trap characteristics in a p-channel GaN MOSFET through temperature-dependent subthreshold slope analysis[J]. Journal of Physics D: Applied Physics, 2021, 55(9): 095112.

[49] ZHENG Z, ZHANG L, SONG W, et al. Threshold voltage instability of enhancement-mode GaN buried p-channel MOSFETs[J]. IEEE Electron Device Letters, 2021, 42(11): 1584-1587.

[50] BANDIĆ Z, BRIDGER P, PIQUETTE E, et al. Electron diffusion length and lifetime in p-type GaN[J]. Applied Physics Letters, 1998, 73(22): 3276-3278.

[51] ZHANG Y, ZHANG J, ZHOU H, et al. Leakage current mechanisms of groove-type tungsten-anode GaN SBDs with ultra low turn-ON voltage and low reverse current[J]. Solid-State Electronics, 2020, 169: 107807.

[52] ZHANG T, WANG Y, ZHANG Y, et al. Comprehensive annealing effects on AlGaN/GaN Schottky barrier diodes with different work-function metals[J]. IEEE Transactions on Electron Devices, 2021, 68(6): 2661-2666.

[53] ZHANG W, XUE J, ZHANG L, et al. Trap state analysis in AlGaN/GaN/AlGaN double heterostructure high electron mobility transistors at high temperatures[J]. Applied Physics Letters, 2017, 110: 252102.

[54] JIN H, JIANG Q, HUANG S, et al. An enhancement-mode GaN p-FET with improved breakdown voltage[J]. IEEE Electron Device Letters, 2022, 43(8): 1191-1194.

[55] SONG J, HAN S, LUO H, et al. Study of interface trap density of AlO_xN_y/GaN MOS structures[J]. Applied Physics Letters, 2021, 119: 122105.

[56] HUANG W, KHAN T, PAUL CHOW T. Comparison of MOS capacitors on n- and p-type GaN[J]. Journal of Electronic Materials, 2006, 35(4): 726-732.

[57] ENGEL-HERBERT R, HWANG Y, STEMMER S. Comparison of methods to quantify interface trap densities at dielectric/III-V semiconductor interfaces[J]. Journal of Applied Physics, 2010, 108: 124101.

[58] ZHANG T, LI R, LU J, et al. A 0.43V/90nA/mm lateral AlGaN/GaN Schottky barrier diode with plasma-free groove anode technique[J]. IEEE Electron Device Letters, 2021, 42(12): 1747-1750.

[59] TAN C K, ABDUL AZIZ A, YAM F K. Schottky barrier properties of various metal (Zr, Ti, Cr, Pt) contact on p-GaN revealed from I-V-T measurement[J]. Applied Surface Science, 2006, 252(16): 5930-5935.

第 8 章　大功率 GaN 二极管整流及限幅电路

GaN 肖特基二极管具有高击穿电压、高电流密度和高截止频率的显著优势，非常适合在高频大功率场景下使用。微波整流电路能够将微波能量高效转换为直流能量，为常规电器提供电力，是微波无线能量传输系统的重要组成部分。在微波整流电路中使用 GaN 肖特基二极管可以显著提升单路整流功率，实现技术的跨代发展。微波限幅电路允许射频小信号低损耗通过，同时对大功率信号进行有效衰减，使其低于设定的功率阈值，从而保护无线电接收端的敏感元件。GaN 肖特基二极管在微波限幅电路中的应用显著提高了其耐受功率，增强了功率保护水平。本章将重点介绍大功率 GaN 二极管在微波整流与微波限幅电路中的应用。

8.1　2.45GHz GaN 肖特基二极管整流电路

本节重点讲述基于凹槽阳极结构的 GaN 肖特基二极管在 2.45GHz 微波整流电路中的研究。电路采用先进设计系统（ADS）软件进行设计和仿真，部分结构的仿真验证使用了 Ansys 公司的高频结构仿真器（high frequency structure simulator，HFSS）软件。

8.1.1　微波整流基本原理

微波整流电路是微波无线能量传输系统的核心，能够实现微波到直流的能量转换。图 8.1 展示了其组成框图[1-5]。电路从左至右依次包括匹配网络、隔直电容、输入滤波器、肖特基二极管、输出滤波器和负载。匹配网络将电路阻抗匹配至 50Ω，以确保输入信号几乎无损地进入电路而不被反射；隔直电容防止整流后的直流能量反馈到信号源，分隔直流和交流回路；输入滤波器通常为低通滤波器，允许基频信号通过，阻止高次谐波反馈到前端造成效率损失；肖特基二极管是整流的核心器件，由于其非线性特性，会产生大量高次谐波；输出滤波器通常为直通滤波器，允许直流信号通过，阻止交流信号尤其是基频及其高次谐波的通过，达到滤波的效果；整流后的能量为后端负载提供电力。由于结构的不同，部分微波整流电路可能省去隔直电容和输入滤波器。

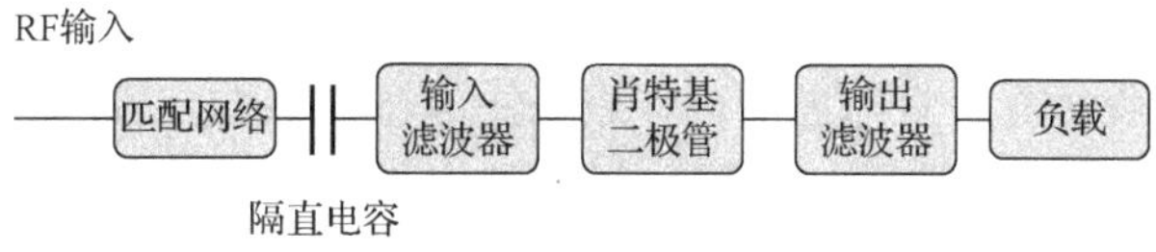

图 8.1　微波整流电路框图

8.1.2　整流电路仿真设计

本节设计的 2.45GHz 微波整流电路结构如图 8.2 所示，自左至右依次为射频输入端口、输入匹配电路、隔直电容、输入滤波器、肖特基二极管、输出滤波器以及输出端口。电路主体结构采用微带线，输入端口、隔直电容、肖特基二极管及输出引线通过焊接方式接入射频介质基板。其中，肖特基二极管采用并联连接的方式接入。电路设计采用的射频介质基板为罗杰斯 5880 板材，介质厚度为 0.78mm，相对介电常数为 2.2，损耗角正切值为 0.0009。电路设计采用 GaN 微波二极管，其阳极半径 120μm、场板长度 0.7μm，阴阳极间距 3μm。通过进一步的测试与参数提取，其仿真参数包括反向饱和电流（I_s）4.5×10^{-10}A，串联电阻（R_s）6.2Ω，理想因子 1.1，零偏结电容 0.45pF，势垒高度（V_j）0.74eV，击穿电压采用降额设计，定为 100V。

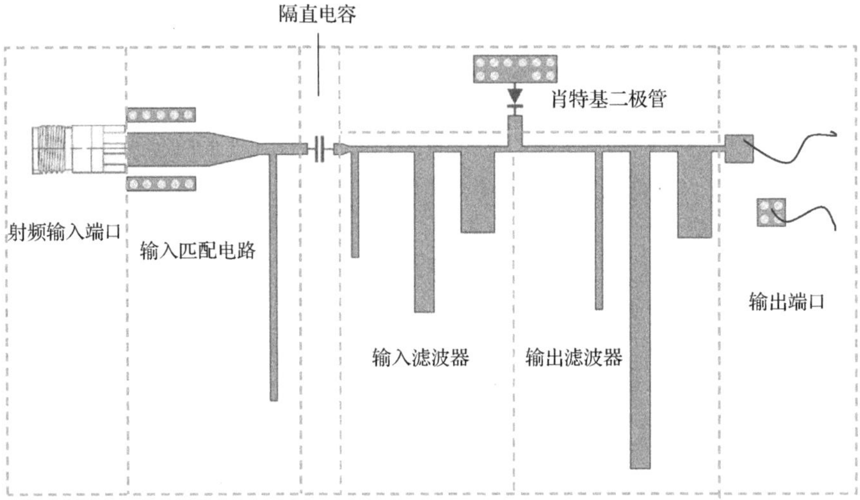

图 8.2　2.45GHz 氮化镓微波整流电路结构图

肖特基二极管是一种非线性元件，射频信号通过后会产生大量的高次谐波，从而导致能量损失，因此需设计输入和输出滤波器进行滤波。在输入滤波器的设计过程中，采用开路枝节低通滤波器实现对 2.45GHz 信号的低插损及对各倍频的有效抑制，设计了三个开路枝节以分别抑制 2.45GHz 的二倍频、三倍频和四倍频谐波。在 ADS 原理图中定义射频板材，并根据连接关系设置开路枝节，通过自动优化结合手动优化进行低通滤波器的设计，并通过仿真结构的 S 参数监控设计结果。

图 8.3（a）显示了输入滤波器的 ADS 仿真原理图。由于原理图的仿真过于理想化，未考虑微带线间电磁耦合等影响，因此需要进行进一步的电磁仿真。ADS 软件可以进行基于矩量法的电磁仿真。将原理图设计结果生成微带版图，并设置基板材料、端口、扫描频率和网格密度等核心参数，然后运行电磁仿真程序，即可获得输入滤波器的电磁仿真 S 参数结果。图 8.3（b）为低通滤波器的版图。为了进一步验证设计的准确性，将设计的版图导出至 Ansys HFSS 中进行基于有限元法的电磁仿真。

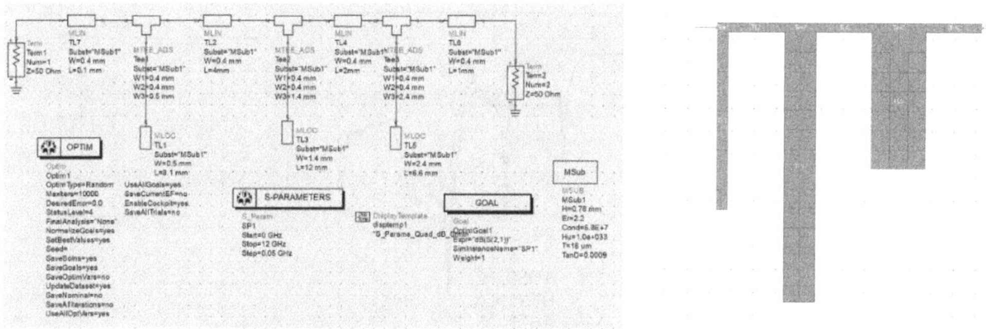

（a）ADS 仿真原理图　　（b）低通滤波器的版图

图 8.3　2.45GHz 微波整流电路输入滤波器仿真

图 8.4 为由 ADS 和 HFSS 仿真的输入滤波器正向传输参数 S_{21} 曲线，以及实际测试的结果。其中，红色曲线为采用矢量网络分析仪对单独加工的滤波器结构件测试的结果。可以看出，该滤波器在 8GHz 以内的测试结果与仿真结果较为一致，8GHz 以后虽然稍有偏移但趋势不变。在 2.45GHz 下，输入滤波器的 S_{21} 参数为-0.175dB，即 96%以上的该频率信号可以通过，结果与仿真结果一致。在 4.9GHz、7.35GHz 及 9.8GHz，滤波器的 S_{21} 参数分别为-36.5dB、-51.1dB 和-32dB，均小于-30dB，即信号的通过率小于千分之一，与设计结果偏差较小。

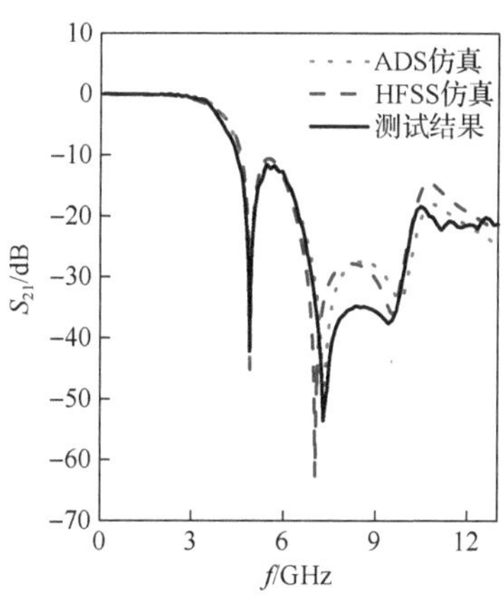

图 8.4（彩图）

图 8.4　2.45GHz 微波整流电路输入滤波器 S_{21} 参数仿真与测试结果对比

针对 2.45GHz 微波整流，输出滤波器需要抑制 2.45GHz 信号及其高次谐波。本节同样采用开路枝节滤波器，设计了三个开路枝节，分别抑制 2.45GHz、4.9GHz 及 7.35GHz 信号。设计方法与前文一致，此处不再赘述。图 8.5 展示了输出滤波器的仿真与测试结果，其在 2.45GHz、4.9GHz 及 7.35GHz 的 S_{21} 参数分别为-20dB、-31.6dB 和-49.8dB。仿真曲线与实测曲线符合较好，表明输出滤波器能够有效抑制 2.45GHz 基频信号及其主要倍频谐波。

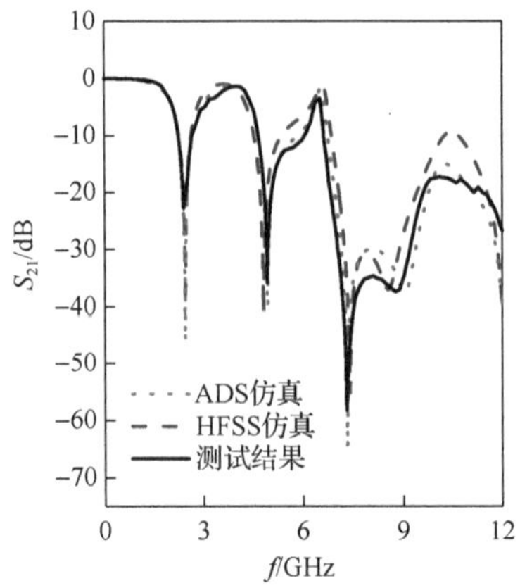

图 8.5　2.45GHz 微波整流电路输出滤波器 S_{21} 参数仿真与测试结果对比

将输入输出滤波器模型代入微波整流电路原理图中，加入 GaN 肖特基二极管及其参数模型、隔直电容及单枝节输入匹配结构，即可构建起微波整流电路效率仿真原理图，如图 8.6 所示。隔直电容采用村田公司生产的 GQM 系列电容，电容值为 4.3pF。在输入端口加入 2.45GHz 的功率激励，输出端口加载阻性负载，即可进行基于原理图的大信号 S 参数仿真以及谐波平衡仿真。通过计算输出端口负载上的直流功率与输入功率的比值，即可得到电路的转换效率。

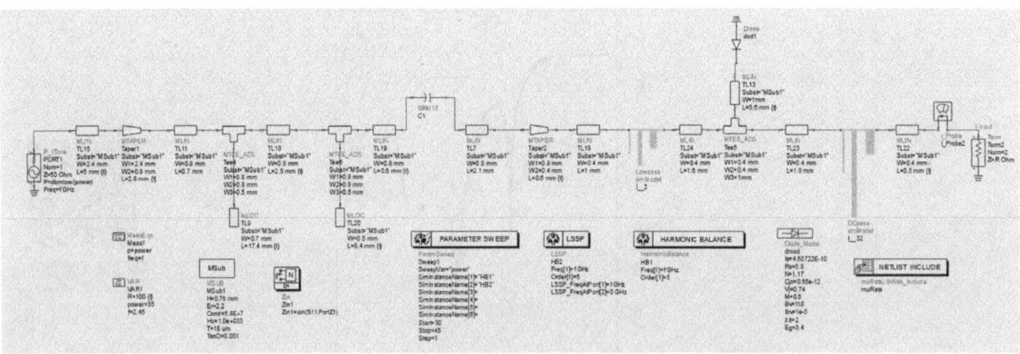

图 8.6　2.45GHz 微波整流电路转换效率 ADS 仿真原理图

对于射频电路，阻抗匹配是非常重要的环节。由于微波接收端天线的输出阻抗为 50Ω，微波整流电路的设计也需要将输入阻抗匹配至 50Ω，以确保电路前端输入的能量能够无损耗地进入电路。因阻抗失配造成的能量损失会直接影响转换效率。本节设计的电路采用单开路枝节将输入阻抗在 2.45GHz 下匹配至 50Ω。

为了设计工作在 2.45GHz 的 GaN 微波整流电路，并实现高功率高效率的整流，需要对电路进行反复的调谐和优化，以确定最佳的负载阻值以及各枝节的尺寸。然而，如前文所述，原理图仿真不能体现微带电路间的电磁耦合等效应，因此需要对微带结构进行电磁仿真。首先，将原理图中的二极管、电容、端口等移除，只保留微带结构，生成微带版图，并设置端口、频率范围、网格大小等参数进行电磁仿真。电磁仿真的结果是一个多端口的 S 参数文件。接着，将电磁仿真结果代入原理图中，替代原来的微带线部分，与器件、电容等进行场路联合仿真。联合仿真电路原理图如图 8.7 所示，由此得到联合仿真的转换效率及阻抗匹配结果。最后，根据联合仿真的结果调整优化微带版图尺寸，以实现最佳的阻抗匹配和整流效果。

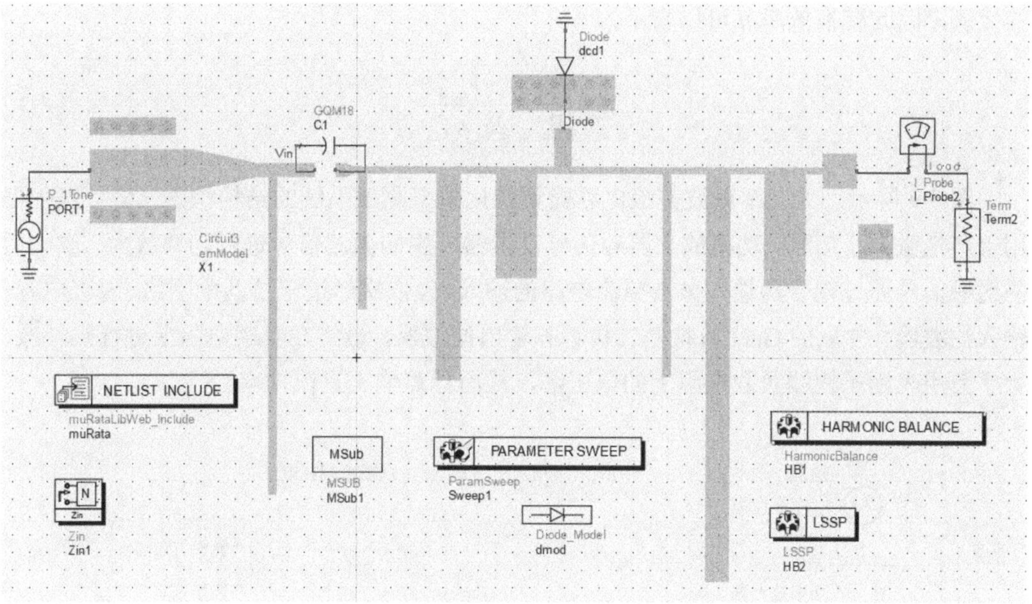

图 8.7　2.45GHz 微波整流电路转换效率 ADS 联合仿真原理图

优化后的电路最终版图在加入接地通孔和电极后，可以导出工程图纸文件，并在 CAD 软件中进行进一步的处理和渲染，最终交付给外协厂家进行射频电路板的加工。图 8.8 展示了加工并装配完成的 2.45GHz GaN 微波整流电路，以及封装后的 GaN 微波二极管。GaN 微波二极管采用 D88 金属陶瓷管壳，通过熔封工艺进行封装并焊接接入。隔直电容、SMA（subminiature version A）输入接口以及连接至负载的导线等也通过焊接方式接入电路。其整体尺寸为 50mm×40mm。

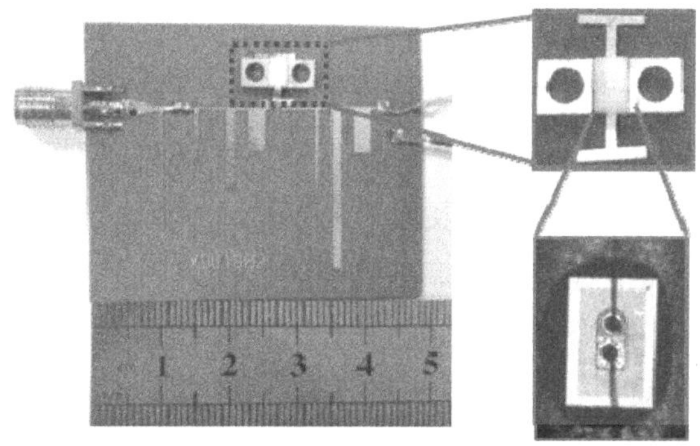

图 8.8　装配完成的 2.45GHz 微波整流电路及封装后 GaN 微波二极管照片

8.1.3　微波转换效率测试系统

转换效率测试系统可以实现对不同负载、不同输入功率以及不同输入信号频率下的转换效率进行测试。对于给定的微波整流电路，当施加输入功率为 P_{in} 的信号时，输出端接入的负载电阻 R_{L} 上会产生输出电压 V_{dc}。转换效率定义为输出直流功率与输入功率的比值，因此转换效率 η 可以表示为

$$\eta=\frac{P_{\text{dc}}}{P_{\text{in}}}=\frac{V_{\text{dc}}^2}{R_{\text{L}}\times P_{\text{in}}} \tag{8-1}$$

图 8.9 展示了大功率微波整流电路能量转化效率测试系统的结构框图。信号发生器用于产生微波小信号，功率放大器对信号发生器产生的微波信号进行功率放大。放大后的射频信号通过耦合器馈入微波整流电路的输入端，依次经过阻抗匹配网络、隔直电容、输入滤波器、并联的 GaN 肖特基二极管和输出滤波器，最终在负载电阻上进行热耗散。数字万用表用于检测负载电阻上的电压降，从而计算输出直流功率。

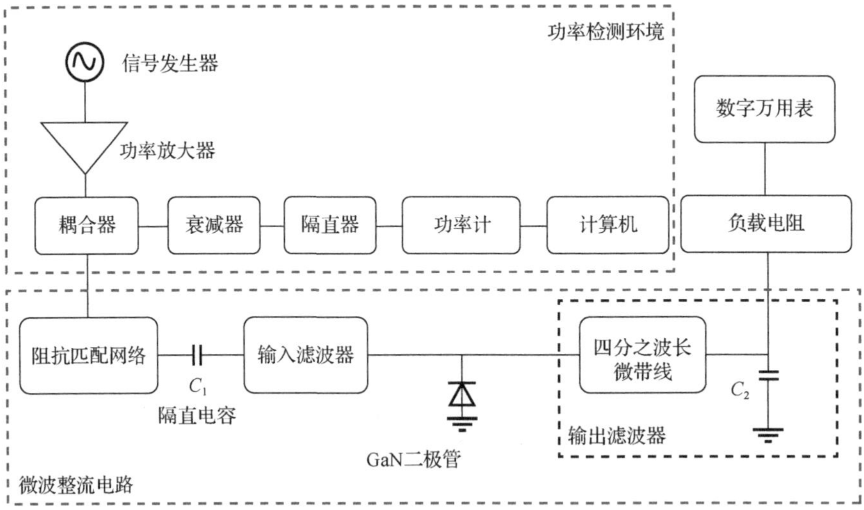

图 8.9　大功率微波整流电路测试系统框图

为了准确测量馈入微波整流电路的微波能量，在功率放大器后的耦合器上，耦合口依次连接衰减器、隔直器、功率计以及用于读数的计算机。通过测量耦合口的功率，可以推算主路上注入整流电路的射频功率并实现实时读取。由于微波测试对路径损耗极其敏感，每次测试前均需对系统各部分进行充分的校准。图 8.10 为搭建的大功率微波整流测试系统的实物照片。

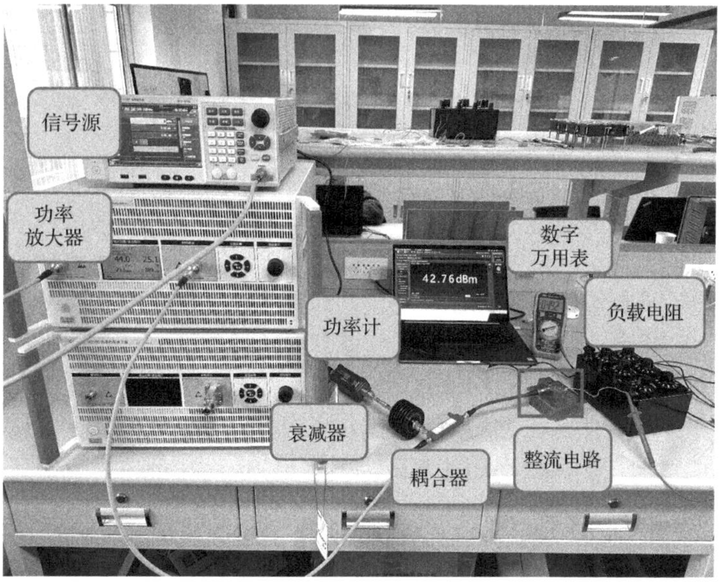

图 8.10　大功率微波整流测试系统

8.1.4　Si 肖特基二极管微波整流电路

为了验证设计加工的微波整流电路的有效性，首先采用商用的 Si 肖特基二极管进行验证。所采用的二极管是 Avago 公司生产的表面贴装射频肖特基二极管 HSMS2820，其主要参数包括开启电压 0.34V、串联电阻 6Ω、零偏结电容 0.7pF、击穿电压 15V 等。图 8.11 展示了基于 Si 肖特基二极管的整流电路实物图。

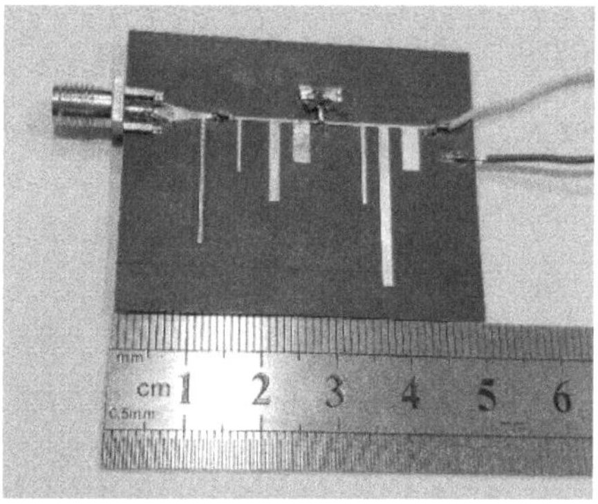

图 8.11　基于 Si 肖特基二极管的整流电路实物图

图 8.12（a）展示了在 300Ω负载电阻和 2.45GHz 输入频率下，该电路的转换效率和输出电压随输入功率变化的曲线。该电路在输入功率为 24dBm 时，实现了高达 77%的峰值转换效率。转换效率最初随输入功率的增加而增加，但在达到效率峰值后迅速下降。其原因在于此时输出电压已高达 8.5V，二极管上的电压峰值约为输出电压的两倍，该值已超过器件标称的击穿电压，进一步提高输入功率将导致电路不稳定。该电路在 16～26.77dBm 的输入功率范围内均获得了超过 50%的转换效率。

图 8.12（b）展示了在信号频率 2.45GHz、输入功率固定在 24dBm 时，转换效率与输出电压随负载电阻的变化曲线。300Ω为该电路效率最高的最佳负载值，同样随着负载电阻的增加，转换效率先逐渐增加随后减小。输出电压随着负载电阻增大而逐渐增大并逐渐趋于饱和，饱和输出电压约为 10V。

图 8.12（c）展示了在固定负载电阻 300Ω、输入功率 24dBm 时，转换效率与输出电压随输入信号频率变化的规律。2.45GHz 为该电路最高效率对应的频率，印证了电路设计准确，阻抗匹配较好。同时，该电路在 2.15～2.55GHz 这一宽频带内均获得了高于 50%的转换效率，具有较好的宽带整流性能。

图 8.12（d）展示了在 2.45GHz 输入频率下，转换效率与负载电阻和输入功率的关系。在测试的输入功率为 15～28dBm、负载电阻为 50～1000Ω范围内，超过一半区域的转换效率大于 50%。值得注意的是，该图右上方等效率线比较致密，说明随着输入功率和负载电阻的增加，转换效率迅速下降，显示出 Si 肖特基二极管击穿电压低等造成的功率容量瓶颈。

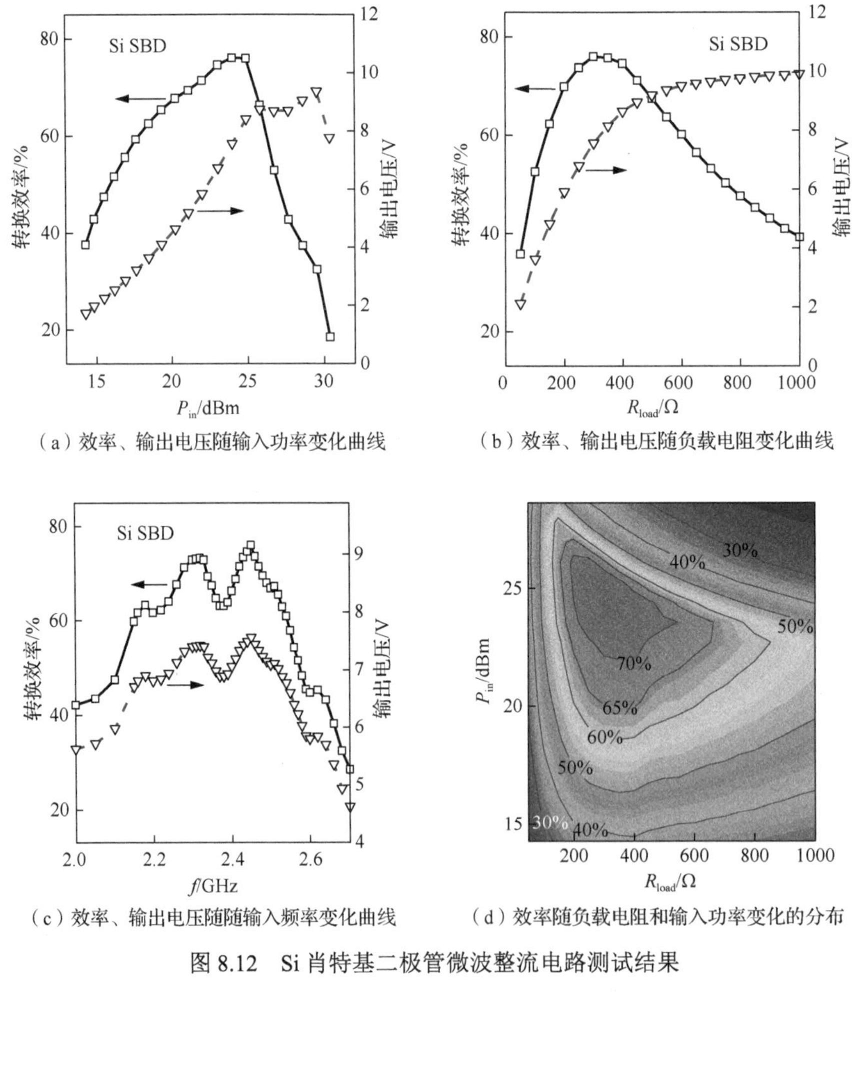

（a）效率、输出电压随输入功率变化曲线　（b）效率、输出电压随负载电阻变化曲线

（c）效率、输出电压随随输入频率变化曲线　（d）效率随负载电阻和输入功率变化的分布

图 8.12　Si 肖特基二极管微波整流电路测试结果

8.1.5　GaN 微波整流电路

进一步测试采用 GaN 微波二极管的整流电路。所使用的二极管为半径 120μm 的凹槽阳极结构 GaN 肖特基二极管，其主要参数包括开启电压 0.47V、串联电阻 6.2Ω、零偏结电容 0.45pF、击穿电压 170V 等。

图 8.13（a）展示了在固定输入频率 2.45GHz 和负载电阻 350Ω的条件下，GaN 微波整流电路的转换效率及输出电压随输入功率变化的曲线。由图可知，该整流电路在输入功率为 28.64dBm 时实现了高达 79%的峰值转换效率。在 17～37.33dBm 的功率范围内，转换效率均大于 50%；在 23.05～33.5dBm 功率范围内，效率大于 70%。其 79%的峰值效率达到了同期 GaN 二极管微波整流电路的国际先进水平。

图 8.13（b）展示了在 2.45GHz 输入频率和 28.64dBm 输入功率下，GaN 微波整流电路的转换效率与输出电压随负载电阻变化的曲线。电路在负载电阻为 350Ω时获得了 79%的峰值转换效率。在 100Ω至所测试的最高负载电阻 1000Ω区间内，转换效率均大于 50%；在 200Ω～650Ω区间内，转换效率大于 70%。

图 8.13（c）展示了在输入功率为 28.64dBm 和负载电阻为 350Ω时，转换效率与输出功率随输入频率变化的曲线。与 Si 基微波整流结果类似，该电路展现出较好的宽频整流特性，在 2.1～2.58GHz 范围内转换效率均大于 50%。

图 8.13（d）展示了 GaN 微波整流电路在 2.45GHz 输入频率下，转换效率与负载电阻和输入功率的关系图。与 Si 基电路相比，该电路的 50%等效率线所围区域进一步增大，在 100～1000Ω负载和 18～37dBm 内效率均大于 50%。该图右上方未出现 Si 基电路测试结果中的密集等效率线，证明 GaN 器件击穿电压已经不是限制整流功率和负载电阻增长的核心因素。

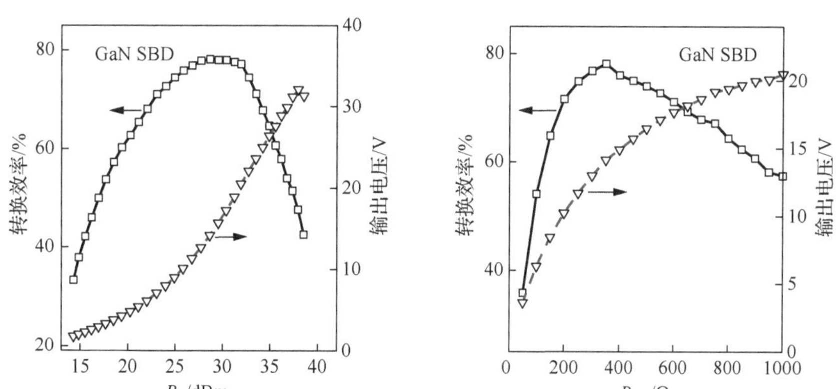

（a）转换效率、输出电压随输入功率变化曲线　（b）转换效率、输出电压随负载电阻变化曲线

图 8.13　GaN 肖特基二极管微波整流电路测试结果

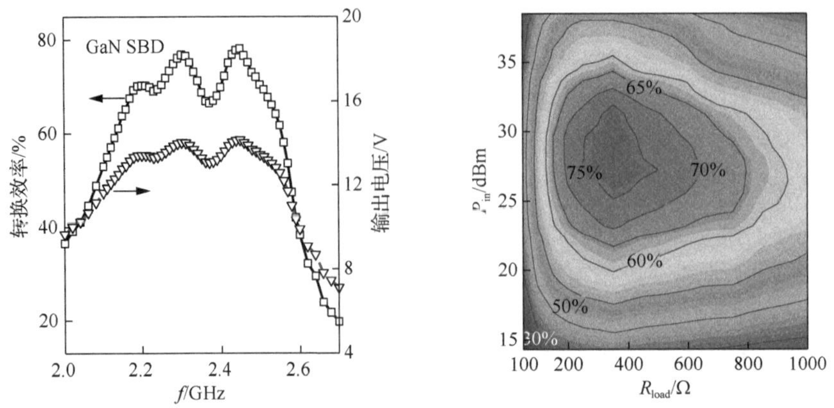

（c）转换效率、输出电压随输入频率变化曲线　　（d）转换效率随负载电阻和输入功率变化的分布

图 8.13（续）

8.1.6　整流性能对比

本小节对制备的 Si 肖特基二极管微波整流、GaN 微波整流及相关报道中微波整流的功率、效率等进行了对比。表 8.1 列出了团队研制的 Si 基和 GaN 基微波整流电路与基于 Si 肖特基二极管的相关研究成果的比较。部分报道中的 Si 基微波整流结果可以实现约 80%的转换效率，稍高于本节结果，但其峰值转换效率对应的单管功率一般在 20dBm 左右，低于本节研制的 Si 基微波整流电路水平，更是远低于本节 GaN 微波整流的水平。

表 8.1　本工作与基于 Si 二极管微波整流电路比较

参考文献	二极管型号	二极管数量	工作频率/GHz	峰值效率	效率大于 50%功率范围/dBm
[6]	HSMS-285 & 282	2	1	80%（17dBm）	−4～20
[7]	HSMS-282	1	1.85	75%（20dBm）	10～25
	HSMS-286	1	1.85	70%（10dBm）	1～15
[8]	HSMS-282	2	2.45	80%（21dBm）	15～24
[9]	HSMS-282	4	2.45	80%（约 27dBm）	8.5～31.8
[10]	HSMS-286	4	2.45	80.08%（17.2dBm）	2.9～20.2
[11]	HSMS-286 & 282	3	2.45	～63%（27dBm）	8.5～32.5
[12]	HSMS-286	4	2.45	79.2%（17.8dBm）	3.8～20.3
本工作	HSMS-282	1	2.45	77%（24dBm）	16～26.77
	GaN Diode	1	2.45	79%（28.64dBm）	17～37.33

比较 50%转换效率对应的最大输入功率值，单路 GaN 微波整流电路可以突破 37dBm（约 5W），约为 Si 基电路的 10～50 倍，充分体现了 GaN 微波二极管的功率优势。这在大功率微波整流领域取得了重大突破，推动了以微波整流为核心的大功率微波传能走向实用化。

8.2　5.8GHz GaN 肖特基二极管整流电路

基于微波整流电路设计思想，面向应用需求，本节设计开发了一款工作于 5.8GHz 频率的高效大功率微波整流电路。

8.2.1　5.8GHz GaN 微波整流电路设计

5.8GHz GaN 微波整流电路结构与设计思路和 2.45GHz 整流电路一致，图 8.14 展示了 5.8GHz GaN 微波整流电路结构。5.8GHz 信号由输入端口输入，依次经过匹配电路、4.3pF 的隔直电容、输入滤波器、并联连接的 GaN 微波二极管以及输出滤波器，最后向负载输出直流功率。

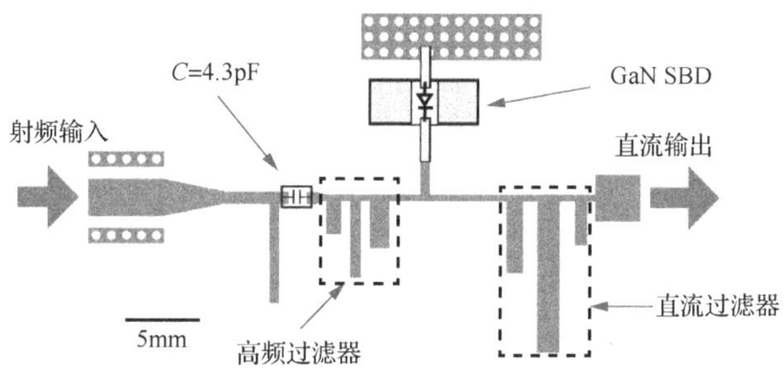

图 8.14　5.8GHz GaN 微波整流电路结构图

首先设计输入滤波器。由于工作频率的改变，该电路输入滤波器需实现 5.8GHz 频率的无损通过而抑制高次倍频，同样采用三个开路枝节对应需要抑制的三个频率，经过反复的原理图仿真及电磁仿真优化，图 8.15（a）展示了输入滤波器的 S_{21} 参数仿真及实测曲线。在 5.8GHz 处，该滤波器的实际插损为-0.26dBm，小于仿真的-0.08dBm；在二倍频 11.6GHz 处，测试的 S_{21} 参数为-26.9dBm，大于仿真值-31dBm；在三倍频 17.4GHz 处，实测值为-25.5dBm，而仿真值为-28.7dBm。总体而言，实测结果略差于仿真结果，尤其在低频率段部分频率符合较差，5.8GHz 频率下的插损可能引入了约 6%的效率损失。

输出滤波器同样采用三个开路枝节分别抑制 5.8GHz、11.6GHz 及 17.4GHz 频率，设计方法与前文类似。图 8.15（b）给出其 S_{21} 参数仿真及实测曲线。在这三个频率点，仿真的滤波器 S_{21} 参数分别为-35.84dBm、-29.52dBm 和-34.30dBm，而其实测值分别为-35.84dB、-32.07dB 和-28.78dB，实测与仿真结果吻合较好。总之，滤波器的测试结果较好，可以应用于 5.8GHz 微波整流中。

紧接着进行电路的设计。板材依然使用罗杰斯 5880 板材，各项参数保持不变，二极管参数略有调整，主要包括反向饱和漏电流 I_s=4.5×10^{-10}A，串联电阻 5.4Ω，理想因子 1.05，零偏结电容 0.45pF，击穿电压降额至 100V。经过多轮的原理图仿真及电磁仿真优化，不断调整各枝节的尺寸，最终完成电路设计。图 8.16 展示了该电路的联合仿真原理图。

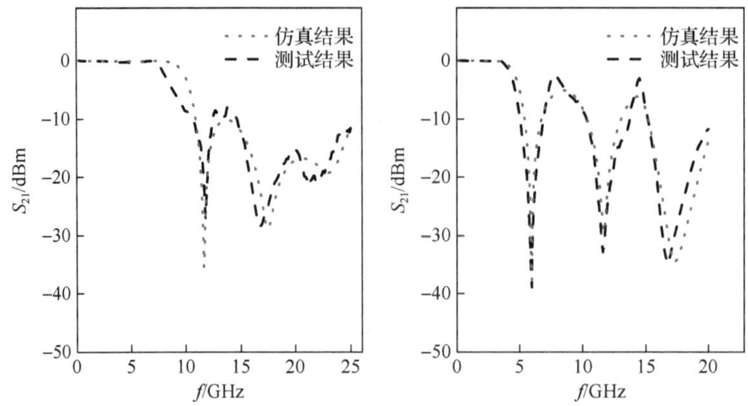

（a）输入滤波器　　　　　　　　（b）输出滤波器

图 8.15　5.8GHz 微波整流电路滤波器 S_{21} 参数仿真与测试结果对比

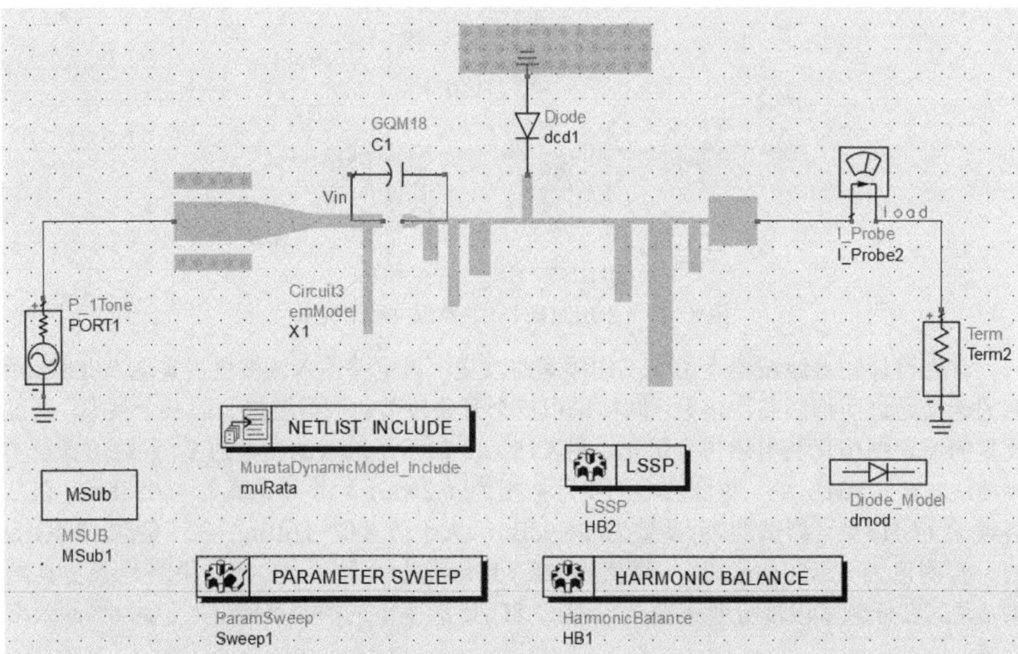

图 8.16　5.8GHz 微波整流电路联合仿真原理图

电路匹配是射频电路设计的重要工作，尤其对于大功率微波整流电路，很小的失配即会造成很大的能量损失。本节电路设计以实现 30～40dBm 功率范围内 5.8GHz 高效整流为目的展开优化。图 8.17（a）展示了在 5.8GHz 输入频率和 300Ω 负载电阻下电路 S_{11} 参数随输入功率变化的仿真结果，在 38dBm 获得最小的回波损耗。图 8.17（b）展示了仿真得到的 10～45dBm 范围内的电路输入阻抗，同样在 38dBm 输入功率下获得了最接近 50Ω 的输入阻抗，仿真值为（54.7−j1.6）Ω。

图 8.18 展示了在 5.8GHz 输入频率及 300Ω 负载电阻下，电路仿真效率与实测效率的对比。在 10～35dBm 范围内，测试效率与仿真效率高度吻合。然而，在更高功率下，

测试效率比仿真效率更早下降，且峰值效率低于仿真值。这主要可能是由于在大功率下，二极管正向进入饱和区，导致串联电阻增加，以及二极管模型精确度不足所致。

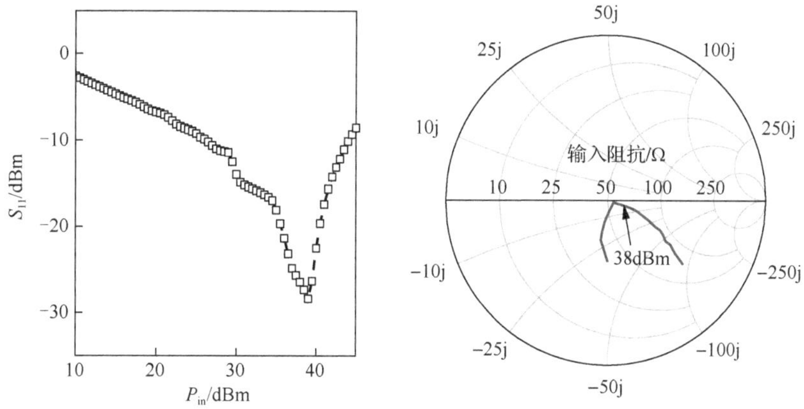

（a）S_{11}参数随输入功率变化的仿真曲线　　（b）输入阻抗随输入功率变化的原理图

图 8.17　5.8GHz GaN 微波整流电路仿真

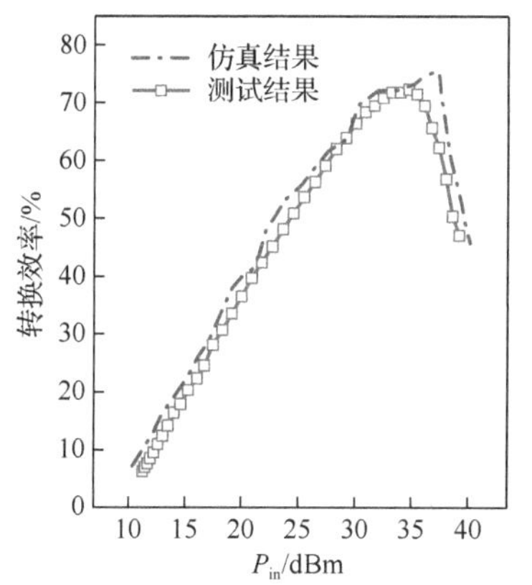

图 8.18　5.8GHz GaN 微波整流电路转换效率随输入功率变化仿真与测试对比曲线

图 8.19 展示了加工装配完成的 5.8GHz GaN 微波整流电路及封装二极管照片。得益于工作频率的升高，滤波器尺寸及电路中各枝节尺寸均有缩小，电路尺寸也进一步缩小至 40mm×30mm，同样经过 SMA 输入接口、隔直电容、GaN 微波二极管以及输出引线的焊接完成电路的装配。

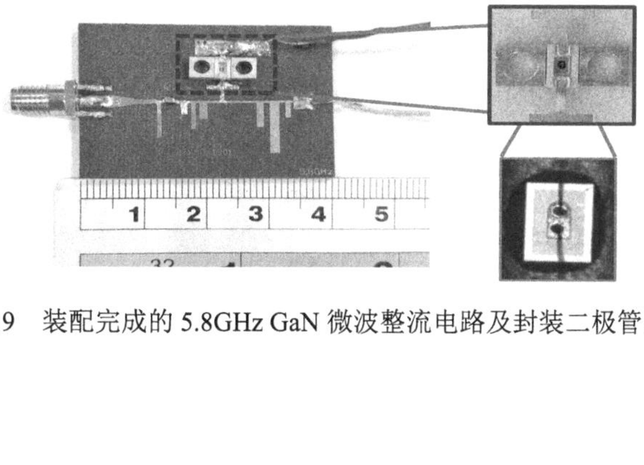

图 8.19　装配完成的 5.8GHz GaN 微波整流电路及封装二极管照片

8.2.2　5.8GHz GaN 微波整流电路测试分析

对完成的 5.8GHz GaN 微波整流电路进行测试分析。首先测试整流电路在输入频率 5.8GHz、负载电阻 300Ω时转换效率与输出电压随输入功率变化的规律，测试结果如图 8.20 所示。

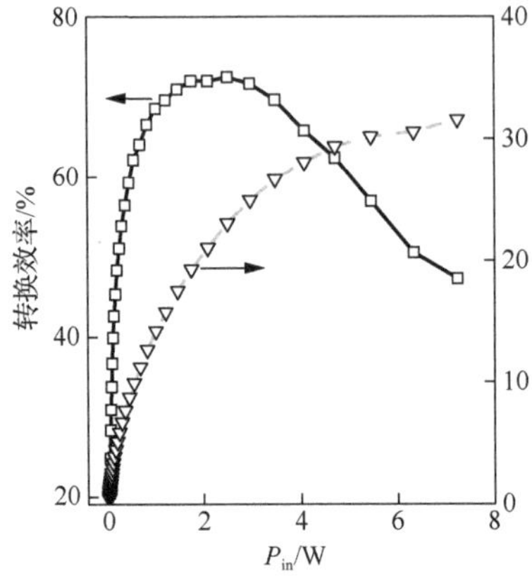

图 8.20　5.8GHz GaN 微波整流电路转换效率与输出电压随输入功率变化曲线

该微波整流电路充分发挥出了 GaN 肖特基二极管大功率、高效率的优势，在 2.5W 输入功率下获得了 72.3%的最佳转换效率，在 0.23～6.4W 的宽输入功率范围内均获得大于 50%的转换效率，0.5～5.4W 范围内转换效率大于 60%，整流电路单管可以耐受大于 7W 的 5.8GHz 微波功率，相比于 ALD 钝化器件展现出明显的优势。两种器件的直流性能类似，其在 5.8GHz 微波整流中的不同表现可归结为动态特性的差异，ALD 钝化器件较差的动态特性使其在高频大功率输入信号下动态电阻退化明显，因而导致效率的损失及功率容量的下降。

图 8.21（a）展示了 5.8GHz 下，输入功率 2.5W 时，转换效率与输出电压随负载电阻变化的曲线。随着电阻的线性增加，转换效率逐渐增大并在负载 300Ω时达到 72.3%的峰值，随后随着负载电阻的继续增加，转换效率几乎线性地逐步减小。在 100～1000Ω负载范围内，电路均获得了大于 50%的转换效率，在 100～700Ω范围内效率大于 60%，较宽的高效率负载区间有利于适应各种不同的应用环境。

图 8.21（b）展示了该整流电路在输入功率 2.5W、负载电阻 300Ω时转换效率随信号频率的变化规律。由图可知，该电路最佳频率点为 5.82GHz，稍稍偏离设计频率，在该频率点的最高效率高达 74%，在 5.48～5.94GHz 范围内电路转换效率均大于 50%，具备一定的宽频整流特性。

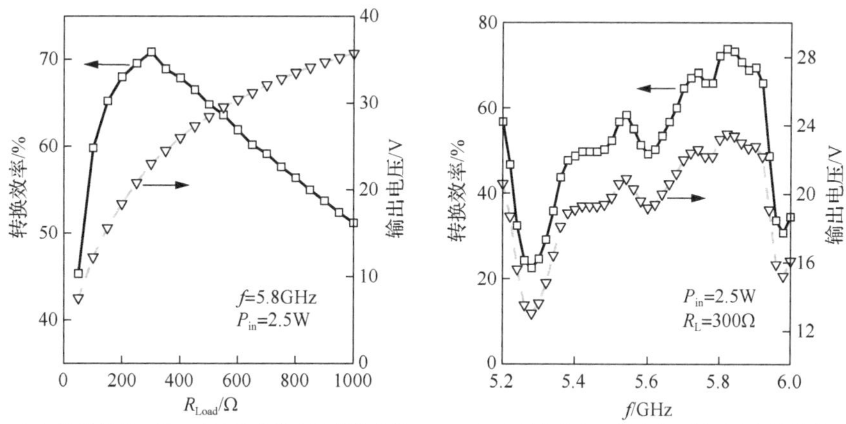

（a）转换效率、输出电压随负载电阻变化曲线　　（b）转换效率、输出电压随频率变化曲线

图 8.21　5.8GHz 氮化镓微波整流电路转换效率、输出电压随输负载、频率变化曲线

图 8.22（a）展示了固定频率为 5.8GHz 时，转换效率随输入功率和负载电阻变化的趋势。输入功率变化范围为 16～37dBm，负载电阻变化范围为 50～1000Ω。在高功率范围内，该电路有更好的效率表现。在负载电阻大于 100Ω，输入功率 23～37dBm 范围内，转换效率大多大于 50%。

图 8.22（b）对比了当前文献中使用 Si、GaAs 以及 GaN 肖特基二极管的 5.8GHz 微波整流电路的输入功率和转换效率[13-27]。5.8GHz 微波整流的效率记录由 Kai Chang 博士保持，其在 2003 年报道了使用 MACOM 公司的 GaAs 肖特基二极管 MA4E1317 的 5.8GHz 微波整流天线，在 49.09mW 输入功率下获得了 82.7%的峰值转换效率，2006 年将转换效率进一步提高至 84.4%[12,16-17]。对比统计情况，采用 GaAs 肖特基二极管的整流电路获得了相对较高的转换效率，约为 80%，而 Si 二极管效率稍差，分布在 60%～80%之间，大部分集中在 70%，这是由于 GaAs 材料极高的迁移率使其具有非常好的频率表现。但是 GaAs 及 Si 肖特基二极管仅能完成 100mW 以下的微波整流操作，功率容量非常受限。

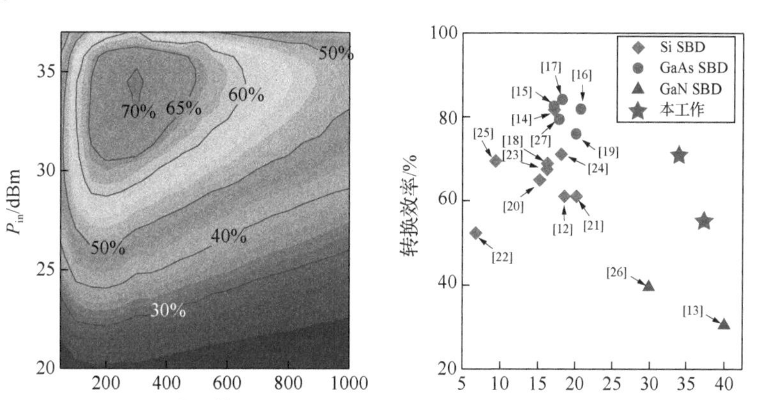

（a）转换效率随负载、输入功率的分布　　（b）功率、转换效率与文献中对比

图 8.22　5.8GHz 整流电路测试结果与文献对比情况

文献报道中采用 GaN 肖特基二极管的整流电路主要采用纵向结构[13,26]，均具有较大的电容且击穿电压受限，导致其转换效率很低。有相关报道实现了在 1W 输入功率下 39.1%的效率和在 10W 输入功率下 30%的效率，虽然功率容量显著提升，但转换效率均未超过 50%。

本节实现了 5.8GHz 频率下 2.5W 输入功率 72.3%的峰值效率和 5.4W 时 50%的高转换效率。对比 Si 和 GaAs 器件，整流功率提升 50～100 倍，且保持着较高效率。对比其他报道的 GaN 二极管结果，本工作兼顾高频、大功率、高效率等突出特点，综合性能达到国际领先水平。

8.3　GaN 肖特基二极管整流芯片

微波整流电路小型化在提升功率密度、降低成本、提升环境适用性方面有重大意义。基于此，本节研究基于 GaN 肖特基二极管的微波整流芯片技术，将模块级高功率微波整流电路进行芯片化，提升集成度。

8.3.1　C 波段整流 MMIC 设计

微波整流芯片设计思路与板级微波整流电路基本相同。考虑到 SiC 基 GaN 肖特基二极管的工艺实现，采用 100μm 厚的 SiC 材料作为射频介质板。

为了使所设计的整流 MMIC 结构紧凑，对输入微带线和低通滤波器开路微带线尺寸进行优化设计，从而直接实现输入匹配，节省输入匹配网络，同时对微带和开路枝节进行折叠，提升集成度。对设计的整流芯片进行了效率与输入功率及频率相关特性仿真，仿真电路图如图 8.23 所示。选取的器件阳极宽度为 1mm，阴阳极间距为 2μm，串联电阻 R_S 为 3Ω，零偏结电容为 0.45pF，反向击穿电压为 118V。

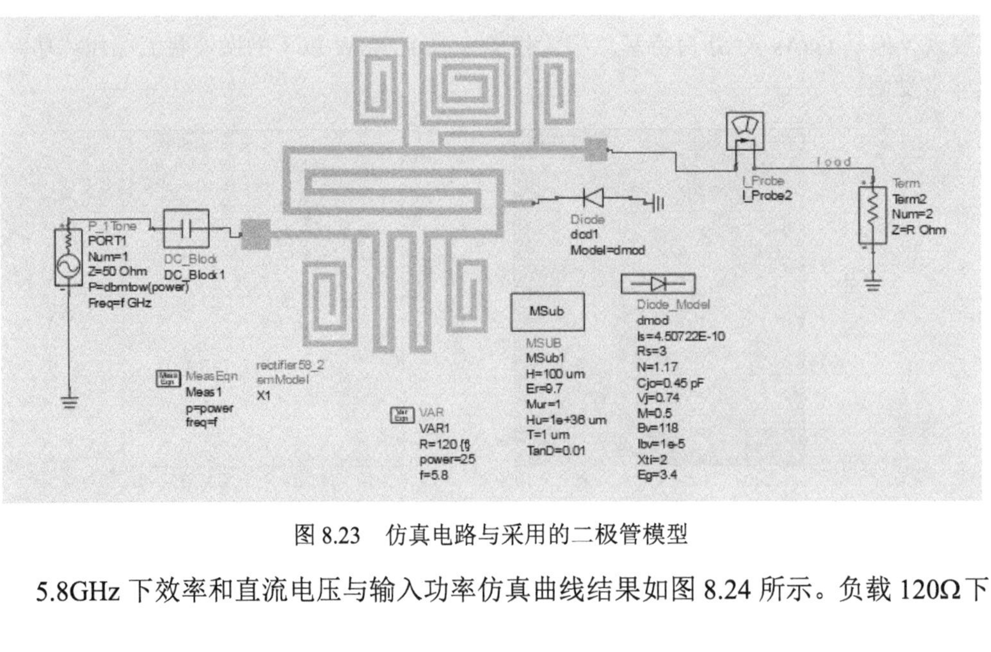

图 8.23　仿真电路与采用的二极管模型

5.8GHz 下效率和直流电压与输入功率仿真曲线结果如图 8.24 所示。负载 120Ω下，在输入功率达到 16dBm 时转换效率开始大于 50%，而在输入功率达到 31dBm 时转换效率达到了 80%，在输入功率近 40dBm 时输出电压约 30V，验证了设计的有效性。最终版图如图 8.25 所示，整体面积为 3.5mm×2.2mm。

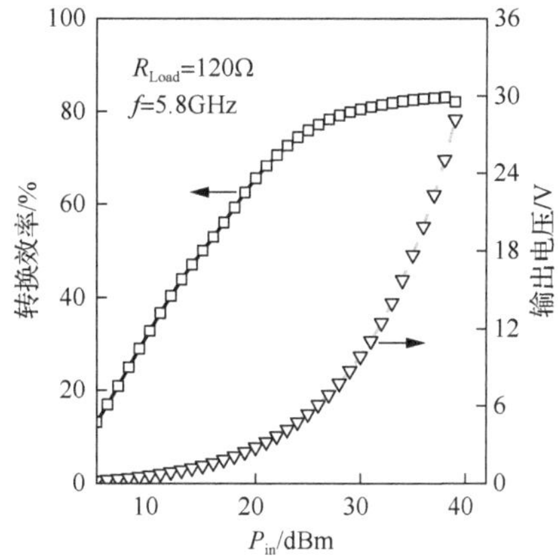

图 8.24　5.8GHz 下转换效率、输出电压与输入功率仿真曲线

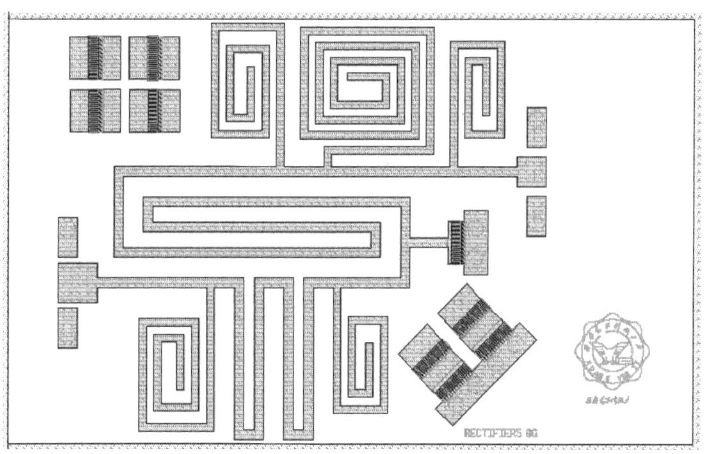

图 8.25　设计的 C 波段整流 MMIC 版图

8.3.2　C 波段整流 MMIC 测试分析

对所设计的整流 MMIC 进行流片测试。芯片加工与 GaN 微波二极管工艺基本一致，唯一的区别为采用了 Mo/Au 阳极以实现更低开启电压，提升转换效率。其实物图如图 8.26（a）所示，核心电路尺寸仅为 2.5mm×2.2mm，采用的测试夹具如图 8.26（b）所示，所用的基板材质是介电常数为 3.48、厚度为 0.508mm 的罗杰斯 4350B。输入端口通过 SMA 接头进行连接，两端微带线的特征阻抗为标准 50Ω。微波整流 MMIC 芯片通过导电银膏黏附在铜钼铜热沉上，以利于大功率输入时的器件散热。MMIC 两端通过金丝键合到夹具微带线上以实现电路连接，二极管阴极通过微带与 MMIC 电路相连，阳极采用金线键合至热沉并接地，如图 8.27 所示。

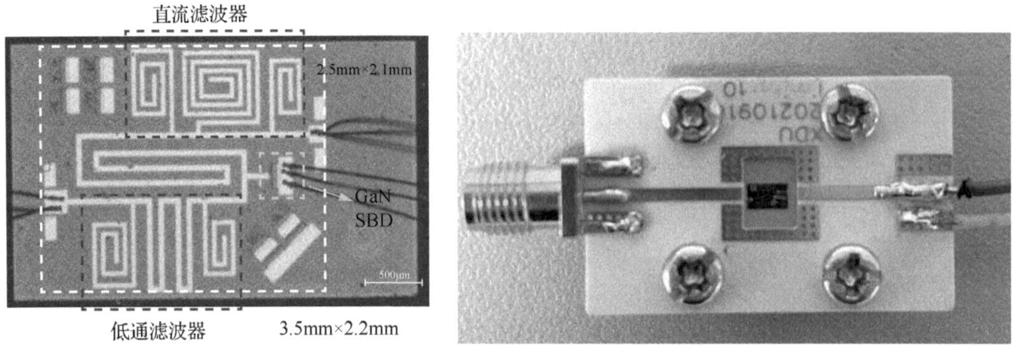

（a）MMIC显微镜照片　　（b）测试夹具照片

图 8.26　微波整流 MMIC 照片

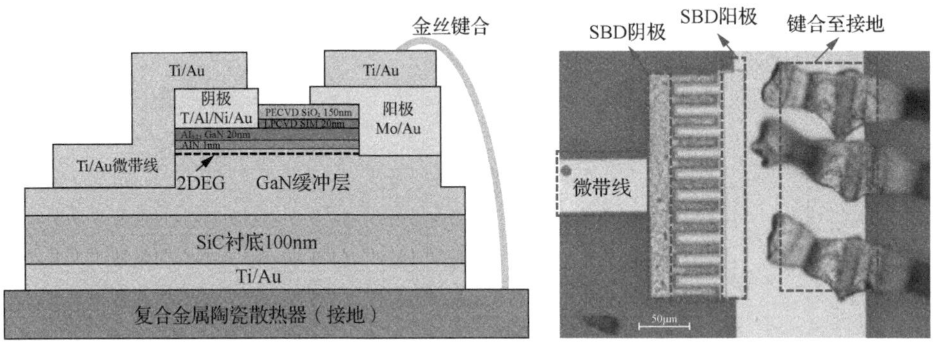

（a）微波整流MMIC芯片结构图　　（b）二极管局部显微镜照片

图 8.27　整流 MMIC 结构示意图及局部照片

对整流 MMIC 上的指型 GaN SBD 进行测试表征，其 I-V 和差分 R-V 关系特性曲线如图 8.28 所示。从图 8.28（a）可以看到器件的导通电阻 R_{on} 低至 2.5Ω，在输入电压为 5V 时输出电流已达到了 1A。得益于 Mo/Au 阳极的采用，器件开启电压仅为 0.36V，理想因子 n 为 1.1，如图 8.28（b）所示。

二极管在 1MHz 频率下的 C-V 和 f_T-V 特性曲线如图 8.28（c）所示，零偏结电容 C_{j0} 为 0.9pF，这与仿真采用的值有一定差异，根据计算公式 $f_T=1/(2\times\pi\times R_{on}\times C_{j0})$得到器件的截止频率为 70GHz。反向 I-V 特性曲线如图 8.28（d）所示，以漏电流达到 1mA 作为反向击穿标准可得该器件的击穿电压为 71V。

对所设计的低通滤波器和直流滤波器进行 S_{21} 特性测试，测试与仿真对比结果如图 8.29 所示。两个滤波器的测试与仿真结果在频段范围内趋势一致性均较高。输入低通滤波器二次谐波与三次谐波频率下的 S_{21} 分别为−27.5dB 和−28dB，抑制效果良好，但在 C 波段约有 1.5dB 的插损，这将导致输入阻抗失配并造成转换效率的降低。直流滤波器在 5.8GHz 下的 S_{21} 为−15.65dB，二次谐波和三次谐波频率下 S_{21} 分别为−18.9dB 和−20.2dB，可实现有效的直流滤波。

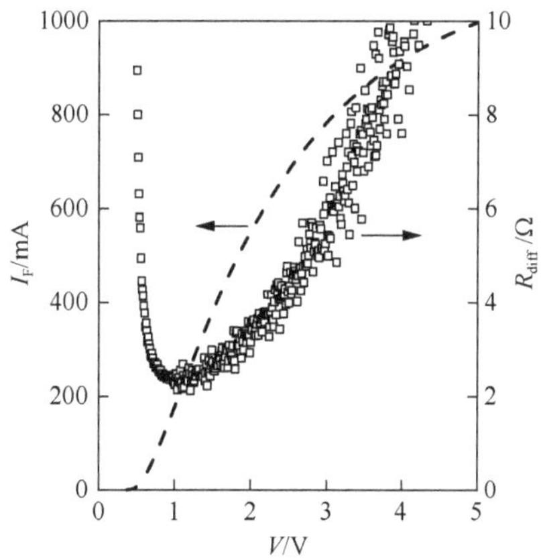

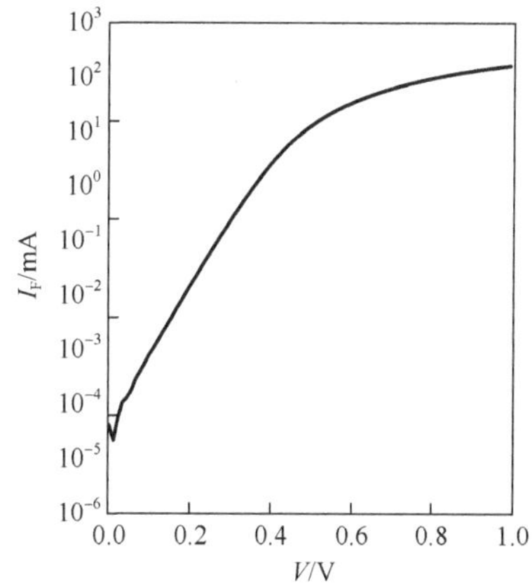

（a）GaN SBD正向I-V、R-V　　（b）GaN SBD的对数坐标I-V

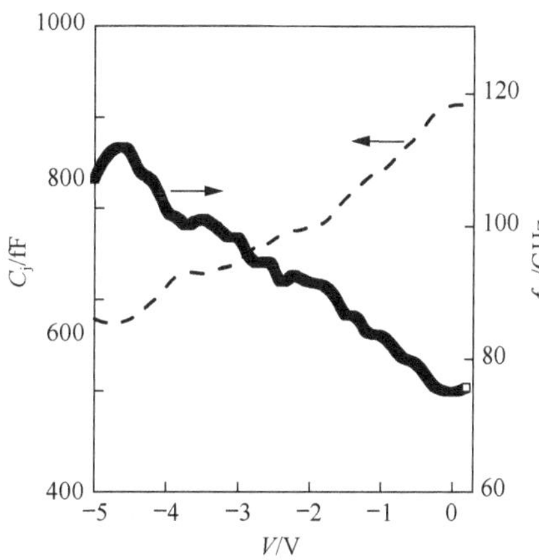

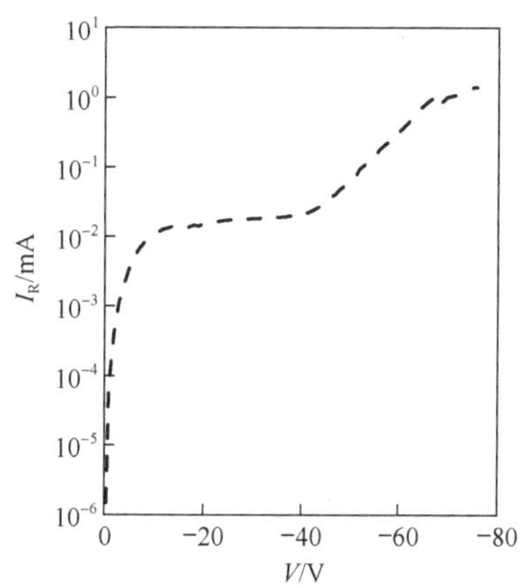

（c）GaN SBD的C-V、f_T-V　　（d）GaN SBD的反向I-V曲线

图 8.28　GaN SBD 测试曲线

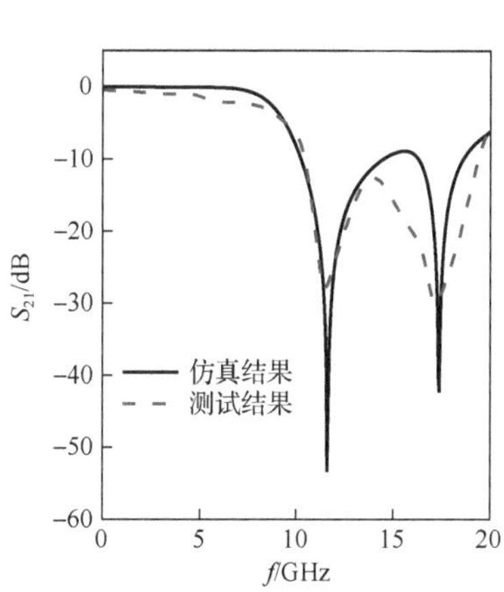

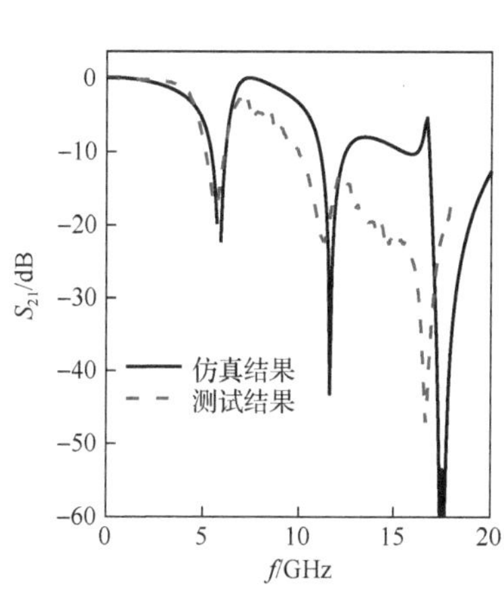

（a）低通滤波器　　（b）直流滤波器

图 8.29　滤波器 S_{21} 参数仿真与测试对比结果

对整流 MMIC 进行了功率扫描测试。5.8GHz 下和 5.5GHz 下的转换效率-输入功率与输出电压-输入功率关系曲线分别如图 8.30（a）和图 8.30（b）所示。5.5GHz 下该电路有更高的转换效率，在输入功率 15dBm 左右效率达到了 30%，输入功率 30.3dBm 时实现 51.4%的最高转换效率，输入功率 32.9dBm 下转换效率仍有 50%。

对整流 MMIC 进行负载扫描和频率扫描。变化负载电阻下的转换效率及直流电压测试曲线如图 8.30（c）所示。在输入功率 30.3dBm 和 5.5GHz 频率下，最佳效率点在 120Ω负载电阻附近，在负载从 50Ω到 500Ω的变化范围区间，转换效率均高于 30%。图 8.30（d）展示了在最佳输入功率 30.3dBm、负载电阻 120Ω下的效率、输出电压与频率的关系曲线，在测试频段 5～6GHz 区间内电路转换效率都大于 30%，展现了一定的宽带特性。该电路峰值效率仅 51.4%，且实现频率为 5.5GHz，相较于设计存在较大误差。主要有以下两方面原因：一方面是低通滤波器的插损导致信号能量的反射流失，造成效率的下降；另一方面是实测在片二极管结电容大于仿真时所用的二极管模型值，导致输入匹配失准，造成基波能量部分反射和匹配阻抗偏移的结果，导致最终转换效率的下降和最佳频点的偏移。

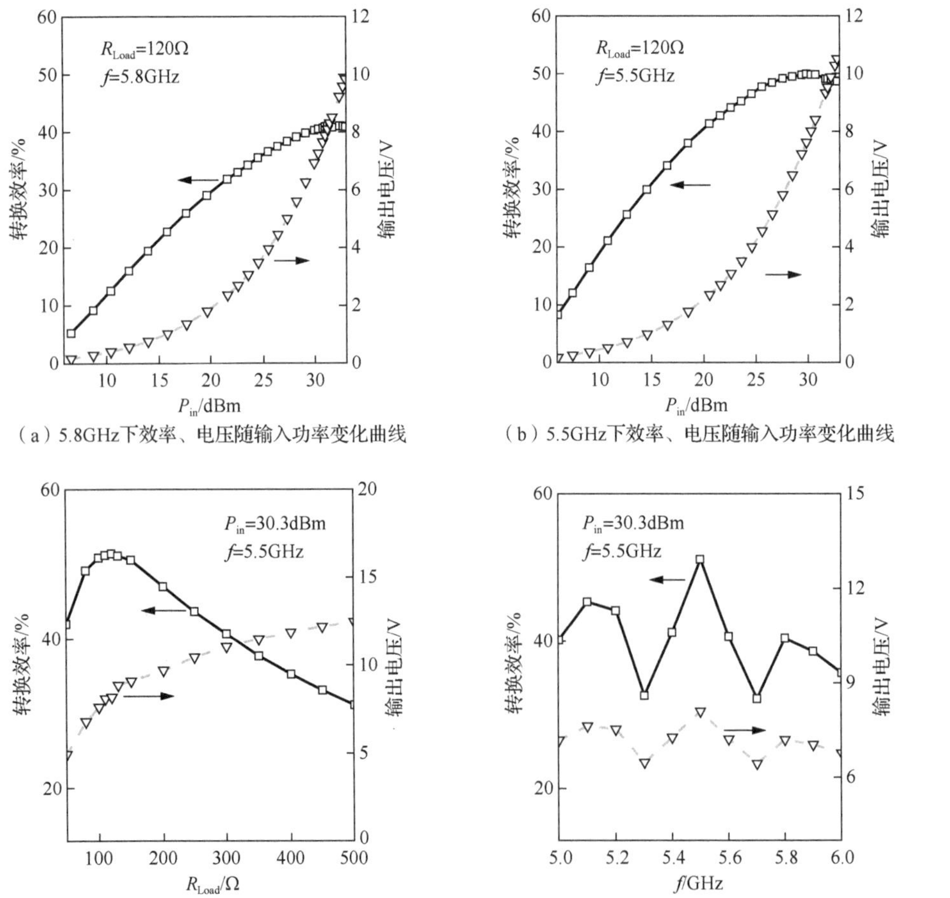

（a）5.8GHz下效率、电压随输入功率变化曲线　（b）5.5GHz下效率、电压随输入功率变化曲线

（c）5.5GHz、30.3dBm下效率、电压随负载变化曲线　（d）30.3dBm、负载120Ω下效率、输出电压随频率变化曲线

图 8.30　GaN 整流 MMIC 测试结果

图 8.31（a）显示了不同负载电阻下的转换效率与输入功率的关系曲线。当负载电阻从 50Ω增加到 100Ω时，转换效率明显提高。然后随着负载的增加，效率逐渐降低。图 8.31（b）显示了在工作频率为 5.5GHz 时转换效率对输入功率和直流负载的依赖性。当直流负载从 50Ω到 600Ω及输入功率从 17dBm 到 33dBm 时，转换效率全部高于 30%。高效区间发生在小负载电阻和高输入功率的区域。

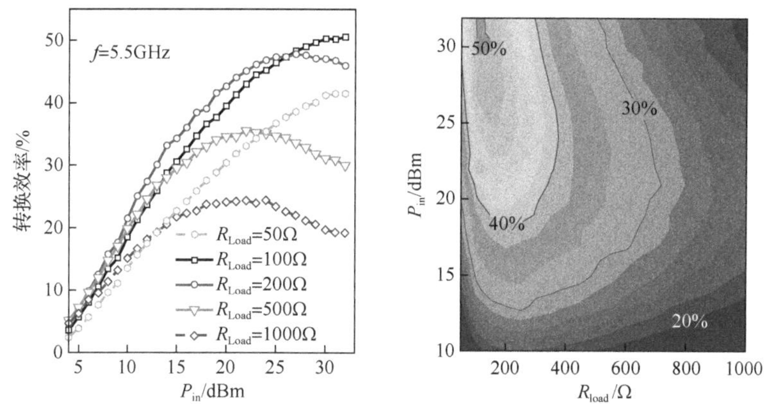

（a）不同负载下功率-效率曲线　（b）不同负载、功率下效率分布

图 8.31（彩图）

图 8.31　5.5GHz 下整流电路测试结果

本节首次实现了基于 GaN 肖特基二极管的微波整流芯片，表 8.2 列出了该整流芯片与其他报道结果的性能对比，得益于 GaN 二极管性能优势，本工作实现了最高的转换效率，且相对于 GaAs 和 Si 工艺有着 4～20 倍功率容量的提高，展示出该 GaN 微波整流芯片在未来应用中的巨大潜力。

表 8.2　本文限幅 MMIC 与其他整流 MMIC 的性能对比

	本工作	文献[28]	文献[29]
频率/GHz	5.5&5.8	3.82～4.55	2.45
输入功率/dBm	30.3&31.3	18	27
转换效率/%	51.4&41	29	44
负载电阻/Ω	120	200	100
技术路线	GaN 二极管	GaAs 二极管	Si CMOS
尺寸	2.5mm×2.1mm	2mm×1mm	0.7mm×1.3mm

8.4　高功率 GaN 微波整流模块

本节介绍一款高功率 GaN 微波整流模块。该模块充分发挥了 GaN 肖特基二极管的高功率优势，实现了创纪录的整流功率密度。

高功率微波整流模块结构如图 8.32 所示。从射频信号输入端口到直流能量输出端口依次为信号输入端口、阻抗匹配网络、隔直电容 C_1、输入滤波器、并联型整流结构、四分之一波长微带线和电容 C_2 组成的直流滤波器以及直流能量输出端口。整体的微波整流电路结构由微带线组成，射频信号输入端口上用焊锡连接一个 SMA 接头，用于和射频信号源连接，直流能量输出端口用焊锡连接导线与后端负载相连，电容 C_1 和 C_2 使用焊锡连接在相应位置。GaN 肖特基二极管与微带线和接地端的连接则采用金线键合。

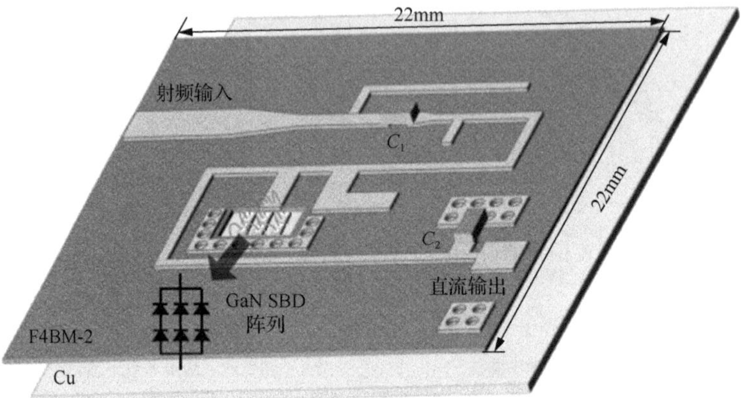

图 8.32　高功率微波整流模块结构

电路采用的基板介质厚度为 0.78mm，相对介电常数为 2.2，其损耗正切角为 0.0009。所用 GaN 肖特基二极管的 SPICE 参数如表 8.3 所示，单个器件阳极直径 80μm，等效阳极宽度 0.5mm。为了保证大功率微波整流电路的高能量转化效率和大功率容量，本节设计了一种由 6 个 GaN 肖特基二极管两两串联然后并联组成的二极管整流阵列。

表 8.3　GaN 肖特基二极管的 SPICE 参数

参数符号	参数名称	参数值
I_s	饱和电流	5.6×10^{-9}A
R_s	串联电阻	2.4Ω
n	理想因子	1.05
BV	击穿电压	115V
C_{j0}	零偏结电容	0.28pF

图 8.33 为组装完成的大功率微波整流电路。电路整体尺寸为 22mm×22mm，其大小与 1 元硬币相当。在进行整流电路组装时，采用了 6 个 GaN 肖特基二极管组成的阵列作为整流结构，其好处是击穿电压为单个 GaN 肖特基二极管的两倍，整体过电流能力提升 3 倍。由于该电路工作时 GaN 肖特基二极管会大量产热且散热面积较小，易导致二极管提前击穿或烧毁，因此将大功率微波二极管通过导电银浆固定在铜热沉上，并将铜热沉进一步组装在大的纯铜散热齿上，以保障充分的热传导和散热。

图 8.33　大功率微波整流电路实物图

图 8.34（a）展示了当负载电阻的阻值为 170Ω、输入频率为 1.66GHz 时，该整流电路转换效率和输出电压随功率变化的曲线，在输入功率 38.8dBm 下实现了 80.1%的峰值效率，且在输入功率 45.86dBm(38.5W)时，整流电路仍能正常工作，且转换效率仍高达 69%。输入功率在 18.25～45.86dBm 范围内能量转换效率均大于 50%，在 27.32～45.86dBm 范围内转换效率均大于 70%。该大功率微波整流电路能够处理高达 38.5W 的射频功率，GaN 肖特基二极管整流阵列的阳极总宽度仅 3mm，因此整流功率高达 13W/mm，为当前报道的最高值。

图 8.34（b）展示了该大功率微波整流电路性能与近年来瓦级微波整流电路的对比[30-40]。得益于 GaN 肖特基二极管阵列的优异性能和整流电路的精细设计，该微波整流电路在尺寸极其紧凑的情况下，功率容量仍得到巨大提升，性能较报道结果显著领先。

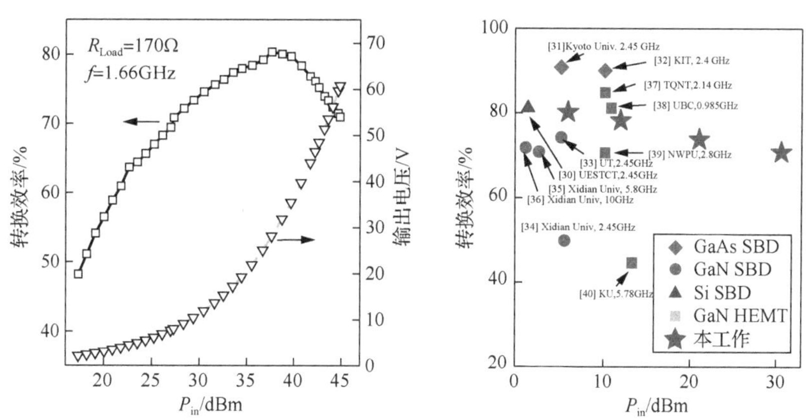

（a）转换效率、电压随功率变化曲线　　（b）功率、转换效率与文献中对比

图 8.34　高功率 GaN 微波整流模块测试结果及与文献对比

8.5 基于 GaN 二极管整流技术的微波无线能量传输技术

以微波作为能量载体的无线能量传输在能源、医疗、电子等行业中具有广阔的应用前景和广泛的应用范围，是一种发展前景良好的无线能量传输方式。在微波整流测试系统中，微波功率放大器后直接连接微波整流电路，以便测试转换效率。如果将微波功放放大后的大功率微波通过天线发射，再由另一个天线接收后传输至微波整流电路，就可以实现微波传能。基于该思路，传能系统的设计可以简化为发射天线与接收天线的设计，对于频率固定为 f 的微波接收系统，其微波波长为λ，则远场条件下接收天线能够接收的功率 P_r[41]可以表示为

$$P_r = P_t \times G_t \times G_r \times \left(\frac{\lambda}{4\pi R}\right)^2 \tag{8-2}$$

式中，P_t 为发射天线的发射功率；G_t 与 G_r 分别为发射天线和接收天线增益；R 为传输距离。因此，在固定微波波长和传输距离情况下，提升传输效率的主要途径是提升天线的增益。

8.5.1 2.45GHz 微波能量传输系统

本节设计的 2.45GHz 微波能量传输系统采用两只规格相同的角锥喇叭天线，具有方向性好、增益高等特点。图 8.35 展示了该天线及其尺寸，主要参数包括角锥口外径 380mm×380mm，高度 380mm，厚度 2mm，波导外径 113mm×59mm，长度 100mm。信号输入输出采用 N 形接口。该角锥喇叭天线 2.45GHz 增益为 18.46dB，电压驻波比为 1.1，3dB 波束宽度约为 20°，具有很好的方向性。

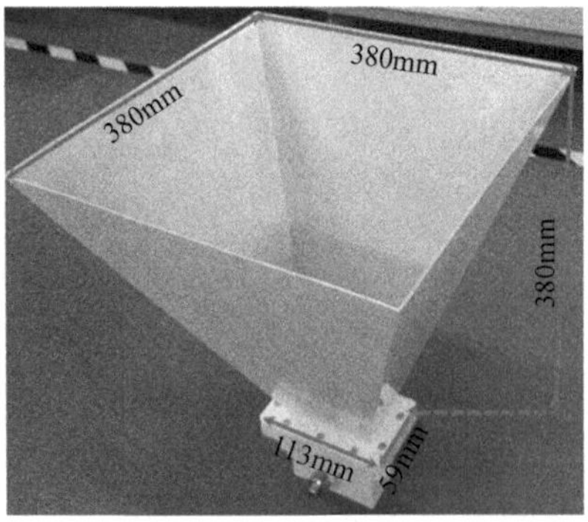

图 8.35 2.45GHz 角锥喇叭天线及其尺寸

基于该天线及 GaN 微波整流电路搭建了微波能量传输系统，图 8.36 展示了系统实物图及示意框图。置于底端的信号发生器、直流电源、GaN 微波功率放大器产生大功率的微波信号并馈入方向朝上的发射天线，置于顶部的接收天线接收微波能量并传输至

GaN 微波整流电路，电路后端连接约 300 只 GaN 蓝光 LED 阵列组成的负载，蓝光 LED 采用 0603 规格封装，单只管子压降约为 2.8V。为了匹配 GaN 微波整流电路的输出电压，将 6 只 LED 串联连接后再相互并联连接，因此负载上的总压降约为 17V，300 只蓝光二极管共同拼写出“西电欢迎您”五个汉字。

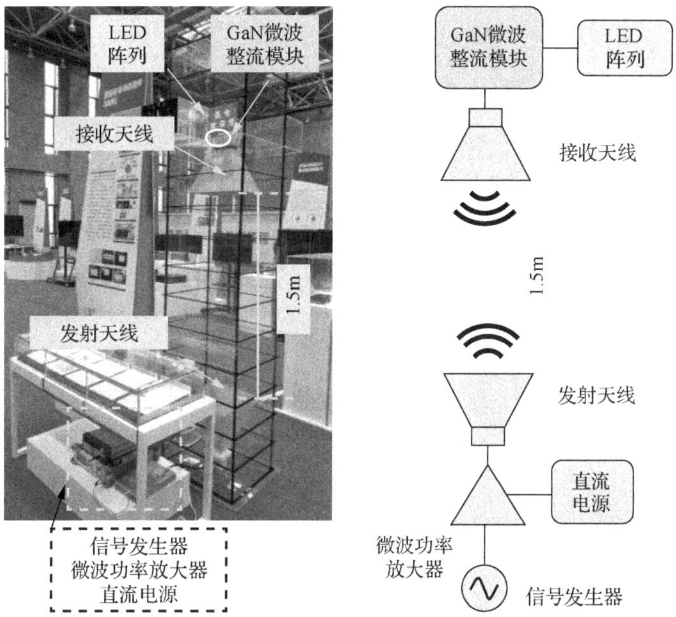

（a）实物图　（b）示意框图

图 8.36　微波能量传输系统

以天线角锥口平面计算，系统的传输距离为 1.5m。经过测算，微波功率放大器的输出功率为 16W，接收天线接收功率为 2W，整流后供给 LED 阵列直流功率为 1.45W。本节使用的 GaN 微波功率放大器效率约为 55%（η_1），计算得到天线传输的效率约为 12.5%（η_2），整流电路效率为 72.5%（η_3），因此系统总效率约为 $\eta=\eta_1\times\eta_2\times\eta_3=55\%\times12.5\%\times72.5\%=4.98\%$。尽管系统整体效率较低，但由于主要的效率损失集中在天线传输过程中，因而具有很大的效率优化空间。

8.5.2　5.8GHz 微波能量传输系统

5.8GHz 微波能量传输系统采用的角锥喇叭天线工作频率为 5.38～8.17GHz，在频率 5.8GHz 时的增益为 22dB，驻波比小于 1.3，天线角锥口尺寸为 153mm×139mm，高度为 329mm。搭建的微波能量传输系统如图 8.37 所示。两个天线水平放置并保持喇叭口平行正对，其水平间距固定为 2m，信号源、直流源及微波功放向天线馈入 5.8GHz 大功率信号，天线系统经过发射与接收后传输给 5.8GHz GaN 整流电路，经高效整流后点亮由蓝光二极管构成的“XDU”字母阵列。

50 只蓝光二极管每 5 只串联后再并联连接，以使负载电压降保持在 14V 左右，字母负载上的直流功率约为 400mW。在整个系统中，功率放大器效率约为 60%，2m 间距下该天线系统的传输效率经测量约为 4%，整流端转换效率约为 54%。整个系统效率为三部分效率的乘积，经计算约为 1.3%。

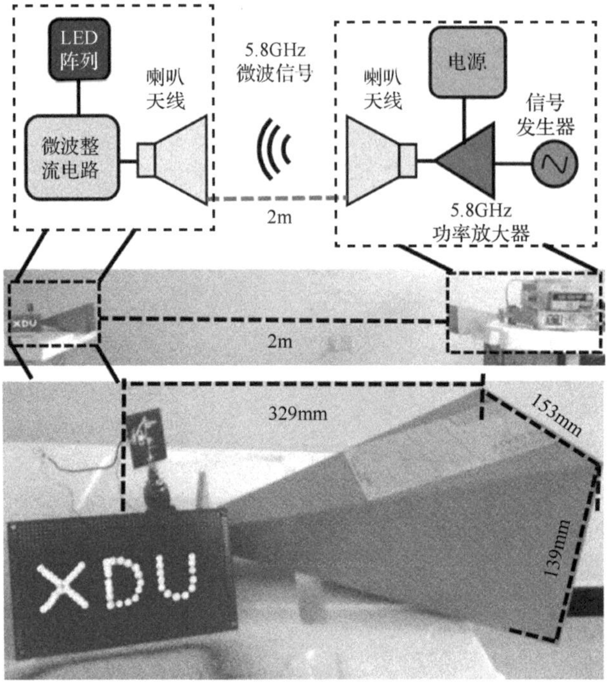

图 8.37　5.8GHz 微波能量传输系统

8.6　微波限幅器概况

微波限幅器是 GaN 肖特基二极管应用的重要方向。本节主要介绍微波限幅器的基本原理、主要技术指标、测试技术及发展趋势。

8.6.1　微波限幅器的基本原理

限幅器是一种微波控制器件，通常放置在接收机和接收天线之间。其主要功能是防止信号功率过大，以保护后端的低噪声放大器等电路器件免受损坏。限幅器的工作状态分为两种：小信号工作状态和大信号工作状态。当输入信号功率较小，不会对后端电路造成损坏时，限幅器应允许信号无失真地通过，并提供较小的插入损耗，以保证电路的灵敏度。当输入信号功率较大，可能威胁后级电路时，限幅器需要将输入信号的功率限制在一定范围，以防止后端电路损坏，确保电路正常工作[42-47]。

限幅器的核心器件是限幅二极管，不同二极管的工作特性各异，因此基于二极管的限幅器工作原理也有所不同[48-53]。主要的限幅工作原理有三种：整流二极管的整流限幅、变容二极管的变容限幅和 PIN 二极管的 RF 电导调制限幅。

整流限幅的结构通常为两个整流二极管相对并联放置在传输线上，如图 8.38 所示。当整流二极管两端电压小于其导通电压时，二极管截止，输入信号无损通过；当两端电压大于其导通电压时，二极管导通产生削波效应，输出电压稳定在某一值，起到限制输入信号功率的效果。

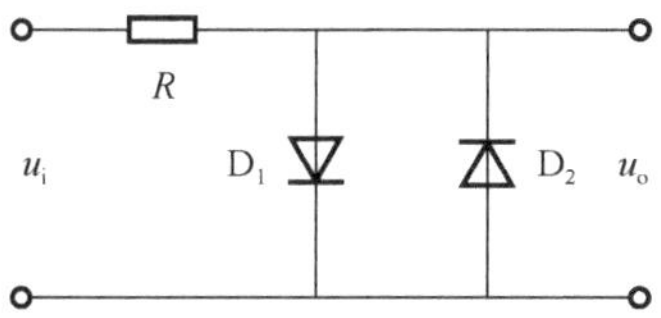

图 8.38　整流限幅电路结构图

变容限幅利用了变容二极管的结电容随施加电压变化而改变的特性。当输入信号功率较小时，二极管的电容几乎保持不变，电路谐振使信号几乎无损地通过；当输入信号功率较大时，变容二极管的结电容增大，电路失谐导致高功率信号被反射或检波，从而实现限幅效果。

RF 电导调制限幅则利用 PIN 二极管的电导调制效应，是当前最主流的限幅技术。当输入信号为高功率微波信号时，在正半周期内，PIN 二极管的载流子在电压作用下注入 I 层。当信号进入负半周期时，I 层内的载流子无法完全漂移出或复合，导致载流子在 I 层中积累，使其电阻从高阻态变为低阻态。微波信号通过时会经历较大的衰减，从而实现限幅。

根据限幅器的结构，可以将其分为无源限幅器、有源限幅器和半有源限幅器。无源限幅器通常将二极管与扼流电感并联，电感为二极管提供直流偏置，其结构如图 8.39 所示。当输入小信号时，二极管可以被视为电容，与电感构成并联谐振，使信号几乎无损通过；当输入大信号时，二极管等效为低阻抗电阻，此时电路不再谐振，而通过失谐反射入射功率，从而限制输出功率。无源限幅器结构简单，不需要额外的外置电路。然而，由于无源限幅器完全依赖于限幅二极管的自身特性，其起限电平和限幅能力常难以满足设计需求。

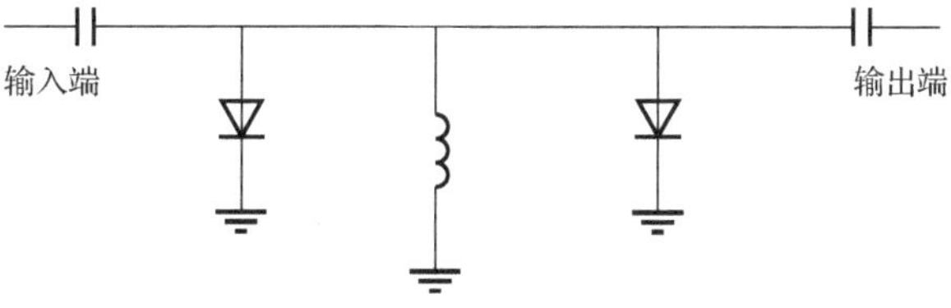

图 8.39　无源限幅器电路结构图

有源限幅器通过外置电源产生直流偏置，向 PIN 限幅二极管提供直流偏压，其结构如图 8.40 所示。当输入信号较小时，类似于无源限幅器，信号应无损通过，以保证小信号的完整度和电路的灵敏度。当输入信号较大时，外置电源为 PIN 二极管提供偏压，增加 I 层中的载流子数量，降低导通电阻，从而使微波信号产生较大衰减。有源限幅器通过外置电路，能够有效控制 PIN 二极管的导电性，提高电路的限幅能力，且电路灵活可控。但由于增加了外置电路，整体结构复杂，易受环境因素影响，鲁棒性较差。

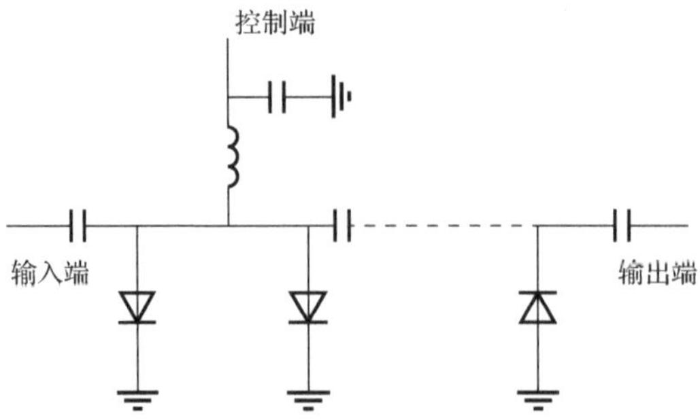

图 8.40　有源限幅器电路结构图

半有源限幅器的工作原理与有源限幅器相似，都是通过为 PIN 限幅二极管提供直流偏置来降低起限电平并提高限幅能力，其结构如图 8.41 所示。当输入高功率微波信号时，半有源限幅器通过耦合器从信号中耦合出一小部分能量，这部分能量经过检波二极管转换为直流信号，为 PIN 限幅二极管提供直流偏置。半有源限幅器的结构较为简单，通过耦合-检波提供直流偏置可以提高限幅能力，且无须额外外置电路，不易受环境因素影响。

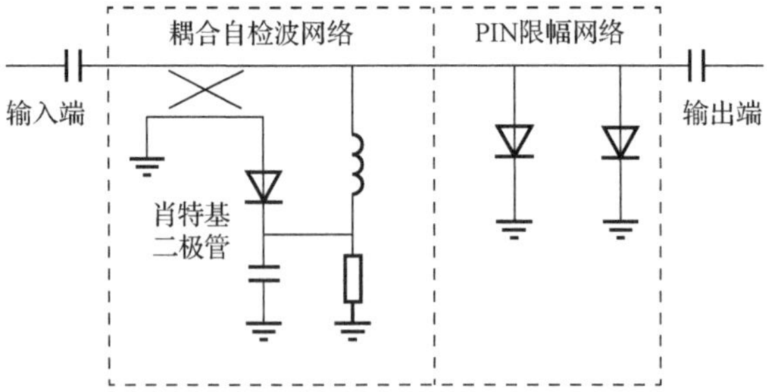

图 8.41　半有源限幅器电路结构图

8.6.2　限幅器的主要技术指标

微波限幅器可以看作一个二端口器件，其指标除包括一般二端口器件具有的参数外，由于其功能的特殊性，还包含在特定应用场景及测试条件下的其他指标。一般来说，对限幅器的指标要求有工作频率、最大承受功率、限幅电平、尖峰泄露、响应时间、恢复时间、插入损耗、输入和输出驻波等，如图 8.42 所示。

① 工作频率：是指满足限幅器各项指标要求的频率范围。

② 最大承受功率：也称限幅器的耐功率或功率容量，是指限幅器能承受而不被烧毁的最大功率。

③ 限幅电平：是指在一定额定输入功率下，限幅器输出功率的平坦值。

④ 起限电平：限幅器开始对输入信号的功率起限制作用时输入信号的功率。

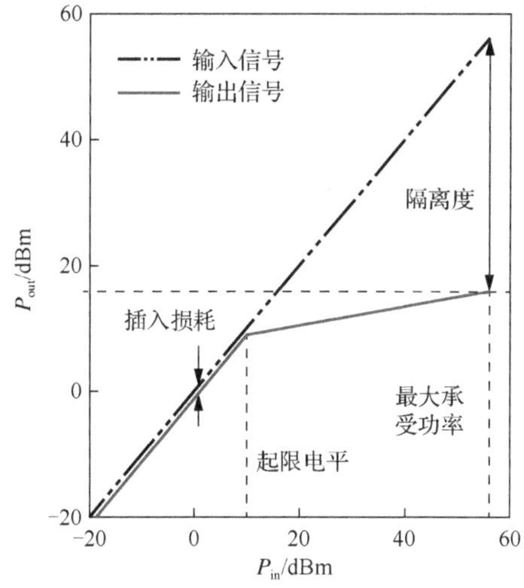

图 8.42　限幅器主要指标

⑤ 插入损耗：即小信号条件下，限幅器输入输出功率的差值，一般用 dB 表示。限幅器的插入损耗直接影响接收系统的噪声系数指标，要求尽量小。

⑥ 输入/输出驻波比：与一般的二端口器件相同，输入/输出驻波比可以表征端口的失配程度。

⑦ 隔离度：隔离度指限幅器的输入功率大于起限电平时，输入功率和输出功率比值的分贝数。

⑧ 尖峰泄露：是指限幅器在达到稳定状态前，输出端可能会出现短暂功率峰值。尖峰泄露对接收系统也有一定的损伤风险，指标中要求尖峰泄露尽量小，持续时间尽量短。

⑨ 响应时间：是指限幅器输入端信号开始作用时间，与在限幅器输出端得到限幅后电平的时间差。在快上升沿脉冲信号测试中，响应时间是一个比较重要的指标，如图 8.43 所示。

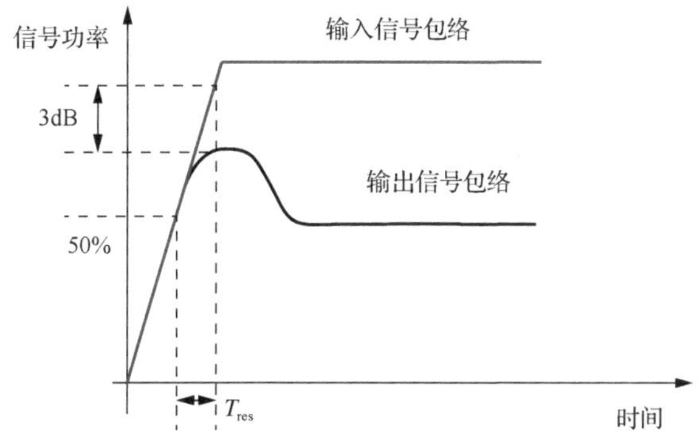

图 8.43　响应时间示意图

⑩ 恢复时间：是指限幅器输入端信号停止作用时间，与限幅器输出端信号恢复到正常值的时间差，恢复时间要求越小越好，如图 8.44 所示。

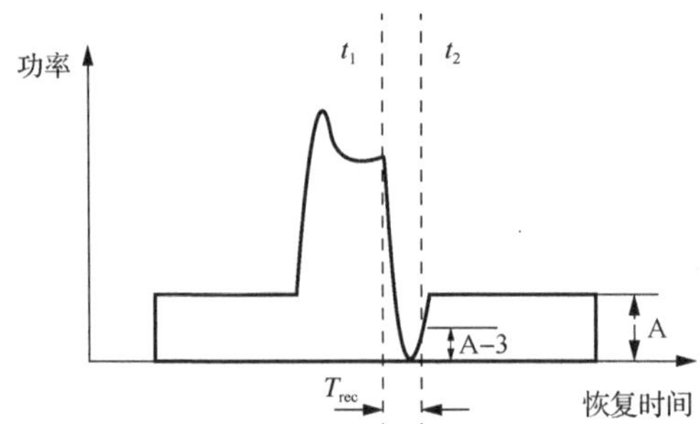

图 8.44　恢复时间示意图

除上述限幅器的主要技术指标外，限幅器在实际应用中还需要根据具体的应用场景及环境去确定其尺寸大小、封装形式、与链路配合时的组装方法、工作温度、使用寿命等，这些指标也是限幅器性能是否可以发挥的关键因素。

8.6.3　限幅器主要指标测试方法

限幅器指标的测试一般分为三个部分：小信号性能测试、大信号性能测试和时间参数（包括响应时间及恢复时间）测试。

1. 小信号性能测试

与一般的二端口器件相同，限幅器小信号性能的测试依赖于矢量网络分析仪，可以测试限幅器的工作频段、插入损耗、输入/输出驻波等。测试框图如图 8.45 所示。

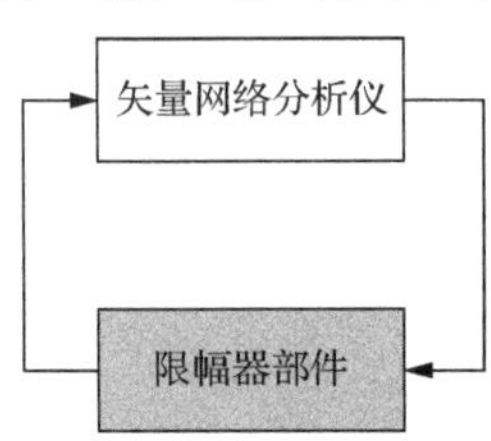

图 8.45　小信号测试框图

2. 大信号性能测试

耐功率测试中的限幅电平及尖峰泄露指标的测试一般选用如图 8.46 所示的系统。调节信号源和功放状态，使得功率放大器输出功率处于待测器件范围内，读取限幅器部件后功率计的读数，即可获得限幅电平及尖峰泄露值。功率计的图形界面还可以读取尖峰泄露时间、峰值、尖峰泄露功率频谱形状等参数。改变信号源的频率范围、功率范围，调整功放输出功率的大小，可以对限幅器的频点和耐功率指标进行遍历测试。

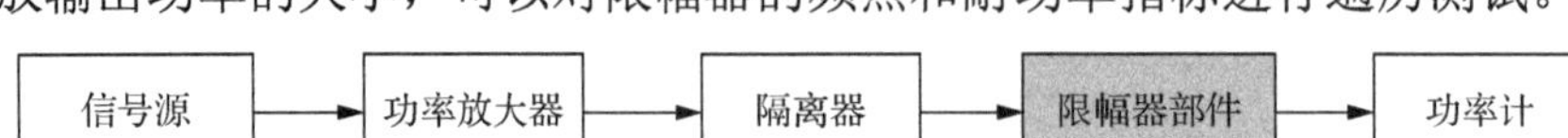

图 8.46　耐功率测试框图

3. 响应时间及恢复时间测试

响应时间的测试可依据图 8.47 进行。测试框图中的检波器用于将射频功率转化成直流电压，高速示波器用于读取检波器输出的电平值，在示波器上对比限幅器部件前后的电平值的作用时间即可得到限幅器的响应时间指标。更先进的示波器可以拥有更高频率的采样范围，因此使用高采样率、大带宽示波器可以进一步简化测试框图中的检波器，实现直接射频采样，这样可以去除检波器带来的测试误差。

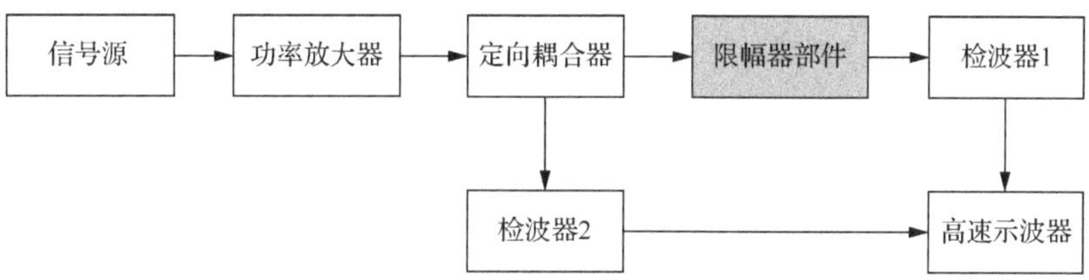

图 8.47　响应时间测试框图

如图 8.48 所示的测试框图用于评估限幅器部件的恢复时间指标，信号源 2 的作用是提供一个参考信号。在限幅器输入功率大小切换时，功率计可以根据参考信号电平的变化时间评估恢复时间指标。

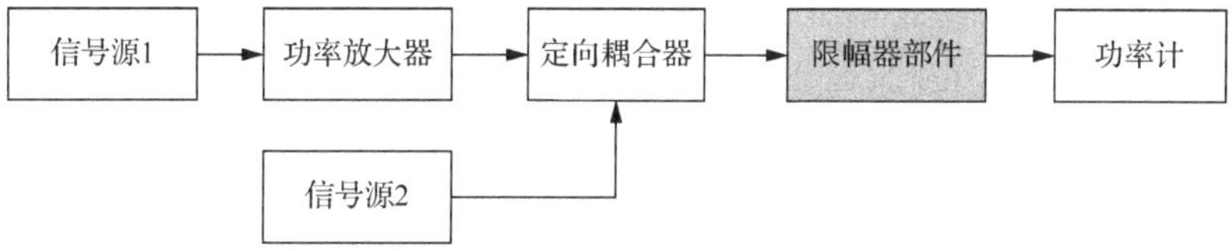

图 8.48　恢复时间测试框图

8.6.4　微波限幅技术发展趋势

高功率微波技术与电磁防护技术之间存在“矛”与“盾”的关系。随着高功率微波技术的迅速发展，以微波限幅器为首要屏障的电磁防护技术正朝着超高功率、超快响应和快速恢复的方向发展。目前，主流限幅器仍然采用 PIN 二极管作为限幅元件[54-55]。PIN 二极管具有优良的射频电导调制特性，在微波信号下可近似为线性电阻，通过控制 PIN 二极管的偏置电流可以实现对阻值的调控。然而，在传统的半有源结构限幅器中，耦合端通常采用 Si 或 GaAs 肖特基二极管进行检波，其提供的驱动能力较小，导致限幅器的耐受功率较低。采用新型 GaN 肖特基二极管是解决这一问题的有效方法，可显著提升限幅器的耐受功率。基于 GaN 二极管检波的半有源限幅器已成为高功率限幅技术发展的主要趋势。

另外，Si 和 GaAs 材料的 PIN 二极管限幅器也存在固有缺陷。由于其器件中存在电子和空穴两种载流子，充放电时间常数较长，使其响应时间和恢复时间较长，难以应对极窄脉冲的高功率微波。虽然 GaN 在高频大功率方面具有显著优势，但其 P 型掺杂激活率和迁移率较低，具备高射频电导调制的 GaN PIN 二极管一直是这一领域的难点。

肖特基二极管由于其削波功能也可以用于限幅电路，且其单一载流子导电的特点避免了电荷存储问题，适用于更高频段，并具有更快的响应时间和恢复时间。然而，传统材料的肖特基二极管在电流密度上存在限制，难以用作大功率限幅元件。GaN 微波二极管有望突破传统材料肖特基二极管的功率限制，同时实现高限幅功率以及低响应和恢复时间，是未来限幅技术发展的另一重要趋势[56]。

8.7 GaN 二极管检波的大功率限幅电路

本节介绍基于 GaN 肖特基二极管检波的大功率限幅电路技术。由于 GaN 肖特基二极管具有强大的检波能力，因此限幅器的耐受功率能够从百瓦级显著提升至千瓦级。

8.7.1 大功率限幅电路设计、加工与组装

本节限幅电路采用的元器件主要有两种。一种为 GaN 肖特基二极管，主要指标包括尺寸为 0.4mm×0.3mm，阳极半径为 80μm，零偏结电容为 0.35pF，反向击穿电压为 80V 等。另一种为由 Skyworks Solutions 生产的 Si PIN 二极管，型号为 CLA4607-000，尺寸为 0.35mm×0.35mm，频率范围为 100～30GHz，电容为 0.15～0.2pF，击穿电压为 120～180V，I 区厚度为 7μm。

限幅器设计包括定向耦合器设计、限幅器原理图设计、版图设计等。以两级半有源限幅器为例，图 8.49 为限幅电路联合仿真界面，通过该仿真可以对限幅器的小信号 S 参数、起限电平、限幅电平、耐功率等基本参数进行设计仿真[46-47,57-58]。

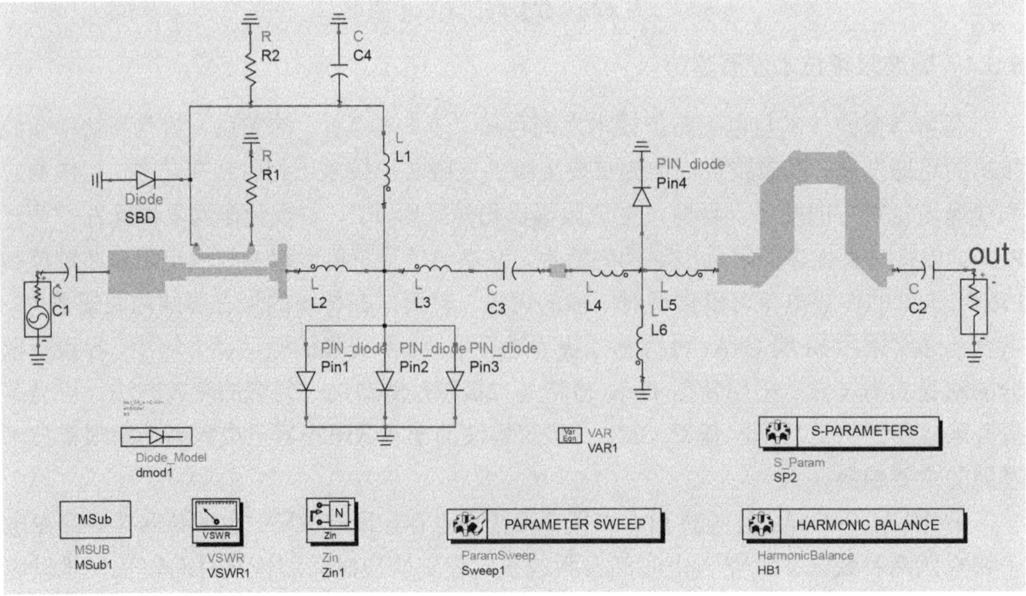

图 8.49　半有源限幅器版图联合设计

本节的限幅器采用 AlN 陶瓷基板进行设计。在设计完成后，需要将版图文件导入 CAD 软件进行进一步的加工和排布。需要充分考虑器件的散热、排布和组装等因素，对版图进行再次设计。最终完成的加工版图将形成加工文件并交付加工。

由于限幅器结构非常紧凑，整体尺寸小于厘米级，因此需要将其微组装在测试夹具中进行评估测试。微组装涉及薄膜电路、PIN 二极管、GaN 肖特基二极管、电容、电感等组件的排列、烧结和键合等工艺。需要绘制装配图纸以进行精细加工，如图 8.50 所示。

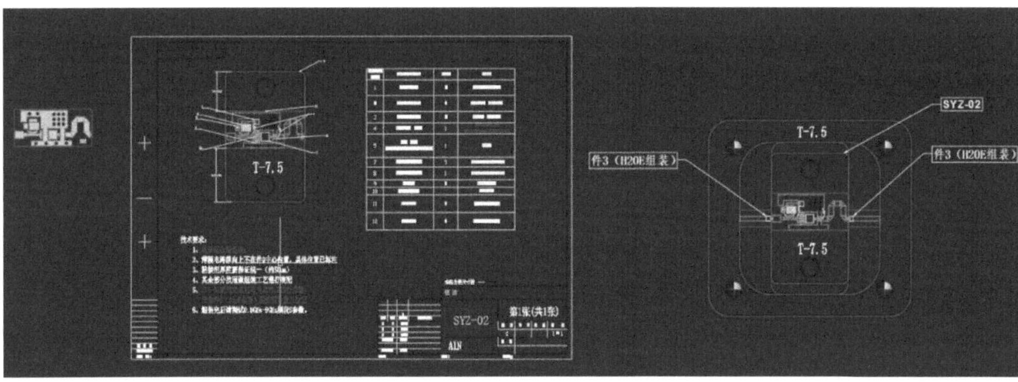

图 8.50　限幅器装配图纸

限幅器测试夹具与产品如图 8.51 所示。输入端口采用 SMA 接头，方便进行各种测试表征。验证完成后定型的限幅器方案，可以采用金属陶瓷封装的管壳进行封装，具体封装形式可根据使用环境进行灵活挑选。

（a）限幅器测试夹具

（b）限幅器产品

图 8.51　限幅器测试夹具与产品

8.7.2　千瓦级半有源限幅电路

图 8.52（a）展示了一款工作频率 1～6GHz 的千瓦级半有源限幅器。电路采用三级架构。第一级限幅采用 3 只 PIN 二极管，第二级采用 1 只 PIN 限幅器，第三级采用 2 只肖特基二极管对管。此外，在耦合支路采用 1 只 GaN 肖特基二极管进行耦合检波，限幅电路整体尺寸为 7.5mm×3.4mm。图 8.52（b）展示了限幅器插入损耗的测试结果，在 1～6.4GHz 工作频率内，限幅器的插入损耗均小于 2dB。

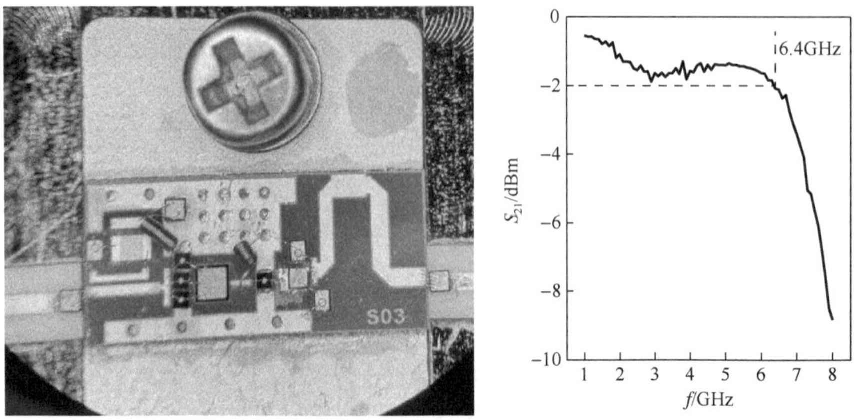

（a）大功率半有源限幅器照片　　（b）插入损耗测试结果图

图 8.52　大功率半有源限幅器照片与插入损耗

对 3GHz、6GHz 下限幅器的连续波耐受功率开展测试，如图 8.53（a）所示。在 3GHz 下，限幅输出电平随输入功率增加呈现出先增加后减小的趋势。在输入功率为 33dBm 时达到峰值，限幅电平达 19.9dBm。此阶段耦合功率较小，从而导致检波功率不足。PIN 二极管导通不充分，主要由末级肖特基二极管起限幅作用，此后限幅输出功率逐渐下降，表明耦合检波网络已经为 PIN 二极管提供了充足偏置驱动。PIN 二极管主要承担起限幅作用。该限幅器在 50dBm（100W）连续波输入下，限幅电平仅 15.2dBm，可有效保护后端低噪声放大器不受毁伤，隔离度达 34.8dB。在 6GHz 下，受限于测试环境，连续波耐受功率最高测到 49dBm，限幅电平为 12.86dBm，同样展现出较好的限幅效果。

对该限幅器进行脉冲功率注入测试，脉宽为 5μs，占空比为 0.1%，测试结果如图 8.53（b）所示。在 1GHz 下，电路耐受功率为 59dBm，限幅输出功率为 19.43dBm；在 3GHz 下，电路耐受功率为 53dBm，限幅输出功率为 18.71dBm，在输入功率为 35dBm 时，限幅输出功率为 20.65dBm，略大于 20dBm；在 6GHz 下，电路耐受功率为 53dBm，限幅输出功率为最大值 16.10dBm。可见该技术的应用使限幅器耐受功率达到千瓦量级。

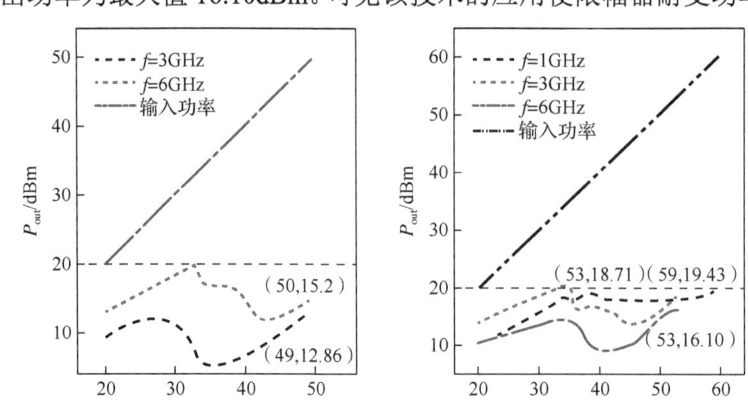

（a）连续波功率测试　　（b）脉冲功率测试　　图 8.53（彩图）

图 8.53　大功率半有源限幅器功率测试

8.8　全 GaN 肖特基限幅芯片

8.8.1　肖特基限幅原理

肖特基限幅主要是利用肖特基二极管的单向导电性，使信号在预置的电平范围内有选择地传输一部分，即按限定的范围削平信号电压波幅。电路采用二极管对管模式，其工作原理如图 8.54 所示。其中，u_i 为输入信号，u_o 为输出信号。假设二极管 D_1 的阴极电位为 0，阳极电位为 V_{D1}；二极管 D_2 的阳极电位为 0，阴极电位为 $-V_{D2}$。

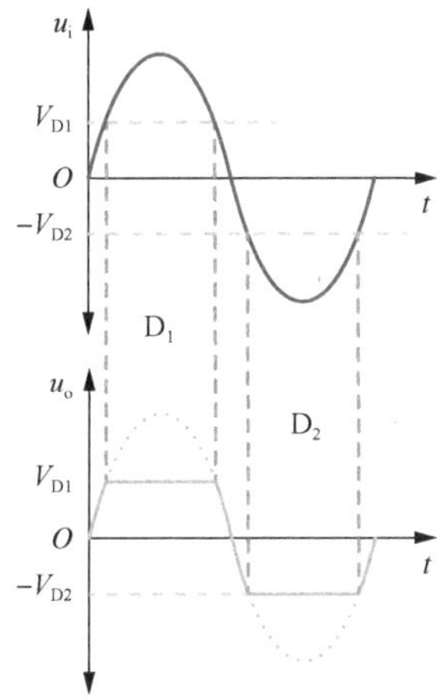

图 8.54　双向限幅器输入、输出波形图

当输入信号 $-V_{D2}<u_i<V_{D1}$ 时，D_1 和 D_2 均为截止状态，此时输出信号 $u_o=u_i$；在正半周期内，当 $u_i>V_{D1}$ 时，D_1 导通，D_2 截止，$u_o=V_{D1}$；在负半周期内，当 $u_i<-V_{D2}$ 时，D_1 截止，D_2 导通，$u_o=-V_{D2}$。

8.8.2　电路与版图设计

限幅器设计采用 ADS 射频仿真软件，器件使用 GaN 准垂直二极管。在其模型基础上，搭建了无源自激励限幅电路。图 8.55 为其仿真原理图。该限幅器采用了三级限幅结构，每一级包含两个极性相反的二极管，与主路负载并联，以保证在大功率微波输入的情况下每一级始终有至少一个二极管处于导通状态，实现限幅功能。此外，每一级限幅结构的开启电压被设计为逐级递减，以确保在大功率输入信号下，限幅功率逐级降低，从而实现稳定的限幅电平。限幅结构开启电压的递减可以通过在每一级串联不同数量的二极管来实现。在本设计中，第一、二、三级限幅结构中串联的二极管数量分别为 3、2、1 个。

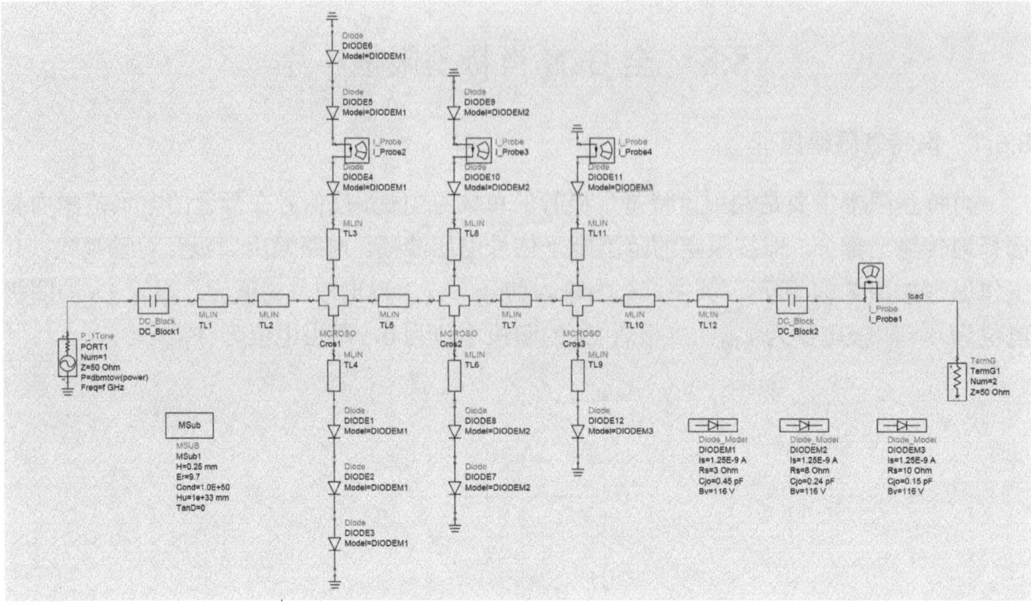

图 8.55　三级肖特基限幅器 ADS 仿真原理图

图 8.56（a）为限幅器 S 参数的仿真结果，在 2GHz、4GHz、6GHz、8GHz、10GHz、12GHz 下，限幅器的插入损耗分别为−0.26dB、−0.81dB、−1.30dB、−1.56dB、−1.72dB、−2.30dB。图 8.56（b）展示了 2GHz 下该电路限幅功率的仿真结果，其中输入功率的范围为−10～40dBm。从仿真结果可以看到，该电路在 40dBm 连续波输入下，限幅输出功率为 23.14dBm。

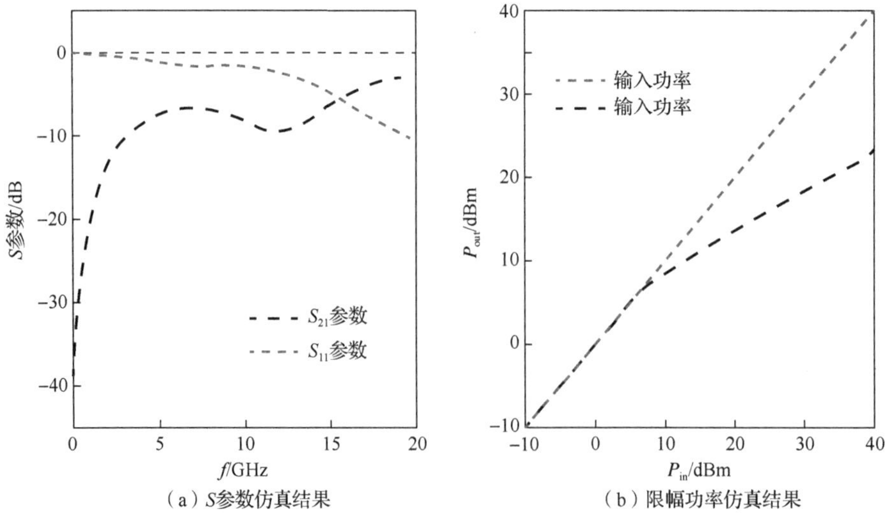

（a）S参数仿真结果　　（b）限幅功率仿真结果

图 8.56　肖特基限幅器仿真

电路设计完成后进行版图绘制，根据仿真结果确定每一级二极管的阳极面积。限幅器的散热问题也是影响性能的关键因素，因此在版图设计过程中将每一级的二极管拆分为多个二极管并联的形式，这样可以有效分散二极管工作时产生的热量，提高限幅器的功率耐受能力。图 8.57 展示了限幅器的版图，整体尺寸为 760μm×640μm。

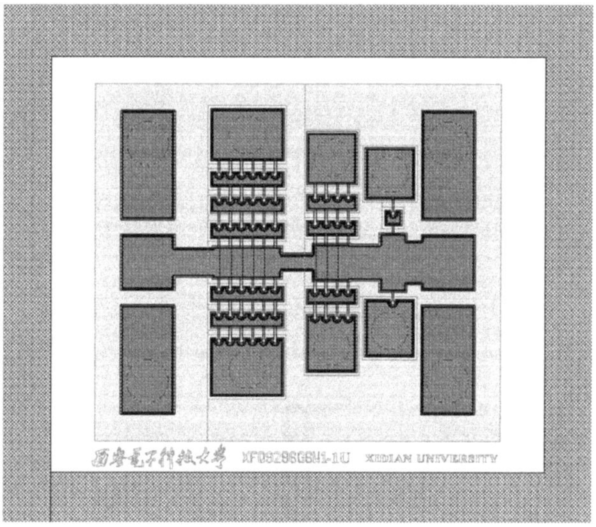

图 8.57　限幅器版图

8.8.3　芯片流片

基于准垂直 GaN SBD 的单片集成电路制造平台开展芯片流片，电路流片工艺灵活性高、适应性强，与器件级流片工艺兼容较好。GaN 单片集成限幅芯片的制造流程包括新片清洗、台面刻蚀、欧姆接触、肖特基接触、隔离、微带线制作、金属布线。其中微带线制作采用金属 Ti/Au，金属布线则采用电镀方式进行互联，具体包括二极管和微带线之间的互联以及不同二极管之间的互联。为了降低芯片的寄生电容，所有互连线均采用空气桥形式。

流片过程采用 4 英寸 SiC 基 GaN 外延片，图 8.58 为流片完成后的晶圆照片。组装测试前，还要对芯片进行减薄、背金和划片工艺。减薄工艺采用晶圆减薄机，减薄后的芯片厚度为 120μm。减薄可以提高器件的散热能力，缓解 GaN 二极管的自热效应。此外，对于单片集成电路芯片而言，减薄使介质厚度满足芯片设计时的要求。芯片减薄后背面沉积 Ti/Au 金属，并进行 2μm 的金电镀，以形成芯片阴极，同时方便芯片烧结组装。紧接着开发了激光隐切划片技术，通过优化激光的能量和深度，得到了适合 SiC 基 GaN 的激光隐切工艺，显著减小了划片道宽度。从图 8.59 可以看到，基于该划片工艺得到的芯片形貌良好，边缘平整无崩边，表面洁净无沾污。

图 8.58　4 英寸 GaN 单片集成限幅芯片晶圆

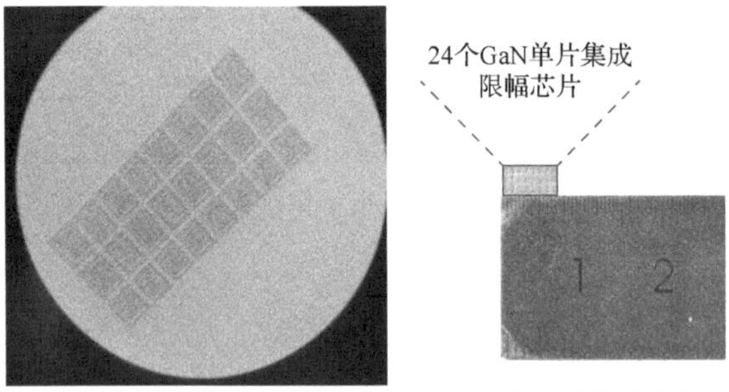

（a）芯片减薄划片后显微镜照片　　（b）芯片尺寸对比

图 8.59　全 GaN 肖特基限幅芯片照片

8.8.4　芯片测试

在测试之前，将限幅芯片安装在测试夹具上。图 8.60 展示了限幅芯片的组装示意图和实物图，其中限幅芯片通过金丝键合与夹具相连，左右两侧分别为限幅芯片的输入和输出端，上下两侧接地。

图 8.60　限幅芯片组装示意图和实物图

图 8.61 为限幅器的小信号 S 参数测试结果，表 8.4 列出了不同频率下限幅器的插入损耗。可以看到，在 DC～4GHz 频段内，限幅器的插损小于 1dB；在 4～10GHz 的频段内，限幅器的插损基本维持在 1dB 左右。

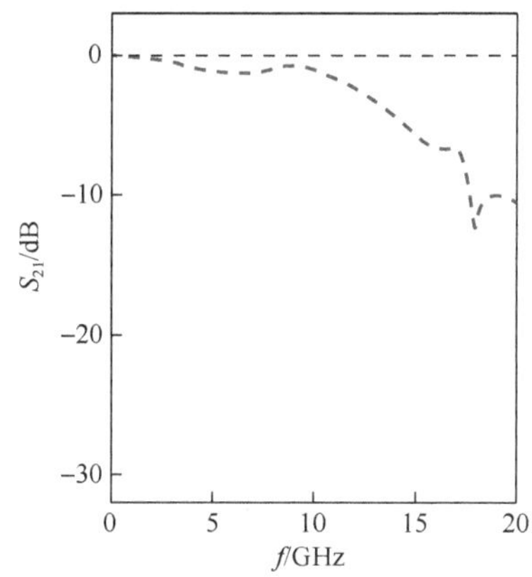

图 8.61　限幅器的小信号 S 参数测试结果

表 8.4　不同频率下限幅器的插入损耗

频率/GHz	1	2	3	4	5	6
插入损耗/dB	0.16	0.27	0.48	0.83	1.17	1.25
频率/GHz	7	8	9	10	11	12
插入损耗/dB	1.14	0.99	0.98	1.12	1.52	2.42

图 8.62 展示了 2GHz、4GHz、6GHz、8GHz、10GHz 下该限幅器限幅功率的测试结果。在输入为 30dBm 时，5 个频率点的输出功率均小于 20dBm。在 2GHz 下，当输入功率增加到 40dBm 时，输出功率为 26dBm，限幅器仍可以正常工作，其连续波耐受功率大于 40dBm。

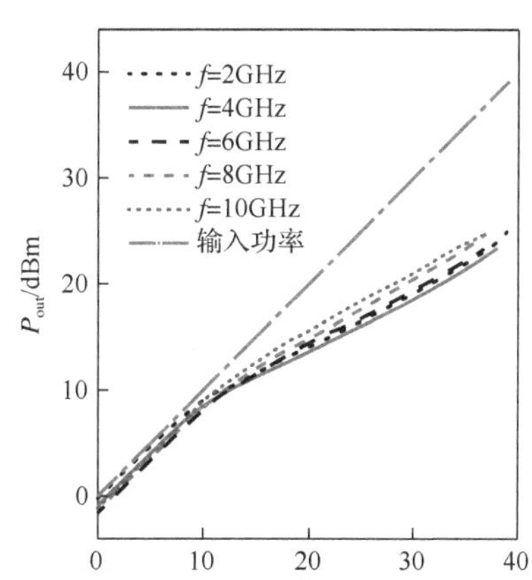

图 8.62　限幅器在不同频率下限幅功率测试结果

图 8.62（彩图）

图 8.63 展示了 40dBm 输入功率下限幅芯片的测温结果，限幅器最高温度点出现在第三级限幅结构处，最高温度为 104.8℃。该温度远未达到 GaN 肖特基二极管的最高工作结温，进一步的散热加固可以有效提升限幅器的耐受功率。

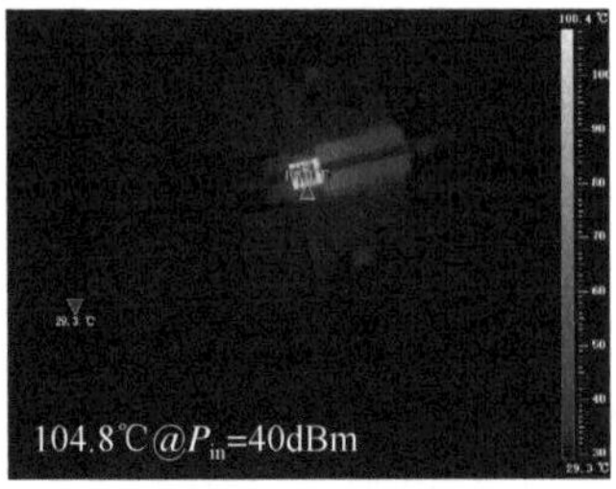

图 8.63　40dBm 输入功率下限幅芯片温度分布

全 GaN 肖特基限幅芯片具有结构紧凑、耐功率高、响应/恢复时间短等特点，本节设计的限幅芯片验证了其具备的显著优势，更深入的研究优化将大幅提升该新型限幅技术的性能指标，发挥出 GaN 肖特基二极管限幅应用的巨大潜力。

参 考 文 献

[1] STRASSNER B, CHANG K. Microwave power transmission: Historical milestones and system components[J]. Proceedings of the IEEE, 2013, 101(6): 1379-1396.

[2] HEMOUR S, WU K. Radio-frequency rectifier for electromagnetic energy harvesting: Development path and future outlook[J]. Proceedings of the IEEE, 2014, 102(11): 1667-1691.

[3] 杜志侠. 面向微波能量传输的高性能微波源和整流天线研究[D]. 广州: 华南理工大学, 2019.

[4] 林权纬. 无线输能中的高效宽功率范围整流电路研究[D]. 广州: 华南理工大学, 2016.

[5] YOO T W, CHANG K. Theoretical and experimental development of 10 and 35 GHz rectennas[J]. IEEE Transactions on Microwave Theory and Techniques, 1992, 40(6): 1259-1266.

[6] NGO T, HUANG A D, GUO Y X. Analysis and design of a reconfigurable rectifier circuit for wireless power transfer[J]. IEEE Transactions on Industrial Electronics, 2018, 66(9): 7089-7098.

[7] SONG C, HUANG Y, ZHOU J, et al. Matching network elimination in broadband rectennas for high-efficiency wireless power transfer and energy harvesting[J]. IEEE Transactions on Industrial Electronics, 2016, 64(5): 3950-3961.

[8] LI X, YANG L, HUANG L. Novel design of 2.45-GHz rectenna element and array for wireless power transmission[J]. IEEE Access, 2019, 7: 28356-28362.

[9] DU Z X, ZHANG X Y. High-efficiency microwave rectifier with less sensitivity to input power variation[J]. IEEE Microwave and Wireless Components Letters, 2017, 27(11): 1001-1003.

[10] ZHANG X Y, DU Z X, XUE Q. High-efficiency broadband rectifier with wide ranges of input power and output load based on branch-line coupler[J]. IEEE Transactions on Circuits and Systems I: Regular Papers, 2016, 64(3): 731-739.

[11] XIAO Y Y, DU Z X, ZHANG X Y. High-efficiency rectifier with wide input power range based on power recycling[J]. IEEE Transactions on Circuits and Systems II: Express Briefs, 2018, 65(6): 744-748.

[12] DU Z X, ZHANG X Y. High-efficiency single-and dual-band rectifiers using a complex impedance compression network for wireless power transfer[J]. IEEE Transactions on Industrial Electronics, 2017, 65(6): 5012-5022.

[13] KAHO T, KISHIKAWA R, MIYACHI A, et al. Design of C-band rectifier with watt-class DC output using 0.18μm CMOS and GaN diode[C]//2016 IEEE Wireless Power Transfer Conference (WPTC). Aveiro: IEEE, 2016: 1-4.

[14] MCSPADDEN J O, FAN L, CHANG K. Design and experiments of a high-conversion-efficiency 5.8GHz rectenna[J]. IEEE Transactions on Microwave Theory and Techniques, 1998, 46(12): 2053-2060.

[15] SUH Y H, CHANG K. A high-efficiency dual-frequency rectenna for 2.45 and 5.8GHz wireless power transmission[J]. IEEE Transactions on Microwave Theory and Techniques, 2002, 50(7): 1784-1789.

[16] STRASSNER B, CHANG K. 5.8GHz circularly polarized dual-rhombic-loop traveling-wave rectifying antenna for low power-density wireless power transmission applications[J]. IEEE Transactions on Microwave Theory and Techniques, 2003, 51(5): 1548-1553.

[17] REN Y J, CHANG K. Bow-tie retrodirective rectenna[J]. Electronics Letters, 2006, 42(4): 191-192.

[18] YANG Y, LI L, LI J, et al. A circularly polarized rectenna array based on substrate integrated waveguide structure with harmonic suppression[J]. IEEE Antennas and Wireless Propagation Letters, 2018, 17(4): 684-688.

[19] TU W H, HSU S H, CHANG K. Compact 5.8GHz rectenna using stepped-impedance dipole antenna[J]. IEEE Antennas and Wireless Propagation Letters, 2007, 6: 282-284.

[20] LU P, YANG X S, LI J L, et al. A compact frequency reconfigurable rectenna for 5.2 and 5.8GHz wireless power transmission[J]. IEEE Transactions on Power Electronics, 2014, 30(11): 6006-6010.

[21] ZHANG B, YU C, LIU C. Design of a capacitor-less 5.8GHz microwave rectifier for microwave power transmission[C]// 2013 European Microwave Conference. Nuremberg: IEEE, 2013: 908-911.

[22] LU P, HUANG K M, YANG Y, et al. Frequency-reconfigurable rectenna with an adaptive matching stub for microwave power transmission[J]. IEEE Antennas and Wireless Propagation Letters, 2019, 18(5): 956-960.

[23] CHEN Q, CHEN X, DUAN X. Investigation on beam collection efficiency in microwave wireless power transmission[J]. Journal of Electromagnetic Waves and Applications, 2018, 32(9): 1136-1151.

[24] LIU Y, HUANG K, YANG Y, et al. A low-profile lightweight circularly polarized rectenna array based on coplanar waveguide[J]. IEEE Antennas and Wireless Propagation Letters, 2018, 17(9): 1659-1663.

[25] LU P, YANG X S, LI J L, et al. Polarization reconfigurable broadband rectenna with tunable matching network for microwave power transmission[J]. IEEE Transactions on Antennas and Propagation, 2016, 64(3): 1136-1141.

[26] OHNO Y, ITOH H, FUJIHARA R, et al. Technologies for wireless charging in microwave cavity box using GaN Schottky barrier diode[C]//2016 IEEE Wireless Power Transfer Conference (WPTC). Aveiro: IEEE, 2016: 1-4.

[27] GUO J, ZHANG H, ZHU X. Theoretical analysis of RF-DC conversion efficiency for class-F rectifiers[J]. IEEE Transactions on Microwave Theory and Techniques, 2014, 62(4): 977-985.

[28] YOSHIDA S, NISHIKAWA K, KAWASAKI S. C-band frequency-tunable rectifier designed by HySIC concept utilizing GaAs MMIC and Si RFIC[J]. IEEE Microwave and Wireless Components Letters, 2020, 30(10): 997-1000.

[29] YANAGIHARA S, TSUCHIMOTO S, ITOH K, et al. The 2.4GHz band SOI-CMOS bridge rectifier IC[C]//2017 IEEE Wireless Power Transfer Conference (WPTC). Taipei: IEEE, 2017: 1-3.

[30] ZHAO F, LI Z, WEN G, et al. A compact high-efficiency watt-level microwave rectifier with a novel harmonic termination network[J]. IEEE Microwave and Wireless Components Letters, 2019, 29(6): 418-420.

[31] WANG C, YANG B, SHINOHARA N. Study and design of a 2.45GHz rectifier achieving 91% efficiency at 5-W Input Power[J]. IEEE Microwave and Wireless Components Letters, 2021, 31(1): 76-79.

[32] KIKKAWA K, SAEN T, SAKAI N, et al. A 2.4-GHz 10W class bridge rectifier and its efficiency analysis with the behavioral model[J]. IEEE Transactions on Microwave Theory and Techniques, 2022, 70(3): 1994-2001.

[33] AO J P, TAKAHASHI K, SHINOHARA N, et al. S-parameter analysis of GaN Schottky diodes for microwave power rectification[C]//2010 IEEE Compound Semiconductor Integrated Circuit Symposium (CSICS). Monterey: IEEE, 2010: 1-4.

[34] DANG K, ZHANG J, ZHOU H, et al. Lateral GaN Schottky barrier diode for wireless high-power transfer application with high RF/DC conversion efficiency: From circuit construction and device technologies to system demonstration[J]. IEEE Transactions on Industrial Electronics, 2019, 67(8): 6597-6606.

[35] DANG K, ZHANG J, ZHOU H, et al. A 5.8GHz high-power and high-efficiency rectifier circuit with lateral GaN Schottky diode for wireless power transfer[J]. IEEE Transactions on Power Electronics, 2019, 35(3): 2247-2252.

[36] DANG K, ZHAN P, ZHANG J, et al. Self-aligned and low-capacitance lateral GaN diode for X-band high-efficiency rectifier[J]. IEEE Electron Device Letters, 2022, 43(4): 537-540.

[37] ROBERG M, REVEYRAND T, RAMOS I, et al. High-efficiency harmonically terminated diode and transistor rectifiers[J]. IEEE Transactions on Microwave Theory and Techniques, 2012, 60(12): 4043-4052.

[38] ABBASIAN S, JOHNSON T. Power-efficiency characteristics of class-F and inverse class-F synchronous rectifiers[J]. IEEE Transactions on Microwave Theory and Techniques, 2016, 64(12): 4740-4751.

[39] WANG Y, WEI G, YOU F, et al. A self-synchronous rectifier for application of W-level input power[C]//2019 IEEE Wireless Power Transfer Conference (WPTC). London: IEEE, 2019: 553-556.

[40] YOSHIDA S, NISHIKAWA K, KAWASAKI S. 10W class high power C-band rectifier using GaN HEMT[C]//2019 IEEE Wireless Power Transfer Conference (WPTC). London: IEEE, 2019: 595-598.

[41] POZAR D M. Microwave engineering[M]. Hoboken: John Wiley & Sons, 2011.

[42] BACKSTROM M G, LOVSTRAND K G. Susceptibility of electronic systems to high-power microwaves: Summary of test experience[J]. IEEE Transactions on Electromagnetic Compatibility, 2004, 46(3): 396-403.

[43] 邓世雄, 刘继斌, 刘培国, 等. 基于准垂直结构 GaN 肖特基二极管的 S 波段限幅器研究[J]. 微波学报, 2023, 39(3): 52-54.

[44] 柳维君. 微波技术基础[M]. 成都: 电子科技大学出版社, 1989.

[45] CHEN D, XU L M, ZHANG B S, et al. Research on the effect of high power microwave on low noise amplifier and limiter based on the injection method[J]. Journal of Electromagnetic Analysis and Applications, 2010, 2(2): 111-115.

[46] 宋秀峰. GaN 准垂直肖特基二极管及其单片集成限幅电路研究[D]. 西安: 西安电子科技大学, 2023.

[47] 党魁. 大功率 GaN 微波毫米波二极管及电路研究[D]. 西安: 西安电子科技大学, 2021.

[48] SILLARD G, HENRY E T R. Active high power limiter at MM wavelengths[C]//1985 15th European Microwave Conference. Paris: IEEE, 1985: 593-598.

[49] LEBEDEV I V, SHNITNIKOV A S, DROZDOVSKI N V, et al. Solid-state control devices for millimetre waveband[J]. Electronics Letters, 1995, 31(3): 211-212.

[50] GATARD E, SOMMET R, BOUYSSE P, et al. High power S band limiter simulation with a physics-based accurate nonlinear PIN diode model[C]//2007 European Microwave Integrated Circuit Conference. Munich: IEEE, 2007: 72-75.

[51] 吴平. 基于 ADS/HFSS 软件的微波限幅器综合仿真设计[D]. 成都: 电子科技大学, 2011.

[52] ECHCHAKHAOUI K, ABDELMOUNIM E, ZBITOU J, et al. New design of a broadband microwave zero bias power limiter[J]. World Academy of Science, Engineering and Technology International Journal of Electronics and Communication Engineering, 2015, 9(1): 164-167.

[53] 毋召锋. 高速大功率限幅技术研究[D]. 长沙: 国防科技大学, 2022.

[54] J. F. 怀特, 王晦光. 微波半导体控制电路[M]. 北京: 科学出版社, 1983.

[55] EL OUALKADI A, ZBITOU, J. Handbook of research on advanced trends in microwave and communication engineering[M]. Hershey: IGI Global, 2016.

[56] ZHAO R, KANG X, ZHENG Y, et al. High-power microwave limiters using recess-free AlGaN/GaN Schottky barrier diodes[J]. IEEE Microwave and Wireless Technology Letters, 2022, 33(2): 208-211.

[57] 徐兴福. ADS2011 射频电路设计与仿真实例[M]. 北京: 电子工业出版社, 2014.

[58] 苏艳, 曾永龙, 敖荣欢. 一种平行耦合微带线定向耦合器的设计[J]. 设计与研发, 2014, 2: 10-11.